ライブラリ数理・情報系の数学講義＝2

線形代数講義

金子　晃　著

サイエンス社

サイエンス社のホームページのご案内
http://www.saiensu.co.jp
ご意見・ご要望は　rikei@saiensu.co.jp　まで.

はしがき

　本書は理工系の大学の基礎課程で線形代数学を一通り学ぶための教科書・参考書として書かれたものです．線形代数が何なのか分からないという人は取り敢えず序章を読んでください！

　本書の前半，第1～3章は計算中心に構成されています．第1章は高校の学習内容に無理なく繋がるよう，平面と空間のベクトルの取り扱いを幾何学的説明を中心にまとめ，第2章で数ベクトルと行列，第3章で行列式の具体的計算を解説しています．工学や情報科学での実際の応用を念頭に置き，本書では第2章以降は一般のサイズの行列を扱っており，一部の教科書で易しくするために採用されている，行列の次数を2や3に制限するという方式は取っていません．本書の後半では線形空間の理論的基礎に始まり，固有値と固有ベクトル，行列の標準形や2次形式など，更に進んだ内容を解説しています．

　著者が現在勤務している学科では，線形代数は I, II, III に分かれ，1年半に渡って教えられており，本書の第1～3章がほぼ講義Iに，また本書の第4～6章が講義 II, III に相当します．本書は，著者が実際に1年間で講義した線形代数 I, II の内容を拡充したものです．1年間だけの講義の場合は，適当に内容を取捨してください．目安として，著者の1年間の講義では大抵割愛せざるを得なかった項目には*印を付けておきました．計算を中心とした講義の場合は，第4章は飛ばして第5章の対角化と第6章の対称行列の計算法だけを追加すればよいでしょう．半年だけの初等的な講義の場合は第1章を丁寧に解説し，第2, 3章から必要な内容を適宜補う程度でも十分でしょう．ただし，本書の狙いは，線形代数の根本的な考え方など，ある程度理論的な内容にも踏み込み，将来，与えられた計算ができるだけではなく，線形代数の考え方も応用できるような教育を目指した講義にあります．

　以上のような構成のため，本書は必ずしも伝統的な数学科の講義のように最

は　し　が　き

初から論理的に積み上げた方式の書き方はされておらず，前半では，直感的説明も使われていますが，理論的な内容は後半で十分にリカバーされ，かつ実用との繋がりも把握できるよう工夫されています．線形代数の参考書としては，本書はほとんどの学生の大学における必要事項をカバーしているはずです．本書が大学初年次における数学教育のレベル維持に少しでも貢献できることを祈っています．

　本書を書くにあたり，多くの先輩・同僚の方々から学んだことを使わせて頂きました．具体的に試験問題を拝借したものもあります．著者が線形代数を学んだ田村二郎先生と久賀道郎先生から，本書は特に多くの影響を受けています．田村先生の教養1年の講義は，まだ線形代数の講義が戦前の解析幾何の雰囲気を残していた頃に，ワイルの公理系に従った厳密なアフィン幾何を展開され，一種のカルチャーショックを受けました．久賀先生の講義は，その面白さと講義の工夫に対するアイデアのユニークさで，大学の講義に対して著者が抱いていたイメージを一新させるものでした．著者の講義のスタイルも久賀先生から大きな影響を受けており，本書でもなるべくその雰囲気を伝えるよう努めました．なお，本書では囲みで強調した定理とそうでないものとがありますが，この区別もほぼ講義時のままです．

　今回は紙数の都合でMathematicaやPascalのプログラムは載せられませんでしたが，著者が講義で使用したものを本書のサポートのためのウェブサイトに公開する予定です．

2004年9月29日

金子　晃

本書のサポートページは
　　http://www.saiensu.co.jp
から辿れるサポートページ一覧の本書の欄にリンクされています．
本文中のアイコン　はサポートページに置かれた記事への参照指示を表します．

目　　次

序　章　　線形代数とは 1

第1章　　平面と空間の幾何のまとめ 3
 1.1　デカルト座標とベクトル 4
 1.2　線形写像としての行列の意味 13
 1.3　行列式と外積 21
 1.4　複素数とベクトル 23
 章　末　問　題 24

第2章　　行列と連立1次方程式 26
 2.1　数ベクトルと演算 26
 2.2　一般の行列 30
 2.3　シグマ記号の練習 35
 2.4　行列の基本変形 40
 2.5　逆行列の計算 44
 2.6　行列の階数と連立1次方程式の解の個数 47
 2.7　線形写像の像と核 50
 2.8　非斉次の連立1次方程式と次元公式 57
 章　末　問　題 62

第3章　　行　列　式 63
 3.1　行列式の定義 63
 3.2　行列式の計算 67
 3.3　余因子行列とその応用 74

iv　目　次

   3.4　行列式の公理の応用 77
   3.5　行列式の存在証明 * 81
   3.6　行列式に関連する種々の概念 * 84
   章末問題 95

第4章　抽象ベクトル空間　97

   4.1　線形空間の定義 97
   4.2　線形部分空間 110
   4.3　線形写像の定義 114
   4.4　基底の取り換え (座標変換) 120
   4.5　線形写像に対する演算 125
   章末問題 127

第5章　固有値と固有ベクトル　129

   5.1　相似変換の不変量としての固有値 129
   5.2　固有ベクトルと対角化 131
   5.3　一般固有ベクトルと最小多項式 * 135
   5.4　一般固有空間への分解 * 139
   5.5　ジョルダン標準形 * 145
   5.6　標準形の応用 155
   章末問題 163

第6章　対称行列と2次形式　165

   6.1　内積と対称行列 165
   6.2　対称行列の固有値 170
   6.3　2次形式 174
   6.4　2次曲線と2次曲面 180
   6.5　ユニタリ行列と正規行列 * 189
   6.6　特異値分解と主成分分析 * 194
   章末問題 200

目　次　　v

付　録　より高度な話題の紹介 *　　202

A.1　アフィン幾何に対するワイルの公理系 202
A.2　同値関係と商空間 203
A.3　双 対 空 間 205
A.4　テンソル積 208
A.5　単 因 子 210
A.6　射 影 幾 何 212
A.7　正則行列の成す群 216

問　題　解　答　　218
参　考　文　献　　259
索　　　　引　　260

序章

線形代数とは

線形代数[1] (英語で linear algebra) とは，1次式を取り扱うための技術と理論を扱うものです．1次式で表される構造は線形構造と呼ばれ，数学においても最も簡単な故に最も基本的な構造ですが，応用上も非常に重要です．

線形代数で取り扱われる2大オブジェクトは，ベクトルと行列ですが，これらの概念は，情報科学におけるデータ構造の元祖でもあります．ベクトルは数を1次元配列として並べたもの，行列は数を2次元配列として並べたものに過ぎませんが，現代ではこれらを用いて簡単に表現したり推論したりできる内容も，19世紀にこれらの概念と添え字を用いた表記法が発明される以前は，大変に難しいものだったのです．

1次式なんて特殊じゃないかと思われるかもしれませんね．確かに，世の中の一般の現象は非常に複雑ですが，多くの場合に1次近似による近似計算が有効に使われています．建物や橋の設計とその強度計算，自動車や飛行機の空気抵抗を調べる流体計算なども，元は難しい偏微分方程式の問題ですが，最後は行列の計算に帰着され，コンピュータで処理されます．そのようなところで使われる行列は数万次から数百万次という，途方もないサイズです．

線形代数の計算は，またコンピュータグラフィックスでも，幾何学的オブジェクトの回転，陰影計算，透視表現などにおいて使われており，基礎知識として必須です．

更に情報科学では0と1のみから成る数の体系，すなわち2元体が基本的なオブジェクトとして使われますが，その上の線形代数は，データ通信の際に生じた誤りを自動訂正する誤り訂正符号と呼ばれる技術の基礎を成しており，それは音楽CDの再生時にも日常的に使われています．つまり，君達は，線形代

---

[1] 著者は講義では伝統的な"線型代数"を使っています．小学校の先生に，"型 (かた) と形 (かたち) は区別するように"と言われていたからです (^^;．この2字は韓国では発音が異なるので，この改定は国際化に反していました．もっとも，"函数" ⟹ "関数"の場合とは異なり，中国では"線性"という別の言葉を使っているので，元のままでも世界共通という訳ではありません．

数が建てた高層建築に住み，毎日，イヤホーンで線形代数が調整した音楽を聴きながら，線形代数によって大学に運ばれて来るのです．

　理工系大学の初年次において線形代数を学ぶ目的は，主に二つあります．

(1) ベクトルや行列の計算方法を身につけること．
(2) 世の中に潜む線形構造を発見し応用する能力を身につけること．

本書により，そのどちらにも偏らない学習を目指して頑張ってください．

第1章
平面と空間の幾何のまとめ

　まずはベクトルのうちで幾何学的ベクトルと呼ばれるものの復習[1]）をしましょう．ベクトルらしいものを最初に知るのは，中学校の物理で力の釣り合いを学んだときでしょうか．その後，高校で，幾何の便利な道具として，ベクトルを学んだことでしょう．これらの場面で使われていたベクトルは，いわゆる**幾何学的ベクトル**で，何となく"頭に矢印を持った線分"という感じで覚えていると思います．ここではまず，その正しい意味を考えてみましょう．

> ★ 質　問 ★　　幾何学的ベクトルって何？
>
> (1) 幾何学的ベクトルとその演算の定義を述べよ．
> (2) 幾何学的ベクトルと有向線分との違いを説明せよ．
> (3) 物理で出てくる力のベクトルは幾何学的ベクトルと言えるか？

解答 (1) **有向線分**とは，文字通り線分に向きを付けたものです．幾何学的ベクトルとは有向線分を平行移動で互いに移り合うものを同一視した概念です．幾何学的ベクトルの加法は平行四辺形の法則により計算されます（下の問 1.1 参照）．幾何学的ベクトルのスカラー倍は単に長さを相似拡大するものです．（スカラーが負のときは向きが変わります．）
(2) 有向線分は，定義によりその位置の情報も含んでいます．幾何学的ベクトルは，有向線分で表されますが，平行移動で互いに移り合うものは同じベクトルを表すものとみなされ，絶対的な位置の概念は無意味です．（この違いの厳密な定式化については，巻末付録の例 A.2 を見てください．）
(3) 物理で出てくる力のベクトルは力の釣り合いの計算では幾何学的ベクトルと同じですが，回転モーメントの計算では，ベクトルの矢方向の平行移動は許

---

[1] 以下，しばしば"高校の復習"という言葉が出て来ますが，最近の目まぐるしい学習指導要領の改定で，復習なのか，それとも初めて学ぶのか，読者によってまちまちだと思います．復習と言う言葉はあまり気にせず，初めての人は，"自分達の先輩は高校で教えてもらったんだ"という若干の感慨だけを抱いて，ここで新たに勉強してください．

されても，ベクトルに垂直な方向への平行移動は許されないので，真の3次元ベクトルではありません (第2章始めの次元の解説参照).　　　□[2]

上の復習からも分かるように，ベクトルに対する基本演算は，**加法**と**スカラー倍**，あるいは両者をまとめた**線形結合 (1次結合)** です：

　　加法：二つのベクトル a, b に対し $a+b$
　　スカラー倍：ベクトル a とスカラー λ(ラムダ) に対し λa
　　線形結合：ベクトル a, b とスカラー λ, μ(ミュー) に対し $\lambda a + \mu b$
　　一般の線形結合：$a_1, \ldots, a_n$ と $\lambda_1, \ldots, \lambda_n$ から $\lambda_1 a_1 + \cdots + \lambda_n a_n$

問 1.1 次の図 1.1 のベクトル和 $a+b$ と差 $a-b$ を図中に示せ．

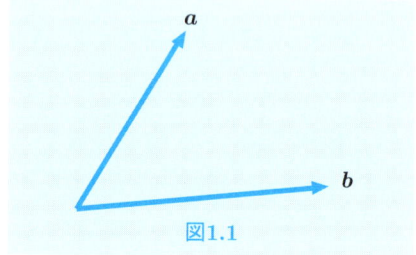

図1.1

1.1　デカルト座標とベクトル

【幾何学的ベクトルの座標表現】　空間に座標系を入れると，各点は空間の次元に等しい個数の数の列，すなわち**座標**で一意的に表されます．座標を使って幾何の証明問題を計算で解く方法は，17世紀に Descartes(デカルト) により導入されたものです[3]．ベクトルの概念は19世紀に導入されましたが，この言葉を使うと，点の座標は，原点を始点としこの点を終点とするような幾何学的ベクトル，すなわち**位置ベクトル**に対応するとみなせ，従って幾何学的ベクトルの**数ベクトル**による座標表現とも解釈できます．(座標の厳密な定義は第4章で学びますが，ここでは中学や高校で学んだ程度の意味で考えておきましょう.)

---

[2] 以下，□ は説明や証明の終わりを表します．
[3] これは長い間，解析幾何学という名前で教えられていました．幾何でベクトルを使うようになったのは割と新しいことで，著者の頃はまだ高校の数学ではベクトルは教えられていませんでした．

---座標系の導入---

幾何学的ベクトル $\iff$ 数ベクトル

この対応により，幾何学的ベクトルの加法には，数ベクトルの成分毎の足し算が，また幾何学的ベクトルに対するスカラー乗法には，そのスカラーの数ベクトル成分への一斉の掛け算が対応することが，幾何学的な考察で分かります．

加法: $\begin{pmatrix} a_1 \\ a_2 \\ a_3 \end{pmatrix} + \begin{pmatrix} b_1 \\ b_2 \\ b_3 \end{pmatrix} = \begin{pmatrix} a_1 + b_1 \\ a_2 + b_2 \\ a_3 + b_2 \end{pmatrix}$, スカラー倍: $\lambda \begin{pmatrix} a_1 \\ a_2 \\ a_3 \end{pmatrix} = \begin{pmatrix} \lambda a_1 \\ \lambda a_2 \\ \lambda a_3 \end{pmatrix}$

🐭 実は，数学ではベクトルよりも平面の座標の方を先に学んでいて，そこでは，点の座標を横に並べて書いていました．ベクトルのみの計算では横に書いても縦に書いても同じことですが，後で出て来る行列の計算とうまく合わせるために，ベクトルという言葉を使うときは縦に書くのが数学の書物では普通です．ただし，工学系の書物では，行列の作用を横ベクトルに対して右から掛けるように定義している分野もあります．また，縦ベクトルは表記にスペースを取りすぎるので，転置行列の記号を使い，${}^t(a_1, a_2, a_3)$ とか，$(a_1, a_2, a_3)^T$ とする表記法もよく使われます．ここで，転置行列とは，与えられた行列の行と列の役割を入れ換えて得られる行列のことです（第 2 章 2.5 節参照）．

【3 次元空間における内積】 内積はベクトルに対する演算としては加法やスカラー倍ほど基本的ではなく，それらに付け加えられた "上部構造" の一種ですが，高校数学の段階ではベクトルの演算の一種としてあまり区別無く現れるので，ここでも一緒に復習しておきましょう．二つの平面ベクトルに対する**内積**は $(\boldsymbol{x}, \boldsymbol{y})$ あるいは $\boldsymbol{x} \cdot \boldsymbol{y}$ と書かれ，その幾何学的定義は

$$(\boldsymbol{x}, \boldsymbol{y}) := \|\boldsymbol{x}\| \|\boldsymbol{y}\| \cos\theta \tag{1.1}$$

で与えられるのでした[4]．ここに，$\|\boldsymbol{x}\|$ はベクトル $\boldsymbol{x}$ の長さを，また θ は二つのベクトルが成す角を表しています．この定義式は，そのまま二つの空間ベクトルの内積の定義としても使えます．特に，ベクトルのうちの一方，例えば

---

[4] 以下，記号 A := B により "A を B と定義する" ことを表します．

y の長さが 1, すなわち単位ベクトルのときは，内積 $x \cdot y$ は $\|x\|\cos\theta$ に等しく，これはベクトル x を y 方向の直線に正射影したときの射影像の符号付き長さ (射影像が y と同じ向きなら長さ，逆の向きなら長さにマイナスを付けたもの) になります．

座標の導入により，ベクトルの長さも，内積も，成分で表すことができます：

【Pythagoras の定理】 ベクトル x の長さは次の式で与えられます：

$$\|x\| := \sqrt{(x, x)} = \sqrt{x_1^2 + x_2^2 + x_3^2} \tag{1.2}$$

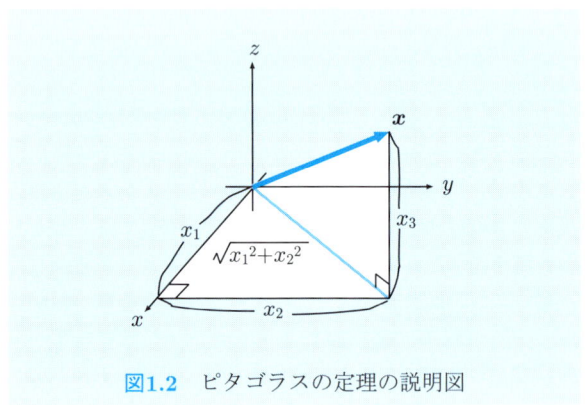

図1.2 ピタゴラスの定理の説明図

これは，平面のピタゴラスの定理を 2 回組み合わせれば導かれるのでした．

【内積の成分による表現】 二つのベクトル $x = \begin{pmatrix} x_1 \\ x_2 \\ x_3 \end{pmatrix}$, $y = \begin{pmatrix} y_1 \\ y_2 \\ y_3 \end{pmatrix}$ の内積は次式に等しい：

$$(x, y) = x \cdot y := x_1 y_1 + x_2 y_2 + x_3 y_3 \tag{1.3}$$

従って，内積は次のような性質 (**双線形性**) を持ちます：

$$(\lambda x + \mu y, z) = \lambda(x, z) + \mu(y, z), \quad (x, \lambda y + \mu z) = \lambda(x, y) + \mu(x, z) \tag{1.4}$$

(1.1) $\Longrightarrow$ **(1.3)** の証明 ピタゴラスの定理より

$$\|x\|^2 = x_1^2 + x_2^2 + x_3^2, \quad \|y\|^2 = y_1^2 + y_2^2 + y_3^2,$$

また

$$\|\bm{x}-\bm{y}\|^2 = (x_1-y_1)^2 + (x_2-y_2)^2 + (x_3-y_3)^2.$$

よって**第 2 余弦定理**[5]より (問 1.3 の解答の図参照),

$$\|\bm{x}\|^2 + \|\bm{y}\|^2 - 2\|\bm{x}\|\,\|\bm{y}\|\cos\theta = \|\bm{x}-\bm{y}\|^2$$
$$= \|\bm{x}\|^2 + \|\bm{y}\|^2 - 2(x_1 y_1 + x_2 y_2 + x_3 y_3)$$
$$\therefore\quad \|\bm{x}\|\,\|\bm{y}\|\cos\theta = x_1 y_1 + x_2 y_2 + x_3 y_3. \quad\square$$

逆に,数ベクトルに対して,長さや内積を (1.2) や (1.3) の右辺で代数的に定義すると,二つのベクトル $\bm{x}, \bm{y}$ の成す角 θ は

$$\cos\theta = \frac{(\bm{x},\bm{y})}{\|\bm{x}\|\,\|\bm{y}\|} \tag{1.5}$$

で計算されます.特に,

$$\text{二つのベクトルが直交} \iff \text{内積が } 0$$
$$\iff x_1 y_1 + x_2 y_2 + x_3 y_3 = 0.$$

双線形性 (1.4) は,今導いた表現からは自明ですが,もとの幾何学的な定義からはそう明らかではありませんね.一般の次元では,幾何学的直観が通用しないので,内積や長さや角度をこれらの式で定義してしまうのが普通です.すると第 2 余弦定理は定義から自明となります (第 6 章参照).

―― 内積はユークリッド空間の構造を決定する ――

長さも角度もすべて内積で表される.

【**平面の方程式**】 1 次式 $ax + by + cz = d$ は平面を表します.実際,$ax_0 + by_0 + cz_0 = d$ を満たす点 (x_0, y_0, z_0) を一つ取るとき

$$ax + by + cz = d \iff a(x-x_0) + b(y-y_0) + c(z-z_0) = 0$$
$$\iff \begin{pmatrix} x-x_0 \\ y-y_0 \\ z-z_0 \end{pmatrix} \perp \begin{pmatrix} a \\ b \\ c \end{pmatrix}$$

---

[5] 第 2 余弦定理は,現在では単に余弦定理と呼ぶようです.ちなみに,第 1 余弦定理は,$a = b\cos\angle C + c\cos\angle B$ という,図を描けば直ちに分かる等式で,同時にすぐ分かる等式 $0 = b\sin\angle C - c\sin\angle B$ と,辺々 2 乗して加えれば,$\cos$ の加法定理から第 2 余弦定理が得られます.

つまり，方程式 $ax+by+cz=d$ は，定点 (x_0, y_0, z_0) からそこへ引いた直線が定ベクトル $\begin{pmatrix} a \\ b \\ c \end{pmatrix}$ と直交しているような点 (x,y,z) の集合を表します．

ベクトル $\begin{pmatrix} a \\ b \\ c \end{pmatrix}$ はこの平面の**法線ベクトル**と呼ばれるものです．特に，1次関数[6] $z=ax+by+c$ のグラフの場合は (上向き) 法線ベクトルが $\begin{pmatrix} -a \\ -b \\ 1 \end{pmatrix}$ となります．

法線ベクトルは必ずしも長さを1に正規化しなくてもよいのですが，正規化されているときは単位法線ベクトルと呼ばれます．平面の方程式の両辺をベクトル (a,b,c) の長さで割れば，

$$\frac{a}{\sqrt{a^2+b^2+c^2}}x + \frac{b}{\sqrt{a^2+b^2+c^2}}y + \frac{c}{\sqrt{a^2+b^2+c^2}}z = \frac{d}{\sqrt{a^2+b^2+c^2}}$$

よって，右辺が非負の値となるように両辺の符号を調節すれば，

$$lx + my + nz = p$$

という，平面の方程式の標準形が得られます．内積のところで注意したように，このときの右辺の $p \geq 0$ は，位置ベクトル (x,y,z) の (l,m,n) 方向への正射影の長さに等しく，従って原点から平面までの距離となります．以上により，原点から平面 $ax+by+cz=d$ までの距離が

$$\frac{|d|}{\sqrt{a^2+b^2+c^2}}$$

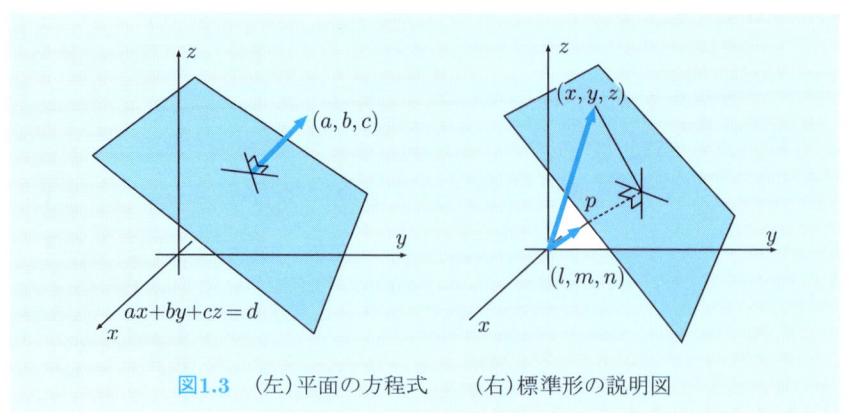

図1.3　(左)平面の方程式　(右)標準形の説明図

---

[6] 著者は講義ではもちろん"函数"の方を使っています (^^;.

1.1 デカルト座標とベクトル

で与えられることも分かります．l, m, n は平面の**方向余弦**と呼ばれることがあります．それは，これらが平面の法線のそれぞれ x, y, z 軸と成す角の余弦に等しいからです．

問 1.2 ここで述べたことは，平面直線に対する Hesse の標準形 $x\cos\theta + y\sin\theta = p$ の 3 次元への拡張となっている．ヘッセの標準形を学んでいない読者は，上の説明を参考にしてこの式の意味を説明せよ．

【**球面の方程式**】 点 (a, b, c) を中心とする半径 R の球面は方程式

$$(x-a)^2 + (y-b)^2 + (z-c)^2 = R^2 \tag{1.6}$$

で与えられます．ピタゴラスの定理により，これは原点からの距離が一定値 R であるような点の集合を表しています．

【**直線の方程式**】 2 種の表現があります．
(1) **パラメータ表示**：点 $\boldsymbol{x}_0 = \begin{pmatrix} x_0 \\ y_0 \\ z_0 \end{pmatrix}$ を通り方向 $\boldsymbol{\lambda} = \begin{pmatrix} l \\ m \\ n \end{pmatrix}$ を持つ直線は $\boldsymbol{x} = \boldsymbol{x}_0 + t\boldsymbol{\lambda}$, $t \in \boldsymbol{R}$. 成分で書くと

$$x = x_0 + lt, \quad y = y_0 + mt, \quad z = z_0 + nt, \quad t \in \boldsymbol{R} \tag{1.7}$$

となります．ここで記号 $\boldsymbol{R}$ は実数の集合を表しています．従って，$t \in \boldsymbol{R}$ とは，t が実パラメータであることを意味します．直線の方向を表すベクトル $\boldsymbol{\lambda}$ の長さは必ずしも 1 に正規化する必要はありませんが，単位ベクトルにしたものは，この直線の**方向余弦**と呼ばれます．
(2) **2 平面の交線としての表示**：1 次方程式二つを連立させたものは (それらに対応する平面が平行でない限り，これらの交線として) 1 本の直線を表します．

前者の形の表現式 (1.7) からパラメータ t を消去すると

$$\frac{x-x_0}{l} = \frac{y-y_0}{m} = \frac{z-z_0}{n}$$

と，後者の形の表現式が得られます．等号は二つですから，これは二つの独立な方程式より成ることに注意しましょう．ただし，これから得られる三つの方程式

$$\frac{x-x_0}{l} = \frac{y-y_0}{m}, \qquad \frac{y-y_0}{m} = \frac{z-z_0}{n}, \qquad \frac{x-x_0}{l} = \frac{z-z_0}{n}$$

は，それぞれ，この空間直線を含み，順に xy 平面，yz 平面，xz 半面に垂直な平面の方程式を表しています．これらをそれぞれの平面内における直線の方程式とみなすと，この空間直線のそれぞれの平面への**正射影像**，すなわち，平面に垂直に上から光を当てたときに平面に生ずる影，を表しています．つまり，上は投影図法 (第 3 角法と呼ばれる製図法[7]) 的に空間直線を表現したものとなっています．

【次元】 図形の次元の最も普遍的な定義は，その図形内で自由に動けるパラメータの個数です．この定義はやや曖昧ですが，この直観的理解は非常に適用範囲が広いので，覚えておきましょう．

例 1.1 直線は 1 次元，平面は 2 次元です．また，円周は 1 次元，球面は 2 次元です．

後者のような曲がった図形の次元は線形代数では扱いません．前者のようなまっすぐな図形に対しては次元の定義が後に代数的に与えられます．

【平面のパラメータ表示】 平面は 2 次元なので，二つのパラメータを含む 1 次式で表されます：

$$x = a_1 u + b_1 v + c_1, \quad y = a_2 u + b_2 v + c_2, \quad z = a_3 u + b_3 v + c_3$$

普通は $x = u, y = v$ をパラメータに流用し，$z = ax + by + c$ という 1 次関数のグラフとしての表現を使えば十分ですが，上のように一般的なパラメータ表示にしておくと，先に与えた平面の方程式で z の係数が 0 のときにも使えます．

【余次元】 幾何学的図形の**余次元**とは，全空間の次元からどれだけその次元が下がっているかを表す量です．図形を定義する独立な方程式が一つ増える毎に，余次元は 1 だけ増します．この定義もやや曖昧ですが，この概念も例で直観的に理解しておくと役に立ちます．

例 1.2 平面は，一つの 1 次方程式で制約を受ける点の集合なので，余次元 1，次元 $3 - 1 = 2$ です．直線は，二つの 1 次方程式で制約を受ける点の集合なので，余次元 2．次元 $3 - 2 = 1$ です．

---

[7] 昔は中学の技術の時間に教えられていたのですが，なくなってしまったようです．実用というよりは空間概念の把握にとてもよい練習だったのに残念です．

1.1 デカルト座標とベクトル

―― 次元と余次元のまとめ ――

次元は自由度である．新たな方程式が一つ課される毎に，
次元が一つ減り，余次元が一つ増える．

ここで空間幾何の基本的な定理を証明無しに挙げておきましょう．これらは後で展開される線形代数の厳密な理論の特別な場合となります．

定理 1.1 空間の異なる 2 点を通る直線はただ一つ定まる：2 点を $\boldsymbol{x}_1 = (x_1, y_1, z_1)$, $\boldsymbol{x}_2 = (x_2, y_2, z_2)$ とすれば，この直線はパラメータ表示で

$$x = x_1 + (x_2 - x_1)t, \quad y = y_1 + (y_2 - y_1)t, \quad z = z_1 + (z_2 - z_1)t. \tag{1.8}$$

ベクトル表記で $\boldsymbol{x} = \boldsymbol{x}_1 + (\boldsymbol{x}_2 - \boldsymbol{x}_1)t$ により与えられる．

定理 1.2 空間の異なる 3 点を通る平面はただ一つ定まる：3 点を $\boldsymbol{x}_1 = (x_1, y_1, z_1)$, $\boldsymbol{x}_2 = (x_2, y_2, z_2)$, $\boldsymbol{x}_3 = (x_3, y_3, z_3)$ とすれば，この平面はベクトル表記のパラメータ表示で

$$\boldsymbol{x} = \boldsymbol{x}_1 + (\boldsymbol{x}_2 - \boldsymbol{x}_1)u + (\boldsymbol{x}_3 - \boldsymbol{x}_1)v \tag{1.9}$$

で与えられる．平面の普通の方程式は，これを成分で書き下すことにより得られる連立 1 次方程式から u, v を消去すれば求まる．

🐌 この平面は二つのベクトル $\boldsymbol{x}_2 - \boldsymbol{x}_1$, $\boldsymbol{x}_3 - \boldsymbol{x}_1$ と直交する法線を持ちます．ベクトルの外積を使うとそれがきれいに表されます (第 3 章 3.6 節)．また行列式を学ぶと平面の方程式が直接きれいに表されます (第 3 章問 3.10)．楽しみにしていましょう！

例題 1.1 空間の点 $(1, 2, 3)$ を通り，方向 $(0, 2, 1)$ を持つ直線のパラメータ表示と標準形の方程式を書け．

解答 パラメータ表示は $x = 1$, $y = 2 + 2t$, $z = 3 + t$. ベクトル表記で $\begin{pmatrix} x \\ y \\ z \end{pmatrix} = \begin{pmatrix} 1 \\ 2 \\ 3 \end{pmatrix} + \begin{pmatrix} 0 \\ 2 \\ 1 \end{pmatrix} t$ と書いてもよい．伝統的な標準形は，これから t を消して

$$\frac{x-1}{0} = \frac{y-2}{2} = \frac{z-3}{1}.$$

分母に 0 を書くのが気味悪いかもしれませんが，このときは分子が 0，すなわち $x = 1$ という方程式が有るものと解釈する習慣です．なお真の標準形は分母

例題 1.2 空間の点 $(1,0,3)$ を通り，法線ベクトル $(0,2,1)$ を持つ平面の方程式を書け．

解答 $0\cdot(x-1)+2\cdot(y-0)+1\cdot(z-3)=0$, すなわち $2y+z-3=0$. □

例題 1.3 上の二つは空間のどの点で交わるか？

解答 点 $(1, 2+2t, 3+t)$ が平面の方程式 $2y+z-3=0$ を満たす条件を求めると

$$2(2+2t)+(3+t)-3=0, \quad 5t+4=0. \quad \therefore\ t=-\frac{4}{5}.$$

これに対応する点は $\left(1, \dfrac{2}{5}, \dfrac{11}{5}\right)$.

別解として，平面と直線の方程式を連立させて解いてもよい：

$2y+z-3=0, \quad x=1, \quad y-2=2(z-3)$ より同じ答 $\left(1, \dfrac{2}{5}, \dfrac{11}{5}\right)$ を得る．□

問 1.3 下の図 1.4 の 3 角形 ABC において，M は BC の中点とする．また，$\boldsymbol{x}=\overrightarrow{\mathrm{AB}}$, $\boldsymbol{y}=\overrightarrow{\mathrm{AC}}$ と置く．
 (1) $\overrightarrow{\mathrm{AM}}, \overrightarrow{\mathrm{MB}}$ をそれぞれ $\boldsymbol{x}, \boldsymbol{y}$ で表せ．
 (2) 内積 $(\boldsymbol{x},\boldsymbol{y})$ を AB, AC, AM, MB を用いて表せ．
 (3) Pappus の定理 $\mathrm{AB}^2+\mathrm{AC}^2=2(\mathrm{AM}^2+\mathrm{MB}^2)$ を証明せよ．

問 1.4 下の図 1.5 の正四面体 ABCD の頂点 A から底面 BCD に下ろした垂線の足を H とする．

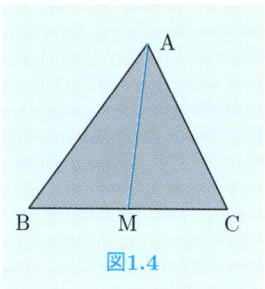

図1.4

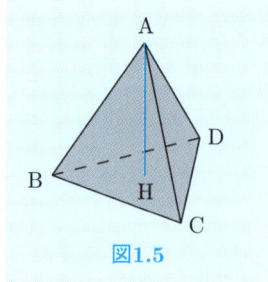

図1.5

(1) ベクトル $\overrightarrow{AH}$ をベクトル $\overrightarrow{AB}, \overrightarrow{BC}, \overrightarrow{AD}$ の線形結合として表せ.
(2) 二つのベクトル $\overrightarrow{BC}$ と $\overrightarrow{AD}$ は垂直であることを示せ.

問 1.5 平面上の 3 点 P(3,1), Q(2,−1), R(4,8) に対して次の問に答えよ.
(1) $\cos\angle$PQR を求めよ.
(2) 線分 PQ, PR を 2 辺とする平行四辺形の面積を求めよ.

問 1.6 (1) 空間の 3 点 $(1,1,0), (0,1,0), (0,0,1)$ を通る平面の方程式を求めよ.
(2) 原点からこの平面への距離を求めよ.
(3) この平面に平行で, 原点を通る平面の方程式を求めよ.

問 1.7 平面 H: $x + 2y + z = 1$ について以下の問に答えよ.
(1) 点 $(5,2,4)$ を通りこの平面に平行な平面の方程式を求めよ.
(2) この平面に垂直で, 点 $(5,2,4)$ を通る直線 l の方程式を求めよ.
(3) 二つの平行平面間の距離を計算せよ.
(4) 原点から平面 H に下ろした垂線の足の座標を求めよ.
(5) 原点から直線 l までの距離を計算せよ.

問 1.8 (1) 点 $(2,1,3)$ を通り平面 $x+y+z=3$ に垂直な直線の方程式を示せ.
(2) 平面 $x+y+z=3$ に点 $(2,1,3)$ から下ろした垂線の足 P の座標を求めよ.
(3) 上記の点 P を通り, 平面 $x+y+z=3$ に含まれるような直線の方程式を一つ与えよ.

問 1.9 点 $(1,1,0)$ を通り, 平面 $x+y+3z=2$ の上に有る (すなわち, 集合として含まれる) ような直線の一般形を示せ.

1.2 線形写像としての行列の意味

【線形写像とアフィン写像】 平面からそれ自身への**線形写像**とは,

$$\begin{cases} \overset{クシイ}{\xi} = a_{11}x + a_{12}y, \\ \overset{イータ}{\eta} = a_{21}x + a_{22}y \end{cases}$$

のように, 行き先の各成分がもとの成分の 1 次同次式で表されるような写像のことです. 記号 $\mapsto$ は, 写像によるもとの成分とその行き先の対応関係を示すのによく使われます. この写像をベクトルと行列を用いた表現で略記すると

$$\boldsymbol{x} = \begin{pmatrix} x \\ y \end{pmatrix} \mapsto \begin{pmatrix} \xi \\ \eta \end{pmatrix} = \begin{pmatrix} a_{11} & a_{12} \\ a_{21} & a_{22} \end{pmatrix} \begin{pmatrix} x \\ y \end{pmatrix} \tag{1.10}$$

となります. ベクトルに対する行列の演算はこのような意味をもつように定義されたものです.

線形写像に平行移動が加わったものを**アフィン写像**と呼びます．これは，行列を用いて表すと

$$\begin{pmatrix} x \\ y \end{pmatrix} \mapsto \begin{pmatrix} \xi \\ \eta \end{pmatrix} = \begin{pmatrix} a_{11} & a_{12} \\ a_{21} & a_{22} \end{pmatrix} \begin{pmatrix} x \\ y \end{pmatrix} + \begin{pmatrix} b_1 \\ b_2 \end{pmatrix} \quad (1.11)$$

成分で書くと，

$$\begin{cases} \xi = a_{11}x + a_{12}y + b_1, \\ \eta = a_{21}x + a_{22}y + b_2 \end{cases}$$

すなわち，行き先の各成分がもとの成分の (定数項も含む一般の) 1 次式で表されるようなもののことです．

ベクトルと行列を抽象的な記号で表したときの "線形" の意味の抽象的な解釈は

$$A(\lambda \boldsymbol{x} + \mu \boldsymbol{y}) = \lambda A\boldsymbol{x} + \mu A\boldsymbol{y}$$

すなわち，線形結合と可換な写像ということです (第 4 章 4.3 節)．非同次項 (平行移動の分) が有ると，線形でなくなること (1 次式と 1 次同次式の違い！) に注意しましょう．

【**代表的な線形変換**】 平面から平面への (線形あるいはアフィン) 写像の中で逆に解けるもの (すなわち，一対一かつ像が平面全体となるもの) を平面の (線形あるいはアフィン) **変換**と呼びます．線形変換の代表例には次のようなものがあります：

回転 原点を中心とし，正の向きに θ だけの回転は

$$\begin{pmatrix} x \\ y \end{pmatrix} \mapsto \begin{pmatrix} \xi \\ \eta \end{pmatrix} = \begin{pmatrix} \cos\theta & -\sin\theta \\ \sin\theta & \cos\theta \end{pmatrix} \begin{pmatrix} x \\ y \end{pmatrix} \quad (1.12)$$

成分で書くと

$$\begin{cases} \xi = x\cos\theta - y\sin\theta, \\ \eta = x\sin\theta + y\cos\theta \end{cases}$$

となります．実際，基本単位ベクトル $\begin{pmatrix} 1 \\ 0 \end{pmatrix}$, $\begin{pmatrix} 0 \\ 1 \end{pmatrix}$ がそれぞれ角 θ だけ回転したベクトル $\begin{pmatrix} \cos\theta \\ \sin\theta \end{pmatrix}$, $\begin{pmatrix} -\sin\theta \\ \cos\theta \end{pmatrix}$ に写ることは容易に分かりますが，一般のベクトル $\begin{pmatrix} x \\ y \end{pmatrix}$ は，回転しても各座標軸に対する位置関係は変わらないので，

1.2 線形写像としての行列の意味

$$x\begin{pmatrix}\cos\theta\\\sin\theta\end{pmatrix}+y\begin{pmatrix}-\sin\theta\\\cos\theta\end{pmatrix}$$

に写るはずです.

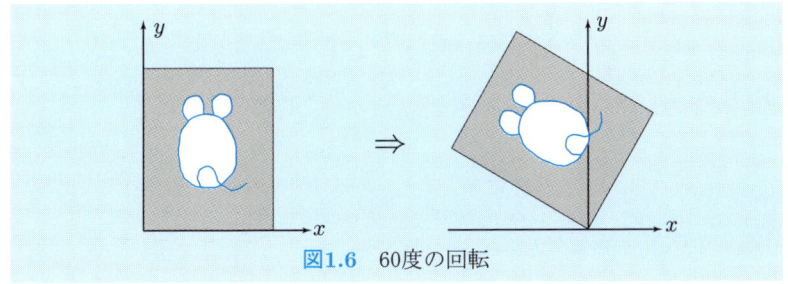

図1.6　60度の回転

鏡映　鏡映変換ともいいます．線対称移動，あるいは折り返しのことです．もっとも分かりやすい y 軸に関する鏡映は，

$$\begin{pmatrix}x\\y\end{pmatrix}\mapsto\begin{pmatrix}\xi\\\eta\end{pmatrix}=\begin{pmatrix}-1 & 0\\0 & 1\end{pmatrix}\begin{pmatrix}x\\y\end{pmatrix} \tag{1.13}$$

成分で書くと

$$\begin{cases}\xi=-x,\\\eta=y\end{cases}$$

となります．一般の直線に関する鏡映はややこしいので，ちゃんと計算してみましょう．

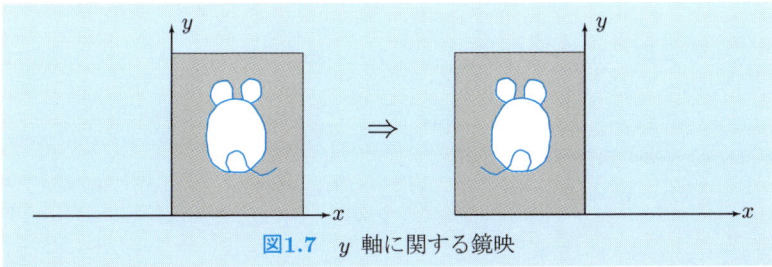

図1.7　y 軸に関する鏡映

> **例題 1.4** 平面の直線 $y=mx$ に関する鏡映は，点 (x,y) からこの直線に下ろした垂線を 2 倍の長さまで延長した位置の点に写すものとして定義される．これが 2 次の行列で表されることを確かめよ．

解答 点 (x,y) の直線 $y = mx$ に関する鏡映像 (x', y') は，次の 2 条件で定まる：

(1) ベクトル $(x'-x, y'-y)$ と直線 $y=mx$ は垂直, i.e.[8]
$$(x'-x, y'-y) \perp (1, m) \quad \therefore\ x' - x + m(y' - y) = 0$$

(2) 両者の中点 $(\frac{x'+x}{2}, \frac{y'+y}{2})$ は直線 $y=mx$ 上に有る．i.e.
$$\frac{y'+y}{2} = m\frac{x'+x}{2} \quad \therefore\ y' + y - m(x' + x) = 0$$

この連立 1 次方程式を解いて
$$x' = \frac{(1-m^2)x + 2my}{1+m^2}, \quad y' = \frac{2mx - (1-m^2)y}{1+m^2}$$

すなわち $\begin{pmatrix} x' \\ y' \end{pmatrix} = \begin{pmatrix} \frac{1-m^2}{1+m^2} & \frac{2m}{1+m^2} \\ \frac{2m}{1+m^2} & -\frac{1-m^2}{1+m^2} \end{pmatrix} \begin{pmatrix} x \\ y \end{pmatrix}$ □

別解 点 (x,y) を通り直線 $y=mx$ に垂直な直線の方程式は，$(1,m) \perp (-m,1)$ を考慮して
$$X = x - mt, \quad Y = y + t$$

これが直線 $y=mx$ と交わるときのパラメータ t の値は
$$Y = y + t = mX = m(x - mt) \quad \text{より} \quad t = \frac{mx - y}{1 + m^2}$$

よってこの 2 倍だけ進めば鏡映点 (x', y') に達するから
$$x' = x - 2mt = x - 2m\frac{mx-y}{1+m^2} = \frac{(1-m^2)x + 2my}{1+m^2},$$
$$y' = y + 2t = y + 2\frac{mx-y}{1+m^2} = \frac{2mx - (1-m^2)y}{1+m^2}.$$

行列表記は上と同じ．□

回転と鏡映で生成される平面の変換 P は，ベクトルの長さと角度を変えません．すなわち，内積を変えません：

---

[8] 以下，記号 i.e. は "すなわち" を表す板書形式の記号とします．これはラテン語起源の由緒正しい英略語です．

1.2 線形写像としての行列の意味

$$(P\boldsymbol{x}, P\boldsymbol{y}) = (\boldsymbol{x}, \boldsymbol{y})$$

このような行列 P を**直交行列**と呼びます.

相似拡大 λ 倍の相似拡大は

$$\begin{pmatrix} x \\ y \end{pmatrix} \mapsto \begin{pmatrix} \xi \\ \eta \end{pmatrix} = \begin{pmatrix} \lambda & 0 \\ 0 & \lambda \end{pmatrix} \begin{pmatrix} x \\ y \end{pmatrix} \tag{1.14}$$

成分で書くと

$$\begin{cases} \xi = \lambda x, \\ \eta = \lambda y \end{cases}$$

となります.小学校や中学校で普通に相似拡大といえば $\lambda > 1$ の場合を指すのでしょうが,ここでは相似縮小 $0 < \lambda \le 1$ や,$\lambda < 0$ なども含めることにします.従って,特別の場合として,$\lambda = -1$ のときは原点を中心とする点対称移動,すなわち 180 度の回転となります.

🐰 平面の線形変換で,ベクトルの長さと角度を変えないものは,原点の回りの回転か,原点を通るある直線に関する鏡映で尽くされることが示せます (第 3 章 3.6 節参照).

一般の線形写像では,一定の規則で形がゆがみます.ここではコンピュータに描画させた例を示しましょう.手計算で像の形を調べるには,座標軸方向の単位ベクトルの行き先が行列の列ベクトルに現れることに注意して,単位正方形の行き先である菱形を描けばよろしい.

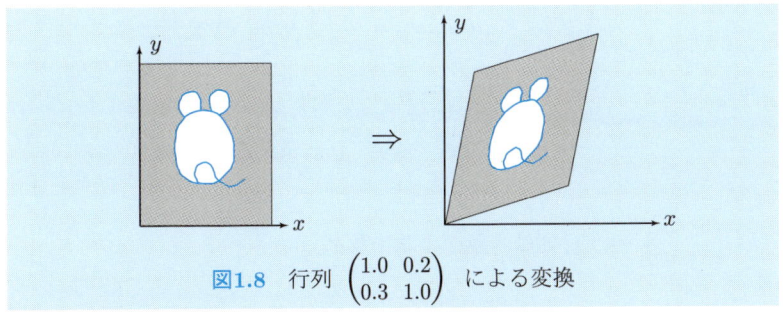

図1.8 行列 $\begin{pmatrix} 1.0 & 0.2 \\ 0.3 & 1.0 \end{pmatrix}$ による変換

問 1.10 線形写像 $\begin{pmatrix} 1 & 1 \\ 0 & 1 \end{pmatrix}$ による標準ねずみ (図 1.8 左) の像として最もふさわしいものは次のうちどれか?

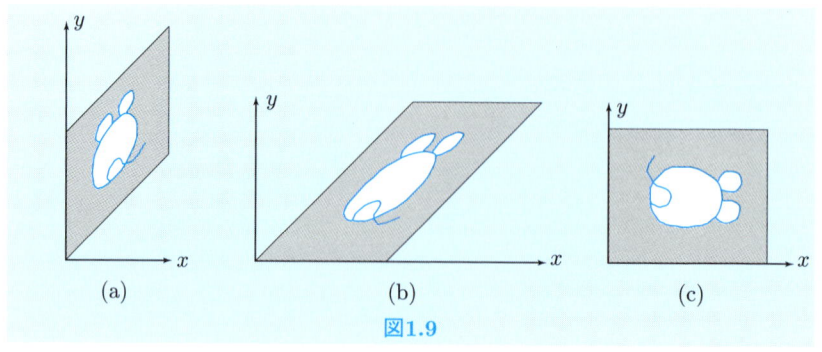

図1.9

問 1.11 上の解答として選択したもの以外のねずみを像として与える線形写像としてもっともふさわしいものを次のうちから選べ.

(1) $\begin{pmatrix} 0 & 1 \\ 1 & 0 \end{pmatrix}$　　(2) $\begin{pmatrix} 1 & 1 \\ 1 & 0 \end{pmatrix}$　　(3) $\begin{pmatrix} 1 & 0 \\ 1 & 1 \end{pmatrix}$　　(4) $\begin{pmatrix} 1 & 1 \\ 1 & 1 \end{pmatrix}$

問 1.12 $D = \{(x,y) \mid 0 \leq x \leq 1, \ 0 \leq y \leq 1\}$ を単位正方形, K を 4 点 $(0,0)$, $(1,2)$, $(0,4)$, $(-1,2)$ を頂点とする菱形とする.
(1) D を K に写すような平面の線形写像 (2×2 型行列) を決定せよ.
(2) 同じく, D を K に写すような平面のアフィン写像を決定せよ.

【特殊な行列とそれが表す線形写像】 特殊な行列の線形写像としての意味を考えましょう.

単位行列 E $\iff$ 恒等写像 i.e. 写像を施しても変わらない.
$$\begin{pmatrix} x \\ y \end{pmatrix} \mapsto \begin{pmatrix} \xi \\ \eta \end{pmatrix} = \begin{pmatrix} 1 & 0 \\ 0 & 1 \end{pmatrix} \begin{pmatrix} x \\ y \end{pmatrix} = \begin{pmatrix} x \\ y \end{pmatrix}$$

逆行列 A^{-1} $\iff$ A が定める写像の逆写像
$$\boldsymbol{\xi} = A\boldsymbol{x} \iff \boldsymbol{x} = A^{-1}\boldsymbol{\xi}$$

行列 $\begin{pmatrix} a & b \\ c & d \end{pmatrix}$ の逆行列は, 連立 1 次方程式

$$\begin{cases} ax + by = \xi, \\ cx + dy = \eta \end{cases}$$

を逆に解けば求まるのでした:

$$\begin{pmatrix} a & b \\ c & d \end{pmatrix}^{-1} = \begin{pmatrix} \frac{d}{ad-bc} & -\frac{b}{ad-bc} \\ -\frac{c}{ad-bc} & \frac{a}{ad-bc} \end{pmatrix} \tag{1.15}$$

この特徴的な形には，後に一般の行列による説明が与えられます (第3章 3.3節)．

【線形写像の退化】 行列 $A = \begin{pmatrix} a & b \\ c & d \end{pmatrix}$ が定める線形写像は，逆行列 A^{-1} が存在する場合には平面の一対一対応を与え，線形変換となるのでした．逆に，そうでないときは，線形写像によるもとの平面の像は次元が下った直線図形となってしまいます．(ただし必ず原点を通ります．) これを像の次元別にまとめると，次のようになります．

像の次元が 2 $\iff$ 線形変換；像は平面全体で，逆写像が存在．
像の次元が 1 $\iff$ 像は原点を通る直線で，逆写像は不存在．
像の次元が 0 $\iff$ 像は原点 (零ベクトル) $\begin{pmatrix} 0 \\ 0 \end{pmatrix}$ のみで，逆写像は不存在．

行列とベクトルの演算を
$$\begin{pmatrix} a & b \\ c & d \end{pmatrix} \begin{pmatrix} x \\ y \end{pmatrix} = \begin{pmatrix} ax+by \\ cx+dy \end{pmatrix} = \begin{pmatrix} a \\ c \end{pmatrix} x + \begin{pmatrix} b \\ d \end{pmatrix} y$$
と書いてみることにより，次の非常に応用の広い解釈が得られます：

> **ワンポイントメモ**
>
> 行列 $A = \begin{pmatrix} a & b \\ c & d \end{pmatrix}$ が定める線形写像の像は，
> A の列ベクトル $\begin{pmatrix} a \\ c \end{pmatrix}, \begin{pmatrix} b \\ d \end{pmatrix}$ で張られる．

ここで，"張られる"とは"線形結合で書ける"の意味です．この言葉のニュアンスについては第2章の図 2.1 参照．

すると，線形写像 A について，

像の次元が 2 $\iff$ 二つの列ベクトルは線形独立 i.e. 異なる方向を向いている．
像の次元が 1 $\iff$ 二つの列ベクトルは同じ方向 i.e. 一方が他方のスカラー倍．(どちらかは零ベクトルでない)
像の次元が 0 $\iff$ 二つの列ベクトルはともに零ベクトル

となります．

【行列の積】 行列の積の演算は高校で学びました．この幾何学的意味を知りましょう．

> ─── 行列の積の意味 ───
> 行列の積は線形写像の合成

実際，
$$A = \begin{pmatrix} a_{11} & a_{12} \\ a_{21} & a_{22} \end{pmatrix} \iff \begin{cases} \xi = a_{11}x + a_{12}y, \\ \eta = a_{21}x + a_{22}y \end{cases}$$

と
$$B = \begin{pmatrix} b_{11} & b_{12} \\ b_{21} & b_{22} \end{pmatrix} \iff \begin{cases} X = b_{11}\xi + b_{12}\eta, \\ Y = b_{21}\xi + b_{22}\eta \end{cases}$$

を合成すれば，
$$\begin{cases} X = b_{11}(a_{11}x + a_{12}y) + b_{12}(a_{21}x + a_{22}y) \\ \quad = (b_{11}a_{11} + b_{12}a_{21})x + (b_{11}a_{12} + b_{12}a_{22})y, \\ Y = b_{21}(a_{11}x + a_{12}y) + b_{22}(a_{21}x + a_{22}y) \\ \quad = (b_{21}a_{11} + b_{22}a_{21})x + (b_{21}a_{12} + b_{22}a_{22})y \end{cases}$$
$$\iff \begin{pmatrix} X \\ Y \end{pmatrix} = \begin{pmatrix} b_{11} & b_{12} \\ b_{21} & b_{22} \end{pmatrix} \begin{pmatrix} a_{11} & a_{12} \\ a_{21} & a_{22} \end{pmatrix} \begin{pmatrix} x \\ y \end{pmatrix}$$
$$= \begin{pmatrix} b_{11}a_{11} + b_{12}a_{21} & b_{11}a_{12} + b_{12}a_{22} \\ b_{21}a_{11} + b_{22}a_{21} & b_{21}a_{12} + b_{22}a_{22} \end{pmatrix} \begin{pmatrix} x \\ y \end{pmatrix}.$$

特に，ある写像とその逆写像の合成は定義により恒等写像になるので，逆行列の定義から
$$AA^{-1} = A^{-1}A = E$$
が成り立ちます．

【行列積の応用・三角関数の加法定理】 角 φ の回転と角 θ の回転を合成すれば，角 $\theta + \varphi$ の回転となるはずです．しかも，幾何学的考察から，この二つは可換，すなわち，順番を変えても結果は同じになるはずですね．
$$\begin{pmatrix} \cos\theta & -\sin\theta \\ \sin\theta & \cos\theta \end{pmatrix} \begin{pmatrix} \cos\varphi & -\sin\varphi \\ \sin\varphi & \cos\varphi \end{pmatrix} = \begin{pmatrix} \cos(\theta+\varphi) & -\sin(\theta+\varphi) \\ \sin(\theta+\varphi) & \cos(\theta+\varphi) \end{pmatrix}$$

よって左辺の行列積を計算した後，両辺の対応する成分を比較すると

$$\cos(\theta + \varphi) = \cos\theta\cos\varphi - \sin\theta\sin\varphi,$$
$$\sin(\theta + \varphi) = \sin\theta\cos\varphi + \cos\theta\sin\varphi$$

という，三角関数に対する加法定理が導かれます．

問 1.13 次の行列が定める平面の線形写像による平面全体の像，および直線 $y = x$ の像を決定せよ．

(1) $\begin{pmatrix} 0 & 1 \\ 1 & 0 \end{pmatrix}$ (2) $\begin{pmatrix} 1 & 1 \\ 0 & 0 \end{pmatrix}$ (3) $\begin{pmatrix} 1 & -1 \\ -1 & 1 \end{pmatrix}$ (4) $\begin{pmatrix} 1 & 1 \\ 1 & 1 \end{pmatrix}$ (5) $\begin{pmatrix} 0 & 1 \\ 0 & 0 \end{pmatrix}$

■ 1.3 行列式と外積

最後に，もう少し深い幾何学的意味を持つ量を導入します．このあたりは正規の高校の授業では一度も教えられていませんが，予備校などでは入試問題を能率良く解くための裏技として教えているところも多いでしょう．

【2次正方行列の行列式】 行列 $A = \begin{pmatrix} a & b \\ c & d \end{pmatrix}$ の行列式とは，

$$\det A := ad - bc \tag{1.16}$$

という値のことです．普通，これを $\begin{vmatrix} a & b \\ c & d \end{vmatrix}$ で表します．det の方は行列式の英語 determinant の頭3字をとったものです．この英語の意味は日本語とは大分違いますね．次の事実は，符号を除けば高校で学んだ人も多いことでしょう．

行列式の幾何学的意味

行列式は二つのベクトル $\begin{pmatrix} a \\ c \end{pmatrix}, \begin{pmatrix} b \\ d \end{pmatrix}$ が張る平行四辺形の符号付き面積に等しい．符号は，ベクトル $\begin{pmatrix} a \\ c \end{pmatrix}$ からベクトル $\begin{pmatrix} b \\ d \end{pmatrix}$ へ回る向きが正の向き (i.e. 反時計回り) のときプラス，逆向き (i.e. 時計回り) のときマイナスとなる．

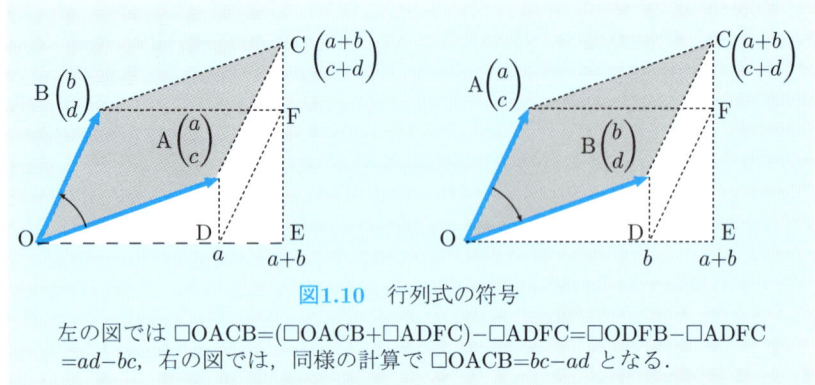

図1.10 行列式の符号

左の図では □OACB=(□OACB+□ADFC)−□ADFC=□ODFB−□ADFC
=$ad-bc$, 右の図では，同様の計算で □OACB=$bc-ad$ となる．

【外積】 ベクトル x, y の**外積** $x \times y$ は，これらに垂直で向きは x から y に右ネジを回したときに進む向き，長さは両者の成す角を θ とするとき $\|x\| \cdot \|y\| \sin\theta$ (すなわちこれらのベクトルを2辺とする平行四辺形の面積) で与えられるような第3のベクトルのことです．

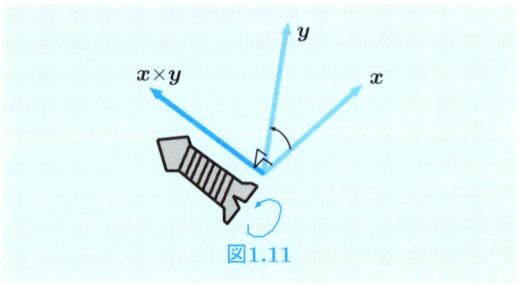

図1.11

特に x, y が xy 平面内のベクトルのときは，$x \times y$ は常に z 軸方向なので，通常は z 成分だけを考えます．この値は

$$x_1 y_2 - x_2 y_1 = \det(x, y)$$

で与えられます．外積は，物理で種々の重要な量を表現するのに使われる他，大量の幾何学的データをコンピュータで処理するための技術である計算幾何学においても基本的な道具としてよく使われます．

■ 1.4 複素数とベクトル

複素数 $x+iy$ に平面の点 (x,y) を対応させることにより，複素数の全体は平面と同一視されます．これが複素平面 (complex plane) です．平面には，極座標というものもあります．直角座標との対応

$$(x,y) \longleftrightarrow (r,\theta)$$

は

$$\begin{cases} x = r\cos\theta, \\ y = r\sin\theta \end{cases}$$

逆に，

$$\begin{cases} r = \sqrt{x^2+y^2}, \\ \theta = \mathrm{Arctan}\,\dfrac{y}{x} \end{cases}$$

で与えられます．(逆三角関数をまだ習っていない人は，最後の式は $\tan\theta = \dfrac{y}{x}$ の意味だと思ってください．) 複素数では，

$$e^{i\theta} = \cos\theta + i\sin\theta$$

という略記法が良く用いられます．この式は微分積分学で，複素変数の指数関数を習うと，真に意味のある式となるのですが，ここでは単に右辺に対する便利な略記法だと思ってください．実際，de Moivre（ド モ ア ヴ ル）の公式

$$(\cos\theta + i\sin\theta)^n = \cos n\theta + i\sin n\theta$$

というものが成り立つことが，三角関数の加法定理と n に関する数学的帰納法で証明されますが，これは指数法則 $(e^{i\theta})^n = e^{in\theta}$ に他なりません．これらを用いると，極座標は複素数に対して次のように翻訳されます．

複素数の極表示

$z = x + iy = re^{i\theta}$　　ここに
$r = |z|$ は複素数の絶対値，$\theta = \mathrm{Arctan}\,\dfrac{y}{x}$ は複素数の偏角と呼ばれる．

複素数に対する $e^{i\theta}$ の乗法は平面における角 θ の回転に相当します：

$$u + iv = (\cos\theta + i\sin\theta)(x + iy)$$
$$= x\cos\theta - y\sin\theta + (x\sin\theta + y\cos\theta)i$$
$$\iff \begin{pmatrix} u \\ v \end{pmatrix} = \begin{pmatrix} \cos\theta & -\sin\theta \\ \sin\theta & \cos\theta \end{pmatrix} \begin{pmatrix} x \\ y \end{pmatrix}.$$

従って z による積は，原点を中心とする角 θ の回転と r 倍の相似拡大を引き起こします．平面の向きは保存されます．これから特に，$\zeta = e^{2\pi i/n}$ という複素数が n 乗するとちょうど 1 となることが分かります．これを 1 の原始 n 乗根と呼びます．$n = 3$ のときは $\omega = \dfrac{-1+\sqrt{-3}}{2}$ という記号で受験数学でもおなじみですね．

章末問題

問題 1 例題 1.3 を参考に，平面 $ax+by+cz=d$ と直線 $\dfrac{x-x_0}{l} = \dfrac{y-y_0}{m} = \dfrac{z-z_0}{n}$ との交点の公式を与えよ．それより，交点は $al+bm+cn \neq 0$ のとき，すなわち，直線が平面に平行でないとき，かつそのときに限り存在することを説明せよ．

問題 2 (1) 放物線 $y = x^2$ を (集合として) 動かさないようなアフィン変換の一般形を示せ．
(2) 上の変換で原点が写り得る位置を示せ．

問題 3 平面のアフィン写像

$$\begin{pmatrix} x \\ y \end{pmatrix} \mapsto \begin{pmatrix} a & b \\ c & d \end{pmatrix} \begin{pmatrix} x \\ y \end{pmatrix} + \begin{pmatrix} x_0 \\ y_0 \end{pmatrix}$$

が点 $(1,1)$ を中心とする半径 1 の円周上の任意の点を同じ円周の点に写すための定数 a, b, c, d, x_0, y_0 の条件を記せ．

問題 4 (1) 方程式

$$\frac{x-1}{3} = \frac{y-2}{2} = \frac{z+5}{5}$$

が表す幾何図形はどんなものか？言葉で説明せよ．
(2) 上の図形の平面 $x+y+z=8$ 上への正射影像を求めよ．
(3) (1) の図形を (2) の平面に関して面対称に移動したもの (鏡映像) の方程式を示せ．

問題 5 (1) 3次元空間を平面 $x+y+z=0$ の上に正射影し，この平面を紙面と同一視したとき，空間の三つの座標軸が下図 1.12 のように見えるように，空間の点 (x,y,z) の平面の点 (X,Y) への対応の式を定めよ．ただし前者の原点が後者の原点に対応するものとする．

(2) 同じく，平面 $x-y+z=0$ への正射影が図 1.13 のように見えるような対応を定めよ．

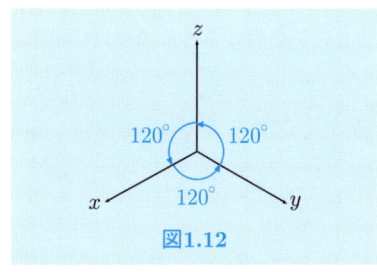
図1.12

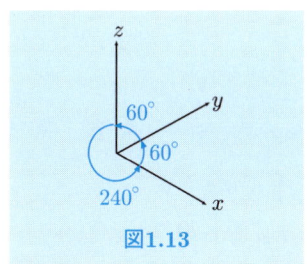
図1.13

問題 6 ベクトルの内積と外積 (あるいは行列式) の概念を用いて次の平面計算幾何の問題を解くためのアルゴリズムを与えよ．
(1) 二つのベクトルの成す角が鋭角か鈍角かを判定せよ．
(2) 3点 P, Q, R を通る折れ線がある．折れ線に沿ってこの順に進むとき，中間の点で角が右に折れるか左に折れるかを判定せよ．
(3) 有向線分 $\overrightarrow{PQ}$ で定まる向きづけられた直線に対して，点 R が左側にあるか，右側にあるかを判定せよ．
(4) 二つの線分が共通点を持つか否かを判定せよ．
(5) 点 R が三角形 ABC の内部にあるかどうかを判定せよ．

第 2 章
行列と連立 1 次方程式

この章では，一般のサイズのベクトルや行列の取扱い方を学びます．これに伴い，シグマ記号など，一般の行列を扱うのに必要とされる抽象的な記号法の訓練も始めます．

> ★ 質 問 ★　　なぜ高次元空間を？
>
> 平面は 2 次元，空間全体でも 3 次元なのに，なぜそれより大きなサイズのベクトルや行列が必要なの？

解答　次元は自由度です．必ずしも我々が住む世界の座標軸の数だけに限りません．例えば，建造物の変形の様子を調べるのに，建造物の中に沢山の点を選び，それらの動きを見ると，点の数 × 3 だけの自由度すなわち次元が必要となります．建造物の運動まで調べるには，各点の位置に加えて，更にその速度も必要となります．こうして巨大な次元のベクトルが必要となるのです．第 1 章の始めに述べた "力のベクトル" の怪も，力の "ベクトルとしての次元" と，それが働く剛体の "自由度という意味での次元" との不一致により生じたものです[1]．

■ 2.1　数ベクトルと演算

【数ベクトル】　4 次元以上になると，目では見えないので，代数的な表現法が有効になります．n 次元の**数ベクトル**とは，

$$\begin{pmatrix} x_1 \\ x_2 \\ \vdots \\ x_n \end{pmatrix} \tag{2.1}$$

の形に書かれた n 個の実数の列のことです．上をまとめて $\boldsymbol{x}$ あるいは $\vec{x}$ のよ

---

[1] これを解決するために，普通は**ベクトル場**という，ベクトルを空間に分布させた概念が使われます．有向線分とは違い，空間の異なる点に対応するベクトル同士の演算は行いません．

うに略記します．x_i は $\boldsymbol{x}$ の第 i 成分あるいは要素 (component) と呼ばれます．$\boldsymbol{x}$ は n 次元のベクトルですが，始点を原点とみなすと終点が空間の点を一意に定め，(2.1) はその座標ともみなすことができます[2)]．特に，原点に対応するのが**零ベクトル** $\boldsymbol{0} = \begin{pmatrix} 0 \\ \vdots \\ 0 \end{pmatrix}$ です．

n 次元数ベクトルの全体を $\boldsymbol{R}^n$ で表し，n 次元**数ベクトル空間**と呼びます．特に，記号 $\boldsymbol{R}^2$ は平面，また $\boldsymbol{R}^3$ は空間と同等なものになります．

🐰 以下では $\boldsymbol{R}^n$ は単なる記号だと思って全く差し支えありませんが，疑問に思った人のために記号の由来を説明しておきましょう．記号 $\boldsymbol{R}^2$ は $\boldsymbol{R} \times \boldsymbol{R}$ の略記です．一般に二つの集合 X, Y から得られる，これらの元のペアの全体の集合
$$X \times Y := \{(x, y) \mid x \in X, y \in Y\}$$
を X, Y の**直積** (direct product) と呼びます．$\boldsymbol{R} \times \boldsymbol{R}$ で平面を表すことを最初に思い付いたデカルトに敬意を表して，**デカルト積**と呼ぶこともあります (英語では彼の綴りの冠詞部分が省略され cartesian product となります)．指数の計算と同様，帰納法で n 個の直積 $\boldsymbol{R}^n := \boldsymbol{R} \times \cdots \times \boldsymbol{R}$ も定義できます．

数ベクトルに対する線形演算は，2 次元や 3 次元のときと同じです．

$$\text{加法}: \begin{pmatrix} x_1 \\ x_2 \\ \vdots \\ x_n \end{pmatrix} + \begin{pmatrix} y_1 \\ y_2 \\ \vdots \\ y_n \end{pmatrix} = \begin{pmatrix} x_1 + y_1 \\ x_2 + y_2 \\ \vdots \\ x_n + y_n \end{pmatrix}, \quad \text{スカラー倍}: \lambda \begin{pmatrix} x_1 \\ x_2 \\ \vdots \\ x_n \end{pmatrix} = \begin{pmatrix} \lambda x_1 \\ \lambda x_2 \\ \vdots \\ \lambda x_n \end{pmatrix}$$

$$\text{線形結合 (linear combination)}: \lambda \begin{pmatrix} x_1 \\ x_2 \\ \vdots \\ x_n \end{pmatrix} + \mu \begin{pmatrix} y_1 \\ y_2 \\ \vdots \\ y_n \end{pmatrix} = \begin{pmatrix} \lambda x_1 + \mu y_1 \\ \lambda x_2 + \mu y_2 \\ \vdots \\ \lambda x_n + \mu y_n \end{pmatrix}$$

要するに，"成分毎に計算せよ"です．これを組み合わせて，一般の個数のベクトルの線形結合 $\lambda_1 \boldsymbol{a}_1 + \cdots + \lambda_r \boldsymbol{a}_r$ も定義されます．

数ベクトルのまさに基本となるのが，**基本単位ベクトル**

$$\boldsymbol{e}_1 = \begin{pmatrix} 1 \\ 0 \\ \vdots \\ 0 \end{pmatrix}, \ \boldsymbol{e}_2 = \begin{pmatrix} 0 \\ 1 \\ 0 \\ \vdots \\ 0 \end{pmatrix}, \ \ldots, \ \boldsymbol{e}_i = \begin{pmatrix} 0 \\ \vdots \\ 0 \\ 1 \\ 0 \\ \vdots \\ 0 \end{pmatrix} \updownarrow i, \ \ldots, \ \boldsymbol{e}_n = \begin{pmatrix} 0 \\ \vdots \\ 0 \\ 1 \end{pmatrix} \quad (2.2)$$

[2)] 純粋数学や理論物理では，点とベクトルを厳密に区別することがあります．付録 A.1 参照．

です．これらは，各座標軸方向の長さ 1 のベクトルです．一般の数ベクトルはこれらの線形結合として一意的に表されます：

$$\begin{pmatrix} x_1 \\ x_2 \\ \vdots \\ x_n \end{pmatrix} = x_1 \begin{pmatrix} 1 \\ 0 \\ \vdots \\ 0 \end{pmatrix} + x_2 \begin{pmatrix} 0 \\ 1 \\ 0 \\ \vdots \\ 0 \end{pmatrix} + \cdots + x_n \begin{pmatrix} 0 \\ \vdots \\ 0 \\ 1 \end{pmatrix} \qquad (2.3)$$

以上はもっぱら縦ベクトルに関して説明しました．線形代数でも時に横ベクトルを使うことがありますが，計算法は縦ベクトルの場合と全く同様です．

【線形独立性】 3 次元空間に幾何学的ベクトルの集合があるとき，それらが空間の一般の位置にあるのか，それとも平面に含まれてしまうのかは，幾何学的推論では非常に重要でした．この概念を一般化するのが次の定義です：

> **定義 2.1** (数ベクトルの線形独立性)
>
> $\boldsymbol{a}_1, \ldots, \boldsymbol{a}_r$ が**線形独立** $\iff$ 任意の $(c_1, \ldots, c_r) \neq (0, \cdots, 0)$ に対し $c_1 \boldsymbol{a}_1 + \cdots + c_r \boldsymbol{a}_r \neq \boldsymbol{0}$
> $\iff c_1 \boldsymbol{a}_1 + \cdots + c_r \boldsymbol{a}_r = \boldsymbol{0}$ なら必ず $(c_1, \ldots, c_r) = (0, \cdots, 0)$
>
> $\boldsymbol{a}_1, \ldots, \boldsymbol{a}_r$ が**線形従属** $\iff$ ある $(c_1, \ldots, c_r) \neq (0, \cdots, 0)$ について $c_1 \boldsymbol{a}_1 + \cdots + c_r \boldsymbol{a}_r = \boldsymbol{0}$ となる

線形独立，線形従属 (linearly independent/dependent) は，それぞれ **1 次独立**，**1 次従属**とも訳されます．実は著者は講義では発音が短くて書きやすい "一次" を専ら使っていますが，本書では数学辞典に合わせて "線形" の方を採用しました．

線形従属はもちろん線形独立の否定です．否定命題を作るのが苦手な人が多いようですが，この例で確認してください．$\neq \boldsymbol{0}$ の否定が $= \boldsymbol{0}$ になるのは明らかでしょうが，"任意の" の否定は "ある" になることが，英文法の部分否定の概念などから日常の論理としても想像できるでしょう．線形独立に関する二つの主張は，互いに対偶の関係にあることが理解できれば，それらの同値性は明らかですね．特別な場合として，"たった一つのベクトルが線形独立とは，それが零ベクトルでないこと" というのが上の定義から導かれます．論理の練習として確認してみましょう．

直感的には，ベクトルが線形独立とは，ベクトルの個数より低い次元の部分

空間に収まってしまわないということです．この幾何学的説明から，n 次元空間では，線形独立なベクトルの最大個数が n 個で，$k < n$ 個の線形独立なベクトルは k 次元の部分空間を張ることが容易に納得できるでしょう．しかし，これらを厳密に示すには，むしろ次元とは何か，部分空間とは何か，の定義から始めなければなりません．そのような一般論は後でやるので，ここでは取り敢えず一般次元に対しては上の線形独立，線形従属の代数的な定義を認めて先へ進むこととし，直感が効く 2 次元と 3 次元のときにこれらの概念がどういう意味を持っているかを確認するだけにしておきましょう．

★ R^2 または R^3 において

二つのベクトル a, b が線形独立 $\iff$ これらが異なる方向を持つ．

二つのベクトル a, b が線形従属 $\iff$ ある $(\lambda, \mu) \neq (0,0)$ について
$\lambda a + \mu b = 0$

$\iff$ ある $\overset{ニュー}{\nu}$ について
$a = \nu b$ または $b = \nu a$

$\iff$ a, b が同じ方向を持つ

$\iff$ a, b が原点を通る一直線上に有る

★ R^3 において

三つのベクトル a, b, c が線形独立 $\iff$ これらをすべて含む平面は無い

三つのベクトル a, b, c が線形従属 $\iff$ ある $(\lambda, \mu, \nu) \neq (0,0,0)$ について
$\lambda a + \mu b + \nu c = 0$

$\iff$ ある μ, ν について $a = \mu b + \nu c$
または $b = \mu a + \nu c$
または $c = \mu a + \nu b$

$\iff$ a, b, c が原点を通る同一平面内に有る

最後の場合においては，三つのベクトルが更に縮退して同一直線上にあるかもしれないということを排除はしていません．少なくとも同一平面内に収まってしまうと言っているだけです．

問 2.1 次のようなベクトルの計算をせよ．
$$3 \begin{pmatrix} 1 \\ 0 \\ -2 \\ 2 \end{pmatrix} - 2 \begin{pmatrix} -1 \\ -2 \\ 4 \\ 1 \end{pmatrix} + 5 \begin{pmatrix} 0 \\ 1 \\ 1 \\ -1 \end{pmatrix}$$

2.2 一般の行列

【線形写像と行列】 一般の (m,n) 型行列 (matrix) とは，mn 個の数 a_{ij} を

$$A := \begin{pmatrix} a_{11} & \cdots & a_{1n} \\ \vdots & & \vdots \\ a_{m1} & \cdots & a_{mn} \end{pmatrix} \tag{2.4}$$

の形に 2 次元的に配列したものです．$m \times n$ 型とも書きます．a_{ij} は行列 A の第 (i,j) 成分あるいは要素 (entry) と呼ばれます．最初の添え字 i が行 (row) 番号，第 2 の添え字 j が列 (column) 番号です[3]．コンピュータプログラムでも，行列はまさにこのような 2 次元配列として扱われます．情報科学ではデータに構造を持たせることが非常に重要ですが，行列は最も古典的なデータ構造の一種です．なぜこのように 2 次元的に書くのが便利なのでしょう？ それは行列が線形写像の表現となっているからです．$\bm{R}^n$ から $\bm{R}^m$ への**線形写像** (linear mapping) とは，成分が座標の 1 次同次式で表されるような写像のことです：

$$\begin{cases} y_1 = a_{11}x_1 + \cdots + a_{1n}x_n, \\ \cdots\cdots\cdots \\ y_m = a_{m1}x_1 + \cdots + a_{mn}x_n \end{cases} \tag{2.5}$$

これを変数を省略して書けば，第 1 章で 2 次行列のときにやったような行列のベクトルへの作用

$$\bm{x} := \begin{pmatrix} x_1 \\ \vdots \\ x_n \end{pmatrix} \longmapsto \bm{y} := \begin{pmatrix} y_1 \\ \vdots \\ y_m \end{pmatrix} = A\bm{x} = \begin{pmatrix} a_{11} & \cdots & a_{1n} \\ \vdots & & \vdots \\ a_{m1} & \cdots & a_{mn} \end{pmatrix} \begin{pmatrix} x_1 \\ \vdots \\ x_n \end{pmatrix}$$

が自然に導かれるのです．(2.4) は線形写像 (2.5) の表現行列と呼ばれます．それはまた，(2.5) の右辺の一次式たちの**係数行列**とも呼ばれます．

一般に，写像を表記するのによく

$$\begin{array}{ccc} \bm{R}^n & \xrightarrow{A} & \bm{R}^m \\ \cup & & \cup \\ \bm{x} & \longmapsto & A\bm{x} \end{array}$$

---

[3] 行が横のカウンター，列が縦のカウンターであることを記憶するのに，著者は子供の頃，"平行，直列"と覚えました．

のような略記法を用います．これは写像 $A : \boldsymbol{R}^n \to \boldsymbol{R}^m$ により，代表的な元 $\boldsymbol{x} \in \boldsymbol{R}^n$ が $A\boldsymbol{x} \in \boldsymbol{R}^m$ に行くのだということを表しています．⋃ は ∈ を縦に使ったものです．

$m = n$ のとき，(2.4) は**正方行列**となります．正方行列は，特に，同じ空間に働く写像の表現としても重要です．

行列の和は同じところに働く二つの線形写像を足し算したものに対応します：

$$\begin{array}{ccc} \boldsymbol{R}^n & \overset{\overset{A}{\longrightarrow}}{\underset{B}{\longrightarrow}} & \boldsymbol{R}^m \\ \cup & & \cup \\ \boldsymbol{x} & \mapsto & \boldsymbol{y} = A\boldsymbol{x} \\ & \mapsto & \boldsymbol{z} = B\boldsymbol{x} \end{array}, \quad \text{ここに } A \text{ は (2.4) と同じ}, \ B = \begin{pmatrix} b_{11} & \cdots & b_{1n} \\ \vdots & & \vdots \\ b_{m1} & \cdots & b_{mn} \end{pmatrix}$$

と書いたとき

$$C = A + B := \begin{pmatrix} a_{11} + b_{11} & \cdots & a_{1n} + b_{1n} \\ \vdots & & \vdots \\ a_{m1} + b_{m1} & \cdots & a_{mn} + b_{mn} \end{pmatrix} \qquad (2.6)$$

これは (2.5) と

$$\begin{cases} z_1 = b_{11}x_1 + \cdots + b_{1n}x_n, \\ \cdots\cdots\cdots \\ z_m = b_{m1}x_1 + \cdots + b_{mn}x_n \end{cases}$$

を対応する式同士加えた結果を行列で表したものとなっています．

行列の積は線形写像の合成に対応します：

$$\begin{array}{ccccc} \boldsymbol{R}^n & \overset{A}{\longrightarrow} & \boldsymbol{R}^m & \overset{B}{\longrightarrow} & \boldsymbol{R}^l \\ \cup & & \cup & & \cup \\ \boldsymbol{x} & \mapsto & \boldsymbol{y} & \mapsto & \boldsymbol{z} \end{array} \iff \boldsymbol{z} = B\boldsymbol{y} = B(A\boldsymbol{x}) = C\boldsymbol{x}$$

と書いたとき

$$\begin{aligned} C = BA &:= \begin{pmatrix} b_{11} & \cdots & b_{1m} \\ \vdots & & \vdots \\ b_{l1} & \cdots & b_{lm} \end{pmatrix} \begin{pmatrix} a_{11} & \cdots & a_{1n} \\ \vdots & & \vdots \\ a_{m1} & \cdots & a_{mn} \end{pmatrix} \\ &= \begin{pmatrix} b_{11}a_{11} + \cdots + b_{1m}a_{m1} & \cdots & b_{11}a_{1n} + \cdots + b_{1m}a_{mn} \\ \vdots & & \vdots \\ b_{l1}a_{11} + \cdots + b_{lm}a_{m1} & \cdots & b_{l1}a_{1n} + \cdots + b_{lm}a_{mn} \end{pmatrix} \end{aligned} \qquad (2.7)$$

これは (2.5) を
$$\begin{cases} z_1 = b_{11}y_1 + \cdots + b_{1m}y_m, \\ \cdots\cdots\cdots \\ z_l = b_{l1}y_1 + \cdots + b_{lm}y_m \end{cases}$$
に代入して計算した結果を行列で表したものです．これを確かめるのは第 1 章でやった 2 次行列の場合と同様ですが，ひどく面倒な計算になるし，$\cdots$ で省略するのは気持が悪いので，普通はシグマ記号を用いて証明します．ただし，この計算はシグマ記号が 2 重に出てくる，高校ではまだ練習したことが無いものなので，次の節でシグマ記号の訓練をしてからにしましょう．

問 2.2 次のような行列の計算をせよ．またその線形写像としての意味を説明せよ．
$$\begin{pmatrix} 2 & 3 & 4 & 5 \\ 1 & 2 & 3 & 4 \\ -1 & 1 & -1 & 2 \end{pmatrix} \begin{pmatrix} 1 & -1 \\ -2 & 4 \\ 2 & -1 \\ 1 & 1 \end{pmatrix} + \begin{pmatrix} -3 & 1 \\ 2 & 1 \\ 1 & 1 \end{pmatrix}$$

【行列演算の性質】 写像としての行列が持つ基本的な性質が次の "線形性" です．(2.5) からほとんど明らかなことですが，厳密に示すにはこれにもシグマ記号が必要です．

補題 2.1 (行列の線形性)
$$A(\lambda \boldsymbol{x} + \mu \boldsymbol{y}) = \lambda A\boldsymbol{x} + \mu A\boldsymbol{y}$$

更に，二つの行列が等しいかどうかの判定によく使われるのが次の原理です；

補題 2.2 (行列の相等性判定)
$$A = B \iff 任意の \boldsymbol{x} について A\boldsymbol{x} = B\boldsymbol{x}$$

これは写像の相等性に関して広く一般に成り立つことですが，行列の場合は次の性質を用いた説明も有用です．

―― 行列の第 i 列の取り出し ――
$$A\boldsymbol{e}_i = A の第 i 列$$

よって，補題 2.2 の右辺において $\boldsymbol{x} = \boldsymbol{e}_i$ ととれば，これから A, B の第 i 列が一致することが分かります．

行列同士の演算が満たす規則を正方行列の場合にまとめておきましょう．同様の規則は，演算が定義できさえすれば，長方形の行列の間でも成り立ちます．

2.2 一般の行列

命題 2.3 n 次正方行列の全体は和と積に関して以下の性質を満たす．n 次正方行列の全体にこれらの演算を合わせて考えたものを**行列環**と呼ぶ．

(1) 和の性質：

- ♣ 和の交換法則．$A + B = B + A$
- ♣ 和の結合法則．$(A + B) + C = A + (B + C)$
- ♣ 零元の存在．零行列 $O = \begin{pmatrix} 0 & \cdots & 0 \\ \vdots & \ddots & \vdots \\ 0 & \cdots & 0 \end{pmatrix}$ は任意の行列 A に対し $A + O = A$ を満たす．
- ♣ 和の逆元の存在．A の全成分の符号を変えたもの $-A$ は $A + (-A) = O$ を満たす．

(2) 積の性質：

- ♣ 積の結合法則．$(AB)C = A(BC)$
- ♣ 単位元の存在．単位行列 $E = \begin{pmatrix} 1 & 0 & \cdots & 0 \\ 0 & \ddots & \ddots & \vdots \\ \vdots & \ddots & \ddots & 0 \\ 0 & \cdots & 0 & 1 \end{pmatrix}$ は任意の行列 A に対し $AE = EA = A$ を満たす．

(3) 和と積の関係：

- ♣ 分配法則．$A(B + C) = AB + AC,\ (A + B)C = AC + BC$．

これらの規則は，行列の演算が対応する線形写像の演算から導かれたものであるということさえ認めれば，一般の写像が持つ性質からどれも容易に証明できるものです．例えば，積の結合法則は写像の合成規則そのものですし，分配法則は，任意の $\boldsymbol{x}$ について

$$\{A(B+C)\}(\boldsymbol{x}) \underset{\text{行列積の定義}}{=} A\{(B+C)\boldsymbol{x}\} \underset{\text{行列和の定義}}{=} A(B\boldsymbol{x} + C\boldsymbol{x})$$
$$\underset{\text{線形性}}{=} A(B\boldsymbol{x}) + A(C\boldsymbol{x}) \underset{\text{行列積の定義}}{=} (AB)\boldsymbol{x} + (AC)\boldsymbol{x}$$
$$\underset{\text{行列和の定義}}{=} (AB + AC)(\boldsymbol{x})$$

よって $A(B + C) = AB + AC$，という具合です．抽象的な思考に慣れないうちは，このような推論よりも，面倒だが直接行列の計算をして確かめた方が分かりやすいかもしれません．次の節でそのような計算の例を示します．ここではその他も同様に確かめられることを信じておきましょう．

一般に**環**とは，和と積の二つの演算が定義され上のような規則を満たすもの

のことを言います[4]. 難しい用語だと思う必要はありません. 行列の演算の性質を引用するのに, いつも上をすべて繰り返さねばならないところを, 一言 "環" というだけで済んでしまうという, 魔法の言葉なのです. 環においては, 引き算 $A - B$ は加法の逆演算 $A + (-B)$ として常に可能ですが, 割り算は必ずしもできるとは限りません. 環の例としては整数の全体 $\mathbf{Z}$ が普通の和と積に関して成す環 (有理整数環) とか, 実係数の 1 変数多項式全体が多項式の演算に関して成す環 (1 変数多項式環) などの方が基本的で, かつなじみ深いのですが, 行列環はこれらの場合とは以下のような点で異なっています.

★ 積は必ずしも (実はほとんどの場合) 可換でない. すなわち, 積の因子の順序を交換すると結果が違ったものになる. 例えば,

$$\begin{pmatrix} 1 & 2 \\ 3 & 4 \end{pmatrix} \begin{pmatrix} 1 & 0 \\ 1 & 0 \end{pmatrix} = \begin{pmatrix} 3 & 0 \\ 7 & 0 \end{pmatrix} \neq \begin{pmatrix} 1 & 0 \\ 1 & 0 \end{pmatrix} \begin{pmatrix} 1 & 2 \\ 3 & 4 \end{pmatrix} = \begin{pmatrix} 1 & 2 \\ 1 & 2 \end{pmatrix}.$$

★ 零元以外でも積に関する逆元は必ずしも存在しない. そればかりか, 零因子(ゼロいんし), すなわち, $A \neq O, B \neq O$ だが $AB = O$ となるものが存在する. 例えば,

$$\begin{pmatrix} 1 & 0 \\ 1 & 0 \end{pmatrix} \begin{pmatrix} 0 & 0 \\ 1 & 1 \end{pmatrix} = \begin{pmatrix} 0 & 0 \\ 0 & 0 \end{pmatrix}.$$

🐰 一般に代数学では, $BA = E$ なる B を A の**左逆**, $AC = E$ なる C を A の**右逆**と呼びます. 両方存在すれば一致して真の逆となることは, 結合法則だけから導けるので, 非常に一般に成り立つことです:

$$B = BE = B(AC) = (BA)C = EC = C.$$

真の逆は存在すればただ一つであることも一般に言えます (上と同じ計算です). 非可換環の場合, 一般には片方だけの逆が存在しても真の逆は存在すると限りませんが, 行列環の場合は, 構造の特殊性により, 左または右逆は自動的に真の逆となります. これは後で次元公式を用いて証明される大定理です.

行列の冪乗 A^n は, 普通の数の場合と同様, $\underbrace{A \times \cdots \times A}_{n 個}$ のことです. 更に, A^{-1} が存在するときは, $(A^{-1})^n$ は A^n の逆元 $(A^n)^{-1}$ となることが分かるので, 普通この元を A^{-n} と略記し, また $A^0 = E$ と規約することにより, すべての整数 n に対して冪乗が定義され, これに関して**指数法則** $A^m \times A^n = A^{m+n}$

---

[4] ただし, 全く一般の環では乗法の単位元は必ずしも存在しなくてもよい.

が成り立ちます．

問 2.3 行列の冪乗を n に関する帰納法で厳密に定義してみよ．また，行列の負冪に関して上に述べられたことを確かめ，指数法則を証明せよ．

【**複素数のベクトルと行列**】 ベクトルや行列の成分を時には複素数にして議論する必要が出てきます．実数 $\boldsymbol{R}$ の代わりに複素数の全体 $\boldsymbol{C}$ をスカラーとして，複素数の数ベクトルや行列

$$\boldsymbol{z} = \begin{pmatrix} z_1 \\ \vdots \\ z_n \end{pmatrix} = \begin{pmatrix} x_1 \\ \vdots \\ x_n \end{pmatrix} + i \begin{pmatrix} y_1 \\ \vdots \\ y_n \end{pmatrix},$$

$$\begin{pmatrix} \alpha_{11} & \cdots & \alpha_{1n} \\ \vdots & & \vdots \\ \alpha_{m1} & \cdots & \alpha_{mn} \end{pmatrix} = \begin{pmatrix} a_{11} & \cdots & a_{1n} \\ \vdots & & \vdots \\ a_{m1} & \cdots & a_{mn} \end{pmatrix} + i \begin{pmatrix} b_{11} & \cdots & b_{1n} \\ \vdots & & \vdots \\ b_{m1} & \cdots & b_{mn} \end{pmatrix}$$

などを考えるのです．ベクトルや行列の計算はそれらの成分の四則演算だけで定義されたので，成分が複素数になっても実数の場合と全く同じにでき，わざわざ実部と虚部に分ける必要はありませんが，次元を数えるときだけは注意しましょう．すなわち，n 次元の複素数ベクトル空間 $\boldsymbol{C}^n$ は実では $2n$ 次元の空間 $\boldsymbol{R}^{2n}$ となります．特に，複素平面は $\boldsymbol{R}^2$ と同一視されましたが，$\boldsymbol{C}$ 上では 1 次元なのです．これを複素直線と呼ぶことがあります[5]．あまり難しいことは気にせず，もし複素数を成分とするベクトルや行列が出て来ても，怪しまずに普通に計算してくれれば結構です．

■ 2.3 シグマ記号の練習

シグマ記号は，線形代数でよく使われます．これは一般次元の行列計算を成分で表すときに必須のものです．この記号は高校でも習っていますが，線形代数ではより複雑なものが必要になります．後々線形代数の内容でなく，その表記法でつまずいてしまわないように，ここで少し練習しておきましょう[6]．

---

[5] 高校の教科書で，昔 "複素平面" と言っていたものが，ある時期から "複素数平面" に変わったのは，指導要領の改定に関わったさる高名な代数幾何学者が，"複素平面は $\boldsymbol{C}^2$ のことで $\boldsymbol{C}$ は直線だ" と叫んだためだったという噂です (^^;．

[6] ただし，本書では，次の章に出てくる行列式の全展開式など，本当に必要やむを得ない場合を除き，シグマ記号を使うのを遠慮しています．学生が本当に苦手のようだからです．従ってシグマ記号が嫌いな人は取り敢えず飛ばして次の節に進んでも構いませんが，これをマスターしておくと快適な人生が得られます (^^;．

例 2.1 (シグマ記号の使用例) (1) 等差級数の和の公式は,
$$\sum_{i=1}^{n}(ai+b) = a\sum_{i=1}^{n}i + b\sum_{i=1}^{n}1 = a\frac{n(n+1)}{2} + bn = \frac{n\{(a+b)+(na+b)\}}{2}$$
ここで $\sum_{i=1}^{n} i$ に対する公式を用いましたが,この和は,頭から加えても尻尾から加えても同じ値なので,
$$S := \sum_{i=1}^{n} i = \sum_{i=1}^{n}(n+1-i) = (n+1)\sum_{i=1}^{n}1 - \sum_{i=1}^{n} i = n(n+1) - S$$
$$\therefore \quad S = \frac{n(n+1)}{2}.$$
この導出法は,Gauss(ガウス)が小学生のときに発見したアイデアをシグマ記号で再現したものです。他に,
$$\sum_{i=1}^{n} i^2 = \sum_{i=1}^{n}(i+1)^2 + 1 - (n+1)^2$$
$$= \sum_{i=1}^{n} i^2 + 2\sum_{i=1}^{n} i + \sum_{i=1}^{n} 1 + 1 - (n+1)^2$$
$$\therefore \quad \sum_{i=1}^{n} i = \frac{(n+1)^2 - n - 1}{2} = \frac{n(n+1)}{2}$$
という導き方もあり,これを使うと帰納的に $\sum_{i=1}^{n} i^k$ の公式が任意の k に対して導けます。

(2) p.30 の線形写像を成分で書くと $y_i = \sum_{j=1}^{n} a_{ij}x_j, \ i=1,\ldots,m$ となります。

(3) (2.7) の行列の積 BA の第 (i,j) 成分は $c_{ij} = \sum_{k=1}^{m} b_{ik}a_{kj}, \ i=1,\ldots,l, \ j=1,\ldots,n$ となります。

(4) 正方行列の**トレース** (trace) とは,主対角成分の和 $\mathrm{tr}\,A := \sum_{i=1}^{n} a_{ii}$ のことです。ここで,主対角成分とは,行列の**主対角線** (principal diagonal),すなわち,左上の a_{11} から右下の a_{nn} に到る線の上にある成分をいいます。なお,もう一つの対角線はめったに使われないので,主対角の主はしばしば略されます。

2.3 シグマ記号の練習

(5) n 次の一般の 1 変数多項式は $\sum_{k=0}^{n} a_k x^{n-k} = a_0 x^n + a_1 x^{n-1} + \cdots + a_n$ と表されます.

(6) 中学で習った多項式の積の展開を，シグマ記号で書き直してみると

$$
\begin{aligned}
&(a_1 + \cdots + a_m)(b_1 + \cdots + b_n) & &\sum_{j=1}^{m} a_j \sum_{k=1}^{n} b_k \\
&= a_1(b_1 + \cdots + b_n) + \cdots + a_m(b_1 + \cdots + b_n) & &= \sum_{j=1}^{m} \Big(a_j \sum_{k=1}^{n} b_k \Big) \\
&= (a_1 b_1 + \cdots + a_1 b_n) + \cdots + (a_m b_1 + \cdots + a_m b_n) & &= \sum_{j=1}^{m} \Big(\sum_{k=1}^{n} a_j b_k \Big) \\
&= a_1 b_1 + \cdots + a_1 b_n + \cdots + a_m b_1 + \cdots + a_m b_n & &= \sum_{j=1}^{m} \sum_{k=1}^{n} a_j b_k \\
&= a_1 b_1 + \cdots + a_m b_1 + \cdots + a_1 b_n + \cdots + a_m b_n & &= \sum_{k=1}^{n} \sum_{j=1}^{m} a_j b_k \\
&= (a_1 b_1 + \cdots + a_m b_1) + \cdots + (a_1 b_n + \cdots + a_m b_n) & &= \sum_{k=1}^{n} \Big(\sum_{j=1}^{m} a_j b_k \Big) \\
&= (a_1 + \cdots + a_m) b_1 + \cdots + (a_1 + \cdots + a_m) b_n & &= \sum_{k=1}^{n} \Big(\sum_{j=1}^{m} a_j \Big) b_k \\
&= (a_1 + \cdots + a_m)(b_1 + \cdots + b_n) & &= \sum_{j=1}^{m} a_j \sum_{k=1}^{n} b_k
\end{aligned}
$$

つまり，シグマ記号の位置を動かすことが，中学で習った式の展開や因数分解に相当しているのです．特に，因数分解は $\sum_{k=1}^{n} b_k$ という，添え字 i には依存しない項を，i に関するシグマ記号の外に出す操作に相当しています．なお，和の順序は変えても結果が変わらないので，普通は $\sum_{k=1}^{n} \sum_{j=1}^{m} a_j b_k$ と $\sum_{j=1}^{m} \sum_{k=1}^{n} a_j b_k$ をそう神経質に区別はしません．

シグマ記号を用いた証明の練習をしてみましょう．

例題 2.1 合成写像の表現行列が，行列の積 (2.7) で与えられることを確かめよ．

解答 各 $i = 1, 2, \ldots, l$ について

$$z_i = \sum_{j=1}^{m} b_{ij} y_j = \sum_{j=1}^{m} \left(b_{ij} \sum_{k=1}^{n} a_{jk} x_k \right) = \sum_{j=1}^{m} \sum_{k=1}^{n} b_{ij} a_{jk} x_k$$

$$= \sum_{k=1}^{n} \left(\sum_{j=1}^{m} b_{ij} a_{jk} \right) x_k = \sum_{k=1}^{n} c_{ik} x_k \qquad \square$$

例題 2.2 命題 2.3 における分配法則と積の結合法則を確かめよ．

解答 一般に，行列 A の第 (i, j) 成分を A_{ij} で表すとき，

$$\{(A+B)C\}_{ij} = \sum_{k}(A_{ik} + B_{ik})C_{kj} = \sum_{k}(A_{ik}C_{kj} + B_{ik}C_{kj})$$

$$= \sum_{k} A_{ik}C_{kj} + \sum_{k} B_{ik}C_{kj} = (AC)_{ij} + (BC)_{ij}$$

により，分配法則が確かめられた．同様に，

$$\{(AB)C\}_{ij} = \sum_{k}(AB)_{ik}C_{kj} = \sum_{k}\left(\sum_{l} A_{il}B_{lk}\right)C_{kj}$$

$$= \sum_{k}\left(\sum_{l} A_{il}B_{lk}C_{kj}\right) = \sum_{k}\sum_{l} A_{il}B_{lk}C_{kj},$$

$$\{A(BC)\}_{ij} = \sum_{k} A_{ik}(BC)_{kj} = \sum_{k} A_{ik}\left(\sum_{l} B_{kl}C_{lj}\right)$$

$$= \sum_{k}\left(\sum_{l} A_{ik}B_{kl}C_{lj}\right) = \sum_{k}\sum_{l} A_{ik}B_{kl}C_{lj}$$

ここで，和に関わる添え字 (running index, 論理学では束縛変数という) は何を用いても意味が変わらないので，下の方の表現で k と l を交換すれば上の方の表現と一致する． $\square$

シグマ記号に関連して特殊記号を一つ導入しておきましょう．物理の先生はこの記号が大好きで，これを教えておかないと線形代数を教えたと認めてくれません．(^^;;

定義 2.2 Kronecker のデルタ

$$\delta_{ij} = \begin{cases} 1, & i = j \text{ のとき} \\ 0, & i \neq j \text{ のとき} \end{cases}$$

これは単位行列 E の成分である：

$$AE = A \iff \sum_{k=1}^{n} a_{ik}\delta_{kj} = a_{ij}, \qquad i,j = 1,\ldots,n$$

Einstein の規約　Einstein は一般相対性理論を展開した際，頻出するシグマ記号が煩わしいので，2 度繰り返して現れる添え字についてはシグマ記号がなくても総和を取るものと規約する表記法を考え出しました[7]．

使用例：$c_{ij} = b_{ik}a_{kj}$．ここでは k が重なっているので，k について加える．添え字 k が動く範囲は文脈から想像できるものとする．

普通の数学の本ではこの規約は使われません．例外的に微分幾何の一部の分野で使われています．本書でも使いませんが，将来出会うかもしれないので，"こういうものがあるんだ" くらいは覚えておきましょう．

問 2.4 次の和を計算せよ．

(1) $\displaystyle\sum_{i=1}^{n}\sum_{j=1}^{n} ij$　(2) $\displaystyle\sum_{i=1}^{n}\sum_{j=1}^{n} i^2$　(3) $\displaystyle\sum_{i,j=1}^{n}(i+j)^2$　(4) $\displaystyle\sum_{i=1}^{n} i^3$　(5) $\displaystyle\sum_{1\leq i < j \leq n}(j-i)$

問 2.5 次のように成分表示された線形写像の表現行列を与えよ．いずれも $i = 1,\ldots,n$ である．

(1) $y_i = \displaystyle\sum_{j=1}^{n}(i+j)x_j$　(2) $y_i = \displaystyle\sum_{j=i}^{n} x_j$　(3) $y_i = \displaystyle\sum_{j=1}^{n} a^{(i-1)(j-1)} x_j$

問 2.6 二つの正方行列 A, B について $\mathrm{tr}(AB) = \mathrm{tr}(BA)$ となることを成分計算で確かめよ．

問 2.7 $\displaystyle\sum_{i=1}^{l}\sum_{j=1}^{m}\sum_{k=1}^{n} a_{ij}\delta_{jk}a_{ki}\delta_{ij}$ を簡単にせよ．ただし δ_{ij} はクロネッカーのデルタを表す．

問 2.8 二つの多項式 $\displaystyle\sum_{i=0}^{m} a_i x^{m-i}$, $\displaystyle\sum_{j=0}^{n} b_j x^{n-j}$ の積における x^k の係数を求めよ．

---

[7] 厳密には，更に上付きと下付きの添え字を区別し，総和は上下の添え字の対に対してとられます．

2.4 行列の基本変形

【消去法と基本変形】 行列の基本変形は，線形代数の初歩の段階で最も大切な演算です．まず，理解しやすい行基本変形についてその意義を説明します．中学でやったような，決定系の (すなわち解が一つに定まるような) 連立 1 次方程式

$$\begin{cases} a_{11}x_1 + \cdots + a_{1n}x_n = b_1, \\ \cdots\cdots\cdots \\ a_{n1}x_1 + \cdots + a_{nn}x_n = b_n \end{cases}$$

は，(ガウスの) **消去法** (elimination method) と呼ばれる手続き，すなわち，

(1) ある方程式の両辺から共通因子を取り去る (i.e. 零でない数 λ を係数に一斉に掛ける)；
(2) ある方程式を他の方程式から引く (あるいは，ある方程式を他の方程式に加える)；
(3) 二つの方程式を書く順番を上下に入れ換える

という操作を繰り返すことにより，

$$\begin{cases} x_1 = c_1, \\ \cdots \\ x_n = c_n \end{cases}$$

という形に解けるのでした．実際には，(1) と (2) を複合した．

(4) ある方程式の何倍かを他の方程式から引く (あるいは加える)

という操作もよく用いられます．この計算を，具体的な例により，方程式に対する通常の解法演算と，方程式の係数および右辺の値だけ取り出して作った行列 (**拡大係数行列**) に対する行列演算とを左右で対比させながら書くと，以下のようになります[8]：

---

[8] 左側の表記法においては，単に方程式を解くだけなら，方程式の並べ替えをしたり，変化しない方程式を一々書き写したりするのは無駄ですが，ここでは係数行列の変化に合わせて丁寧に書きました．連立方程式を解くのが苦手な中学生は，計算して新しい方程式が次々と出て来たときに，そのうちのどれとどれを組み合わせればよいのかが分からなくなることが多いのですが，このように丁寧に書けばその心配もありません．

2.4 行列の基本変形

$$\begin{cases} x_1 + 2x_2 - x_3 = -1 \\ 2x_1 + 4x_2 - x_3 = -1 \\ x_1 + 3x_2 + x_3 = 2 \end{cases} \qquad \begin{pmatrix} 1 & 2 & -1 & | & -1 \\ 2 & 4 & -1 & | & -1 \\ 1 & 3 & 1 & | & 2 \end{pmatrix}$$

$\xrightarrow[\text{第3式 − 第1式}]{\text{第2式 − 第1式 ×2}}$ $\begin{cases} x_1 + 2x_2 - x_3 = -1 \\ \qquad\qquad\ x_3 = 1 \\ \qquad x_2 + 2x_3 = 3 \end{cases}$ $\xrightarrow[\text{第3行 − 第1行}]{\text{第2行 − 第1行 ×2}}$ $\begin{pmatrix} 1 & 2 & -1 & | & -1 \\ 0 & 0 & 1 & | & 1 \\ 0 & 1 & 2 & | & 3 \end{pmatrix}$

$\xrightarrow[\text{交換}]{\text{第2式と第3式を}}$ $\begin{cases} x_1 + 2x_2 - x_3 = -1 \\ \qquad x_2 + 2x_3 = 3 \\ \qquad\qquad\ x_3 = 1 \end{cases}$ $\xrightarrow[\text{交換}]{\text{第2行と第3行を}}$ $\begin{pmatrix} 1 & 2 & -1 & | & -1 \\ 0 & 1 & 2 & | & 3 \\ 0 & 0 & 1 & | & 1 \end{pmatrix}$

$\xrightarrow[\text{第2式 − 第3式 ×2}]{\text{第1式 + 第3式}}$ $\begin{cases} x_1 + 2x_2 \quad\ \ = 0 \\ \qquad x_2 \quad\ \ = 1 \\ \qquad\quad\ x_3 = 1 \end{cases}$ $\xrightarrow[\text{第2行 − 第3行 ×2}]{\text{第1行 + 第3行}}$ $\begin{pmatrix} 1 & 2 & 0 & | & 0 \\ 0 & 1 & 0 & | & 1 \\ 0 & 0 & 1 & | & 1 \end{pmatrix}$

$\xrightarrow{\text{第1式 − 第2式 ×2}}$ $\begin{cases} x_1 \quad\qquad\quad\ \ = -2 \\ \quad\ x_2 \quad\ \ = 1 \\ \qquad\quad x_3 = 1 \end{cases}$ $\xrightarrow{\text{第1行 − 第2行 ×2}}$ $\begin{pmatrix} 1 & 0 & 0 & | & -2 \\ 0 & 1 & 0 & | & 1 \\ 0 & 0 & 1 & | & 1 \end{pmatrix}$

行列の中に縦棒が入っているのは,方程式の係数部分(係数行列)と右辺を表す拡大部分とを区別する習慣から来ていますが,行列演算の際には縦棒は有っても無くても同じです.この解法手続きは,次のようなステップから構成されていることに注意しましょう.

① x_1 の係数 (1 列目の成分) が 0 でない方程式 (行) を適当に選び,それを 1 番上に移動し,その何倍かを他の方程式 (行) から引いて,変数 x_1 (第 1 列の成分) を他の方程式 (行) から無くす.

② 2 番目以降の方程式 (行) から x_2 の係数 (2 列目の成分) が 0 でない方程式 (行) を適当に選び,それを 2 番目に移動し,それを基に x_2 (第 2 列の成分) を他の方程式 (行) から無くす.

③ 以下同様にすべての方程式 (行) が処理されるまで続ける.

ここで,消去のもとになる方程式 (行) を選ぶことを**ピボットの選択**と呼び,それを用いて消去演算を施すことを,この方程式 (行) で**掃き出す**といいます.

【**基本変形と基本行列**】 以上の計算を抽象化して,行列の基本変形を定義します.列基本変形の意義は行基本変形よりも高級ですが,その説明は後回しにして,ここでは単に似たような計算として一緒に導入してしまいましょう.

定義 2.3 行列 A の**行基本変形** (左基本変形) とは以下のような変形を言う：

(1) A の第 i 行をスカラー $\lambda \neq 0$ 倍する．
(2) A の第 i 行を第 j 行に加える．
(3) A の第 i 行と第 j 行を交換する．

(1) – (2) の複合演算として

(4) A の第 i 行の λ 倍を A の第 j 行に加える．

上で "行" を一斉に "列" に替えれば，**列基本変形** (右基本変形) の定義となる．

単にこうした計算をするだけでは，連立1次方程式が行列に変わっただけで，内容にあまり変化は無く，せいぜい，中学生から高校生への進化程度です．大学生への進化は，基本変形を行列の演算として理解することにあります．そのため，まず**基本行列**と呼ばれる特殊な形をした行列の作用の仕方を調べます．

① $\begin{pmatrix} \lambda & 0 & \cdots & 0 \\ 0 & \lambda & \ddots & \vdots \\ \vdots & \ddots & \ddots & 0 \\ 0 & \cdots & 0 & \lambda \end{pmatrix}$ 　**スカラー倍**
これが作用する行列のすべての成分を λ 倍する．
すべての行列と可換．

②
$i)$ $\begin{pmatrix} 1 & 0 & \cdots\cdots & \overset{i}{\cdots}\cdots\cdots & 0 \\ 0 & \ddots & & & \vdots \\ \vdots & & 1 & & \vdots \\ & & & \lambda & \\ \vdots & & & & 1 & & \vdots \\ & & & & & \ddots & 0 \\ 0 & \cdots\cdots\cdots\cdots\cdots & 0 & 1 \end{pmatrix}$ 　左から作用すると第 i 行だけを λ 倍し，
右から作用すると第 i 列だけを λ 倍する．

③
$i)$
$j)$
$\begin{pmatrix} 1 & 0 & \cdots & \overset{i}{0} & & \overset{j}{0} & \cdots & 0 \\ 0 & \ddots & 1 & \vdots & & & & \vdots \\ 0 & \cdots & 0 & 1 & 0 & \cdots & 0 & 0 & 0 & \cdots & 0 \\ \vdots & & & 0 & 1 & \ddots & & & & & \vdots \\ \vdots & & & & \ddots & \ddots & 1 & & & & \vdots \\ 0 & \cdots & 0 & 1 & 0 & \cdots & 0 & 1 & & & \vdots \\ \vdots & & & & & & & 1 & \ddots & 0 \\ 0 & \cdots & \cdots & \cdots & \cdots & \cdots & 0 & 1 \end{pmatrix}$ 　単位行列の第 (j,i) 成分を
1 に変えたもの．
A に左から作用すると，
A の第 i 行を第 j 行に加える．
A に右から作用すると，
A の第 j 列を第 i 列に加える．

2.4 行列の基本変形

④
$$\begin{pmatrix} 1 & 0 & \cdots & \overset{i}{0} & \cdots & \overset{j}{0} & \cdots & 0 \\ 0 & \ddots & 1 & & & & & \vdots \\ 0 & \cdots & 0 & 0 & 0 & \cdots & 0 & 1 & 0 & \cdots & 0 \\ \vdots & & & 1 & \ddots & & & \vdots \\ & & & & \ddots & 1 & & \\ 0 & \cdots & 0 & 1 & 0 & \cdots & 0 & 0 & & & \vdots \\ & & & & & & 1 & \ddots & 0 \\ 0 & \cdots & \cdots & \cdots & \cdots & \cdots & 0 & 1 \end{pmatrix}$$
（$i)$ 行、$j)$ 行の位置）

単位行列の対角線上の二つの 1 を対称な位置に移動したもの．
A に左から作用すると，
A の第 i 行と第 j 行を交換する
A に右から作用すると，
A の第 i 列と第 j 列を交換する

⑤
$$\begin{pmatrix} 1 & 0 & \cdots & \overset{i}{0} & \cdots & \overset{j}{0} & \cdots & 0 \\ 0 & \ddots & 1 & & & & & \vdots \\ 0 & \cdots & 0 & 1 & 0 & \cdots & 0 & 0 & 0 & \cdots & 0 \\ & & & 0 & 1 & \ddots & & \vdots \\ & & & & \ddots & 1 & & \\ 0 & \cdots & 0 & \lambda & 0 & \cdots & 0 & 1 & & & \vdots \\ & & & & & & 1 & \ddots & 0 \\ 0 & \cdots & \cdots & \cdots & \cdots & \cdots & 0 & 1 \end{pmatrix}$$

スカラー倍との複合演算：
A に左から作用すると，
A の第 i 行 $\times \lambda$ を第 j 行に加える
A に右から作用すると，
A の第 j 列 $\times \lambda$ を第 i 列に加える

　つまり，行列 A の行基本変形は，これらの行列を A に左から掛けることにより実現できるのです．同様に，行列 A の列基本変形は，これらの行列を A に右から掛けることにより実現できます．これらの変形においては，いずれもそれぞれ同じ形の行列で逆変形が可能なことに注意しましょう．実際，①，② の行列は，λ を $1/\lambda$ としたものが逆行列となっており，③，⑤ は非対角成分の 1 あるいは λ をそれぞれ -1 あるいは $-\lambda$ に変えたものが，④ はそれ自身が，それぞれ逆行列となっています．これらは行列の演算を暗算でちょっと想像してみるだけで容易に納得できますが，これらの行列が表す基本変形の意味を考えれば，逆になっていることはもっと明らかでしょう．

　上に例示した行列は，④ の行の入れ換えを除き，すべて**下三角型**，すなわち，非零成分が対角線か，その下方にしか存在しない行列となっています．これは連立 1 次方程式を解くときの消去過程で，ある行のスカラー倍は自分より番号が大きな行にしか加えない場合に対応します．これとは逆に，$i > j$ のときは，③ や ⑤ の非対角成分 1 や λ は対角線の上方に来て，基本行列は上三角型となることに注意しましょう．

2.5 逆行列の計算

【逆行列計算の原理】 第1章で2次行列の場合に述べたように，正方行列 A の逆行列は A が定める線形写像の逆写像の表現行列です．従って

$$\begin{cases} y_1 = a_{11}x_1 + \cdots + a_{1n}x_n, \\ \cdots\cdots\cdots \\ y_n = a_{n1}x_1 + \cdots + a_{nn}x_n \end{cases} \tag{2.8}$$

を逆に解いて

$$\begin{cases} x_1 = b_{11}y_1 + \cdots + b_{1n}y_n, \\ \cdots\cdots\cdots \\ x_n = b_{n1}y_1 + \cdots + b_{nn}y_n \end{cases} \tag{2.9}$$

が得られたら，係数行列

$$B = \begin{pmatrix} b_{11} & \cdots & b_{1n} \\ \vdots & & \vdots \\ b_{n1} & \cdots & b_{nn} \end{pmatrix}$$

は A の逆行列となります．つまり，行列に関して最低限の定義を覚えておけば，いざとなったら方程式を解くだけで逆行列くらいは計算できるのです．

(2.8) のような方程式は消去法で解くことができるのでした．その過程を抽象化すると次のようになります：

$$\begin{pmatrix} a_{11} & \cdots & a_{1n} \\ \vdots & & \vdots \\ a_{n1} & \cdots & a_{nn} \end{pmatrix} \begin{pmatrix} x_1 \\ \vdots \\ x_n \end{pmatrix} = \begin{pmatrix} 1 & 0 & \cdots & 0 \\ 0 & \ddots & \ddots & \vdots \\ \vdots & \ddots & \ddots & 0 \\ 0 & \cdots & 0 & 1 \end{pmatrix} \begin{pmatrix} y_1 \\ \vdots \\ y_n \end{pmatrix}$$

を，両辺に同一の行基本変形を施すことにより，

$$\begin{pmatrix} 1 & 0 & \cdots & 0 \\ 0 & \ddots & \ddots & \vdots \\ \vdots & \ddots & \ddots & 0 \\ 0 & \cdots & 0 & 1 \end{pmatrix} \begin{pmatrix} x_1 \\ \vdots \\ x_n \end{pmatrix} = \begin{pmatrix} b_{11} & \cdots & b_{1n} \\ \vdots & & \vdots \\ b_{n1} & \cdots & b_{nn} \end{pmatrix} \begin{pmatrix} y_1 \\ \vdots \\ y_n \end{pmatrix}$$

に持ってゆけたら，これは (2.9) の行列表示に他なりませんから，この右辺の係数行列 B が A の逆行列となります．この説明が分かりにくければ，方程式 (2.8) において右辺を基本単位ベクトルとしたものを一度に解き，その解を並べれば逆行列が求まる，という理解の仕方もあります．

実際計算では，変数 $\boldsymbol{x}$ や $\boldsymbol{y}$ を省略して $n \times 2n$ 型行列の演算：

2.5 逆行列の計算

$$\begin{pmatrix} a_{11} & \cdots & a_{1n} & 1 & \cdots & 0 \\ \vdots & & \vdots & \vdots & \ddots & \vdots \\ a_{n1} & \cdots & a_{nn} & 0 & \cdots & 1 \end{pmatrix} \xrightarrow{\text{行基本変形の連続}} \begin{pmatrix} 1 & \cdots & 0 & b_{11} & \cdots & b_{1n} \\ \vdots & \ddots & \vdots & \vdots & & \vdots \\ 0 & \cdots & 1 & b_{n1} & \cdots & b_{nn} \end{pmatrix}$$

のように記すと便利です.他に

$$\begin{pmatrix} a_{11} & \cdots & a_{1n} \\ \vdots & & \vdots \\ a_{n1} & \cdots & a_{nn} \\ \hline 1 & \cdots & 0 \\ \vdots & \ddots & \vdots \\ 0 & \cdots & 1 \end{pmatrix} \xrightarrow{\text{列基本変形の連続}} \begin{pmatrix} 1 & \cdots & 0 \\ \vdots & \ddots & \vdots \\ 0 & \cdots & 1 \\ \hline b_{11} & \cdots & b_{1n} \\ \vdots & & \vdots \\ b_{n1} & \cdots & b_{nn} \end{pmatrix} \quad (2.10)$$

という流儀もあります.理論的には必要ですが,スペースを取るので実際計算ではあまり使われません.

── 逆行列の計算で注意すること ──
逆行列の計算では,行変形と列変形を混ぜないように!

例題 2.3 次の行列の逆行列を計算せよ.
$$\begin{pmatrix} 3 & 0 & -1 \\ 0 & 1 & 0 \\ -5 & 1 & 2 \end{pmatrix}$$

解答 手計算のときは,なるべく分数が出ないように工夫します.

$$\begin{pmatrix} 3 & 0 & -1 & | & 1 & 0 & 0 \\ 0 & 1 & 0 & | & 0 & 1 & 0 \\ -5 & 1 & 2 & | & 0 & 0 & 1 \end{pmatrix} \xrightarrow[\text{第 3 行に加える}]{\text{第 1 行の 2 倍を}} \begin{pmatrix} 3 & 0 & -1 & | & 1 & 0 & 0 \\ 0 & 1 & 0 & | & 0 & 1 & 0 \\ 1 & 1 & 0 & | & 2 & 0 & 1 \end{pmatrix} \xrightarrow{\text{第 1,3 行を交換}}$$

$$\begin{pmatrix} 1 & 1 & 0 & | & 2 & 0 & 1 \\ 0 & 1 & 0 & | & 0 & 1 & 0 \\ 3 & 0 & -1 & | & 1 & 0 & 0 \end{pmatrix} \xrightarrow[\text{第 3 行から引く}]{\text{第 1 行の 3 倍を}} \begin{pmatrix} 1 & 1 & 0 & | & 2 & 0 & 1 \\ 0 & 1 & 0 & | & 0 & 1 & 0 \\ 0 & -3 & -1 & | & -5 & 0 & -3 \end{pmatrix} \xrightarrow[\text{掃き出す}]{\text{第 2 行で}}$$

$$\begin{pmatrix} 1 & 0 & 0 & | & 2 & -1 & 1 \\ 0 & 1 & 0 & | & 0 & 1 & 0 \\ 0 & 0 & -1 & | & -5 & 3 & -3 \end{pmatrix} \xrightarrow[\text{符号を変える}]{\text{第 3 行の}} \begin{pmatrix} 1 & 0 & 0 & | & 2 & -1 & 1 \\ 0 & 1 & 0 & | & 0 & 1 & 0 \\ 0 & 0 & 1 & | & 5 & -3 & 3 \end{pmatrix}.$$

従って逆行列は $\begin{pmatrix} 2 & -1 & 1 \\ 0 & 1 & 0 \\ 5 & -3 & 3 \end{pmatrix}$.

問 2.9 次の行列の逆行列を計算せよ．

(1) $\begin{pmatrix} 1 & 2 & 0 \\ 2 & 2 & 1 \\ 1 & 1 & 1 \end{pmatrix}$
(2) $\begin{pmatrix} 1 & 2 & 3 \\ 4 & 5 & 8 \\ -4 & 8 & 9 \end{pmatrix}$
(3) $\begin{pmatrix} 1 & 0 & 0 & 1 \\ 1 & 1 & 1 & 0 \\ -1 & 0 & 0 & -2 \\ 0 & 1 & 0 & 1 \end{pmatrix}$

(4) $\begin{pmatrix} 1 & 2 & 3 & 4 \\ 5 & 5 & 6 & 7 \\ 8 & 5 & 6 & 5 \\ 4 & 3 & 2 & 2 \end{pmatrix}$
(5) $\begin{pmatrix} 1 & 2 & 0 & -4 & 7 \\ 3 & -2 & 1 & -2 & 4 \\ -2 & 2 & -1 & 0 & -4 \\ 2 & -6 & 1 & 5 & 7 \\ 1 & 1 & 0 & -3 & 3 \end{pmatrix}$

【正則行列の性質】 一般に，逆行列を持つような正方行列のことを**正則行列** (regular matrix) と呼びます．ちなみに正則でない行列は**特異**な，あるいは**退化**していると言われます．正則行列の積は再び正則となり，その逆行列は

$$(AB)^{-1} = B^{-1}A^{-1} \tag{2.11}$$

と逆順になることに注意しましょう．これは写像の合成を逆に戻すとき一般に成り立つ規則です[9]．

正則行列は行だけの基本変形で必ず単位行列に帰着できます．実際，このとき消去法で (2.8) を解けば (2.9) が得られるはずですから，それと同等である上で示した逆行列の計算法が途中で挫折することはあり得ません．これを言い替えると，任意の正則行列は左から適当な基本行列をいくつか掛けることにより単位行列に直せるということです：

$$E_{i_k} \cdots E_{i_2} E_{i_1} A = E$$

すると，これから，

$$A = E_{i_1}^{-1} E_{i_2}^{-1} \cdots E_{i_k}^{-1}$$

となりますが，基本行列の逆行列は先に注意したように再び同じ型の基本行列となるので，次の定理が得られました：

定理 2.4

(1) 任意の正則行列は行基本変形だけ，あるいは列基本変形だけで単位行列に帰着できる．

(2) 任意の正則行列はいくつかの基本行列の積で表される．

---

[9] これを久賀道郎先生は，"ワイシャツを着てから背広を着たら，脱ぐときは背広が先でワイシャツはその後" と説明されました．

正則行列を列基本変形だけで単位行列に変形する計算法については既に述べましたが，この理論的正当化を補足しておきましょう．A を基本行列の積で表した上の式において，右辺の基本行列を右から左辺に戻すと，

$$AE_{i_k}\cdots E_{i_2}E_{i_1} = E$$

という式が得られますが，基本行列の右からの積は列基本変形に他ならないので，これで主張が正当化されました．同じことは転置行列を取って行変形による計算法に帰着することによっても示せます．A の**転置行列** ${}^tA$ とは，行列の行と列の役割を入れ換えて得られる新しい行列のことです．

$$A = \begin{pmatrix} a_{11} & a_{12} & \cdots & a_{1n} \\ a_{21} & a_{22} & \cdots & a_{2n} \\ \vdots & \vdots & & \vdots \\ a_{m1} & a_{m2} & \cdots & a_{mn} \end{pmatrix} \implies {}^tA = \begin{pmatrix} a_{11} & a_{21} & \cdots & a_{m1} \\ a_{12} & a_{22} & \cdots & a_{m2} \\ \vdots & \vdots & & \vdots \\ a_{1n} & a_{2n} & \cdots & a_{mn} \end{pmatrix}$$

A が (m,n) 型なら ${}^tA$ は (n,m) 型になります．2度転置を取ればもちろん元に戻ります．転置行列の意義を説明するのはかなり高級な議論です (第6章，および付録 A.3 参照)．ここでは，"行と列の役割を入れ換えるときに使う" という程度の理解をしておいてください．行列の積と転置の関係として

$$ {}^t(AB) = {}^tB\,{}^tA \tag{2.12}$$

が成り立つので，特に $AA^{-1}=E$ なら ${}^t(A^{-1})\,{}^tA = {}^tE = E$，従って

$$ {}^t(A^{-1}) = ({}^tA)^{-1} \quad\text{あるいは}\quad A^{-1} = {}^t(({}^tA)^{-1}) \tag{2.13}$$

が成り立ちますから，転置しておいて逆行列を計算し，もう一度転置すれば，元の行列の逆行列が得られます．

(2.12) の証明は第5章でほとんど計算が不要なものを与えますが，ここでは取り敢えず，シグマ記号の練習として直接計算で確かめておくのがよいでしょう (章末問題 2)．

■ 2.6 行列の階数と連立1次方程式の解の個数 ■

【方程式の"個数"と解の"個数"】 この節では，必ずしも解が一つに定まらない，一般の連立1次方程式を考察します．ただし，まず簡単のため斉次の場合

$$\begin{cases} a_{11}x_1 + \cdots + a_{1n}x_n = 0, \\ \cdots\cdots\cdots \\ a_{m1}x_1 + \cdots + a_{mn}x_n = 0 \end{cases} \tag{2.14}$$

を取り上げます．ここで**斉次** (homogeneous) とは，方程式の右辺，より正確には定数項が 0 という意味です．この場合には，$x_1 = \cdots = x_n = 0$ という自明な解が必ず存在するので，問題は，それ以外の解がどのくらい有るかということになります．

一般に，方程式が一つ有ると，自由度が一つ減り，解空間の次元が一つ下がって，余次元が一つ上がるのでした．しかし，方程式が独立でないと，いくら追加しても次元は下がりません．方程式の真の個数を数えるのは一般には難しいのですが，1 次方程式の場合は消去法により方程式を簡単な形に帰着する操作で線形独立な方程式の個数を数えることにより計算できます．

$$\text{連立 1 次方程式の真の個数} = \begin{array}{l} \text{係数行列の行ベクトルのうち} \\ \text{線形独立なものの個数} \end{array}$$

ここで，線形独立の意味は 2.1 節で定義したものを用います．

【消去法】 2.4 節で復習した消去法により，一般の連立 1 次方程式 (2.14) は

$$\begin{cases} x_{i_1} & + a'_{1i_{r+1}}x_{i_{r+1}} + \cdots + a'_{1i_n}x_{i_n} = 0 \\ \phantom{x_{i_1}} x_{i_2} & + a'_{2i_{r+1}}x_{i_{r+1}} + \cdots + a'_{2i_n}x_{i_n} = 0 \\ & \cdots & \cdots \\ & x_{i_r} + a'_{ri_{r+1}}x_{i_{r+1}} + \cdots + a'_{ri_n}x_{i_n} = 0 \\ & 0 & = 0 \\ & \cdots & \cdots \\ & 0 & = 0 \end{cases} \tag{2.15}$$

と変形されます．計算の方法は全く同様ですが，今度は，ある段階で処理が残っている方程式の中に，次に解くべき未知数が含まれない (係数行列でいうと，対応する列の注目している行番号以下の成分がすべて 0 となってしまう) ことがあり，その場合は飛ばして次の未知数 (列) に移らねばなりません．(2.15) では，見やすくするため，普通に"解けた"未知数 $x_{i_1}, \ldots, x_{i_r}$ を前に出し，残ってしまった未知数を後に書いていますが，番号 $i_1, \ldots, i_r$ が番号 $i_{r+1}, \ldots, i_n$ より大きいとは限りません．以上を係数行列の言葉で言い換えると，任意の行列は行基本変形で次のような階段型 (echelon form) に帰着できることが分かります：

2.6 行列の階数と連立1次方程式の解の個数

$$\overset{n}{\underset{r}{\updownarrow}}\begin{pmatrix} 0 & \cdots & 0 & \boxed{1} & * & * & 0 & * & * & 0 & * & * & * & * & * \\ 0 & \cdots & 0 & 0 & 0 & \cdots & 0 & \boxed{1} & * & * & 0 & * & * & * & * & * \\ \vdots & & \vdots & \vdots & \vdots & & & & & \ddots & & & & & \vdots \\ 0 & \cdots & 0 & 0 & 0 & \cdots & \cdots & \cdots & 0 & \boxed{1} & * & * & * \\ 0 & \cdots & 0 & 0 & & & & & & & & & & 0 \\ \vdots & & \vdots & \vdots & & & & & & & & & & \vdots \\ 0 & \cdots & 0 & 0 & & & & & & & & & & 0 \end{pmatrix} \quad (2.16)$$

ここで (2.15) で"解けた"未知数の添え字 $i_1, \ldots, i_r$ に対応した位置の階段の角には係数の 1 を書き，残りの添え字 $i_{r+1}, \ldots, i_n$ に対応するところは係数の成分を具体的に書かず * で略記しています．今度は列の並べ替えはせずに，途中からすべて 0 になった列ももとの位置に書いています．

上の標準形 (2.16) における階段の個数 (角に立つ 1 の個数) r を行列 A の **階数** (rank) と言い，記号 $\operatorname{rank} A$ で表します[10]．変形された連立方程式 (2.15) は，変数 $x_{i_{r+1}}, \ldots, x_{i_n}$ が自由に動き，変数 $x_{i_1}, \ldots, x_{i_r}$ はそれらにより決まってしまうことを示しています．よって，

> **定理 2.5** (方程式の個数と解の次元)
> $r = \operatorname{rank} A \iff$ 線形独立な行 (方程式) の個数 $= r$
> $\phantom{r = \operatorname{rank} A} \iff$ 自由に動ける変数の個数 $= n - r$
> $\phantom{r = \operatorname{rank} A} \iff A\boldsymbol{x} = \boldsymbol{0}$ の解の次元 $= n - r$

> **例題 2.4** 次の連立1次方程式を係数行列の行基本変形を用いて解け．
> $$\begin{cases} x_1 & +x_2 & -x_3 & +3x_4 & = 0, \\ & x_2 & +x_3 & -x_4 & = 0, \\ x_1 & +2x_2 & +x_3 & & = 0, \\ x_1 & +3x_2 & +x_3 & +x_4 & = 0 \end{cases}$$

解答 係数行列を取り出し，それを行基本変形する (斉次方程式の場合は右辺

---

[10] 階数を階級なんて間違えて書く人も居るので，ちょっとこじつけですが，"階数"は "階段の個数"をつづめたものだと覚えましょう．(^^;

の0は書かなくてよい).

$$\begin{pmatrix} 1 & 1 & -1 & 3 \\ 0 & 1 & 1 & -1 \\ 1 & 2 & 1 & 0 \\ 1 & 3 & 1 & 1 \end{pmatrix} \xrightarrow{\text{第1行を} \atop \text{第3,4行から引く}} \begin{pmatrix} 1 & 1 & -1 & 3 \\ 0 & 1 & 1 & -1 \\ 0 & 1 & 2 & -3 \\ 0 & 2 & 2 & -2 \end{pmatrix} \xrightarrow{\text{第2行を第3行から引く} \atop \text{第2行の2倍を} \atop \text{第4行から引く}}$$

$$\begin{pmatrix} 1 & 1 & -1 & 3 \\ 0 & 1 & 1 & -1 \\ 0 & 0 & 1 & -2 \\ 0 & 0 & 0 & 0 \end{pmatrix} \xrightarrow{\text{第2行を} \atop \text{第1行から引く}} \begin{pmatrix} 1 & 0 & -2 & 4 \\ 0 & 1 & 1 & -1 \\ 0 & 0 & 1 & -2 \\ 0 & 0 & 0 & 0 \end{pmatrix} \xrightarrow{\text{第3行を第2行から引く} \atop \text{第3行の2倍を} \atop \text{第1行に加える}}$$

$$\begin{pmatrix} 1 & 0 & 0 & 0 \\ 0 & 1 & 0 & 1 \\ 0 & 0 & 1 & -2 \\ 0 & 0 & 0 & 0 \end{pmatrix}. \quad \therefore \begin{pmatrix} x_1 \\ x_2 \\ x_3 \\ x_4 \end{pmatrix} = \begin{pmatrix} 0 \\ -t \\ 2t \\ t \end{pmatrix} \quad (t\text{ は任意}).$$

もちろん，最後の答は，新たなパラメータ t を導入せず，自由変数を x_4 のままにして，"$x_1 = 0, x_2 = -x_4, x_3 = 2x_4, x_4$ は任意" のように答えても構わない． □

🐧　行基本変形のいくつかのステップをまとめて記すときは，暗算でやりがちですが，その際，既に変形を受けた行を元のままと勘違いして再び他の行に加えるのに使ったりしないよう，十分に注意する必要があります．

問 **2.10** 次の連立1次方程式を係数行列の基本変形で解き，解の次元を示せ．

(1) $\begin{cases} x+2y+z+u=0, \\ 2x+y+z-u=0, \\ x-y+2z-u=0 \end{cases}$ 　(2) $\begin{cases} x+2y+z+u=0, \\ 3x+5z-u=0, \\ x-y+2z=0 \end{cases}$

(3) $\begin{cases} x+2y+3z+u=0, \\ x-y+z-u=0, \\ 3x+5z-u=0 \end{cases}$ 　(4) $\begin{cases} 5x+3y+5z+12u=0, \\ 2x+2y+3z+5u=0, \\ x+7y+9z+4u=0 \end{cases}$

■ 2.7　線形写像の像と核

前節で調べた，斉次の (すなわち，右辺が0の) 連立1次方程式の解と，次の節で調べる非斉次の (すなわち，右辺が一般の) 連立1次方程式の解を橋渡しするため，ここで，行列により定義される線形写像のことを少し調べておきます．

【線形部分空間】　線形代数では，いくつかのベクトルの線形結合の全体として定義される部分集合がよく出て来ます．後の便のためよく使う言葉の定義をしておきます．

2.7 線形写像の像と核

定義 2.4 R^n のベクトル系 (ベクトルの組)
$$\{a_1, \ldots, a_k\} \tag{2.17}$$
に対し，これらの線形結合の全体
$$W = \mathrm{Span}(a_1, \ldots, a_k) := \{\lambda_1 a_1 + \cdots + \lambda_k a_k \mid \lambda_1, \ldots, \lambda_k \in R\} \tag{2.18}$$
を (2.17) により**張られる** R^n の**線形部分空間**，**部分ベクトル空間**，あるいは (2.17) の**線形包**などと呼ぶ．また，組 (2.17) に含まれる線形独立なベクトルの最大個数をベクトル系 (2.17) の**階数** (rank) と呼ぶ．

張られる (spanned) という言葉は，(2.17) の各ベクトルを傘の骨，部分空間を傘全体のように考えてみた類似なのでしょうね．ちょっとたとえの方は"非線形的"ですが，ベクトルとそれが生成する部分空間の"大きさ"の比喩には良く合っていると思います．(2.18) の代わりに $\langle a_1, \ldots, a_n \rangle$ という記号もよく使われます．

図 2.1 ベクトル系 (傘の骨) が部分空間 (傘) を張る

数ベクトルの集合 (2.18) は原点を通るまっすぐな図形となります．その次元，すなわち W の点を一意に定めるために必要な自由パラメータの個数は，一般には k より少なくなり得ます．このようなまっすぐな図形の場合，次元は線形独立性の言葉で代数的に定義することができます：

W の次元 = (2.17) に含まれるベクトルの無駄を省いた個数
　　　　 = (2.17) の線形独立なベクトルの最大個数
　　　　 = (2.17) の階数

W の次元は，次元の英語 dimension の頭 3 字を採って $\dim W$ のように表します．これは (2.17) を列ベクトルとする行列の列基本変形で求めることができます：列基本変形は列ベクトル相互の線形結合を繰り返して，より簡単なべ

クトルたちで同じ部分空間を張るようなものをみつける操作です．このような無駄の無い W のベクトル達のことを W の**基底**と呼びます．従って，線形部分空間 W の基底とは，W の次元に等しい個数の W の線形独立なベクトルの集合のことです．

定義 2.5（線形写像の像と核）　行列 A で定義された線形写像

$$A: \begin{array}{ccc} \mathbf{R}^n & \to & \mathbf{R}^m \\ \cup & & \cup \\ \mathbf{x} & \mapsto & \mathbf{y} = A\mathbf{x} \end{array}$$

があるとき，

(1) $\mathbf{y} = A\mathbf{x}$ と表されるような $\mathbf{y} \in \mathbf{R}^m$ の全体を A の**像** (image) と呼び，$\mathrm{Image}\, A$ で表す．

(2) $A\mathbf{x} = \mathbf{0}$ となるような $\mathbf{x} \in \mathbf{R}^n$ の全体を A の**核** (kernel) と呼び，$\mathrm{Ker}\, A$ で表す．

像の言葉を使うと，行列の列基本変形の意義が次のように説明できます：

像と列基本変形の意味

★ A の像は A の列ベクトルで張られる線形部分空間となる．
★ A の列基本変形は，A の像のきれいな基底を求めるための操作である．

実際，$A = (\mathbf{a}_1, \ldots, \mathbf{a}_n)$ を A の列ベクトルによる表記とするとき，$\mathbf{x} = \begin{pmatrix} x_1 \\ \vdots \\ x_n \end{pmatrix}$ に対し，

$$A\mathbf{x} = \begin{pmatrix} a_{11} & & a_{1n} \\ \vdots & \cdots & \vdots \\ a_{m1} & & a_{mn} \end{pmatrix} \begin{pmatrix} x_1 \\ \vdots \\ x_n \end{pmatrix} = x_1 \begin{pmatrix} a_{11} \\ \vdots \\ a_{m1} \end{pmatrix} + \cdots + x_n \begin{pmatrix} a_{1n} \\ \vdots \\ a_{mn} \end{pmatrix}$$

$$= (\mathbf{a}_1, \ldots, \mathbf{a}_n) \begin{pmatrix} x_1 \\ \vdots \\ x_n \end{pmatrix} = x_1 \mathbf{a}_1 + \cdots + x_n \mathbf{a}_n.$$

このように，行列を列ベクトルの集まりとして見ることができるかどうかは，線形代数に強くなれるかどうかの分かれ目です．昔の人は，弓の修行のために蚤(のみ)

2.7 線形写像の像と核

を糸に吊したものを毎日眺めていると，蚤の眼が次第に大きく見えるようになり，遂にはその巨大な眼を矢で悠々と射貫くことができるようになるのだという話を聞きました．君達も，行列 A という記号を睨むと $(\boldsymbol{a}_1, \ldots, \boldsymbol{a}_n)$ という列ベクトルの集まりに見えて来て，更にそれを睨むと，全成分を書いた行列に見えて来る，というところまで修行を続けてください．

ついでに核の方に関わる性質もまとめておきましょう．

> **核と行基本変形の意味**
>
> ★ A の核は連立 1 次方程式 $A\boldsymbol{x} = \boldsymbol{0}$ の解の全体と一致する．
> ★ 行基本変形は，核に属するための条件を見やすく書き直すための操作である．

こちらの方は復習みたいなものですね．実際，$\boldsymbol{x} \in \operatorname{Ker} A \iff A\boldsymbol{x} = \boldsymbol{0}$ ですから．

【基底の計算法】 線形写像の核と像の両方を計算するのに，基本変形を行と列とで二度もやるのは面倒ですが，実は，次のように行基本変形が利用できるのです：

> **補題 2.6** (像の基底の選び方)
>
> 行列 A が定める線形写像の像は，A を行基本変形したとき角に 1 が現れた位置のもとの行列の列で張られる

なぜなら，行基本変形前に存在した列の間の線形結合の関係式は変形後もそのまま成立するからです．言い換えると，

　　　列の間に成り立つ線形関係式の係数 $\iff$ 連立 1 次方程式の一つの解

です．従ってこれは行基本変形しても変わりっこありませんから，どの列が一次独立かという情報は行基本変形の前と後で変わりません．以上により，A の像と核の基底を行基本変形だけで計算できることが分かります．(しかし，位置が分かるだけで，行基本変形後の列ベクトルは必ずしも像 W に属するとは限りません！)

同時に，行基本変形で得られる階段型行列の角に現れる 1 の個数が，線形独立な列ベクトルの個数と一致することが分かります[11]．以上により，次のとても重要な観察が得られました：

> **定理 2.7** (階数の整合性)
>
> 線形独立な行の数 = 線形独立な列の数

さて，定義 2.4 で与えた線形部分空間の定義は，3 次元空間の (原点を通る) 直線や平面のパラメータ表示法を一般化したものですが，線形写像の核の定義は，それらの方程式による表示法の方を一般化したものです．両者は同じ概念の異なった表示法なので，一般にも同等であろう，従って，線形写像の核も定義 2.4 の意味で線形部分空間となるであろうと想像されますが，これはそう自明ではありません．実は，線形部分空間の定義は，後者に合わせて次のように述べられるのが普通です．

定義 2.4' R^n の部分集合 W が線形結合で**閉じている**とき，すなわち，

$$\text{任意の } \boldsymbol{a}, \boldsymbol{b} \in W \text{ と 任意の } \lambda, \mu \in \boldsymbol{R} \text{ に対して} \quad \lambda \boldsymbol{a} + \mu \boldsymbol{b} \in W$$

を満たすとき，線形部分空間と呼ぶ．

A の核，すなわち，連立 1 次方程式 $A\boldsymbol{x} = \boldsymbol{0}$ の解空間は，この意味で線形部分空間となっていることは自明です：

$$A\boldsymbol{x} = \boldsymbol{0}, \ A\boldsymbol{y} = \boldsymbol{0} \quad \Longrightarrow \quad A(\lambda \boldsymbol{x} + \mu \boldsymbol{y}) = \lambda A\boldsymbol{x} + \mu A\boldsymbol{y} = \boldsymbol{0}$$

一般に定義 2.4 と定義 2.4' が同値なことは，第 4 章の抽象的議論で示されるのですが，ここでは，このことを，線形写像の核の基底の選び方を直接示すことで納得してもらいましょう．これは，方程式で与えられた直線や平面をパラメータ表示に書き直す方法の一般化です．

---

[11] 線形独立な列ベクトルを最大限取り出す方法は一通りではありません．しかし，行基本変形を用いたこの選び方は，行列の列ベクトルを左の方から見て線形独立な最大個数になるまで採択してゆくものなので，この意味で標準的な選び方です．またこのことから，行列の行基本変形による標準形 (2.16) における階段の形が，用いた計算手順にはよらず一定であることも分かります．

2.7 線形写像の像と核

核の基底の求め方

連立 1 次方程式 $Ax = 0$ を消去法で解いたときの一般解がパラメータ $x_{i_{r+1}}, \ldots, x_{i_n}$ を含んでいたら,その係数ベクトルを順に $\boldsymbol{b}_1, \ldots, \boldsymbol{b}_{n-r}$ とすれば,これらが核の基底となる.

実際,A の核,すなわち,$Ax = 0$ の一般解は $x_{i_{r+1}}\boldsymbol{b}_1 + \cdots + x_{i_n}\boldsymbol{b}_{n-r}$ と書けており,ここで $x_{i_{r+1}}, \ldots, x_{i_n}$ は自由に動ける訳ですから,$\boldsymbol{b}_1, \ldots, \boldsymbol{b}_{n-r}$ の間に 1 次関係式は存在しません.つまり,これらは線形独立です.(2.15) でこれが具体的にどうなるかを見てみましょう.表記法を簡単にするため,$i_1 = 1, \ldots, i_r = r$ の場合を考えると,このとき (2.15) から読み取れる一般解は

$$\begin{pmatrix} -a'_{1,r+1}x_{r+1} - \cdots - a'_{1n}x_n \\ \vdots \\ -a'_{r,r+1}x_{r+1} - \cdots - a'_{rn}x_n \\ x_{r+1} \\ \vdots \\ x_n \end{pmatrix} = x_{r+1}\begin{pmatrix} -a'_{1,r+1} \\ \vdots \\ -a'_{r,r+1} \\ 1 \\ 0 \\ \vdots \\ 0 \end{pmatrix} + \cdots + x_n\begin{pmatrix} -a'_{1n} \\ \vdots \\ -a'_{rn} \\ 0 \\ \vdots \\ 0 \\ 1 \end{pmatrix}$$

となり,右辺に現れた $n-r$ 個のベクトルが解空間の一つの基底となります.一般の場合は,ここで,いくつかの成分が一斉に上下方向に入れ替わったような形となります.

例題 2.5 (次元と基底の計算) 例題 2.4 の係数行列で定義される線形写像の像と核の次元を求め,それらの線形部分空間としての基底を一組示せ.

解答 例題 2.4 で行った行基本変形の結果を使うと,

$$A = \begin{pmatrix} 1 & 1 & -1 & 3 \\ 0 & 1 & 1 & -1 \\ 1 & 2 & 1 & 0 \\ 1 & 3 & 1 & 1 \end{pmatrix} \longrightarrow \begin{pmatrix} 1 & 0 & 0 & 0 \\ 0 & 1 & 0 & 1 \\ 0 & 0 & 1 & -2 \\ 0 & 0 & 0 & 0 \end{pmatrix}$$

であった.この変形で最初の 3 列が線形独立なことが分かったので,像の基底としては,もとの行列 A の最初の 3 列

$$\begin{pmatrix} 1 \\ 0 \\ 1 \\ 1 \end{pmatrix}, \quad \begin{pmatrix} 1 \\ 1 \\ 2 \\ 3 \end{pmatrix}, \quad \begin{pmatrix} -1 \\ 1 \\ 1 \\ 1 \end{pmatrix}$$

を取ることができる．基底としてはあまりきれいではないが，これをきれいにするにはどうしても列基本変形が必要である．その他いろいろな選び方があるが，決して第 2, 3, 4 列をとったりしてはならない (何故か？).

また，核は 1 次元，方程式の解は $x_4 = t$ を任意として $x_3 = 2t, x_2 = -t, x_1 = 0$ であったので，核の基底は任意パラメータ t の係数ベクトルを取った $^t(0, -1, 2, 1)$ でよい． □

係数にパラメータを含む連立方程式の場合は，変形してゆくと次第に係数が複雑になるので，解いてしまうと大変な計算になることが多いのです．そのような場合は，ある程度変形して階数だけを上手に判定する練習が役に立つかもしれません．そのような例題をやってみましょう．

例題 2.6 x, y, z, w に関する次の連立 1 次方程式の解空間の次元がちょうど 2 となるようにパラメータ a, b の値を定めよ．
$$\begin{cases} x + ay - 2z + w = 0, \\ 2x + y + bz + cw = 0, \\ x + by + z + w = 0, \\ x + ay + (b+1)z + w = 0 \end{cases}$$

解答 係数行列を基本変形すると

$$\begin{pmatrix} 1 & a & -2 & 1 \\ 2 & 1 & b & c \\ 1 & b & 1 & 1 \\ 1 & a & b+1 & 1 \end{pmatrix} \xrightarrow{\text{第 1 行の定数倍を他の行から引く}} \begin{pmatrix} 1 & a & -2 & 1 \\ 0 & 1-2a & b+4 & c-2 \\ 0 & b-a & 3 & 0 \\ 0 & 0 & b+3 & 0 \end{pmatrix} \xrightarrow{\text{第 4 行を第 2 行から引く}}$$

$$\begin{pmatrix} 1 & a & -2 & 1 \\ 0 & 1-2a & 1 & c-2 \\ 0 & b-a & 3 & 0 \\ 0 & 0 & b+3 & 0 \end{pmatrix} \xrightarrow{\text{第 2 行の 3 倍を第 3 行から引く}} \begin{pmatrix} 1 & a & -2 & 1 \\ 0 & 1-2a & 1 & c-2 \\ 0 & b+5a-3 & 0 & -3(c-2) \\ 0 & 0 & b+3 & 0 \end{pmatrix}$$

$$\xrightarrow{\text{第 2, 3 列を入れ換える}[12]} \begin{pmatrix} 1 & -2 & a & 1 \\ 0 & 1 & 1-2a & c-2 \\ 0 & 0 & b+5a-3 & -3(c-2) \\ 0 & b+3 & 0 & 0 \end{pmatrix}$$

ここで，全体の階数が 2 となる条件を調べる．最初の 2 行で階数が 2 有るので，(1) $b = -3$ のとき，3 行目が消えることが必要十分で，$c = 2, b + 5a = 3$．よって $a = 6/5$．

---

[12] 一般に連立 1 次方程式を解くときには列基本変形をやたらに用いてはならないが，列の入れ換えは未知数の並べ替えに過ぎないので，解の次元だけを見るときなどは自由に使ってよい．

(2) $b \neq -3$ のとき，第 1 行と第 4 行でランクが 2 になる．第 4 行の定数倍を引いて第 2 行の第 2 成分が 0 になるので，その結果，および第 3 行がともに消えることが必要十分となる．よって $c = 2, a = 1/2, b = 1/2$． □

問 2.11 次の連立 1 次方程式の解空間の次元をパラメータ a, b により分類して述べよ．(式が複雑になるので解の表現は与えなくてもよい．)

(1) $\begin{cases} x + y + z + au = 0, \\ x + y + bz + u = 0 \end{cases}$
(2) $\begin{cases} ax - y + z + au = 0, \\ bx + y + bz + u = 0, \\ x + u = 0 \end{cases}$
(3) $\begin{cases} x + 2y + 3z + au = 0, \\ 2x + y + 3z + bu = 0, \\ x + y + bz + u = 0 \end{cases}$
(4) $\begin{cases} x + 2y + 3z + 3au = 0, \\ 2x + y + 3z + 3u = 0, \\ x + ay + 3z + 6u = 0 \end{cases}$

問 2.12 次の列ベクトルの集合から線形独立なものを最大個数選び出せ．ただし定数 a, b の値により分類せよ．

(1) $\begin{pmatrix} 1 \\ 3 \\ 2 \\ 4 \end{pmatrix}, \begin{pmatrix} 1 \\ -1 \\ 3 \\ a \end{pmatrix}, \begin{pmatrix} 1 \\ 7 \\ -1 \\ 3 \end{pmatrix}, \begin{pmatrix} 0 \\ 5 \\ -1 \\ b \end{pmatrix}.$ (2) $\begin{pmatrix} 1 \\ a \\ b \\ 0 \end{pmatrix}, \begin{pmatrix} 1 \\ 0 \\ 0 \\ b \end{pmatrix}, \begin{pmatrix} 1 \\ 0 \\ b \\ a \end{pmatrix}, \begin{pmatrix} 1 \\ 0 \\ a \\ b \end{pmatrix}.$

【行と列の基本変形を併せ用いた標準形】 最後に，一般の行列 A は行と列の基本変形を合わせて行うことにより

$$r) \begin{pmatrix} \overset{r}{\overbrace{1 \ 0 \ \cdots \ 0}} \ \cdots \cdots \ 0 \\ 0 \ \ddots \\ \vdots \ \ \ \ddots \ 1 \ \ \ddots \\ \vdots \ \ \ \ \ \ \ \ \ \ \ddots \ 0 \ \ddots \\ \vdots \end{pmatrix}$$

という**標準形**に変形されます．このときの 1 の個数は A の階数に等しい．実際，まず行基本変形だけで階段型にできますから，次に列基本変形を用いると，階段に 1 が有る行の右側の成分はすべて消すことができ，最後に列の並べ替えですべての 1 を対角線上に持ってゆくことができます．

2.8 非斉次の連立 1 次方程式と次元公式

【非斉次方程式の可解性と解集合の構造】 連立 1 次方程式の続きとして，**0** でない定数項を持つ，すなわち，**非斉次** (inhomogeneous) の連立 1 次方程式

$$\begin{cases} a_{11}x_1 + \cdots + a_{1n}x_n = b_1, \\ \cdots\cdots\cdots \\ a_{m1}x_1 + \cdots + a_{mn}x_n = b_m \end{cases} \tag{2.19}$$

が解を持つための条件，すなわち，**可解性**の判定条件を考えます．斉次方程式の場合と異なり，今度は解が一つも無いこともあり得ます．解を持つための条件は抽象的には次のように述べられます．これらの同値な言い替えをたどれば，そのまま証明にもなっています：

> **定理 2.8**（可解性の判定法）
>
> 連立 1 次方程式 (2.19) が解を持つ
> $\iff$ ベクトル $\boldsymbol{b} := {}^t(b_1, \ldots, b_m)$ が係数行列 A の定める線形写像の像に入る．i.e. ある $\boldsymbol{x}$ について $A\boldsymbol{x} = \boldsymbol{b}$
> $\iff$ $\boldsymbol{b}$ が A の列ベクトル $\boldsymbol{a}_1, \ldots, \boldsymbol{a}_n$ の線形結合で書ける．
> $\iff$ $\mathrm{rank}\,(\boldsymbol{a}_1, \ldots, \boldsymbol{a}_n) = \mathrm{rank}\,(\boldsymbol{a}_1, \ldots, \boldsymbol{a}_n, \boldsymbol{b})$
>   i.e. $\boldsymbol{b}$ を追加しても次元が増えない．

解があるかどうかの実用的な判定は，結局，消去法で連立 1 次方程式を解くことによります．その計算は既に 2.4 節の始めでやった決定系のときや，2.6 節で扱った斉次方程式の場合と大差ありません．行列の言葉で言うと，

> 拡大係数行列 $(\boldsymbol{a}_1, \ldots, \boldsymbol{a}_n, \boldsymbol{b})$ に行基本変形を施して階段型に帰着させたとき，係数行列部分が 0 だけを成分とするような行が現れたら，それに対応する右辺の (変形後の) 拡大成分も 0 となっていること

が，方程式が矛盾を含まないこと，すなわち，解を持つための条件です．ただし，係数にパラメータを含む場合は，解いてしまうと大変な計算になることがあるので，上の定理 2.8 の考え方に基づき，例題 2.5 でやったように階数だけを上手に判定する技術も必要になるでしょう．

可解性が分かったら次は解がどれくらい有るかですが，具体的な方程式については，斉次の場合と同様，消去法により自由パラメータを含む一般解が求まります．理論的には，非斉次の連立 1 次方程式の解の全体は，$A\boldsymbol{x} = \boldsymbol{b}$ の特殊解 (すなわち一つの特定の解) を $\boldsymbol{x}_0$ とするとき，

$$\boldsymbol{x}_0 + \mathrm{Ker}\,A := \{\boldsymbol{x}_0 + \boldsymbol{z} \mid A\boldsymbol{z} = \boldsymbol{0}\}$$

の形をしています．実際，$A\boldsymbol{x} = \boldsymbol{b}$ から $A\boldsymbol{x}_0 = \boldsymbol{b}$ を引き算すれば，差は $A(\boldsymbol{x} - \boldsymbol{x}_0) = \boldsymbol{0}$ となるからです．この集合は線形部分空間を平行移動したよう

2.8 非斉次の連立1次方程式と次元公式

なもので，純粋数学では**線形部分多様体**と呼ばれ，必ずしも原点を通らない直線や平面の概念を一般化したものです．この形の集合も単に解空間と呼んでも構わないのですが，本書では (線形部分空間と混同しないよう) これを解集合と呼ぶことにします．この集合の次元，すなわち，自由パラメータの個数は，線形部分空間 $\mathrm{Ker}\,A$ の次元と同じです．

問 2.13 次の連立1次方程式を消去法で解き，解集合の次元を示せ．

(1) $\begin{cases} 5x + 3y + 5z + 12u = 10, \\ 2x + 2y + 3z + 5u = 4, \\ x + 7y + 9z + 4u = 2 \end{cases}$ (2) $\begin{cases} x + y + z + u = 1, \\ x + 2y + z - u = 2 \end{cases}$

問 2.14 次の連立1次方程式はいつ解を持つか？ また解があるときは解集合の次元はいくつか？

$$\begin{cases} x + 2y + 3z + 3au = b + 1, \\ 2x + y + 3z + 3u = 2b - 1, \\ x + ay + 3z + 6u = a \end{cases}$$

【次元公式】 いよいよ次元公式を述べるときが来ました．

> **定理 2.9** (次元公式)
>
> ★ **解の次元公式** 連立1次方程式 $Ax = 0$ について
>   線形独立な方程式の個数 + 線形独立な解の個数 = 未知数の個数
>
> ★ **次元の不変性定理** 線形写像 $A: \mathbf{R}^n \longrightarrow \mathbf{R}^m$ について
> $$\dim \mathrm{Image}\,A + \dim \mathrm{Ker}\,A = n$$
>   i.e. 像の次元 + 核の次元 = 原空間の次元

実際，解の次元公式については，消去法による連立1次方程式の解法に基づき定理 2.5 で既に示しましたが，ここで定理 2.7 により 2 種の階数の概念が一致するので，

$$解空間の次元 = A の核の次元,$$

$$\begin{aligned} 線形独立な方程式の個数 &= 線形独立な行ベクトルの個数 \\ &= 行から見た階数 = 列から見た階数 \\ &= 線形独立な列ベクトルの個数 \\ &= 像の次元 \end{aligned}$$

となり，これらを用いて解の次元公式を翻訳すれば 2 番目の公式も得られます．

次図は，部分空間の次元を線分の長さで表して次元公式を可視化したものです．この図の厳密な意味は第 4 章で論じます．

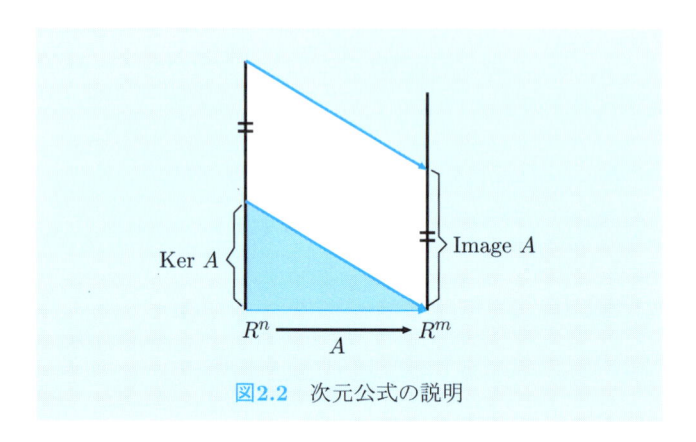

図2.2 次元公式の説明

次元公式から，懸案となっていた次の主張も得られます：

> **定義 2.6**
>
> n 次正方行列 A に対して次は同値である．
> (1) A は左逆を持つ，すなわち，$BA = E$ を満たす B が存在する．
> (2) A は右逆を持つ，すなわち，$AC = E$ を満たす C が存在する．
> (3) A は正則である，すなわち，$BA = AB = E$ を満たす B
>   (A の逆行列) が存在する．

証明 (1), (2) から (3) が導かれることを言えばよい．まず，いずれを仮定しても線形写像 A が全単射となることを示そう．以下，集合論における写像の用語をいくつか用いるので，意味を簡単に説明しておく．二つの集合の間の写像 $A: X \to Y$ が**全射** (あるいは上への写像) であるとは，$A(X) = Y$，すなわち，像が行き先の集合全体となることを言う．A が**単射** (あるいは一対一) であるとは，X の異なる元が A により必ず異なる元に行くことを言う．A が両方の性質を持つとき**全単射**と言うのである．

集合論における一般の写像に対する議論で，$BA = E$ という式が成り立つと，A は単射であるということが良く知られている．実際，もし $A\bm{x} = A\bm{y}$ なら，$BA\bm{x} = BA\bm{y}$，従って $\bm{x} = \bm{y}$ となる．A が単射なら $A\bm{x} = \bm{0}$ の解は $\bm{0}$

しかないので，$\dim \operatorname{Ker} A = 0$，従って次元公式により $\dim \operatorname{Image} A = n$．

同様に，$AB = E$ からは $AB\bm{x} = \bm{x}$，従って A が全射となることが言えるので，やはり次元公式により $\dim \operatorname{Ker} A = n - \dim \operatorname{Image} A = 0$．従って $\operatorname{Ker} A = \{\bm{0}\}$．これから A が単射となることが $A\bm{x} = A\bm{y} \Longrightarrow \bm{x} - \bm{y} \in \operatorname{Ker} A$，従って $\bm{x} - \bm{y} = \bm{0}$ となることより分かる．

さて，全単射な写像 A については，集合論的な意味で逆写像 A^{-1} がある．よって例えば，$BA = E$ なら，右から A^{-1} を合成して $B = A^{-1}$．よって逆写像は行列 B で表される線形写像と一致する．もう一つについても全く同様である． □

単射，全射，全単射が同値になるという主張は，有限集合からそれ自身への写像についてはよく知られています (鳩の巣原理)．線形空間は一般に無限集合ですが，次元という有限な物差しがあるので，同じことが言えるのです．

最後に，一般の長方形行列の階数に関してよく使われる事実をまとめておきましょう．以下，記号 $\min\{x, y\}$ により x と y の小さい方を表します．

定理 2.10 (1) (m, n) 型行列 A の階数は m, n のいずれよりも大きくはならない：
$$\operatorname{rank} A \leq \min\{m, n\}.$$

(2) 行列 A, B の積 AB が定義できるとき，
$$\operatorname{rank}(AB) \leq \min\{\operatorname{rank} A, \operatorname{rank} B\}.$$

実際，(1) の主張は行列の行基本変形を用いて最初に定義した階数の意味から自明です．(2) の方は，階数を行列が定める線形写像の像の次元と思うと簡単に示せます．実際，部分空間の次元が線形写像で増えるはずがない (線形従属なベクトルは行列を施しても線形従属である) ということから，
$$\operatorname{rank}(AB) = \dim \operatorname{Image}(AB) \leq \dim \operatorname{Image} B.$$
また，明らかに $\operatorname{Image}(AB) \subset \operatorname{Image} A$ なので，
$$\operatorname{rank}(AB) = \dim \operatorname{Image}(AB) \leq \dim \operatorname{Image} A = \operatorname{rank} A.$$

問 2.15 行列の階数に関して，上の定理に続けて更に以下の不等式を示せ．
(3) $\operatorname{rank}(A+B) \leq \operatorname{rank}(A) + \operatorname{rank}(B)$
(4) $\operatorname{rank}(A) + \operatorname{rank}(B) \leq \operatorname{rank}(AB) + m$ （ここに m は A の列の個数）

章 末 問 題

問題 1　二つの正方行列 A, B の積が可換なら，任意の正整数 n に対し A^n と B も可換である．更に，A^{-1} が存在すれば，A^{-n} と B も可換となる．

問題 2　${}^t(AB) = {}^tB\,{}^tA$ を示せ．

問題 3　(1) A を (m,n) 型，B を (n,m) 型の行列とするとき，$\operatorname{tr}(AB) = \operatorname{tr}(BA)$ を示せ．
(2) A を (l,m) 型，B を (m,n) 型，C を (n,l) 型の行列とするとき，$\operatorname{tr}(ABC) = \operatorname{tr}(CAB) = \operatorname{tr}(BCA)$ を示せ．

問題 4　$m \times n$ 型の実行列 A とその転置行列 ${}^tA$ について以下の問に答えよ．
(1) 行列 $A \cdot {}^tA$ のサイズを示せ．
(2) 行列 $A \cdot {}^tA$ が正則行列であるとき，m と n の間にはどんな大小関係があるか？ 理由を付して答えよ．

問題 5　二つの正方行列 X, Y の**交換子**を $[X,Y] := XY - YX$ で定義する．
(1) $[X,Y] = \lambda E$ が解 X, Y を少なくとも一組持つような λ はどんな値か？
(2) A, B, C を 2 次の正方行列とするとき，$[[A,B]^2, C] = 0$ が常に成り立つことを示せ．

問題 6　A, B, C を n 次正方行列とするとき，交換子に関する次の等式 (Jacobi の恒等式) を証明せよ．

$$[[A,B],C] + [[B,C],A] + [[C,A],B] = O.$$

問題 7　(**LR 分解**)　正則な正方行列 A が行の入れ換えを使わない行基本変形により上三角型に帰着できるとき，下三角型行列 L と上三角型行列 R を適当に選んで $A = LR$ と分解することができる．更に，どちらかの対角成分をすべて 1 にできる．これを LR 分解，または LU 分解と呼ぶ[13]．

---

[13] LR は left/right の，LU は lower/upper の頭文字を採ったものである．この分解は数値計算で使われる．

第 3 章

行　列　式

5月ともなれば，いよいよ大学生になった気分で行列式の本格的な勉強です．

■ 3.1 行列式の定義

【行列式の幾何学的定義】 行列式とは，後で述べるようないくつかの性質を満たす，正方行列を変数とする関数のことです．普通はこれをいきなり代数的に厳密に定義するのですが，本書では応用を考えて，まずその直感的意味から始めましょう．

> **行列式は体積**
>
> A の行列式とは，A の列ベクトルで張られる平行 $2n$ 面体の符号付き体積である．

いきなり平行 $2n$ 面体は分かりにくいでしょうから，まず 2 次元と 3 次元のときを調べましょう．行列 A の行列式は，$\det A$ とか $|A|$ などと略記されるのでしたね．

例 3.1 (1) 2 次の場合 (第 1 章の復習)，これは，平行 4 辺形の符号付き面積となります．符号の意味の説明も第 1 章でやりました：

$$\det \begin{pmatrix} a & b \\ c & d \end{pmatrix} = \begin{vmatrix} a & b \\ c & d \end{vmatrix} = ad - bc. \tag{3.1}$$

(2) 3 次元の場合，これは平行 6 面体の符号付き体積となります．この場合の符号は，列ベクトル $(\boldsymbol{a}_1, \boldsymbol{a}_2, \boldsymbol{a}_3)$ が正の向きに並んでいるか負の向きに並んでいるかで決めます．この意味は次の通りです：

> **ベクトル系の向き**
> ★ (a_1, a_2, a_3) が正の向きとは，連続変形により途中で体積が 0 につぶれること無く基本単位ベクトルの順序付き集合 (e_1, e_2, e_3) に帰着できることをいう．
> ★負の向きとは，一度鏡に写した後に連続変形で (e_1, e_2, e_3) に帰着できることをいう．

平面の向きは，紙の裏表に対応して 2 種類しかないことは明らかですが，3 次元空間における 3 個のベクトル系の向きも正負の 2 種類しかないのです．鏡(鏡映変換) はその向きを交替させます．

> ★ **質 問** ★ 鏡はなぜ左右を逆に？
> 自分の姿を鏡に映すと，左右は逆になるのに上下はなぜ逆にならないのか？
> [答は章末にあります．答を見る前に考えましょう！]

図3.1 鏡に映ると左右が変わる？

上のことは，n 次元空間になっても正しいのですが，直感が働かないので，3 次元の場合から想像するだけにし，あまり奇怪な思考をするのはやめておきましょう．その代わりに，以下これを代数化して n 次元でも怪しまずに計算できるようにします．しかし，応用上は行列式の体積としての解釈はとても重要なので，忘れないようにしましょう．行列式の幾何学的意味の続きとして，次のことも一緒に覚えておきましょう：

定理 3.1 A が線形変換の表現行列のとき，
(1) $\det A$ の絶対値はこの線形変換による体積の拡大率を表す．

(2) $\det A$ の符号はこの線形変換が空間の向きを保つか逆転するかを表す．

実際，A により座標軸方向の単位ベクトル $e_1, \ldots, e_n$ が A の列ベクトル $a_1, \ldots, a_n$ に写り，前者が張る平行 $2n$ 面体の体積は 1 で後者のそれは $\det A$ です．前者の辺長を a にすれば，線形写像 A により後者も a 倍だけ相似拡大され，従って両者の体積比はやはり $a^n \det A / a^n = \det A$ です．更に，体積は平行移動で不変なので，このことは，空間のどこに置かれた勝手なサイズの平行 $2n$ 面体についても言えます．一般の図形は平行 $2n$ 面体に分割できますから[1])，やはり同じ拡大率を持ちます．

【**行列式の公理**】 体積の概念を代数的に言い換えると，A の行列式とは，行列式の公理と呼ばれる以下の諸性質を満たす行列の関数 $f(A)$ のこととなります．n 次正方行列は n 個の列ベクトル $a_1, \ldots, a_n \in \mathbf{R}^n$ から成るので，f は n ベクトル変数の関数 $f(a_1, \ldots, a_n)$ だと思ってもよいことに注意しましょう．(弓の修行をやりましたか?) 更に，行列は n^2 個の成分より成るので，f は n^2 変数の関数だと思ってもいいのですが，これは分かりやすいようで行列式の性質を見通すにはあまり適当ではありません．従って以下では，行列を主に n ベクトル変数の関数とみなして，その性質を述べることにします．上で与えた行列式の直感的定義がこれらの性質を満たしていることは，少なくとも 3 次元までの場合には図を描いて納得することができます．

定義 3.1 (行列式の公理)
(0) (正規化条件) 単位行列に対する f の値は 1 に等しい：
$$f(E) = 1.$$
(1) (多重線形) $f(A)$ の値は A の各列につき線形である：
$$f(a_1, \ldots, \lambda a_i + \mu a_i', \ldots, a_n)$$
$$= \lambda f(a_1, \ldots, a_i, \ldots, a_n) + \mu f(a_1, \ldots, a_i', \ldots, a_n).$$
(2) (交代的または反対称的) A の列の**互換**，すなわち，二つの列の交換で，$f(A)$ の値は符号が変わる：
$$f(a_1, \ldots, \overset{i}{a_j}, \ldots, \overset{j}{a_i}, \ldots, a_n) = -f(a_1, \ldots, \overset{i}{a_i}, \ldots, \overset{j}{a_j}, \ldots, a_n).$$

---
[1]) 厳密には，積分論のように分割を細かくしてゆく極限論法が必要ですが，ここでは直感的理解にとどめておきましょう．

(1) は次の二つの規則に分解することもできます．すなわち，(1) 一つを仮定することと，以下の (1′), (1″) を仮定することは同値です：

(1′) (列ごとに加法的)
$$f(\boldsymbol{a}_1,\ldots,\boldsymbol{a}_i+\boldsymbol{a}'_i,\ldots,\boldsymbol{a}_n)$$
$$= f(\boldsymbol{a}_1,\ldots,\boldsymbol{a}_i,\ldots,\boldsymbol{a}_n) + f(\boldsymbol{a}_1,\ldots,\boldsymbol{a}'_i,\ldots,\boldsymbol{a}_n).$$

(1″) (列ごとに **1** 次同次) ある列を λ 倍すると行列式の値が λ 倍になる：
$$f(\boldsymbol{a}_1,\ldots,\lambda\boldsymbol{a}_i,\ldots,\boldsymbol{a}_n) = \lambda f(\boldsymbol{a}_1,\ldots,\boldsymbol{a}_i,\ldots,\boldsymbol{a}_n).$$

後に命題 3.3 の証明と平行して示されるように，(1), (2) だけを満たす関数 f は行列式の定数倍となります (行列式の一意性)．(0) はその定数因子を 1 に正規化するためだけに使われます．

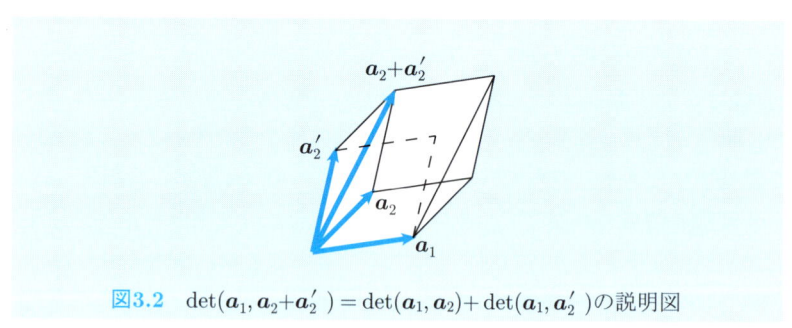

図3.2 $\det(\boldsymbol{a}_1,\boldsymbol{a}_2+\boldsymbol{a}'_2) = \det(\boldsymbol{a}_1,\boldsymbol{a}_2) + \det(\boldsymbol{a}_1,\boldsymbol{a}'_2)$ の説明図

系 3.2 (公理から導かれる規則)

(2′) (交代性の言い替え) 等しい列があれば行列式の値は 0 となる：
$$f(\boldsymbol{a}_1,\ldots,\overset{i}{\boldsymbol{a}_i},\ldots,\overset{j}{\boldsymbol{a}_i},\ldots,\boldsymbol{a}_n) = 0$$

(3) ある列のスカラー倍を他の列に加えても行列式の値は不変：
$$f(\boldsymbol{a}_1,\ldots,\overset{i}{\boldsymbol{a}_i+\lambda\boldsymbol{a}_j},\ldots,\overset{j}{\boldsymbol{a}_j},\ldots,\boldsymbol{a}_n) = f(\boldsymbol{a}_1,\ldots,\overset{i}{\boldsymbol{a}_i},\ldots,\overset{j}{\boldsymbol{a}_j},\ldots,\boldsymbol{a}_n)$$

証明 (2) $\Longrightarrow$ (2′) の証明：(2′) の式の左辺において第 i 列と第 j 列を入れ換えると，行列式の性質 (2) により符号が変わり，
$$f(\boldsymbol{a}_1,\ldots,\overset{i}{\boldsymbol{a}_i},\ldots,\overset{j}{\boldsymbol{a}_i},\ldots,\boldsymbol{a}_n) = -f(\boldsymbol{a}_1,\ldots,\overset{i}{\boldsymbol{a}_i},\ldots,\overset{j}{\boldsymbol{a}_i},\ldots,\boldsymbol{a}_n)$$
となる．しかし実はこの入れ換えで行列は不変なので，

3.2 行列式の計算

$$\therefore \quad 2f(\boldsymbol{a}_1,\ldots,\underset{i}{\boldsymbol{a}_i},\ldots,\underset{j}{\boldsymbol{a}_i},\ldots,\boldsymbol{a}_n) = 0$$

よって $\quad f(\boldsymbol{a}_1,\ldots,\underset{i}{\boldsymbol{a}_i},\ldots,\underset{j}{\boldsymbol{a}_i},\ldots,\boldsymbol{a}_n) = 0$

$(2') \Longrightarrow (2)$ の証明:$f(\boldsymbol{a}_1,\ldots,\underset{i}{\boldsymbol{a}_i+\boldsymbol{a}_j},\ldots,\underset{j}{\boldsymbol{a}_i+\boldsymbol{a}_j},\ldots,\boldsymbol{a}_n)=0$ を規則 $(1')$ を 2 度用いて展開すると,

$$f(\boldsymbol{a}_1,\ldots,\underset{i}{\boldsymbol{a}_i},\ldots,\underset{j}{\boldsymbol{a}_i},\ldots,\boldsymbol{a}_n) + f(\boldsymbol{a}_1,\ldots,\underset{i}{\boldsymbol{a}_i},\ldots,\underset{j}{\boldsymbol{a}_j},\ldots,\boldsymbol{a}_n)$$
$$+ f(\boldsymbol{a}_1,\ldots,\underset{i}{\boldsymbol{a}_j},\ldots,\underset{j}{\boldsymbol{a}_i},\ldots,\boldsymbol{a}_n) + f(\boldsymbol{a}_1,\ldots,\underset{i}{\boldsymbol{a}_j},\ldots,\underset{j}{\boldsymbol{a}_j},\ldots,\boldsymbol{a}_n) = 0$$
$$\therefore \quad f(\boldsymbol{a}_1,\ldots,\underset{i}{\boldsymbol{a}_j},\ldots,\underset{j}{\boldsymbol{a}_i},\ldots,\boldsymbol{a}_n) = -f(\boldsymbol{a}_1,\ldots,\underset{i}{\boldsymbol{a}_i},\ldots,\underset{j}{\boldsymbol{a}_j},\ldots,\boldsymbol{a}_n) \quad \square$$

世の中には 2 倍すると何でも 0 になってしまうような場合があります.これは標数 2 の体上の線形代数と呼ばれるもので,暗号や誤り訂正符号でよく使われます.前半の証明はそのような場合には通用しませんが,後半の証明はいつでも通用するので,一見意外に見えますが,実は (2) よりも $(2')$ の方が一般的なのです.それに,行列式の体積としての解釈でも,2 列を交換すると符号が変わるというのはなかなか見えませんが,2 列が一致したら,平行 $2n$ 面体はつぶれて体積が 0 になるというのは明快ですね.

■ 3.2 行列式の計算

行列式の公理だけでは,まだ実際に行列式を計算するのは無理です.この節では実用的な計算のための準備を続けます.

【行列式の全展開式】 前節で用意した諸性質を使うと,行列式の関数形が代数的に決定されてしまいます:

命題 3.3 (行列式の全展開式) 行列式はその行列成分の多項式として

$$\det \begin{pmatrix} a_{11} & \cdots & a_{1n} \\ \vdots & & \vdots \\ a_{n1} & \cdots & a_{nn} \end{pmatrix} = \sum_{(i_1,i_2,\ldots,i_n)} \operatorname{sgn}(i_1,i_2,\ldots,i_n) a_{i_1 1} a_{i_2 2} \cdots a_{i_n n} \quad (3.2)$$

と書ける.ここに和は,$(1,2,\ldots,n)$ の順列 $(i_1,i_2,\ldots,i_n)$ のすべてに渉る.すなわち,右辺の $a_{i_1 1}\cdots a_{i_n n}$ は行列の各行・各列からちょうど一つずつ成分を取り出して掛け合わせる方法のすべてに渉る.$\operatorname{sgn}(i_1,i_2,\ldots,i_n)$ は順列ある

いは置換の**符号** (signature) と呼ばれ，並べ替え $(1, 2, \ldots, n) \mapsto (i_1, i_2, \ldots, i_n)$ に必要な互換の回数が偶数なら $+1$，奇数なら -1 と定める．

証明 定義 3.1 の性質 (0) ～ (2) を満たす関数 f に対し，上の行列 A の各列は $\boldsymbol{a}_j = \sum_{i=1}^{n} a_{ij} \boldsymbol{e}_i$ と基本単位ベクトルの線形結合で表されるから，

$$f(A) = f\left(\sum_{i_1=1}^{n} a_{i_1 1} \boldsymbol{e}_{i_1}, \sum_{i_2=1}^{n} a_{i_2 2} \boldsymbol{e}_{i_2}, \ldots, \sum_{i_n=1}^{n} a_{i_n n} \boldsymbol{e}_{i_n} \right)$$

と書き直される．ここで，行列式の性質 (1) の多重線形性，すなわち，おのおのの列に関する線形性を用いると，

$$\begin{aligned}
&= \sum_{i_1=1}^{n} a_{i_1 1} f\left(\boldsymbol{e}_{i_1}, \sum_{i_2=1}^{n} a_{i_2 2} \boldsymbol{e}_{i_2}, \ldots, \sum_{i_n=1}^{n} a_{i_n n} \boldsymbol{e}_{i_n} \right) \\
&= \sum_{i_1, i_2=1}^{n} a_{i_1 1} a_{i_2 2} f\left(\boldsymbol{e}_{i_1}, \boldsymbol{e}_{i_2}, \sum_{i_3=1}^{n} a_{i_3 3} \boldsymbol{e}_{i_3}, \ldots, \sum_{i_n=1}^{n} a_{i_n n} \boldsymbol{e}_{i_n} \right) \\
&= \cdots = \sum_{i_1, \ldots, i_n} a_{i_1 1} \cdots a_{i_n n} f(\boldsymbol{e}_{i_1}, \ldots, \boldsymbol{e}_{i_n})
\end{aligned}$$

と展開される．$f(\boldsymbol{e}_{i_1}, \ldots, \boldsymbol{e}_{i_n})$ は，性質 (2') により $\boldsymbol{e}_{i_j}$ の中に同じものが有れば 0 となり，すべてが異なるときは単位行列から列の置換 $(1, 2, \ldots, n) \mapsto (i_1, \ldots, i_n)$ により得られるので，その値は行列式の公理 (2) を繰り返し適用することにより $\mathrm{sgn}(i_1, \ldots, i_n) f(E)$ に等しいことが分かる．よって最後に，行列式の公理 (0) の $f(E) = 1$ を用いれば上の公式が得られる． □

上の証明は行列式の公理を満たす関数の一意性を示しています．これにより，$f(E)$ を 1 に正規化しないときは，$f(A) = f(E) \det(A)$ という関数になるという，先に予告した主張も同時に示されました．

例 3.2 2 次の場合は (3.1) がこの全展開式に他なりません．3 次の場合は

$$a_{11} a_{22} a_{33} + a_{31} a_{12} a_{23} + a_{21} a_{32} a_{13} - a_{31} a_{22} a_{13} - a_{21} a_{12} a_{33} - a_{11} a_{32} a_{23}$$

となります．項が 6 個出て来ること，そのうち半分が符号 $+$ を，残り半分が $-$ を持つことを観察してください．また各項は 3 次の同次式となっていることも観察しましょう．

図3.3 3次行列式の展開項

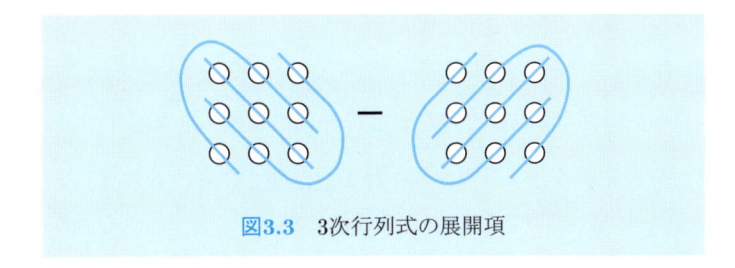

上の式は Sarrus(サラス) の公式と呼ばれることがあります[2]．この全展開式は普通，図 3.3 のように記憶します (3 次のたすき掛け)．しかし，非効率なので，実用計算ではよほど 0 成分が多い場合以外は使わないようにしましょう．特に，4 次以上の行列式に全展開式 (3.2) を使うつもりで 3 次の場合からの類推で計算しようとすると，項をいくつか忘れる恐れが強いので，絶対にやめましょう．(4 次の行列式の全展開式は $4! = 24$ 個の項より成ります．)

問 3.1　次の行列式を全展開式 (3.2) を用いて直接計算せよ．

(1) $\begin{vmatrix} 1 & 2 \\ 3 & 5 \end{vmatrix}$
(2) $\begin{vmatrix} 1 & 2 & 3 \\ 4 & 5 & 6 \\ 7 & 8 & 10 \end{vmatrix}$

さて，全展開式 (3.2) における積 $a_{i_1 1} a_{i_2 2} \cdots a_{i_n n}$ は，行列 A の各行各列から成分をちょうど一つずつ取って作った積の代表的な項を表しています．これは列の方から見て因子を整頓したものですが，実数の積の順序が交換可能なことに注意すると，行の方から見た形 $a_{1 j_1} a_{2 j_2} \cdots a_{n j_n}$ に整頓し直すことができます．ここで，$j_1, j_2, \ldots, j_n$ は，$i_1, i_2, \ldots, i_n$ を $1, 2, \ldots, n$ に並べ戻すときに，同じ操作で $1, 2, \ldots, n$ が動かされた先の順列を表しています[3]．従って $\mathrm{sgn}\,(i_1, i_2, \ldots, i_n) = \mathrm{sgn}\,(j_1, j_2, \ldots, j_n)$ は明らかですから，(3.2) は

$$\det A = \sum_{(j_1, j_2, \ldots, j_n)} \mathrm{sgn}\,(j_1, j_2, \ldots, j_n) a_{1 j_1} a_{2 j_2} \cdots a_{n j_n}$$

と書き直されます．$a_{i j_i}$ は，A の転置行列 ${}^t A$ の第 (j_i, i) 成分ですから，これ

---

[2] 実はフランス人なので，サリューと読むのが正しい．しかも 19 世紀の人なので，この公式に彼の名を与えるほどオリジナリティーは高くはありません．あの愛国的なフランス人の間にさえこの名前は殆んど知られていません．

[3] これは，置換 $(1, 2, \ldots, n) \mapsto (i_1, i_2, \ldots, i_n)$ の逆置換と呼ばれるものに相当します (3.3 節参照) が，ここではこの言葉はあまり気にしなくていいでしょう．

から次のような深遠な関係が導かれます：

命題 3.4 $\det A = \det {}^t\!A$. よって行列式の列に関する性質はすべて行に関しても成り立つ．特に，行列式の計算では行と列の基本変形を混ぜて用いてよい．

逆に，方程式を解くときと異なり，行または列を一斉に k 倍すると，行列式の値も k 倍されてしまうことに十分注意しましょう．特に，行や列から共通因子を取り出したときは，それを全体に掛けておくのを忘れないように！

【行列式の実用的計算法】 主なものを二つ紹介します．

★第 1 の方法：行列式の公理とその系を繰り返し適用し基本変形により上三角型に帰着する方法です．

---**三角型行列の行列式は対角成分の積**---

$$\begin{vmatrix} a_{11} & \cdots & \cdots & a_{1n} \\ 0 & \ddots & & \vdots \\ \vdots & \ddots & \ddots & \vdots \\ 0 & \cdots & 0 & a_{nn} \end{vmatrix} = a_{11} \cdots a_{nn}$$

この公式は全展開式 (3.2) をにらめば容易に分かりますが，これを更に

$$\begin{vmatrix} a_{11} & a_{12} & \cdots & a_{1n} \\ 0 & a_{22} & & \vdots \\ \vdots & \vdots & & \vdots \\ 0 & a_{n2} & \cdots & a_{nn} \end{vmatrix} = a_{11} \begin{vmatrix} a_{22} & \cdots & a_{2n} \\ \vdots & & \vdots \\ a_{n2} & \cdots & a_{nn} \end{vmatrix} \tag{3.3}$$

の形の公式に一般化しておき，それから帰納法で導かれると考えるのも有用です．(3.3) は次のように明快な幾何学的意味を持っています．もし $a_{11} = 0$ なら，もとの行列式の値は明らかに 0 なので，等号が成り立ちます．また $a_{11} \neq 0$ なら，行列式の計算規則 (系 3.2 の (3)) により，第 1 行の a_{11} 以外の成分を 0 にできるので，このとき上の等式は，

$$n \text{ 次元体積} = (n-1) \text{ 次元底面積} \times \text{高さ}$$

という意味を表したものとなります．(3.3) を全展開式 (3.2) から代数的に導くには，次のようにします．展開項のうち 0 でないものについては，第 1 列からは常に a_{11} しか選べないので，これを共通因子として括り出すと，もはや第 1

行からは成分を取れないので，残るのは第 $2 \sim n$ 列，第 $2 \sim n$ 行から取った成分の符号付きの積だけとなり，

$$\sum_{(i_2,\ldots,i_n)} \mathrm{sgn}\,(1, i_2, \ldots, i_n) a_{i_2 2} \cdots a_{i_n n}$$

の形となります．ここで，添え字 $2, \ldots, n$ を $1, \ldots, n-1$ と読み替え，$\mathrm{sgn}\,(1, i_2, \ldots, i_n) = \mathrm{sgn}\,(i_2, \ldots, i_n)$ に注意すると，これはもとの行列の右下を占める $n-1$ 次の小行列式[4]の値に他なりません．

上三角化による計算法は基本変形で機械的にでき，かつ計算量も少ないので，コンピュータでプログラムを組むのに適しています．このとき対角線の上に残す値をピボットと呼びます．純粋数学としては，それは 0 でなければ何でもよいのですが，数値計算では，桁落ちと呼ばれる現象を防ぐため，第 (i,i) 成分には，そのときの第 i 列で i 行以下の成分の中から絶対値が最大のものを選んで来て，それを含む行を第 i 行と入れ換えて計算を進めます．

★**第 2 の方法**：列に関する展開を用いる．最も簡単な第 1 列に関する行列式の展開定理は，この列に関する線形性と (3.3) を用いて

$$\begin{vmatrix} a_{11} & a_{12} & \cdots & a_{1n} \\ a_{21} & a_{22} & \cdots & a_{2n} \\ \vdots & \vdots & & \vdots \\ a_{n1} & a_{n2} & \cdots & a_{nn} \end{vmatrix}$$

$$= \begin{vmatrix} a_{11} & a_{12} & \cdots & a_{1n} \\ 0 & a_{22} & \cdots & a_{2n} \\ \vdots & \vdots & & \vdots \\ 0 & a_{n2} & \cdots & a_{nn} \end{vmatrix} + \begin{vmatrix} 0 & a_{12} & \cdots & a_{1n} \\ a_{21} & a_{22} & \cdots & a_{2n} \\ 0 & \vdots & & \vdots \\ 0 & a_{n2} & \cdots & a_{nn} \end{vmatrix} + \cdots + \begin{vmatrix} 0 & a_{12} & \cdots & a_{1n} \\ \vdots & a_{22} & \cdots & a_{2n} \\ 0 & \vdots & & \vdots \\ a_{n1} & a_{n2} & \cdots & a_{nn} \end{vmatrix}$$

$$= a_{11} \begin{vmatrix} a_{22} & \cdots & a_{2n} \\ \vdots & & \vdots \\ a_{n2} & \cdots & a_{nn} \end{vmatrix} - a_{21} \begin{vmatrix} a_{12} & \cdots & a_{1n} \\ a_{32} & \cdots & a_{3n} \\ \vdots & & \vdots \\ a_{n2} & \cdots & a_{nn} \end{vmatrix} + \cdots + (-1)^{n-1} a_{n1} \begin{vmatrix} a_{12} & \cdots & a_{1n} \\ \vdots & & \vdots \\ a_{n-1,2} & \cdots & a_{n-1,n} \end{vmatrix}$$

と導くことができます．最後の行で a_{i1} を括り出した項の符号が $(-1)^{i-1}$ になるのは，第 i 行を $i-1$ 回の行の交換で第 1 行に持って行き，(3.3) を適用すれば理解できます．もちろん，(3.3) の証明にならって直接 (3.2) を適用し，符号

---

[4] 一般に行列 A の**小行列**とは，A から行番号と列番号をいくつか選んで，それらを添え字に持つ成分だけで作った部分行列のことです．**小行列式**とは，正方型の小行列の行列式のことを言います (英語ではどちらも minor)．

をきちんと勘案しても正当化できます．

なお，与えられた行列に対し，そのままこの展開を適用し続ければ，結局 (3.2) の右辺と同じことになってしまいますから，実際計算においては，基本変形を利用して，少なくとも 2 次に落ちるまでは 第 1 列の 0 以外の成分が少なくなる (できれば一つになる) まで変形してから展開します．この種の工夫は人間向きです．

同様の展開はどの列あるいは行についても可能です．一般公式の基礎となるのが次の主張です：

補題 3.5 A の第 j 列が第 (i,j) 成分 a_{ij} 一つを除き他はすべて 0 であるとき，A から第 i 行第 j 列を消し去って得られる $n-1$ 次の小行列を A_{ij} とすれば，

$$\det A = a_{ij} \times (-1)^{i+j} \times \det A_{ij}$$

同じ式は，A の第 i 行が第 (i,j) 成分 a_{ij} 一つを除き他はすべて 0 であるときにも成り立つ．

実際，$i = j = 1$ のときは公式 (3.3) に他なりません．一般の場合は行を $i-1$ 回，列を $j-1$ 回交換すればその場合に帰着し，この過程で符号が $(-1)^{i-1} \times (-1)^{j-1} = (-1)^{i+j}$ 倍に変化します．列の場合は転置行列に対して上を適用すればよい．この補題を用いた行列式の一般の列や行に関する展開公式は次の節で与えますが，実際計算においては，展開したい列あるいは行を第 1 列あるいは第 1 行に持ってゆくときの符号の変化を見るだけでも十分でしょう．この符号の付き方 $(-1)^{i+j}$ は普通，次のような図で覚えます．江戸時代の歌舞伎役者にちなんでこのようなパターンは市松模様と呼ばれています．

$$\begin{pmatrix} + & - & + & \cdots \\ - & + & - & \cdots \\ + & - & + & \cdots \\ \vdots & \vdots & \vdots & \ddots \\ & & & & + \end{pmatrix}$$

例題 3.1 次の行列式を計算せよ．

$$\begin{vmatrix} -1 & -2 & 2 \\ 7 & 1 & 2 \\ 3 & -2 & 5 \end{vmatrix}$$

3.2 行列式の計算

[解答] やり方はいろいろあります．次は計算の一例です．

$$\begin{vmatrix} -1 & -2 & 2 \\ 7 & 1 & 2 \\ 3 & -2 & 5 \end{vmatrix} \xrightarrow{\text{第 2 列を第 3 列に加える}} \begin{vmatrix} -1 & -2 & 0 \\ 7 & 1 & 3 \\ 3 & -2 & 3 \end{vmatrix} \xrightarrow{\text{第 1 列の 2 倍を第 2 列から引く}} \begin{vmatrix} -1 & 0 & 0 \\ 7 & -13 & 3 \\ 3 & -8 & 3 \end{vmatrix}$$

$$\xrightarrow{\substack{\text{第 2 列から }-1, \\ \text{第 3 列から 3 を} \\ \text{括り出す}}} (-3) \begin{vmatrix} -1 & 0 & 0 \\ 7 & 13 & 1 \\ 3 & 8 & 1 \end{vmatrix} \xrightarrow{\text{第 1 行で展開}} 3 \begin{vmatrix} 13 & 1 \\ 8 & 1 \end{vmatrix} = 3(13-8) = 15. \quad \square$$

問 3.2 次の行列式を基本変形により計算せよ．(計算の途中で用いた変形も明記せよ．)

(1) $\begin{vmatrix} 1 & 2 & 2 \\ 5 & -3 & 2 \\ 9 & 2 & 1 \end{vmatrix}$
(2) $\begin{vmatrix} 1 & 2 & 3 & 4 \\ 5 & 5 & 6 & 7 \\ 8 & 5 & 6 & 5 \\ 4 & 3 & 2 & 2 \end{vmatrix}$
(3) $\begin{vmatrix} 1 & 1 & 2 & -1 \\ 2 & 2 & 1 & -1 \\ 1 & -1 & -1 & 1 \\ -1 & 1 & 3 & -1 \end{vmatrix}$

(4) $\begin{vmatrix} 1 & 2 & 3 & 4 \\ 2 & 3 & 1 & 2 \\ 1 & 1 & 1 & -1 \\ 1 & 0 & -2 & -6 \end{vmatrix}$
(5) $\begin{vmatrix} -1 & -2 & 2 & 1 \\ -4 & 1 & 2 & 2 \\ 3 & -2 & 5 & 1 \\ 0 & 3 & 2 & 1 \end{vmatrix}$
(6) $\begin{vmatrix} 1 & 0 & 0 & -4 & 0 \\ 0 & -2 & 1 & -2 & 4 \\ -2 & 2 & -1 & -1 & 0 \\ 2 & 0 & 1 & 0 & 7 \\ 1 & 1 & 0 & -3 & 3 \end{vmatrix}$

問 3.3 次の行列式を計算せよ．答はできるだけ因数分解した形で与えよ．

(1) $\begin{vmatrix} 1 & 1 & 1 \\ a & b & c \\ a^2 & b^2 & c^2 \end{vmatrix}$
(2) $\begin{vmatrix} 1 & 1 & 1 \\ 1 & a & a \\ 1 & a & b \end{vmatrix}$
(3) $\begin{vmatrix} 1 & a & a^3 \\ 1 & b & b^3 \\ 1 & c & c^3 \end{vmatrix}$

(4) $\begin{vmatrix} b+c & a & a \\ b & c+a & b \\ c & c & a+b \end{vmatrix}$
(5) $\begin{vmatrix} 0 & a^2 & b^2 & 1 \\ a^2 & 0 & c^2 & 1 \\ b^2 & c^2 & 0 & 1 \\ 1 & 1 & 1 & 0 \end{vmatrix}$
(6) $\begin{vmatrix} a & b & b & b \\ b & a & b & b \\ b & b & a & b \\ b & b & b & a \end{vmatrix}$

(7) $\begin{vmatrix} 1 & a & b & c+d \\ 1 & b & c & d+a \\ 1 & c & d & a+b \\ 1 & d & a & b+c \end{vmatrix}$
(8) $\begin{vmatrix} a & b & c & d \\ b & c & d & a \\ c & d & a & b \\ d & a & b & c \end{vmatrix}$

問 3.4 次の行列式の値が偶数になることを，なるべく労力を使わずに示せ．

(1) $\begin{vmatrix} 0 & 127 & 19 & 18 \\ 2 & 10 & 2 & 1 \\ 6 & 21 & 0 & 1 \\ -2 & 1 & 1 & 0 \end{vmatrix}$
(2) $\begin{vmatrix} 127 & 55 & 661 & 71 \\ 110 & -8 & 521 & 66 \\ 32 & 282 & -99 & 43 \\ 151 & 17 & 133 & 118 \end{vmatrix}$

問 3.5 5 個の整数 $78218, 45658, 36963, 94757, 86432$ がすべて 37 で割り切れるという．次の行列式の値も 37 で割り切れることを行列式を計算せずに説明せよ．

$$\begin{vmatrix} 7 & 8 & 2 & 1 & 8 \\ 4 & 5 & 6 & 5 & 8 \\ 3 & 6 & 9 & 6 & 3 \\ 9 & 4 & 7 & 5 & 7 \\ 8 & 6 & 4 & 3 & 2 \end{vmatrix}$$

3.3 余因子行列とその応用

【余因子の定義】 $A = (a_{ij})$ を n 次正方行列とします.

定義 3.2 A の第 (i,j) 成分 a_{ij} の**余因子** (cofactor) とは, A から第 i 行第 j 列を消し去って得られる $n-1$ 次の小行列を A_{ij} とするとき, $\widetilde{a}_{ij} := (-1)^{i+j} \det A_{ij}$ のことと定める.

余因子にはいろんな使い方がありますが,その基礎は次の性質です:

定理 3.6 (余因子の直交性)

第 j 列の成分に対応する余因子は以下の性質を持つ:
$$a_{1j}\widetilde{a}_{1j} + \cdots + a_{nj}\widetilde{a}_{nj} = \det A$$
$k \neq j$ なら $\quad a_{1k}\widetilde{a}_{1j} + \cdots + a_{nk}\widetilde{a}_{nj} = 0$

同様に,第 i 行の成分に対応する余因子は以下の性質を持つ:
$$a_{i1}\widetilde{a}_{i1} + \cdots + a_{in}\widetilde{a}_{in} = \det A$$
$k \neq i$ なら $\quad a_{k1}\widetilde{a}_{i1} + \cdots + a_{kn}\widetilde{a}_{in} = 0$

実際,前半の式は, $k=j$ のときは,もとの行列式を第 j 列に関して展開したものとなっていることが, $\boldsymbol{a}_j = \sum_{i=1}^{n} a_{ij}\boldsymbol{e}_i$ と行列式の第 j 列に関する線形性と補題 3.5 と余因子の定義から分かります:

$$\det(\boldsymbol{a}_1, \ldots, \boldsymbol{a}_j, \ldots, \boldsymbol{a}_n) = \sum_{i=1}^{n} a_{ij} \det(\boldsymbol{a}_1, \ldots, \boldsymbol{e}_i, \ldots, \boldsymbol{a}_n) = \sum_{i=1}^{n} a_{ij}\widetilde{a}_{ij}.$$

$k \neq j$ のときは, A の第 j 列を第 k 列で置き換えて得られる行列の行列式を第 j 列に関して展開したものとなっていることに注意しましょう.こちらの行列式は,二つの列が一致するので値は 0 です.後半は同じ論法を行について適用すれば得られます.関西に旅行して食堂に入ると,親子丼 (トリと卵入り) と他人丼 (豚肉と卵入り) というのがメニューに並んでいますが, $k=j$ のときが親子丼で $k \neq j$ のときが他人丼だと覚えておきましょう.後者では,第 j 列の余因子に掛けるものは,もっと一般なベクトルの成分でもよろしい.このとき

得られる値は，もとの行列の第 j 列をそのベクトルで置き換えたものの行列式となります．

定義 3.3 A の**余因子行列** $\widetilde{A}$ を，A の余因子を並べて作った行列を転置したものとして定義する：

$$\widetilde{A} = \begin{pmatrix} \widetilde{a}_{11} & \widetilde{a}_{21} & \cdots & \widetilde{a}_{n1} \\ \widetilde{a}_{12} & \widetilde{a}_{22} & \cdots & \widetilde{a}_{n2} \\ \cdots & \cdots & \cdots & \cdots \\ \widetilde{a}_{1n} & \widetilde{a}_{2n} & \cdots & \widetilde{a}_{nn} \end{pmatrix}$$

【余因子の応用】 以上の作り方から，次の定理がただちに出ます．

定理 3.7 余因子行列は

$$\widetilde{A}A = A\widetilde{A} = \begin{pmatrix} \det A & 0 & \cdots & 0 \\ 0 & \det A & \ddots & \vdots \\ \vdots & \ddots & \ddots & 0 \\ 0 & \cdots & 0 & \det A \end{pmatrix} = (\det A)E$$

を満たす．従って，$\det A \neq 0$ なら A は逆行列を持ち，それは

$$A^{-1} = \frac{1}{\det A} \widetilde{A}$$

で与えられる．

例 3.3 2 次の行列 $\begin{pmatrix} a & b \\ c & d \end{pmatrix}$ のときは実用的な公式となる (この場合に限り基本変形による計算より速い)：この余因子は $\widetilde{a}_{11} = d$, $\widetilde{a}_{12} = -c$, $\widetilde{a}_{21} = -b$, $\widetilde{a}_{22} = a$. また行列式は $ad - bc$. よって

$$\text{余因子行列は } \begin{pmatrix} d & -b \\ -c & a \end{pmatrix}, \quad \text{逆行列は } \frac{1}{ad-bc}\begin{pmatrix} d & -b \\ -c & a \end{pmatrix}.$$

余因子行列を用いると，決定系の連立 1 次方程式に対する実用的ではないが非常に美しい (従って理論的には重要な) 解の公式が得られます．決定系とは，方程式の個数が見掛け上も実質的にも未知数の個数と等しいような連立 1 次方程式のことでしたが，これは上の定理により係数行列が $\det A \neq 0$ を満たすという条件で特徴付けられます．

定理 3.8（**Cramer** の公式）決定系の連立 1 次方程式 $A\bm{x} = \bm{b}$ の解は

$$x_i = \frac{1}{\det A} \det(\bm{a}_1, \ldots, \overset{i}{\bm{b}}, \ldots, \bm{a}_n), \qquad i = 1, \ldots, n$$

で与えられる．ただし $A = (\bm{a}_1, \ldots, \bm{a}_n)$, $\bm{x} = {}^t(x_1, \ldots, x_n)$ 等と置いた．

実際，これは余因子行列を用いた逆行列の表現を $\bm{b}$ に施したものを成分毎に書き下せば直ちに得られます：

$$\bm{x} = \frac{1}{\det A} \widetilde{A} \bm{b}$$

ここで，$\widetilde{A}\bm{b}$ の第 i 成分

$$b_1 \tilde{a}_{1i} + \cdots + b_n \tilde{a}_{ni}$$

は，A の第 i 列を $\bm{b}$ で取り換えた後，その行列式を第 i 列について展開したもの (他人丼!) と等しいことに注意すればよい．

例 3.4 $n = 2$ のときは，高校生によく知られた公式となります：

$$x_1 = \frac{\begin{vmatrix} b_1 & a_{12} \\ b_2 & a_{22} \end{vmatrix}}{\begin{vmatrix} a_{11} & a_{12} \\ a_{21} & a_{22} \end{vmatrix}} = \frac{a_{22}b_1 - a_{12}b_2}{a_{11}a_{22} - a_{21}a_{12}}, \quad x_2 = \frac{\begin{vmatrix} a_{11} & b_1 \\ a_{21} & b_2 \end{vmatrix}}{\begin{vmatrix} a_{11} & a_{12} \\ a_{21} & a_{22} \end{vmatrix}} = \frac{a_{11}b_2 - a_{21}b_1}{a_{11}a_{22} - a_{21}a_{12}}.$$

問 3.6 次の行列の余因子行列を書け．またそれを用いて逆行列を導け．

$$\begin{pmatrix} 4 & 3 & 2 \\ -2 & 4 & 5 \\ -3 & 1 & 2 \end{pmatrix}$$

問 3.7 (1) 次の行列の行列式を計算せよ．

$$A = \begin{pmatrix} 1 & a & 3 \\ 4 & 5 & 6 \\ 7 & 8 & 10 \end{pmatrix}$$

(2) a を整数とするとき，上の行列の逆行列の要素がまたすべて整数となるような a の値を求めよ．[ヒント：余因子行列を考えよ．]

3.4 行列式の公理の応用

【行列式の乗法性】 行列式の公理を用いて行列式に関する重要な公式を証明します．

> **定理 3.9** (行列式の乗法性)
>
> 二つの n 次正方行列 A, B について $\det(AB) = \det A \cdot \det B$.

これは，行列式が線形写像の体積の (符号付き) 拡大率だと思えば，自明に近いことです．ちゃんと証明するには，行列式の公理を用いればよい．ここでは概略だけを示しておきます： $f(B) = \det(AB)$ を B の関数と見ると，

(0) $f(E) = \det A$.
(1) B のある列に線形結合を代入すると，AB の同じ番号の列が対応する線形結合に変わるので，f は各列について線形性を持つことが分かる．
(2) B の二つの列を交換すると，AB の対応する二つの列が交換されるので，$f(B)$ の値は符号を変える．

よって行列式の一意性により $f(B) = f(E) \det B = \det A \det B$ となる．□

> **系 3.10**
>
> 正方行列 A が正則 $\iff \det A \neq 0$. かつこのとき，$\det A^{-1} = \dfrac{1}{\det A}$.

実際，$\det A \neq 0$ なら定理 3.7 により A は逆行列を持ちますが，逆に A^{-1} が存在すれば，$A \cdot A^{-1} = E$ の両辺の行列式をとれば，上の定理より $\det(A) \cdot \det(A^{-1}) = \det(E) = 1$, 従って $\det A \neq 0$ であり，$\det A^{-1} = \dfrac{1}{\det A}$. □

$\det A \neq 0$ は，単位 $2n$ 方体の A による像が潰れないという意味なので，これが A^{-1} を持つための条件であることは幾何学的には明らかですね．上と全く同じ論法で，前章において次元公式を用いて証明した大定理の別証明ができます：

> **系 3.11** 二つの n 次正方行列 A, B について，$AB = E$ なら A, B は互い

に他の逆となり，従って $BA = E$ も成り立つ．

実際，$AB = E$ から，定理 3.9 により $\det A \det B = 1$ を得，後の推論は系 3.10 と同様です．

【ブロック型行列への応用】 次に，行列全体がいくつかの小さな正方行列に分割されている，いわゆる**ブロック型行列**の行列式を調べます．

命題 3.12 A を r 次，B を $n-r$ 次の正方行列とすれば，
$$\det \begin{pmatrix} A & C \\ 0 & B \end{pmatrix} = \det A \det B. \tag{3.4}$$

より一般に，$A_j, j = 1, \ldots, s$ を n_j 次の正方行列 ($n = n_1 + \cdots + n_s$) とするとき

$$\det \begin{pmatrix} A_1 & & & * \\ 0 & A_2 & & \\ \vdots & \ddots & \ddots & \\ 0 & \cdots & 0 & A_s \end{pmatrix} = \det A_1 \cdots \det A_s. \tag{3.5}$$

ここで $*$ は，この部分には何が来てもよいことを示す．全く同じ公式が"下三角型"のブロック行列に対しても成り立つ．

証明 以下の順に証明する．

(i) $A = E_r$ のとき，列基本変形で $C = 0$ に帰着できることは直ちにわかる．更に，$f_{n-r}(B) := \det \begin{pmatrix} E & 0 \\ 0 & B \end{pmatrix}$ は，$n-r$ 次の行列式の公理をすべて満たすことが容易に分かる．よって

$$\det \begin{pmatrix} E & 0 \\ 0 & B \end{pmatrix} = \det B$$

(ii) A が一般のとき，B, C は固定して A だけを動かすことを考えると，$f_r(A) := \det \begin{pmatrix} A & C \\ 0 & B \end{pmatrix}$ は，r 次の行列式の公理のうち，正規化の条件を除いて他をすべて満たすことが容易に分かる．よって，$f_r(A) = f_r(E) \det A$. しかるに (i) により $f_r(E) = \det B$.

以上より (3.4) が示された．(3.5) は $s-1$ 個のブロックをまとめて一つのブ

ロックだとみなすことにより s に関する帰納法で示すことができる．非零成分が対角線の下側にあるときは，もう一度同様の議論を繰り返さなくても，転置行列を取れば上の場合に帰着する． □

例題 3.2 ブロック型行列の行列式の公式を用いて行列式の積公式の別証明を与えよ．

解答 まず，ブロック型行列の積公式：A, P を k 次正方行列，D, S を $n-k$ 次正方行列，B, Q を $(k, n-k)$ 型，C, R を $(n-k, k)$ 型の長方形行列とするとき

$$\begin{pmatrix} A & B \\ C & D \end{pmatrix} \begin{pmatrix} P & Q \\ R & S \end{pmatrix} = \begin{pmatrix} AP+BR & AQ+BS \\ CP+DR & CQ+DS \end{pmatrix} \tag{3.6}$$

に注意せよ．この公式の見掛けは2次の正方行列の積と同じだが，各記号は行列を表しているので，例えば積 BR は順序を変えると意味がなくなる．この等式の証明は，行列の積の定義を思い出して両辺を比べてみれば分かる．

さて，A, B を二つの n 次正方行列とし，最初は A の方は正則とする．$2n$ 次拡大正方行列の積

$$\begin{pmatrix} A & O \\ O & B \end{pmatrix} \begin{pmatrix} E & B \\ O & E \end{pmatrix} = \begin{pmatrix} A & AB \\ O & B \end{pmatrix}, \quad \begin{pmatrix} E & O \\ -A^{-1} & E \end{pmatrix} \begin{pmatrix} A & AB \\ O & B \end{pmatrix} = \begin{pmatrix} A & AB \\ -E & O \end{pmatrix},$$

$$\begin{pmatrix} O & E \\ E & O \end{pmatrix} \begin{pmatrix} A & AB \\ -E & O \end{pmatrix} = \begin{pmatrix} -E & O \\ A & AB \end{pmatrix}, \quad \begin{pmatrix} -E & O \\ O & E \end{pmatrix} \begin{pmatrix} -E & O \\ A & AB \end{pmatrix} = \begin{pmatrix} E & O \\ A & AB \end{pmatrix}$$

は，順に，第 $n+1, \ldots, 2n$ 列に第 $1, \ldots, n$ 列のスカラー倍を加える列基本変形の合成，第 $n+1, \ldots, 2n$ 行に第 $1, \ldots, n$ 行のスカラー倍を加える行基本変形の合成，第 $1, \ldots, n$ 行と第 $n+1, \ldots, 2n$ 行を交換する行基本変形の合成，第 $1, \ldots, n$ 行に -1 を掛ける行基本変形の合成となっていることに注意せよ．ここで，第1と第2の変形は相手の行列の行列式を替えず，第3と第4の変形はそれを $(-1)^n$ 倍に変えるので，結局最初と最後の行列の行列式は一致するから，命題 3.12 により $\det A \det B = \det(AB)$ となる．

さて，証明すべき式は行列の成分の多項式に関する等式なので，$\det A \neq 0$ のとき成立すれば恒等式となる．これにはいろんな説明が可能だが，例えば，$\det A = 0$ なる行列 A に対しては，$A_\varepsilon := A - \varepsilon E$ という行列を考えると，$\varepsilon > 0$ が十分に小さいとき $\det A_\varepsilon \neq 0$ となるので[5]，A_ε に対する等式から

---

[5] $\det A_\varepsilon$ はすぐ後で定義が出て来る A の固有多項式というものに ε を代入したものなので，有限個の値 (固有値) を除き 0 でない．

$\varepsilon \to 0$ の極限に行けば，A に対する等式も得られる． □

問 3.8 行列式に関する次の等式の中から，正しいものを選び出して証明せよ．ただし，A, B, C, D は n 次正方行列であり，O も n 次の零行列を表している．また，これらを並べたものは $2n$ 次の正方行列の行列式を表している．

(1) $\begin{vmatrix} A & O \\ C & B \end{vmatrix} = |A||B|$
(2) $\begin{vmatrix} A & B \\ B & A \end{vmatrix} = |A+B||A-B|$

(3) $\begin{vmatrix} A & B \\ -B & A \end{vmatrix} = |A+iB||A-iB|$
(4) $\begin{vmatrix} A & B \\ C & D \end{vmatrix} = |AD - BC|$

(最後の問題においてはブロック相互の間で可換なときとそうでないときを分けて考えよ．)

【行列式の公理の簡単な応用例】 最後に，もっとやさしいがよく使われる行列式の公理の応用法を紹介しておきます．

> **例題 3.3** 次の行列式を計算せよ．答はなるべく因数分解した形で与えよ．
> $$\begin{vmatrix} a & b & c \\ b & a & a \\ c & c & b \end{vmatrix}$$

[解答] $a = b$ と置くと第 1 列と第 2 列が一致するので，行列式の値は 0 となるから，因数定理により行列式は因子 $(a-b)$ を持つ．$b = c$ と置くと第 2 列と第 3 列が一致するので，同様に因子 $(b-c)$ を持つ．第 2, 3 行を第 1 行に加えると，第 1 行の成分がすべて $a+b+c$ になるので，これも行列式の因子である．よって次数を考えると，ある定数 k により

$$\Delta = k(a-b)(b-c)(a+b+c).$$

と置ける．k の値は $a^2 b$ の係数を比較して 1 と決定される．

問 3.9 平面内の 2 点 $(x_1, y_1), (x_2, y_2)$ を通る直線の方程式は，次の式で与えられることを示せ：
$$\begin{vmatrix} 1 & x & y \\ 1 & x_1 & y_1 \\ 1 & x_2 & y_2 \end{vmatrix} = 0$$

問 3.10 平面内の同一直線上にない 3 点 $(x_1, y_1), (x_2, y_2), (x_3, y_3)$ を通る円の方程式は，次の式で与えられることを示せ：

$$\begin{vmatrix} 1 & x & y & x^2+y^2 \\ 1 & x_1 & y_1 & x_1^2+y_1^2 \\ 1 & x_2 & y_2 & x_2^2+y_2^2 \\ 1 & x_3 & y_3 & x_3^2+y_3^2 \end{vmatrix} = 0$$

問 3.11 (1) 空間内の 3 点 $(x_1,y_1,z_1), (x_2,y_2,z_2), (x_3,y_3,z_3)$ が同一直線上にないとき，これらを通る平面の方程式は，次の式で与えられることを示せ：

$$\begin{vmatrix} 1 & x & y & z \\ 1 & x_1 & y_1 & z_1 \\ 1 & x_2 & y_2 & z_2 \\ 1 & x_3 & y_3 & z_3 \end{vmatrix} = 0$$

(2) 点 (x,y) が前問の円の内部に入ることと，点 (x,y,x^2+y^2) が 3 点 $(x_1,y_1,x_1^2+y_1^2)$, $(x_2,y_2,x_2^2+y_2^2), (x_3,y_3,x_3^2+y_3^2)$ で定まる平面の下に来ることとが同値であることを示せ．

■ 3.5 行列式の存在証明 *

このあたりで，後回しになっていた行列式の基本定理を示しましょう．

定理 3.13 (**行列式の存在と一意性**) 行列式の公理を満たすような関数がただ一つ存在する．

この節では以下，この定理の証明の概略を紹介します．

公理を満たすものの一意性は，公理を満たすものがすべて全展開式 (3.2) に帰着することから既に示されていますが，逆にそのようなものが存在するかどうかは，今までの議論では明らかではなく，それをきちんと示すのがここの主題です．ここでは二つの証明法を紹介します．

【第 1 の方法】 全展開式 (3.2) で定まる関数が行列式の公理を満たすことを示す方法です．そのためには，ここで用いられている順列の符号 $\mathrm{sgn}(i_1,\ldots,i_n)$ に関する諸性質を確立しなければなりません．置換の話はやや専門的になりますし，2 年になったら，離散数学等の講義で置換群の話を詳しく学ぶでしょうから，ここでは概略だけを記します．直感的にそういうものだと理解してください．まず，議論の要点は次の通りです．ここで使われている用語はすぐ後で解説されます．

(1) $1,2,\ldots,n$ の置換の全体 S_n は，置換を写像と見てその合成を積演算とみなすことにより，非可換な有限群を成す．

(2) S_n から符号の集合 $\{\pm 1\}$ の乗法群への群の**準同型**，すなわち，置換の積

を符号の積に写すような写像 sgn が確定する.
(3) 二つの元を交換する置換 (互換) はこの準同型により -1 に写される.
(4) 一般に任意の置換は互換の合成 (積) の形に表される (cf. あみだくじ).
(5) 従って, 一般の元 $\sigma \in S_n$ の行き先 $\mathrm{sgn}\,\sigma$ は, σ が何個の互換の積として表されるかを調べれば決定できる.

以下, 各段階についてもう少し詳しく説明しましょう.

定義 3.4 (置換の定義) n 文字の**置換**とは, 元の個数が n 個の有限集合からそれ自身への一対一写像のことをいう. 置換が作用する集合を $\{1, 2, \ldots, n\}$ に取れば, 置換をその結果として得られる $1, 2, \ldots, n$ の**順列**と同一視できる[6].

二つの置換 σ, τ の $\{1, 2, \ldots, n\}$ 上の写像としての合成 $\tau \circ \sigma$ を置換の積と呼ぶ. 置換は 可逆な写像なので, 置換の全体 $\mathcal{S}_n$ はこの演算で**群**を成す, すなわち, 下記の三つの性質 (群の公理) を満たす. これを n 次の**対称群**と呼ぶ.

(1) (**結合法則**) 任意の三つの置換 σ, τ, μ について, $(\sigma \circ \tau) \circ \mu = \sigma \circ (\tau \circ \mu)$ が成り立つ.
(2) (**単位元の存在**) 任意の置換 σ に対して $\sigma \circ \iota = \iota \circ \sigma = \sigma$ が成り立つような置換 ι が存在する. これはどの元も動かさない恒等置換, すなわち恒等写像で与えられる.
(3) (**逆元の存在**) 任意の置換 σ に対し, $\sigma \circ \sigma^{-1} = \sigma^{-1} \circ \sigma = \iota$ を満たす置換 σ^{-1} が存在する. これは 逆置換, すなわち σ の逆写像で与えられる.

定義 3.5 (種々の置換とその表記法)
★ **互換**: 2 個の元を交換する置換のこと. 記号 (i, j) により, i と j だけを交換し, 他は変えないような置換を表す.
★ **巡回置換**: $(i_1, i_2, \ldots, i_s)$ は $i_1 \mapsto i_2, i_2 \mapsto i_3, \ldots, i_{s-1} \mapsto i_s, i_s \mapsto i_1$ という風に元が巡回する置換を表す. s を巡回置換の長さと言う. 互換は長さ 2 の巡回置換である. 二つの巡回置換 $(i_1, i_2, \ldots, i_s), (j_1, j_2, \ldots, j_t)$ が共通元を持たないとき, **互いに素**という.
★ **一般の置換**: $\begin{pmatrix} 1 & 2 & \cdots & n \\ i_1 & i_2 & \cdots & i_n \end{pmatrix}$ のように, もとの元とその行き先を上下に対応させて記す.

---

[6] n 個のものの集合は常に $\{1, 2, \ldots, n\}$ と同一視できる, というのが人類が発見した数学の出発点でした. 置換も順列も同じ英語 permutation の訳語です.

3.5 行列式の存在証明 *

補題 3.14 任意の置換は互いに素な巡回置換の積に分解される．

実際，各元についてその行き先をたどってゆけば，いつかはもとに戻り，この元を含む巡回置換が求まる．まだ辿られていない元に対して同様に繰り返せば，そのうち $\{1,2,\ldots,n\}$ のすべての元が尽くされる．これらの巡回置換は互いに全く別の元を動かすので，どの順に積をとっても同じである． □

補題 3.15 任意の置換は互換の積に分解される．

実際，巡回置換は，

$$(i_1, i_2, \ldots, i_s) = (i_1, i_2)(i_2, i_3) \cdots (i_{s-1}, i_s)$$

と分解される．ここで右辺の因子は置換として右から順に $\{1,2,\ldots,n\}$ に作用するものとしている[7]．この式は，$i_1, \ldots, i_s$ それぞれの行き先が左右両辺で一致することを調べることにより確かめられる． □

補題 3.16 上の分解で必要な互換の個数は一定ではないが，それが偶数か奇数かは一定である．

なぜなら，それは**差積**と呼ばれる，次のような多項式に置換を施したときの符号の変化で表されるから：

$$\Delta(x_1, \ldots, x_n) := \prod_{1 \leq i < j \leq n} (x_i - x_j) = (x_1 - x_2)(x_1 - x_3) \cdots (x_1 - x_n) \\ \times (x_2 - x_3) \cdots (x_2 - x_n) \\ \cdots \cdots \\ \times (x_{n-1} - x_n)$$

ここで一般に，置換 σ の多項式 $f(x_1, \ldots, x_n)$ への作用は，独立変数の番号の付け替え $(\sigma f)(x_1, \ldots, x_n) := f(x_{\sigma(1)}, \ldots, x_{\sigma(n)})$ と定義される．互換 $\sigma = (i, j)$ （ただし $i < j$ とする）について $\sigma \Delta = -\Delta$ となることは，上の式に対してこの互換を実際にやってみれば分かる．実際，この置換で $(x_i - x_j)$ という因子は $(x_j - x_i)$ に変わるので，この分で符号が一つ変化する．また $k < i$ のときは，$(x_k - x_i)$ と $(x_k - x_j)$ は交換されるだけで符号の変化はない．$k > j$ のときの $(x_i - x_k)$ と $(x_j - x_k)$ についても同様．最後に $i < k < j$ のときは，

---

[7] すなわち，写像としての合成の順序である．教科書によっては逆順に並べているものもあるので注意すること．

$(x_i - x_k)$ が $(x_j - x_k)$ に，また $(x_k - x_j)$ が $(x_k - x_i)$ に変わるので，二つの因子の符号が変わり，符号変化は打ち消す．x_i も x_j も含まない項には何も変化はないので，結局符号変化は一つ，つまり全体の符号が変わる．

以上により，$S_n \ni \sigma \mapsto \sigma(\Delta(x))/\Delta(x) \in \{\pm 1\}$ が最初に述べた群の準同型となる． □

以上により全展開式 (3.2) の右辺が確定した意味を持つことが分かりました．このときそれが行列式の公理を満たす関数となることは今や容易に示すことができます．実際，(3.2) の項はどれも A の各列からちょうど一つずつ成分を採ったものの積となっているので，(1) の双線形性は明らかです．また，二つの列を入れ換えると，成分の積の値は変わりませんが，前についている符号の部分が互換一つ分変わるので，(2) の交代性も明らかです．最後に，$A = E$ のときは，(3.2) の和は恒等置換に対応するただ一つの項だけとなり，値 1 を持つことが容易に分かります．

【第2の方法】 行列式を 1 次のとき $\det(a) = a$ より始め，行に関する展開公式

$$\begin{vmatrix} a_{11} & a_{12} & \cdots & a_{1n} \\ a_{21} & a_{22} & \cdots & a_{2n} \\ \vdots & \vdots & & \vdots \\ a_{n1} & a_{n2} & \cdots & a_{nn} \end{vmatrix}$$

$$= a_{11} \begin{vmatrix} a_{22} & \cdots & a_{2n} \\ \vdots & & \vdots \\ a_{n2} & \cdots & a_{nn} \end{vmatrix} - a_{12} \begin{vmatrix} a_{21} & a_{23} & \cdots & a_{2n} \\ \vdots & \vdots & & \vdots \\ a_{n1} & a_{n3} & \cdots & a_{nn} \end{vmatrix} + \cdots + (-1)^{n-1} a_{1n} \begin{vmatrix} a_{21} & \cdots & a_{2,n-1} \\ \vdots & & \vdots \\ a_{n1} & \cdots & a_{n,n-1} \end{vmatrix}$$

を用いてサイズ n に関する帰納法で定義すると，これが行列式の公理を満たすことも n に関する帰納法で証明できます．この方法は初等的ですが，丁寧にやると長くなるし，あまり面白くもないので，詳細は省略します．非常に気になる人は自分でやってみてください．そうでない人は，これくらいの理解で行列式の存在を信じても良いでしょう．

3.6 行列式に関連する種々の概念*

行列式の章の最後として，この節では少し細かい話題を集めました．数学を沢山使う分野に進む予定の人はこの節にも挑戦してください．

3.6 行列式に関連する種々の概念 *

【対称式と交代式】 n 変数多項式 $f(x_1,\ldots,x_n)$ が，変数 $x_1,\ldots,x_n$ の任意の置換により形を変えないとき，**対称式**と呼びます．また，変数の互換により符号だけ変えるもの (従って変数の置換 σ により $\mathrm{sgn}\,\sigma$ 倍に変化するもの) を**交代式**と呼びます．(置換の多項式への作用は，既に 3.2 節で説明したように，変数の番号の付け替えです．)

例 3.5 (対称式の例) **基本対称式**

$$s_1 := x_1 + \cdots + x_n,$$
$$s_2 := x_1 x_2 + x_1 x_3 + \cdots + x_{n-1} x_n,$$
$$\cdots\cdots\cdots$$
$$s_n = x_1 x_2 \cdots x_n$$

k 次の基本対称式の一般形は

$$s_k = \sum_{1 \leq i_1 < i_2 < \cdots < i_k \leq n} x_{i_1} x_{i_2} \cdots x_{i_k}, \quad k = 1,\ldots,n$$

交代式の代表例は既に 3.3 節で用いた差積です．

定理 3.17 任意の対称式は基本対称式の多項式として表される．

本書では，この定理の証明は略します．(拙著『応用代数講義』定理 3.1 参照.) 例を計算して定理の正しさを信じ，それを行列式の計算を簡単にするのに応用しましょう．

例 3.6 $x_1^2 + x_2^2 + \cdots + x_n^2 = s_1^2 - 2s_2$ は暗算でもできますね．多項定理より

$$x_1^3 + x_2^3 + \cdots + x_n^3 = (x_1 + \cdots + x_n)^3 - 3\sum_{i=1}^{n}\sum_{j \neq i} x_i^2 x_j - 6\sum_{i<j<k} x_i x_j x_k$$
$$= s_1^3 - 3\left\{\sum_{i=1}^{n}\sum_{j<k} x_i x_j x_k - \sum_{i<j<k} x_i x_j x_k - \sum_{j<i<k} x_i x_j x_k - \sum_{j<k<i} x_i x_j x_k\right\} - 6s_3$$
$$= s_1^3 - 3s_1 s_2 + 3s_3$$

系 3.18 任意の交代式は対称式と差積の積として表される．

なぜなら，交代式は任意の $i \neq j$ について $x_i = x_j$ と置くと 0 となるので，因数定理により $x_i - x_j$ で割り切れます．従って差積で割り切れます．商は符号変化が打ち消すため，もはや変数の置換で変わらず，対称式となります．

例 3.7 行列式への応用 Vandermonde[8]（ヴァンデルモンド）の行列式

$$\begin{vmatrix} 1 & 1 & \cdots & 1 \\ x_1 & x_2 & \cdots & x_n \\ \cdots & & & \cdots \\ x_1^{n-1} & x_2^{n-1} & \cdots & x_n^{n-1} \end{vmatrix} = (-1)^{n(n-1)/2} \prod_{1 \leq i < j \leq n} (x_i - x_j)$$

実際, この行列式は x_i と x_j を交換すると第 i 列と第 j 列が交換されるので, 符号が変わります. 従って交代式なので, 差積で割り切れ, 残りは対称式です. しかるに, 差積は $x_1, \ldots, x_n$ について $1 + 2 + \cdots + (n-1) = \dfrac{n(n-1)}{2}$ 次式であり, 他方, 行列式の方も全展開式 (3.2) を想像すれば容易にわかるように同じ次数なので, 残りの因子は定数です. 行列式の主対角成分の積から $x_2 x_3^2 \cdots x_n^{n-1}$ という項の係数は 1. また差積を展開したときの同じ項の係数は $(-1)^{(n-1)+\cdots+2+1} = (-1)^{n(n-1)/2}$. よって上の等式が成り立ちます.

ヴァンデルモンド行列式は, 行列式だけでなく, 対応する行列も結構重要ですが, 認知された名前は無いようです. 本書では仮にそれを**ヴァンデルモンド行列**と呼ぶことにします.

問 3.12 $x_1^4 + x_2^4 + \cdots + x_n^4$ を基本対称式で表せ.

問 3.13 n 次代数方程式 $x^n + a_1 x^{n-1} + \cdots + a_n = 0$ の根 $\alpha_1, \ldots, \alpha_n$ の差積の平方は, これらの根の対称式となるので, 根の基本対称式で表され, 従って根と係数の関係によりもとの方程式の係数の多項式となる. この表現を実際に求めたものを元の方程式の**判別式**と呼ぶ. 2 次方程式 $x^2 + px + q = 0$ の判別式, および 3 次方程式 $x^3 + qx + r = 0$ の判別式を計算せよ.

例題 3.4 次の行列式を展開せずに計算せよ.

$$\begin{vmatrix} b+c & c+a & a+b \\ a & b & c \\ a^2 & b^2 & c^2 \end{vmatrix}$$

解答 これは明らかに交代式なので, 一般論により差積 $(a-b)(a-c)(b-c)$ で割り切れる. 残りは対称式で, かつ次数は $4 - 3 = 1$ 次式なので, $a + b + c$ の定数倍である. bc^3 の係数を比較して定数は -1 と定まる. つまり $-(a+b+c)(a-b)(a-c)(b-c)$ が答.

---

[8] オランダ人綴りのように見えますが, 実はフランス人です.

3.6 行列式に関連する種々の概念 *

問 3.14 次の行列を対称式・交代式の理論を利用してなるべく効率的に求めよ．

(1) $\begin{vmatrix} 1 & 1 & 1 \\ a & b & c \\ a^2 & b^2 & c^2 \end{vmatrix}$
(2) $\begin{vmatrix} 1 & a & a^3 \\ 1 & b & b^3 \\ 1 & c & c^3 \end{vmatrix}$
(3) $\begin{vmatrix} b+c & bc & a \\ c+a & ca & b \\ a+b & ab & c \end{vmatrix}$

【Laplace の展開定理】 行列式を一つの列について展開する公式を一般化したのが，第 $j_1 < \cdots < j_r$ 列に関して展開するラプラスの公式です：

定理 3.19 (ラプラスの公式)

$$\det \begin{pmatrix} a_{11} & \cdots & a_{1n} \\ \vdots & & \vdots \\ a_{n1} & \cdots & a_{nn} \end{pmatrix}$$
$$= \sum_{i_1 < \cdots < i_r} (-1)^{i_1 + \cdots + i_r + j_1 + \cdots + j_r}$$
$$\times \det A \begin{pmatrix} i_1, \ldots, i_r \\ j_1, \ldots, j_r \end{pmatrix} \det A \begin{pmatrix} i_{r+1}, \ldots, i_n \\ j_{r+1}, \ldots, j_n \end{pmatrix} \quad (3.7)$$

ここで，一般に $A \begin{pmatrix} i_1, \ldots, i_r \\ j_1, \ldots, j_r \end{pmatrix}$ は A から第 $i_1, \ldots, i_r$ 行，第 $j_1, \ldots, j_r$ 列に属する成分を取って来て作った r 次の小行列を表しています．また，$i_{r+1}, \ldots, i_n$ は $i_1, \ldots, i_r$ の残りの添え字，すなわち，$\{1, \ldots, n\} \setminus \{i_1, \ldots, i_r\}$ で，$i_{r+1} < \cdots < i_n$ と順番に並んでいるものとします．$\{j_{r+1}, \ldots, j_n\}$ についても同様です．この公式は，添え字のベクトルの記号 $\boldsymbol{i} = (i_1, \ldots, i_r)$ を導入し，$|\boldsymbol{i}| = i_1 + \cdots + i_r$, $a_{\boldsymbol{ij}} := A \begin{pmatrix} i_1, \ldots, i_r \\ j_1, \ldots, j_r \end{pmatrix}$ という略記法を採用し，$a_{\boldsymbol{ij}}$ の "余因子" を $\tilde{a}_{\boldsymbol{ij}} := (-1)^{|\boldsymbol{i}|+|\boldsymbol{j}|} \det A \begin{pmatrix} i_{r+1}, \ldots, i_n \\ j_{r+1}, \ldots, j_n \end{pmatrix}$ で定義すれば，見掛けが定理 3.6 と全く同じになります．"他人丼" の方も同様にして確かめることができます．

r 個の行を指定した展開公式も全く同様に得られます．

ラプラスの公式の証明 簡単のため，まず $\{j_1, \ldots, j_r\} = \{1, \ldots, r\}$ のときを考える．全展開公式 (3.2) において，展開項 $a_{i_1 1} a_{i_2 2} \cdots a_{i_n n}$ の最初の r 個の因子の行番号 $\{i_1, \ldots, i_r\}$ が $\{1, \ldots, r\}$ の並べ替えとなっているような項を集

めると，

$$\sum_{i_1,\ldots,i_r}\sum_{i_{r+1},\ldots,i_n} \operatorname{sgn}\begin{pmatrix} 1,\ldots,r \\ i_1,\ldots,i_r \end{pmatrix} \operatorname{sgn}\begin{pmatrix} r+1,\ldots,n \\ i_{r+1},\ldots,i_n \end{pmatrix} a_{i_1 1} a_{i_2 2}\cdots a_{i_n n}$$

$$= \sum_{i_1,\ldots,i_r} \operatorname{sgn}\begin{pmatrix} 1,\ldots,r \\ i_1,\ldots,i_r \end{pmatrix} a_{i_1 1}\cdots a_{i_r r}$$

$$\times \sum_{i_{r+1},\ldots,i_n} \operatorname{sgn}\begin{pmatrix} r+1,\ldots,n \\ i_{r+1},\ldots,i_n \end{pmatrix} a_{i_{r+1} 1}\cdots a_{i_n n}$$

$$= \begin{vmatrix} a_{11} & \cdots & a_{1r} \\ \vdots & & \vdots \\ a_{r1} & \cdots & a_{rr} \end{vmatrix} \cdot \begin{vmatrix} a_{r+1,r+1} & \cdots & a_{r+1,n} \\ \vdots & & \vdots \\ a_{n,r+1} & \cdots & a_{nn} \end{vmatrix}$$

と因数分解されることは明らかである．$1,\ldots,r$ を一般の $i_1<\cdots<i_r$ に変えたもの，すなわち，最初の r 因子の行番号がこの一定の r 行の並べ替えであるような項を集めたものも同様に因数分解されるが，その符号を見るには，もとの行列において，第 $\{i_1,\ldots,i_r\}$ 行を最初の r 行まで互換の繰り返しで移動させてみるのが分かりやすい．この移動に要する互換の数は

$$(i_1-1)+(i_2-2)+\cdots+(i_r-r) = i_1+\cdots+i_r - \frac{r(r+1)}{2}$$

である．実際，第 i_1 行を先頭に持ってゆくには，その手前にある i_1-1 個の行と次々に互換を行う必要が有り，第 i_2 行を第 2 行に持ってゆくには，i_2 より小さな行番号の総数 i_2-1 から，既に移動し終わっている i_1 の分 1 を引いた i_2-2 回の互換が必要である，等々．よって，これらの項はまとめて

$$(-1)^{i_1+\cdots+i_r-r(r+1)/2} \begin{vmatrix} a_{i_1 1} & \cdots & a_{i_1 r} \\ \vdots & & \vdots \\ a_{i_r 1} & \cdots & a_{i_r r} \end{vmatrix} \begin{vmatrix} a_{i_{r+1},r+1} & \cdots & a_{i_{r+1},n} \\ \vdots & & \vdots \\ a_{i_n,r+1} & \cdots & a_{i_n n} \end{vmatrix}$$

と因数分解される．最後に，$1,\ldots,r$ が一般の列 $j_1,\ldots,j_r$ になった場合は，もとの行列において第 $j_1,\ldots,j_r$ 列を最初の r 列に移動すれば，上で論じた場合に帰着される．この移動は，上で用いた行の移動の場合と同様 $j_1+\cdots+j_r-\dfrac{r(r+1)}{2}$ 回の互換で実現できるから，結局，最初の r 列の場合の $(-1)^{j_1+\cdots+j_r-r(r+1)/2}$ 倍となる．以上により

3.6 行列式に関連する種々の概念 *

$$\sum_{i_1,\ldots,i_n} \mathrm{sgn}\,(i_1,\ldots,i_n) a_{i_1 1}\cdots a_{i_n n}$$
$$= \sum_{i_1<\cdots<i_r} (-1)^{i_1+\cdots+i_r+j_1+\cdots j_r} \begin{vmatrix} a_{i_1 j_1} & \cdots & a_{i_1 j_r} \\ \vdots & & \vdots \\ a_{i_r j_1} & \cdots & a_{i_r j_r} \end{vmatrix} \begin{vmatrix} a_{i_{r+1} j_{r+1}} & \cdots & a_{i_{r+1} j_n} \\ \vdots & & \vdots \\ a_{i_n j_{r+1}} & \cdots & a_{i_n j_n} \end{vmatrix}$$

が得られる．　□

命題 3.11 のブロック型行列の行列式の公式 (3.4) は，ラプラス展開の最も簡単な場合と見ることができます．もう一つだけ例を挙げておきましょう．

例 3.8 4 次の行列式を第 1, 2 列に関して展開すれば，

$$\begin{vmatrix} a_{11} & a_{12} & a_{13} & a_{14} \\ a_{21} & a_{22} & a_{23} & a_{24} \\ a_{31} & a_{32} & a_{33} & a_{34} \\ a_{41} & a_{42} & a_{43} & a_{44} \end{vmatrix} = \begin{vmatrix} a_{11} & a_{12} \\ a_{21} & a_{22} \end{vmatrix}\begin{vmatrix} a_{33} & a_{34} \\ a_{43} & a_{44} \end{vmatrix} - \begin{vmatrix} a_{11} & a_{12} \\ a_{31} & a_{32} \end{vmatrix}\begin{vmatrix} a_{23} & a_{24} \\ a_{43} & a_{44} \end{vmatrix}$$
$$+ \begin{vmatrix} a_{11} & a_{12} \\ a_{41} & a_{42} \end{vmatrix}\begin{vmatrix} a_{23} & a_{24} \\ a_{33} & a_{34} \end{vmatrix} + \begin{vmatrix} a_{21} & a_{22} \\ a_{31} & a_{32} \end{vmatrix}\begin{vmatrix} a_{13} & a_{14} \\ a_{43} & a_{44} \end{vmatrix}$$
$$- \begin{vmatrix} a_{21} & a_{22} \\ a_{41} & a_{42} \end{vmatrix}\begin{vmatrix} a_{13} & a_{14} \\ a_{33} & a_{34} \end{vmatrix} + \begin{vmatrix} a_{31} & a_{32} \\ a_{41} & a_{42} \end{vmatrix}\begin{vmatrix} a_{13} & a_{14} \\ a_{23} & a_{24} \end{vmatrix}.$$

【固有ベクトル】 固有値と固有ベクトルの概念は第 5 章で本格的に取り上げますが，ここで簡単な意味くらいは覚えておいた方が良いでしょう．

> ★ 質　問 ★　　変わらない方向が有る？
>
> 行列 A が定める線形写像で方向を変えないベクトルは存在するか？
> ただし長さと向きは変わっても良いものとする．

これを解くには $A\boldsymbol{x} = \lambda\boldsymbol{x}$ という方程式が $\boldsymbol{x} \neq \boldsymbol{0}$ なる解を持てばよい．すなわち，$A - \lambda E$ という行列が正則でなければよい．すなわち $\det(A - \lambda E) = 0$ となればよい．これは λ の代数方程式で，A の**固有方程式**と呼ばれます．また，左辺の多項式に $(-1)^n$ を掛けて λ^n の係数を 1 にしたもの，言い替えると $\det(\lambda E - A)$ を A の**固有多項式**と呼びます．固有多項式を実際に計算するときは，$\det(\lambda E - A)$ の方は与えられた行列の成分の符号を全部反転させなければならず，面倒だし計算間違いを起こしかねないので，$\det(A - \lambda E)$ を計算してから符号を調節した方がよいでしょう．固有多項式の根 $\lambda_j, j = 1,\ldots,n$

を A の**固有値** (eigenvalue) と呼びます．従って

$$\det(\lambda E - A) = (\lambda - \lambda_1)\cdots(\lambda - \lambda_n). \tag{3.8}$$

固有値 λ_j に対し，$A\boldsymbol{x} = \lambda_j \boldsymbol{x}$ を満たすベクトル $\boldsymbol{x}$ を固有値 λ_j に対応 (同伴) する**固有ベクトル** (eigenvector) と呼びます．これが，最初の質問に対する答です．固有値は方向を変えないベクトルの A による (向きの変化も考慮した符号付きの) 伸縮率です．

固有値と固有ベクトルについては第 5 章で詳しく取り上げますが，その意味とともに具体的な計算も応用上重要なので，ここで基本的な部分を取り上げました．次の定理は計算だけで出てきますが，非常に役に立ちます：

> **定理 3.20** (固有値と固有多項式の係数の関係)
>
> $$\det(\lambda E - A) = \lambda^n - \operatorname{tr} A \, \lambda^{n-1} + \cdots + (-1)^n \det A \tag{3.9}$$
>
> 従って，
>
> $$\operatorname{tr} A = \lambda_1 + \cdots + \lambda_n, \qquad \det(A) = \lambda_1 \cdots \lambda_n \tag{3.10}$$

実際，

$$\det(A - \lambda E) = \begin{vmatrix} a_{11} - \lambda & a_{12} & \cdots & a_{1n} \\ a_{21} & a_{22} - \lambda & & \vdots \\ \vdots & & \ddots & a_{n-1,n} \\ a_{n1} & \cdots & a_{n,n-1} & a_{nn} - \lambda \end{vmatrix}$$

を全展開式 (3.2) を念頭に置いて展開することを想像してみると，まず対角線成分の積から $(-1)^n \lambda^n$ という項と $(-1)^{n-1} \operatorname{tr} A \, \lambda^{n-1}$ という項が出てきます．因子 λ を $n-1$ 個以上含む展開項は，行列成分のこの組合せしかあり得ないので，ここまでの係数は確定し，(3.9) の最初の 2 項が示されました．定数項は $\lambda = 0$ としたものなので，明らかに $\det A$，従って符号を変えて (3.9) の最後の項も示されました．この式から特に，2 次の行列に対しては，固有多項式は $\lambda^2 - \operatorname{tr} A \, \lambda + \det A$ と完全に決まることに注意しましょう．

(3.10) の方は (3.8) を展開したものと (3.9) を係数比較すれば示せます．なお，途中の冪 λ^k の係数は複雑ですが，上の行列式の全展開を想像する訓練をもう少しだけ積めば，そこから出てくる λ^k の係数が

$$(-1)^k \sum_{i_1<\cdots<i_k} \begin{vmatrix} a_{j_1 j_1} & \cdots & a_{j_1 j_{n-k}} \\ \vdots & & \vdots \\ a_{j_{n-k} j_1} & \cdots & a_{j_{n-k} j_{n-k}} \end{vmatrix}$$

となることが分かります.ここで,$j_1 < \cdots < j_{n-r}$ は添え字 $(i_1,\ldots,i_r)$ の補集合です.ラプラス展開の場合と異なり,ここで現れる小行列式は,対角線に関して対称な添え字を持つものだけです.このような小行列式を**主小行列式** (principal minor) と呼びます.以上より,

固有多項式の λ^k の係数 $= (-1)^{n-k} \times (A$ の $n-k$ 次主小行列式の総和$)$

となります.根と係数の関係を使うと,これから

A の $n-k$ 次主小行列式の総和 $= \lambda_1,\ldots,\lambda_n$ の k 次基本対称式

が得られます.

上の定理を使うと,例えば問 3.3 (6) のような行列式をほとんど計算せずに求められるようになります.これについては第 5 章のお楽しみとしておきましょう (章末問題 2 の別解で先走ってその種の技法の例を示しました).

【**3 次の直交行列**】${}^tPP = E$ を満たす行列を**直交行列**と呼び,数値計算やコンピュータグラフィックス (CG) などで重要な役割を演じます.第 6 章で,この条件は P が線形写像として空間の内積を変えないこと,従って長さと角度を変えないことと同値であることが一般に示されます.

直交行列の行列式の値は ± 1 のいずれかです.実際,

$$1 = \det({}^tPP) = \det {}^tP \det P = (\det P)^2$$

だからです.

直交行列で,かつ空間の向きを変えないもの (i.e. $\det P = 1$ なるもの) を回転と呼びます.平面の回転については第 1 章 1.2 節で扱った形となることが,直交行列の定義と行列式が 1 の条件から容易に示せます.このことから,一般の 2 次直交行列は,回転か,ある特定の (例えば y 軸に関する) 鏡映と回転を合成したものとなること,また二つの鏡映の合成は一つの回転となることなどが容易に分かります.更に,行列式が -1 の直交行列は,必ずある直線に関す

る鏡映を表すことも示せます（下の問参照）．

問 3.15 平面の回転と x 軸に関する鏡映を合成した写像 $\begin{pmatrix} \cos\theta & \sin\theta \\ \sin\theta & -\cos\theta \end{pmatrix}$ は動かないベクトルを持つことを示し，この写像自身が鏡映であることを示せ．

次に，3次元空間の回転を調べましょう．

空間の回転

3次元空間の回転 P は必ずある軸の回りの平面的な回転となる．

実際，固有方程式 $\det(P-\lambda E)=0$ は実係数の3次方程式なので，必ず一つは実根を持ち，従って実の固有ベクトル $\boldsymbol{x}$ が存在しますが，P は直交行列なのでベクトルの長さを変えず，従って $P\boldsymbol{x} = \pm\boldsymbol{x}$ です．また，P はベクトルの直交性を保つので，$\boldsymbol{x}$ に垂直な平面をそれ自身に写し，この平面内に直交行列による変換を引き起こします．$P\boldsymbol{x} = \boldsymbol{x}$ のときはこれは平面の回転となり，$P\boldsymbol{x} = -\boldsymbol{x}$ のときは全体の行列式が1であることから平面に誘導された写像は回転と裏返しを合成したものとなります．後者のときはこの平面内に P で不変なベクトルが生じ（問 3.15 参照），結局 P 全体はそれを軸にした180度の回転となります．

空間の回転は3次元の自由度を持っていますが，その指定の仕方として標準的なのが **Euler の角**（オイラー）です：

$$\begin{pmatrix} x \\ y \\ z \end{pmatrix} \mapsto \qquad (3.11)$$

$$\begin{pmatrix} \cos\varphi\cos\psi - \cos\theta\sin\varphi\sin\psi & -\cos\varphi\sin\psi - \cos\theta\sin\varphi\cos\psi & \sin\theta\sin\varphi \\ \sin\varphi\cos\psi + \cos\theta\cos\varphi\sin\psi & -\sin\varphi\sin\psi + \cos\theta\cos\varphi\cos\psi & -\sin\theta\cos\varphi \\ \sin\theta\sin\psi & \sin\theta\cos\psi & \cos\theta \end{pmatrix} \begin{pmatrix} x \\ y \\ z \end{pmatrix}$$

$$= \begin{pmatrix} \cos\varphi & -\sin\varphi & 0 \\ \sin\varphi & \cos\varphi & 0 \\ 0 & 0 & 1 \end{pmatrix} \begin{pmatrix} 1 & 0 & 0 \\ 0 & \cos\theta & -\sin\theta \\ 0 & \sin\theta & \cos\theta \end{pmatrix} \begin{pmatrix} \cos\psi & -\sin\psi & 0 \\ \sin\psi & \cos\psi & 0 \\ 0 & 0 & 1 \end{pmatrix} \begin{pmatrix} x \\ y \\ z \end{pmatrix} \qquad (3.12)$$

つまり，

① 最初に z 軸の回りに角 ψ だけ回転
② 次に元の x 軸の回りに角 θ だけ回転
③ 最後に元の z 軸の回りに角 φ だけ回転

としたものに等しい．

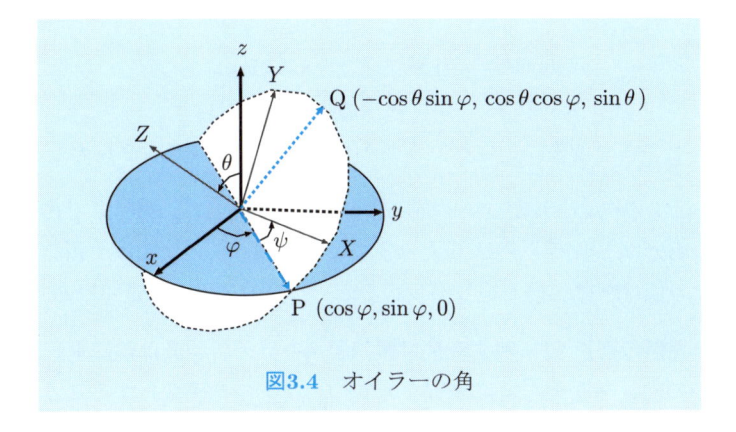

3.6 行列式に関連する種々の概念 *

図3.4 オイラーの角

問 3.16 (3.12) の行列積を計算し (3.11) と一致することを確認せよ．

問 3.17 ベクトル $^t(a,b,c)$ を軸としてその回りに角 θ だけ回転する変換を 3 次の行列で表せ．[ヒント：与えられた軸を，例えば z 軸に変換してから考える．この方法は CG で使われている．]

【**外積の成分**】 二つの空間ベクトル $^t(x_1,y_1,z_1)$, $^t(x_2,y_2,z_2)$ の外積は

$$^t(x_3,y_3,z_3) = {}^t\left(\begin{vmatrix} y_1 & y_2 \\ z_1 & z_2 \end{vmatrix}, -\begin{vmatrix} x_1 & x_2 \\ z_1 & z_2 \end{vmatrix}, \begin{vmatrix} x_1 & x_2 \\ y_1 & y_2 \end{vmatrix} \right) \tag{3.13}$$

で与えられます．

実際，ベクトル (3.13) と $^t(x_1,y_1,z_1)$ の内積は

$$x_1 \begin{vmatrix} y_1 & y_2 \\ z_1 & z_2 \end{vmatrix} - y_1 \begin{vmatrix} x_1 & x_2 \\ z_1 & z_2 \end{vmatrix} + z_1 \begin{vmatrix} x_1 & x_2 \\ y_1 & y_2 \end{vmatrix} = \begin{vmatrix} x_1 & x_1 & x_2 \\ y_1 & y_1 & y_2 \\ z_1 & z_1 & z_2 \end{vmatrix} = 0$$

同様に (3.13) は $^t(x_2,y_2,z_2)$ とも直交するので，確かに外積の方向を向いています．また (3.13) の長さは

$$\begin{vmatrix} y_1 & y_2 \\ z_1 & z_2 \end{vmatrix}^2 + \begin{vmatrix} x_1 & x_2 \\ z_1 & z_2 \end{vmatrix}^2 + \begin{vmatrix} x_1 & x_2 \\ y_1 & y_2 \end{vmatrix}^2$$

$$= x_3 \begin{vmatrix} y_1 & y_2 \\ z_1 & z_2 \end{vmatrix} - y_3 \begin{vmatrix} x_1 & x_2 \\ z_1 & z_2 \end{vmatrix} + z_3 \begin{vmatrix} x_1 & x_2 \\ y_1 & y_2 \end{vmatrix} = \begin{vmatrix} x_1 & x_2 & x_3 \\ y_1 & y_2 & y_3 \\ z_1 & z_2 & z_3 \end{vmatrix}$$

= 三つの列ベクトルで張られる平行六面体の体積

= 底面積 × 高さ

ここで，

$$\text{底面積} = \text{外積ベクトルの長さ},$$
$$\text{高さ} = \text{ベクトル }{}^t(x_3, y_3, z_3)\text{ の長さ}$$

なので，上の式の最後の辺はベクトル ${}^t(x_3, y_3, z_3)$ の長さの 2 乗となります．

特に，二つのベクトルが xy 平面に含まれている場合は，第 1 章で述べたように外積の成分は z 座標以外は 0 となるので，普通はこの値だけを扱います．しかし，この値は座標変換で符号が変わるので，真のスカラー量ではありません．

【鏡の問題の答】 鏡に映す変換は鏡映であり，その特徴は鏡に垂直な方向のベクトルの向きを変え，鏡に平行な方向のベクトルを不変にすることです (下図参照)．従って，鏡に映したときに逆になるのは，左右でも上下でもなく，前後なのです．人間が鏡を見ると左右が逆になっているように感じるのは，数学的というより心理的なものです．実際，人間は自分の顔がどうなっているかを見ようとして鏡を覗きこみながら，無意識のうちに自分を鏡に映った姿と重ね合わせているのですが，両者は向きが異なるので，すべての軸が一致するように重ねることはできません．人間は普通，前後を合わせるときに上下も合わせようとするので，その結果左右が犠牲となって逆に感じるのです．

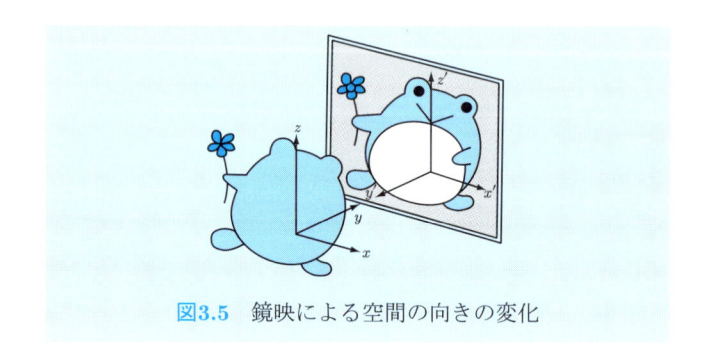

図3.5 鏡映による空間の向きの変化

章 末 問 題

問題 1 次のような n 次行列式を計算せよ．

(1) $\begin{vmatrix} a & 0 & \cdots & 0 & 1 \\ 1 & a & \ddots & & 0 \\ 0 & 1 & a & \ddots & \vdots \\ \vdots & \ddots & \ddots & \ddots & 0 \\ 0 & \cdots & 0 & 1 & a \end{vmatrix}$
(2) $\begin{vmatrix} \lambda_1 & 0 & \cdots & 0 & a_1 \\ 0 & \ddots & \ddots & \vdots & a_2 \\ \vdots & \ddots & \ddots & 0 & \vdots \\ 0 & \cdots & 0 & \lambda_{n-1} & a_{n-1} \\ b_1 & b_2 & \cdots & b_{n-1} & c_n \end{vmatrix}$

(3) $\begin{vmatrix} \lambda & -1 & 0 & \cdots & 0 \\ 0 & \lambda & -1 & \ddots & \vdots \\ \vdots & & \ddots & \ddots & 0 \\ 0 & & & \lambda & -1 \\ a_n & a_{n-1} & \cdots & a_2 & \lambda+a_1 \end{vmatrix}$

問題 2 次のような n 次行列式を計算せよ．

$$\begin{vmatrix} 1+x_1 & 2 & 3 & \cdots & n \\ 1 & 2+x_2 & 3 & \cdots & n \\ 1 & 2 & 3+x_3 & \cdots & n \\ \vdots & \vdots & & \ddots & \vdots \\ 1 & 2 & 3 & \cdots & n+x_n \end{vmatrix}$$

問題 3 $\begin{pmatrix} a & -b \\ b & a \end{pmatrix}$ $(a, b \in \mathbf{R})$ の形の 2 次の行列全体は，2 次の行列環の中で 行列の和と積について閉じた部分集合を成す (i.e. 演算の結果がこの部分集合から飛び出さない) ことを示せ (このような部分集合は**部分環**を成していると言われる．)

また，$\begin{pmatrix} 1 & 0 \\ 0 & 1 \end{pmatrix} \longleftrightarrow 1, \begin{pmatrix} 0 & -1 \\ 1 & 0 \end{pmatrix} \longleftrightarrow i,$ という対応で，実はこのような行列が，複素数体 $\mathbf{C}$ と演算も込めて同一視できる (すなわち，環の同型となる) ことを示せ．

問題 4 (1) 複素行列

$$\begin{pmatrix} 1 & 0 \\ 0 & 1 \end{pmatrix} \longleftrightarrow 1, \quad \begin{pmatrix} 0 & i \\ i & 0 \end{pmatrix} \longleftrightarrow i, \quad \begin{pmatrix} 0 & -1 \\ 1 & 0 \end{pmatrix} \longleftrightarrow j, \quad \begin{pmatrix} i & 0 \\ 0 & -i \end{pmatrix} \longleftrightarrow k$$

を Pauli 行列，あるいはスピン行列と呼ぶ．これらに対し次の関係式を示せ．

$$i^2 = j^2 = k^2 = -1, \quad ij = -ji = k, \quad jk = -kj = i, \quad ki = -ik = j$$

(2) $Q := \{a + bi + cj + dk \mid a, b, c, d \in \mathbf{R}\}$ の形の集合に，行列の演算から自然に誘導された演算を入れたものは，どのような環となるか？ (Q の元を**四元数** (quaternion) と呼ぶ．前問の i に相当するのは，ここでは j である．)

問題 5 (巡回行列式) 次の式を証明せよ．ただし ζ は 1 の原始 n 乗根 $e^{2\pi i/n}$ を表す．

$$\begin{vmatrix} a_0 & a_1 & a_2 & \cdots & a_{n-1} \\ a_{n-1} & a_0 & a_1 & \cdots & a_{n-2} \\ a_{n-2} & a_{n-1} & a_0 & \cdots & a_{n-3} \\ \vdots & \vdots & \vdots & & \vdots \\ a_1 & a_2 & a_3 & \cdots & a_0 \end{vmatrix} = \prod_{k=1}^{n}(a_0 + a_1\zeta^k + a_2\zeta^{2k} + \cdots + a_{n-1}\zeta^{(n-1)k})$$

[ヒント：$1, \zeta, \ldots, \zeta^{n-1}$ のヴァンデルモンド行列を巡回行列の右から掛けてみよ．]

問題 6 (1) a, b, c を定数とするとき，次の行列式は x の多項式となる．最高次の項は何か？

$$\begin{vmatrix} 1 & 2 & 3 & 4 & 5 \\ x^2 & 0 & 3x & 4x & 0 \\ cx & ax^2 & 3x^2 & 0 & x \\ x^2 & 2x^3 & 0 & 0 & bx^3 \\ x^4 & 2x^4 & 0 & 4x^4 & x^5 \end{vmatrix}$$

(2) 上の多項式の最低次の項は何か？

問題 7 a を定数として，次のような平面の線形写像を考える：

$$u = ax + y, \quad v = x + ay$$

(1) この写像により，xy 平面の 3 点 $(0,0), (1,0), (1,1)$ を頂点とする三角形は uv 平面のどんな図形に写されるか？
(2) この写像が平面の向きを保つ可逆な変換となるのは a がどのような範囲のときか？
(3) この写像で方向を変えないような零ベクトル以外のベクトルは存在するか？また長さも方向も変えないものは存在するか？どちらも a の値により分類して答えよ．

問題 8 正則行列 A の第 (i,j) 余因子を $\widetilde{a}_{ij}$ とすれば，逆行列 A^{-1} の第 (i,j) 余因子は $a_{ji}/\det A$ となる．[ヒント：余因子行列の公式 $\widetilde{A}A = (\det A)E$ より，$\widetilde{A^{-1}}A^{-1} = E/\det A$．これと $AA^{-1} = E$ を比較して，$\widetilde{A^{-1}} = A/\det A$．この成分を比較せよ．]

第4章

抽象ベクトル空間

　この章では抽象化された線形空間について学びます．数学ではなぜ"抽象化"をよくやるのでしょうか？　線形空間の場合で言うと，予め座標も決まっていない対象から線形構造を見つけ出すのは，既に線形構造が確定した数ベクトルの扱い方を学んだだけでは難しいというのがその主な理由です．第2章で直感的に論じた内容を厳密化しようとした場合にも，具体的な数ベクトルと行列だけで記述するのはかえって分かりにくくなるというのも理由の一つです．特に基底の取り換えなどの議論では，基本単位ベクトルが特殊すぎて理解を妨げることがあります．この章では，線形空間と線形写像を抽象的に定義し，その言葉を用いて第2章でやったベクトルと行列の取扱いを厳密化します．

　実は数学の本質は抽象化の過程にあるのです．広く学問全般が普遍の真理を探求するという意味で，多かれ少なかれ抽象化を目指していますが，とりわけ数学は，自然科学のあらゆる分野から知識を吸収し，そのエッセンスを抽出することによって発展して来ました．その意味で，どんな科学も最後は数学となるのです．抽象化し普遍性を持たせることによって，知識が他分野と共有できるようになり，思いがけない応用の道も拓けるのです．

■ 4.1 線形空間の定義

　【体の定義】　抽象ベクトル空間を厳密に定義するには，そこで使われるスカラー量を規定する"体"の概念を明らかにする必要があります．画像処理や数値解析などにおける応用では体としては実数体と複素数体を考えれば十分ですが，線形代数は誤り訂正符号と呼ばれるものの基礎としても用いられ，そこでは有限体上の線形代数が活躍しています．君達が音楽 CD を今の値段で聴けるのも，この誤り訂正符号が頑張って，記録時のエラーを再生時にリカバーしてくれているお蔭なのです．そこで，まず抽象的に体の概念を導入しましょう．ただし，抽象論があまり得意でない人は，取り敢えずは，以下 $K = \boldsymbol{R}$ または $\boldsymbol{C}$ だと思って定義 4.2 の線形空間の公理に進んでもいいでしょう．

定義 4.1 集合 K に加法 (和) $+$ と乗法 (積) $\cdot$ の二種の演算が定義され，以下の性質を満たすとき，$(K, +, \cdot)$，あるいは単に K のことを**体** (field) と呼ぶ．

(a) $(K, +)$ は**可換群**となる．すなわち，
  (0) 加法は可換な演算である：$\forall x, y \in K$ に対し[1] $x + y = y + x$.
  (1) 結合法則：$\forall x, y, z \in K$ に対し $(x + y) + z = x + (y + z)$ が成り立つ．
  (2) 零元，すなわち加法の単位元 0 が存在し，$\forall x \in K$ について $x + 0 = x$ が成り立つ．
  (3) $\forall x \in K$ に対し加法の逆元 y，すなわち $x + y = 0$ を満たすものが存在する．このような y を $-x$ と記す．
(b) $(K \setminus \{0\}, \cdot)$ は可換群となる[2]．すなわち，
  (0) 乗法は可換な演算である：$\forall x, y \in K$ に対し $x \cdot y = y \cdot x$.
  (1) 結合法則 $\forall x, y, z \in K$ に対し $(x \cdot y) \cdot z = x \cdot (y \cdot z)$ が成り立つ．
  (2) 乗法の単位元 1 が存在し，$\forall x \in K$ について $x \cdot 1 = x$ が成り立つ．
  (3) $\forall x \in K \setminus \{0\}$ に対し乗法の逆元 y，すなわち $x \cdot y = 1$ を満たすものが存在する．このような y を x^{-1} と記す．
(c) 二つの演算は分配法則を満たす，すなわち，$\forall x, y, z \in K$ に対し
  $x \cdot (y + z) = x \cdot y + x \cdot z.$

一言で言えば，体とは普通の四則演算が可能な集合 K のことをいうのです．乗法の演算記号は小学校以来の $\times$ を使っても構いません．また，中学で文字式の計算を学んだときと同様，文字で表された K の二元 x, y の積については，記号 $\cdot$ を省略して単に xy と書くことが多いのですが，情報科学ではこれは xy という名前の一つの変数と紛らわしい場合もありますね．

例 4.1（**体の例**） (1) $\boldsymbol{Q}$ (有理数体), $\boldsymbol{R}$ (実数体), $\boldsymbol{C}$ (複素数体) までは高校で習いました．

---

[1] 以下数学の講義で普通に使われている論理学の記号を少しずつ増やしてゆきます．$\forall$ は Any または All の頭文字 A を逆さにして作られた "任意の" という意味の限定子です．

[2] 一般に記号 $K \setminus L$ は集合差，すなわち，K の元で L に含まれていないものの全体を，表します．ここでは単に 0 を取り除くという意味です．$K \setminus \{0\}$ は $K^\times$ とも書かれます．

(2) $\boldsymbol{R}(x)$ (実数係数の有理関数体) は，平たく言えば 1 変数 x の分数式の全体のことですが，普通の分数と，それが表す有理数との違いと同様，分数式とそれを約分したものとは同じ有理関数を表しているとみなします (付録 A.2 の例 A.2 (3) 参照)．演算のやり方は高校で習った通りです．

(3) $\boldsymbol{F}_2$ は，二つの元 $0, 1$ より成る最小の体で，演算規則は，$1+1=0$ とする他は常識的に定めます．一般に，元の個数が有限の体を有限体と呼び，最近の暗号理論などでよく用いられますが，$\boldsymbol{F}_2$ は理論情報科学では特に大切です．

　体の話を終える前に，いくつか注意をしておきましょう．まず，四則の残りの二つ，減法 (引き算) と除法 (割り算) はどうなったのでしょうか？ これらは応用上は加法や乗法と同等に重要ですが，理論的にはこれらと比べて補助的な意味しかありません．減法の定義は $a-b := a+(-b)$．これは $x+b=a$ という方程式のただ一つの解でもあります．また，除法の定義は $a/b := a \cdot b^{-1}$．これは $xb=a$ のただ一つの解でもあります．

　ところで，$0-a=-a$ は a に対する加法の逆元ですが，これが存在することは公理に示されていても，ただ一つであることは仮定されていません．そもそも，0 や 1 がただ一つであることも仮定されていません．また，小学校以来，a が何であっても $0 \cdot a = 0$ となることをみんな知っていますが，これも体の公理には書かれていませんね．また，上では乗法に対する結合法則に 0 が含まれていませんが，x, y, z のいくつかが 0 でも成り立つこともすぐに証明できます．一般に公理というものは，成り立つ性質を全部列挙するのではなく，必要最小限のことだけ仮定し，それらから証明できるものは定理とみなすのが，ギリシャで生まれたユークリッド幾何学以来の数学の伝統です．この講義は代数学の一般論をやるものではないので，ここで挙げたような体の性質をすべては証明しませんが，後ほど線形空間の公理でもよく似た状況が現れますので，そこで行われる議論を参考にして，これらの証明を考えてみてください．

　【線形空間の公理】 さて，体の定義ができたので，いよいよ線形空間の定義をします．前章までは実数体上の数ベクトルの演算しか考えて来ませんでしたが，演算の規則として使ったのは上に掲げた体の公理に他なりませんので，実は体を一般にしても何も変える必要は無いのです．少しずつ一般の体の上のベクトル空間に慣れてゆくようにしましょう．

定義 4.2 集合 V と体 K があり，V の元の間に加法 $+$ が，また，体 K の元による V の元へのスカラー倍 $\cdot$ が定義され，これらが以下の性質を満たすとき，$(V, +, K, \cdot)$ を，あるいは単に V のことを，体 K 上の**線形空間** (linear space)，あるいは**ベクトル空間** (vector space) と呼ぶ．これらの性質をまとめて線形空間の公理と呼ぶ．また，K をこの線形空間の**係数体**あるいは**スカラー体**と呼ぶ．

(a) V は加法の演算 $+$ で可換群となる．すなわち，
 (0) 加法は可換な演算である：$\forall \boldsymbol{a}, \boldsymbol{b} \in V$ に対し $\boldsymbol{a} + \boldsymbol{b} = \boldsymbol{b} + \boldsymbol{a}$.
 (1) 結合法則：$\forall \boldsymbol{a}, \boldsymbol{b}, \boldsymbol{c} \in V$ に対し $(\boldsymbol{a} + \boldsymbol{b}) + \boldsymbol{c} = \boldsymbol{a} + (\boldsymbol{b} + \boldsymbol{c})$.
 (2) 零元，すなわち加法の単位元 $\boldsymbol{0}$ が存在し，$\forall \boldsymbol{a} \in V$ について $\boldsymbol{a} + \boldsymbol{0} = \boldsymbol{a}$ が成り立つ．V の加法の単位元 $\boldsymbol{0}$ を零ベクトルと呼ぶ（しばしば 0 ベクトルとも記す）．
 (3) $\forall \boldsymbol{a} \in V$ に対し加法の逆元 $\boldsymbol{b}$，すなわち $\boldsymbol{a} + \boldsymbol{b} = \boldsymbol{0}$ を満たすものが存在する．このような $\boldsymbol{b}$ を $-\boldsymbol{a}$ と記す．

(b) K の元による V の元へのスカラー乗法は作用の公理を満たす：
 (1) $\lambda \cdot (\mu \cdot \boldsymbol{a}) = (\lambda \mu) \cdot \boldsymbol{a}$（"結合法則"）．
 (2) $1 \in K$ は恒等写像として働く：$1 \cdot \boldsymbol{a} = \boldsymbol{a}$.
 (3) K の元の作用は V の加法と両立する：$\lambda \cdot (\boldsymbol{a} + \boldsymbol{b}) = \lambda \cdot \boldsymbol{a} + \lambda \cdot \boldsymbol{b}$, $(\lambda + \mu) \cdot \boldsymbol{a} = \lambda \cdot \boldsymbol{a} + \mu \cdot \boldsymbol{a}$（2 種類の "分配法則"）．

加法とスカラー倍を合わせて**線形演算**と呼ぶ．

特に $\boldsymbol{R}$ 上の線形空間は**実線形空間**，$\boldsymbol{C}$ 上の線形空間は**複素線形空間**と略称されます．体における乗法の記号と同様，スカラー倍の記号 $\cdot$ は普通は省略されます．

加法は **2 項演算**，すなわち，$V \times V \to V$ という写像とみなされます．これに対し，スカラー倍は $K \times V \to V$ という写像で，演算に関わる二つの元が属する集合が異なるので，2 項演算ではありません．上に述べたスカラー倍の公理で，結合法則や分配法則を括弧付きで書いたのはそのためです．正しい使い方ではありませんが，記憶の助けとして用いました．

例 4.2 (線形空間の例) (1) 数ベクトル空間 K^n は，体 K の元を縦に n 個並べたものの全体です．$K = \boldsymbol{R}$ なら，高校でも学び，第 2 章で一般的に取り扱っ

た実数ベクトルの空間に他なりません．和やスカラー倍の定義は，係数体が一般になっても全く同様です：

$$\begin{pmatrix} a_1 \\ \vdots \\ a_n \end{pmatrix} + \begin{pmatrix} b_1 \\ \vdots \\ b_n \end{pmatrix} = \begin{pmatrix} a_1 + b_1 \\ \vdots \\ a_n + b_n \end{pmatrix}, \qquad \lambda \cdot \begin{pmatrix} a_1 \\ \vdots \\ a_n \end{pmatrix} = \begin{pmatrix} \lambda a_1 \\ \vdots \\ \lambda a_n \end{pmatrix}$$

(2) 平面の幾何学的ベクトルの全体，空間の幾何学的ベクトルの全体は，和を平行四辺形の法則で，またスカラー倍を，長さを延ばす演算 (スカラーが負なら向きも変える) で実数体 $\boldsymbol{R}$ 上のベクトル空間となります．

(3) 3 次以下の実係数 1 変数多項式の全体 $\mathcal{P}_3$ に通常の演算 (ただし多項式同士の積は考えない) を入れたものは $\boldsymbol{R}$ 上の線形空間となります．

(4) 次数に制限を付けない実係数 1 変数多項式の全体 $\mathcal{P}$ も $\boldsymbol{R}$ 上の線形空間となります．

(5) $\boldsymbol{R}$ 上で定義された実数値連続関数の全体は，$\boldsymbol{R}$ 上の線形空間となります．

(6) 微分方程式 $f''(x) + f(x) = 0$ の実数値関数解の全体は $\boldsymbol{R}$ 上の線形空間となります．常微分方程式の初等的な解法理論から，これは $c_1 \sin x + c_2 \cos x$ の形の関数の全体と同じものであることが分かります．

(7) 微分方程式 $f''(x) - x f(x) = 0$ の実数値関数解の全体も $\boldsymbol{R}$ 上の線形空間となります．常微分方程式の理論から，二つの実数値関数 $\varphi_1(x), \varphi_2(x)$ が存在して，この解は $c_1 \varphi_1 + c_2 \varphi_2$ の形に書けることが示せます．しかし，これらの関数は初等関数で具体的に表すことはできません．

上に述べた線形空間の公理は確かに今まで取り扱って来たベクトルの計算においてはどれも成り立っていましたが，この他にもベクトルの演算の際によく使っていた性質がもっと沢山ありました．それらすべてを列挙していないのは，既に述べたように，公理というものが経済的および美的観点から必要最小限のことだけを仮定する習慣になっているからです．ここでは，そのような"仮定されていないが公理から導ける"重要な性質のいくつかを証明してみましょう．

系 4.1 (**線形空間の公理の系**) (1) 零ベクトル，すなわち加法の単位元はただ一つである．

(2) 任意のベクトル $\boldsymbol{a}$ に対し，その加法の逆元 $-\boldsymbol{a}$ はただ一つに定まる．

(3) $\forall \boldsymbol{a} \in V$ に対し，$0\boldsymbol{a} = \boldsymbol{0}$．また $\forall \lambda \in K$ に対し $\lambda \boldsymbol{0} = \boldsymbol{0}$．

(4) $(-1)\boldsymbol{a} = -\boldsymbol{a}$．すなわち，$(-1)\boldsymbol{a}$ は $\boldsymbol{a}$ に対する加法の逆元となる．

証明 (1) $\mathbf{0}'$ もまた零ベクトルの性質を持つとする．$\mathbf{0}$ が零ベクトルということから，定義により $\mathbf{0}' + \mathbf{0} = \mathbf{0}'$. 同様に，$\mathbf{0}'$ が零ベクトルということから，$\mathbf{0} + \mathbf{0}' = \mathbf{0}$. よって $\mathbf{0}' = \mathbf{0}' + \mathbf{0} = \mathbf{0} + \mathbf{0}' = \mathbf{0}$.

(2) $\boldsymbol{a} + \boldsymbol{b} = \mathbf{0}$ とすると，両辺に $-\boldsymbol{a}$ を加え，加法の結合法則 (a)-(1) を用いて

$$-\boldsymbol{a} = -\boldsymbol{a} + \mathbf{0} = -\boldsymbol{a} + (\boldsymbol{a} + \boldsymbol{b}) = (-\boldsymbol{a} + \boldsymbol{a}) + \boldsymbol{b} = \mathbf{0} + \boldsymbol{b} = \boldsymbol{b}.$$

(3) 体の公理 (a)-(2) から $0 + 0 = 0$ が分かるので，線形空間の公理の "分配法則" (b)-(3) により，

$$0\boldsymbol{a} = (0+0)\boldsymbol{a} = 0\boldsymbol{a} + 0\boldsymbol{a}.$$

この両辺に線形空間の公理の (a)-(3) で存在が保証されている，$0\boldsymbol{a}$ に対する加法の逆元 $-(0\boldsymbol{a})$ を加え，結合法則を用いると

$$\begin{aligned}\mathbf{0} &= 0\boldsymbol{a} + (-(0\boldsymbol{a})) = (0\boldsymbol{a} + 0\boldsymbol{a}) + (-(0\boldsymbol{a})) \\ &= 0\boldsymbol{a} + (0\boldsymbol{a} + (-(0\boldsymbol{a}))) \\ &= 0\boldsymbol{a} + \mathbf{0} = 0\boldsymbol{a}.\end{aligned}$$

もう一つについても同様．

(4) 線形空間の公理 (b)-(2) より $\boldsymbol{a} = 1\boldsymbol{a}$ なので，分配法則 (b)-(3) と既に証明した (3) を用いて

$$\boldsymbol{a} + (-1)\boldsymbol{a} = 1\boldsymbol{a} + (-1)\boldsymbol{a} = (1 + (-1))\boldsymbol{a} = 0\boldsymbol{a} = \mathbf{0}. \quad \square$$

問 4.1 上の系の証明に倣って体に関する次の性質を体の公理から導け：
(1) 加法の単位元，乗法の単位元はただ一つである．
(2) 加法の逆元，乗法の逆元はただ一つである．
(3) $-(-a) = a$. $a \neq 0$ のとき $(a^{-1})^{-1} = a$.
(4) $\forall a \in K$ に対し $0 \cdot a = 0$.
(5) $(-1)a = -a$. (両辺の意味の違いも述べよ．)
(6) $a + (-b)$ は方程式 $x + b = a$ のただ一つの解となる．
(7) $b \neq 0$ のとき，$a \cdot b^{-1}$ は方程式 $bx = a$ のただ一つの解となる．
(8) $(-1)^2 = 1$.

【線形独立性と次元】 線形演算とは，つまりは線形結合を作る演算です．

定義 4.3 V を線形空間とするとき，ベクトル $a, b \in V$ の線形結合とは，ある $\lambda, \mu \in K$ により，$\lambda a + \mu b$ の形に表された V の元のことをいう．より一般に，ベクトル $a_1, \ldots, a_n \in V$ の**線形結合**，あるいは **1 次結合**とは，$c_1, \ldots, c_n \in K$ により

$$c_1 a_1 + \cdots + c_n a_n \tag{4.1}$$

の形に表された V の元のことを言う ($n=1$ のときも含む)．このとき，係数 c_j の中に一つでも 0 と異なるものがあれば，自明[3]でない線形結合と呼び，そうでなければ自明な線形結合と呼ぶ．

線形結合を 0 と置いた式のことを**線形関係式**あるいは **1 次関係式**と呼ぶ．これについても自明，あるいは非自明という言葉を上と同様の意味で用いる．

n 個のベクトルの線形結合は，$n=1$ という例外的な場合，すなわち $c_1 a_1$ を初期値として，二つのベクトルの線形結合を繰り返すことにより帰納的に定義できます．従って基本となるのは二つのベクトルの線形結合です．

定義 4.4 $a_1, \ldots, a_n \in V$ が**線形独立**，あるいは **1 次独立**とは，(4.1) の形の元が 係数 c_j をどのように選んでも $c_1 = \cdots = c_n = 0$ の場合以外は 0 ベクトルにならないことを言う．**線形従属**，あるいは **1 次従属**はその否定で，自明でない線形結合で零ベクトルとなるものが存在する場合をいう．

線形独立の条件には，互いに対偶の関係にある次の二つがともによく使われます:

$a_1, \ldots, a_n \in V$ が線形独立
$\iff \forall (\lambda_1, \ldots, \lambda_n) \neq (0, \ldots, 0)$ に対して $\lambda_1 a_1 + \cdots + \lambda_n a_n \neq \mathbf{0}$
$\iff \lambda_1 a_1 + \cdots + \lambda_n a_n = \mathbf{0}$ ならば $(\lambda_1, \ldots, \lambda_n) = (0, \ldots, 0)$

系 4.2 ただ一つのベクトル a が線形独立 $\iff a \neq \mathbf{0}$．

[3) ここでの使い方は今までの"明らか"という意味とは異なり，"つまらない"という意味です．ちなみに自明の英語は trivial ですが，最近は某テレビ番組のお蔭で学生にすぐ分かってもらえます．(^^;

実際，零ベクトル $\boldsymbol{0}$ は任意の $\lambda \neq 0$ について $\lambda\boldsymbol{0} = \boldsymbol{0}$ を満たすので，線形独立ではあり得ません．逆に，$\boldsymbol{a} \neq \boldsymbol{0}$ が線形独立なことは，もしある $\lambda \neq 0$ について $\lambda\boldsymbol{a} = \boldsymbol{0}$ となったとすると，

$$\boldsymbol{0} = \lambda^{-1}\boldsymbol{0} = \lambda^{-1}(\lambda\boldsymbol{a}) = (\lambda^{-1}\lambda)\boldsymbol{a} = 1\cdot\boldsymbol{a} = \boldsymbol{a}$$

となってしまい，不合理だからです．

定義 4.5 線形空間 V の**次元**とは，V から取り出せる線形独立なベクトルの最大個数 n のことをいう．すなわち，
① V には線形独立な n 個の元が少なくとも一組存在し，かつ
② V から取ったどんな $n+1$ 個以上の元も線形従属となる．

V の次元のことを $\dim V$ と書くのでした．第 2 章 2.2 節において実数体と複素数体の例で述べたように，係数体を取り換えると次元は変わり得るので，正確には，V の K 上の次元と呼びます．これを明示したいときは $\dim_K V$ と書きます．系 4.2 により，$\dim V = 0$ は V が零ベクトルだけから成るベクトル空間であることと同値です．

上の定義の言い換え部分は，① が $\dim V \geq n$ を，また ② が $\dim V \leq n$ を表現していることに注意しましょう．このように数学では，等号を両側向きの等号付き不等号で言い換えることがよくあります．実は ② の方は，$n+1$ 個のベクトルについてだけ調べれば十分です．それは次の事実によります：

補題 4.3 $\boldsymbol{a}_1, \ldots, \boldsymbol{a}_n$ が線形従属なら，$\boldsymbol{b}$ が何であっても $\boldsymbol{a}_1, \ldots, \boldsymbol{a}_n, \boldsymbol{b}$ はまた線形従属となる．

実際，仮定によりある $(\lambda_1, \ldots, \lambda_n) \neq (0, \ldots, 0)$ について $\lambda_1\boldsymbol{a}_1 + \cdots + \lambda_n\boldsymbol{a}_n = \boldsymbol{0}$ となるので，$\lambda_1\boldsymbol{a}_1 + \cdots + \lambda_n\boldsymbol{a}_n + 0\boldsymbol{b} = \boldsymbol{0}$ が成り立ち，これも自明でない線形関係式です．

次元がすぐに想像できる線形空間はもちろん次のものですね：

例 4.3 数ベクトル空間 K^n は K 上 n 次元です．実際，K^n が n 次元以上であることは，基本単位ベクトル $\boldsymbol{e}_1, \ldots, \boldsymbol{e}_n$ ((2.2) 参照) が定義より明らかに線形独立であることから分かります．しかし，n 次元以下であることは，任意に選んだ $n+1$ 個の数ベクトルが線形従属となることを示さねばなりません．こ

4.1 線形空間の定義

れは線形結合の係数 $\lambda_1,\ldots,\lambda_{n+1}$ を求める連立 1 次方程式

$$\lambda_1 \begin{pmatrix} a_{11} \\ \vdots \\ a_{n1} \end{pmatrix} + \cdots + \lambda_{n+1} \begin{pmatrix} a_{1,n+1} \\ \vdots \\ a_{n,n+1} \end{pmatrix} = \begin{pmatrix} 0 \\ \vdots \\ 0 \end{pmatrix}$$

に自明でない解が必ず存在することを示すのと同値です．第 2 章でやった連立 1 次方程式の一般論を使うとそれが分かりますが，ここでは線形代数の理論的基礎を固めている途中なので，新たに証明しておきましょう．それには，K^n の任意のベクトルが基本単位ベクトルの線形結合として表されること ((2.3) 参照) に注意します．すると示すべきことは次のような一般的主張の特別な場合となります：

補題 4.4 $[\boldsymbol{v}_1,\ldots,\boldsymbol{v}_r]$ を V のベクトルの集まりとする．(これらが線形独立であることは必ずしも仮定しない．) このとき，これらの線形結合で表される $s>r$ 個のベクトル $\boldsymbol{w}_1,\ldots,\boldsymbol{w}_s$ は常に線形従属となる．

証明 r に関する帰納法を用いる．$r=1$ のときは，仮定は $\boldsymbol{w}_j, j=1,2,\ldots,s$ がいずれも $\boldsymbol{v}_1$ のスカラー倍であること：$\boldsymbol{w}_j = c_j \boldsymbol{v}_1, j=1,2,\ldots,s$ を意味することに注意せよ．よって今，これらのうちの一つの係数，例えば c_1 が 0 でなければ，

$$c_2 \boldsymbol{w}_1 - c_1 \boldsymbol{w}_2 + 0\cdot \boldsymbol{w}_3 + \cdots + 0\cdot \boldsymbol{w}_s = \boldsymbol{0}$$

は自明でない線形関係式を与える．また，すべての $c_j = 0$ なら $\boldsymbol{w}_j$ はすべて零ベクトルとなり，このときは任意の係数で非自明な一次関係式が成り立つ．

そこで $r \geq 1$ 個のベクトルまでは補題の主張が正しいと仮定し，V の $r+1$ 個のベクトル $\boldsymbol{v}_j, j=1,2,\ldots,r+1$ をとる．今，$\boldsymbol{w}_j, j=1,2,\ldots,s, s>r+1$ がどれもこれらの線形結合で表されているとし，各 $\boldsymbol{w}_j$ の表現における $\boldsymbol{v}_{r+1}$ の係数を c_j とする．もしすべての $c_j = 0$ なら，$\boldsymbol{w}_j$ は r 個のベクトル $\boldsymbol{v}_1,\ldots,\boldsymbol{v}_r$ の線形結合で表されることになり，帰納法の仮定により，$\boldsymbol{w}_j, j=1,\ldots,s$ の間には自明でない線形関係式が成り立つ．そこで，どれかの c_j，例えば $c_s \neq 0$ と仮定しよう．(もしそうでなければ，$\boldsymbol{w}_j$ を適当に並べ替えればそのようにできる．) このとき，$s-1 > r$ 個のベクトル

$$\boldsymbol{w}_1 - \frac{c_1}{c_s}\boldsymbol{w}_s, \quad \ldots, \quad \boldsymbol{w}_{s-1} - \frac{c_{s-1}}{c_s}\boldsymbol{w}_s$$

は v_{r+1} を含む項が消え，従ってどれも $v_j, j=1,2,\ldots,r$ の線形結合で表される．実際，

$$w_1 = a_{11}v_1 + \cdots + a_{1r}v_r + c_1 v_{r+1},$$
$$\cdots\cdots\cdots$$
$$w_{s-1} = a_{s-1,1}v_1 + \cdots + a_{s-1,r}v_r + c_{s-1}v_{r+1},$$
$$w_s = a_{s1}v_1 + \cdots + a_{sr}v_r + c_s v_{r+1}$$

とていねいに書いてみれば，

$$w_1 - \frac{c_1}{c_s}w_s = \left(a_{11} - \frac{c_1}{c_s}a_{s1}\right)v_1 + \cdots + \left(a_{1r} - \frac{c_1}{c_s}a_{sr}\right)v_r,$$
$$\cdots\cdots\cdots$$
$$w_{s-1} - \frac{c_{s-1}}{c_s}w_s = \left(a_{s-1,1} - \frac{c_{s-1}}{c_s}a_{s1}\right)v_1 + \cdots + \left(a_{s-1,r} - \frac{c_{s-1}}{c_s}a_{sr}\right)v_r$$

となっている．よって帰納法の仮定により自明でない線形関係式

$$\lambda_1\left(w_1 - \frac{c_1}{c_s}w_s\right) + \cdots + \lambda_{s-1}\left(w_{s-1} - \frac{c_{s-1}}{c_s}w_s\right) = \mathbf{0}$$

がある $(\lambda_1,\ldots,\lambda_{s-1}) \neq (0,\ldots,0)$ について成立する．これより

$$\lambda_1 w_1 + \cdots + \lambda_{s-1}w_{s-1} - \left(\lambda_1\frac{c_1}{c_s} + \cdots + \lambda_{s-1}\frac{c_{s-1}}{c_s}\right)w_s = \mathbf{0}$$

を得るが，これは $w_1,\ldots,w_s$ の自明でない線形関係式となっている． □

【次元と基底】 次はいよいよ基底の定義です．

定義 4.6 線形空間 V のベクトルの組 $[v_1,\ldots,v_n]$ が V の**基底**であるとは，V の任意の元がこれらの線形結合としてただ一通りに表されることをいう．

また，線形空間 V の基底 $[v_1,\ldots,v_n]$ により定まる V の元 v の数ベクトル表現とは，

$$v = x_1 v_1 + \cdots + x_n v_n$$

と表したときの係数より成る数ベクトル $\begin{pmatrix} x_1 \\ \vdots \\ x_n \end{pmatrix}$ のことを言う．

基底がもし存在すれば，その定義によりこれらの係数はベクトル v によって一意に定まることに注意しましょう．

4.1 線形空間の定義

定理 4.5 $[\boldsymbol{v}_1,\ldots,\boldsymbol{v}_n]$ が V の基底となるためには，これらが線形独立で，かつ n が V の次元と等しいことが必要十分である．

証明 空間 V の元を一意に表現するようなベクトルの組 $\boldsymbol{v}_1,\ldots,\boldsymbol{v}_n$ が有れば，これらが線形独立なことは明らかで，従って V の次元は n 以上であることは明らかである．また，V の次元が n 以下となることは，補題 4.4 により保証される．

逆に，V の次元が n なら，$\boldsymbol{v} \in V$ を勝手に取ったとき，$n+1$ 個のベクトル $\boldsymbol{v},\boldsymbol{v}_1,\ldots,\boldsymbol{v}_n$ はもはや線形独立ではないので，

$$c_0\boldsymbol{v} + c_1\boldsymbol{v}_1 + \cdots + c_n\boldsymbol{v}_n = \boldsymbol{0}$$

という自明でない (すなわち，係数のすべては 0 でない) 線形従属関係が存在する．ここで，$c_0 = 0$ だと $\boldsymbol{v}_1,\ldots,\boldsymbol{v}_n$ が線形従属となって仮定に反するので，$c_0 \neq 0$. 従って c_0 で両辺を割ることにより

$$\boldsymbol{v} = c'_1\boldsymbol{v}_1 + \cdots + c'_n\boldsymbol{v}_n \qquad (c'_j = -c_j/c_0)$$

と $\boldsymbol{v}$ が $\boldsymbol{v}_1,\ldots,\boldsymbol{v}_n$ の線形結合で表せた．次に，このときの係数の一意性を示す．もし

$$\boldsymbol{v} = c''_1\boldsymbol{v}_1 + \cdots + c''_n\boldsymbol{v}_n$$

と別の係数でも表せたとすると，最初の表現との差を取って

$$\boldsymbol{0} = (c'_1 - c''_1)\boldsymbol{v}_1 + \cdots + (c'_n - c''_n)\boldsymbol{v}_n$$

となり，$\boldsymbol{v}_1,\ldots,\boldsymbol{v}_n$ の線形独立性より $c'_j - c''_j = 0, j = 1, 2, \ldots, n$ となる． □

系 4.6 n 次元の勝手な線形空間 V は，基底を一つ定めてそのベクトルを表現することにより，K^n と線形構造を込めて同一視される，すなわち，**線形同型** (linear isomorphism) となる．従って，次元が等しい二つの線形空間も線形同型である．また，次元が異なる二つの線形空間は線形同型ではない．

次元の意義

次元は線形空間の唯一の不変量である．
i.e. 線形空間の構造は次元だけで決定される．

証明 V が n 次元なら，V の基底 $[\boldsymbol{v}_1,\ldots,\boldsymbol{v}_n]$ を定めて定義 4.6 により定まる K^n との対応をとれば，V と K^n が線形同型となることは，ベクトルの計算規則から殆ど明らかである．例えば，それぞれの空間における線形演算が対応していることは，

$$\boldsymbol{a} = x_1\boldsymbol{v}_1 + \cdots + x_n\boldsymbol{v}_n, \quad \boldsymbol{b} = y_1\boldsymbol{v}_1 + \cdots + y_n\boldsymbol{v}_n,$$
$$\implies \lambda\boldsymbol{a} + \mu\boldsymbol{b} = (\lambda x_1 + \mu y_1)\boldsymbol{v}_1 + \cdots + (\lambda x_n + \mu y_n)\boldsymbol{v}_n$$

すなわち，

$$\boldsymbol{a} \leftrightarrow \begin{pmatrix} x_1 \\ \vdots \\ x_n \end{pmatrix}, \quad \boldsymbol{b} \leftrightarrow \begin{pmatrix} y_1 \\ \vdots \\ y_n \end{pmatrix} \implies \lambda\boldsymbol{a} + \mu\boldsymbol{b} \leftrightarrow \begin{pmatrix} \lambda x_1 + \mu y_1 \\ \vdots \\ \lambda x_n + \mu y_n \end{pmatrix}$$

から分かる．また，零ベクトルの対応は

$$\boldsymbol{0} = 0\cdot\boldsymbol{v}_1 + \cdots + 0\cdot\boldsymbol{v}_n$$

の表現が一意的であることから分かる．次に，次元が等しい二つの線形空間は上のように K^n を通して同型になる．最後に，線形同型な二つの線形空間においては，線形結合が線形結合に対応し一方の基底には他方の基底が対応することが明らかなので，次元は等しくなる．従って，その対偶をとれば後半が言える．□

基本単位ベクトルの組 (2.2) を数ベクトル空間 K^n の**標準基底**と呼びます．基底の例をもう少し見てみましょう．

例 4.4 $\mathcal{P}_3$ の基底の例として $[1, x, x^2, x^3]$ が取れます．従って $\mathcal{P}$ の次元は 4 です．このとき多項式 $a_0 + a_1 x + a_2 x^2 + a_3 x^3$ はこの基底により ${}^t(a_0, a_1, a_2, a_3)$ という数ベクトルで表現されます．この基底は自然すぎるので，これだけしか考えないのなら，わざわざ $\mathcal{P}_3$ を抽象的に線形空間と考えるのは大袈裟すぎて，係数のベクトルだけ見ていればいいじゃないかと思われるかもしれません．しかし，例えば，"4 点 $x = x_0, x_1, x_2, x_3$ において指定した値 $f(x_i) = c_i, i = 0, 1, 2, 3$ を取るような多項式 $f(x)$ を求めよ" という問題を解く場合を考えてみて下さい．未定係数法を用いて上の一般形の多項式にこれらの条件を代入し，得られる連立 1 次方程式を解いて係数 a_0, a_1, a_2, a_3 を求めるのは，かなり大変な計算になりますが，もし，四つの多項式 $p_0(x), p_1(x), p_2(x), p_3(x)$ で

4.1 線形空間の定義

$$p_0(x_0) = 1, \ p_0(x_1) = 0, \ p_0(x_2) = 0, \ p_0(x_3) = 0,$$
$$p_1(x_0) = 0, \ p_1(x_1) = 1, \ p_1(x_2) = 0, \ p_1(x_3) = 0,$$
$$p_2(x_0) = 0, \ p_2(x_1) = 0, \ p_2(x_2) = 1, \ p_2(x_3) = 0,$$
$$p_3(x_0) = 0, \ p_3(x_1) = 0, \ p_3(x_2) = 0, \ p_3(x_3) = 1$$

を満たすものが知られていれば，

$$f(x) = c_0 p_0(x) + c_1 p_1(x) + c_2 p_2(x) + c_3 p_3(x) \tag{4.2}$$

が求める答であることは，$f(x)$ に $x = x_i, i = 0, 1, 2, 3$ を代入してみれば直ちに分かります．このような多項式としては

$$p_0(x) = \frac{(x-x_1)(x-x_2)(x-x_3)}{(x_0-x_1)(x_0-x_2)(x_0-x_3)}, \quad p_1(x) = \frac{(x-x_0)(x-x_2)(x-x_3)}{(x_1-x_0)(x_1-x_2)(x_1-x_3)},$$
$$p_2(x) = \frac{(x-x_0)(x-x_1)(x-x_3)}{(x_2-x_0)(x_2-x_1)(x_2-x_3)}, \quad p_3(x) = \frac{(x-x_0)(x-x_1)(x-x_2)}{(x_3-x_0)(x_3-x_1)(x_3-x_2)}$$

を取ればよいことは明らかでしょう．これは $\mathcal{P}_3$ の新しい基底の例ですが，この問題を解くためには，最初に与えた標準的な基底よりもずっと優れています．(4.2) を展開すれば，普通の 3 次多項式としての答が得られますが，それは未定係数法で求めた答と同様，複雑なものになってしまいます．この例は最初から一つ基底を決めてしまい，数ベクトルだけで何でも表そうとするのが，必ずしも得策ではないことを示しており，抽象的な表現の利点を教えるものです．

(4.2) は Lagrange（ラグランジュ）の補間公式と呼ばれるものです．その一般形については付録 A.3 の例 A.3 を見て下さい．

問 **4.2** V は 2 変数の 1 次以下の多項式 $ax + by + c$ の全体が成す集合とする．
(1) V は自然な演算で線形空間になることを示せ．
(2) V の次元はいくつか？
(3) V の自然な基底を一組与えよ．
(4) 平面の 3 点 $P_1(0,0), P_2(1,0), P_3(0,1)$ において，それぞれ指定された値 c_1, c_2, c_3 をとるような V の元を表すのに最も適した V の基底は何か？

問 **4.3** (1) 複素数の集合 $\boldsymbol{C}$ は実数体 $\boldsymbol{R}$ 上の線形空間とみなせることを示し，その次元を求めよ．
(2) 実数の集合 $\boldsymbol{R}$ は有理数体 $\boldsymbol{Q}$ 上の線形空間とみなせることを示し，その次元は無限大となる (線形独立なベクトルがいくらでも多く存在する) ことを説明せよ．

4.2 線形部分空間

【線形部分空間の定義】 次は，直線や平面など，まっすぐな図形の概念を抽象化します．

定義 4.7 線形空間 V の空でない部分集合 $W \subset V$ が **線形部分空間** (linear subspace) とは，V から誘導された演算で W が線形空間となっていることをいう．

演算が V においては線形空間の公理を満たしているので，このための必要十分条件は単に W の元に線形演算を施したとき W から飛び出さないこと，すなわち W が V の線形演算で閉じていること：

$$\forall \boldsymbol{a}, \boldsymbol{b} \in W \text{ に対し } \boldsymbol{a} + \boldsymbol{b} \in W; \quad \forall \lambda \in K, \forall \boldsymbol{a} \in W \text{ に対し } \lambda \boldsymbol{a} \in W,$$

あるいは一つにまとめて

$$\forall \boldsymbol{a}, \boldsymbol{b} \in W, \forall \lambda, \mu \in K \quad \lambda \boldsymbol{a} + \mu \boldsymbol{b} \in W$$

が必要十分です．実際，この条件が必要なことは明らかですが，これで十分なことは，線形空間の公理のうち，加法の可換性や結合法則，およびスカラー倍の"結合法則"や"分配法則"などの性質は V において既に成立しているので，後は零ベクトルや加法の逆元が W に入っていることを確かめるだけですが，W の元 $\boldsymbol{x}$ を一つとるとき，

$$\boldsymbol{0} = 0 \cdot \boldsymbol{x}, \qquad -\boldsymbol{x} = (-1) \cdot \boldsymbol{x}$$

は，確かに上の仮定の特別な場合として W に含まれています．

線形部分空間の幾何学的イメージは，2次元平面において原点を通る直線，3次元空間において原点を通る平面や直線などです．真っ直ぐな図形がモデルだと言いましたが，原点を通っていなければなりません．その理由は，線形部分空間はそれ自身線形空間なので，零ベクトルに相当する原点を含む必要があるからです．原点を通らない真っ直ぐな図形は，線形空間に原点の平行移動の概念を導入したアフィン幾何学というもので厳密に取り扱うことができます (付録 A.1 参照)．なお，線形空間 V の零ベクトルだけより成る部分集合 $\{\boldsymbol{0}\}$，お

4.2 線形部分空間

よび V 自身も線形部分空間の仲間に入れます．これは上の定義に既に形式的に含まれていますが，あまり役に立ちそうにないので無視されるといけないのでわざわざ注意しました．このようなものを仲間に入れておくといろんな議論で例外処理をせずに済むので便利なのです．

補題 4.7 二つの線形空間について $W \subset V$ なら $\dim W \leq \dim V$．ここで等号が成立 $\iff W = V$．

証明 $\dim W = m$ とし，$[\boldsymbol{a}_1, \ldots, \boldsymbol{a}_m]$ を W の線形独立なベクトルとすれば，これらは V でも線形独立なので，$\dim V \geq m$．ここでもし等号が成立すれば，定理 4.5 により $[\boldsymbol{a}_1, \ldots, \boldsymbol{a}_m]$ は V の基底となり，従ってそれらの線形結合で V のすべての元が表せるので，$W = V$．□

線形部分空間の最も手軽な作り方は，もとの空間の (必ずしも線形独立とは限らない) ベクトル $\boldsymbol{b}_1, \ldots, \boldsymbol{b}_r$ の線形結合の全体をとることです：

$$W = \mathrm{Span}(\boldsymbol{b}_1, \ldots, \boldsymbol{b}_r) := \{\lambda_1 \boldsymbol{b}_1 + \cdots + \lambda_r \boldsymbol{b}_r \mid \lambda_1, \ldots, \lambda_r \in K\}$$

数ベクトルのときと同様，これを $\boldsymbol{b}_1, \ldots, \boldsymbol{b}_r$ の**線形包**，あるいはこれらのベクトルにより**張られる**線形部分空間と呼びます．これは補題 4.4 により一般に r 次元以下で，これらのベクトルが線形独立のとき，かつそのときに限りちょうど r 次元となります．

線形部分空間と全空間の間の関係を調べるときには，空間全体の基底の一部が部分空間の基底になっているようなものがあると便利です．そのような基底は次の定理を用いて作れます：

定理 4.8 (**基底の延長定理**) W の勝手な基底 $[\boldsymbol{a}_1, \ldots, \boldsymbol{a}_r]$ は，これに V の適当な元を追加することにより V 全体の基底にまで延長できる．

証明 $[\boldsymbol{a}_1, \ldots, \boldsymbol{a}_r]$ に V のどのベクトルを追加しても線形従属になってしまうなら，V 全体が $[\boldsymbol{a}_1, \ldots, \boldsymbol{a}_r]$ の線形結合で書けることになり，$W = V$．このときは何もする必要はない．従って $W \subsetneq V$ なら必ず $\boldsymbol{a}_{r+1}$ が見付かり，$[\boldsymbol{a}_1, \ldots, \boldsymbol{a}_r, \boldsymbol{a}_{r+1}]$ は線形独立．この操作を V の基底となるまで繰り返せばよい．□

第 4 章　抽象ベクトル空間

【部分空間同士の演算】　次に，部分空間同士の集合演算を考察します．

補題 4.9　線形空間 V の二つの部分空間 W_1, W_2 に対し

$$W_1 \cap W_2 := \{\boldsymbol{a} \in V \mid \boldsymbol{a} \in W_1 \text{ かつ } \boldsymbol{a} \in W_2\},$$
$$W_1 + W_2 := \{\boldsymbol{a} \in V \mid \exists \boldsymbol{a}_1 \in W_1,\ \exists \boldsymbol{a}_2 \in W_2 \ \text{ s.t. }\ \boldsymbol{a} = \boldsymbol{a}_1 + \boldsymbol{a}_2\}^{4)}$$

はそれぞれ再び V の線形部分空間となる．

この補題の証明は定義からほとんど明らかですが，初めての種類の議論なので丁寧にやっておきましょう．

証明　$\boldsymbol{a}, \boldsymbol{b} \in W_1 \cap W_2$ とすれば，W_1 が線形部分空間であることから $\forall \lambda, \mu \in K$ について $\lambda \boldsymbol{a} + \mu \boldsymbol{b} \in W_1$．同様に W_2 が線形部分空間であることから $\lambda \boldsymbol{a} + \mu \boldsymbol{b} \in W_2$．従って $\lambda \boldsymbol{a} + \mu \boldsymbol{b} \in W_1 \cap W_2$ となるので，$W_1 \cap W_2$ は線形部分空間となる．

次に，$\boldsymbol{a}, \boldsymbol{b} \in W_1 + W_2$ とすれば，$W_1 + W_2$ の定義により，$\boldsymbol{a} = \boldsymbol{a}_1 + \boldsymbol{a}_2$, $\boldsymbol{a}_1 \in W_1$, $\boldsymbol{a}_2 \in W_2$ となるものが存在する．同様に $\boldsymbol{b} = \boldsymbol{b}_1 + \boldsymbol{b}_2$, $\boldsymbol{b}_1 \in W_1$, $\boldsymbol{b}_2 \in W_2$ となるものも存在する．W_1, W_2 は線形部分空間なので，$\forall \lambda, \mu \in K$ について $\lambda \boldsymbol{a}_1 + \mu \boldsymbol{b}_1 \in W_1$．同様に $\lambda \boldsymbol{a}_2 + \mu \boldsymbol{b}_2 \in W_2$．従って

$$\lambda \boldsymbol{a} + \mu \boldsymbol{b} = \lambda(\boldsymbol{a}_1 + \boldsymbol{a}_2) + \mu(\boldsymbol{b}_1 + \boldsymbol{b}_2)$$
$$= (\lambda \boldsymbol{a}_1 + \mu \boldsymbol{b}_1) + (\lambda \boldsymbol{a}_2 + \mu \boldsymbol{b}_2) \in W_1 + W_2. \ \square$$

定義 4.8（直和分解）　線形空間 V の部分空間 $W, \mathbb{W}^{5)}$ が

$$V = W + \mathbb{W} \qquad \text{i.e. } \forall \boldsymbol{a} \in V\ \exists \boldsymbol{b} \in W,\ \exists \boldsymbol{c} \in \mathbb{W} \ \text{ s.t. }\ \boldsymbol{a} = \boldsymbol{b} + \boldsymbol{c}$$
$$W \cap \mathbb{W} = \{\boldsymbol{0}\} \qquad \text{i.e. 上のような } \boldsymbol{b}, \boldsymbol{c} \text{ は一組に限られる}$$

---

4) この集合の条件式の部分は，"ある $\boldsymbol{a}_1 \in W_1$ とある $\boldsymbol{a}_2 \in W_2$ に対して $\boldsymbol{a} = \boldsymbol{a}_1 + \boldsymbol{a}_2$ となる"，あるいは，"$\boldsymbol{a} = \boldsymbol{a}_1 + \boldsymbol{a}_2$ を満たすような $\boldsymbol{a}_1 \in W_1$ と $\boldsymbol{a}_2 \in W_2$ が存在する"と読みます．∃ は Exists の頭文字 E を逆さにして作られた記号で，"ある"，あるいは"存在する"という意味の論理学における限定子です．また s.t. は英語の関係代名詞 such that の略記で，数学の板書では式を読みやすくするために"以下のごとき"の意味で ∃ と組み合わせてよく使われますが，正式の論理式としては不要です．しかもこの使い方は英語としては破格だそうで，文法的には正しくは such と that の間に存在すべき"もの"を書かねばなりません．

5) この記号は久賀道郎先生が導入された 27 番目のアルファベットで，トリプリューと呼びます．ダブリューの次という意味です．

の二条件を満たすとき, V は $W, \mathbb{W}$ の直和になっているといい,

$$V = W \dotplus \mathbb{W}$$

と記す[6].

2 行目の i.e. の方はそう自明ではない人もいるでしょうから, 確かめておきましょう. $a = b + c = b' + c'$ とすると, $b - b' = c' - c \in W \cap \mathbb{W}$. よって, 分解が一意的であることと $W \cap \mathbb{W} = \{\mathbf{0}\}$ とは同値です.

定義 4.9 線形空間 V の部分空間 W に対し $V = W \dotplus \mathbb{W}$ を満たす部分空間 $\mathbb{W}$ を W の (V における) **直和補空間**と呼ぶ.

W の直和補空間は W の補集合よりもずっと小さいことに注意しましょう. 直和補空間は必ず存在します. 実際, W の基底 $[a_1, \ldots, a_r]$ を定理 4.8 により V の基底に延長し, 付け加えた $[a_{r+1}, \ldots, a_n]$ が張る部分空間を $\mathbb{W}$ とすればよい.

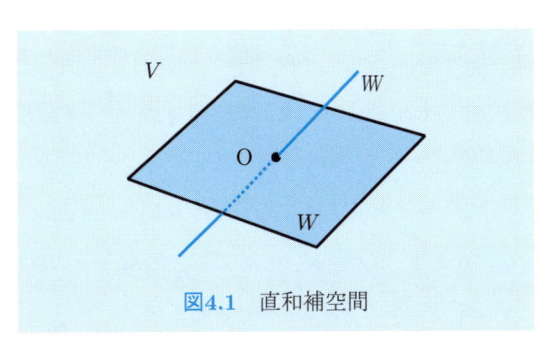

図4.1 直和補空間

W の直和補空間は一意には定まりません. 上の $[a_{r+1}, \ldots, a_n]$ の各元に W の勝手な元をそれぞれ加えたものは, 再び W の直和補空間を張ります. 実は W の $\mathbb{W}$ 以外の直和補空間はすべてこの形をしています. これに対し, 後で一般論を学ぶ直交補空間の方は W に対して一意に定まります.

---

[6] これを $W \oplus \mathbb{W}$ と書く人も多いが, 小生は $\mathbb{W}$ の記号を発明した久賀道郎先生に倣ってこの二つの記号を区別して使います. $W \oplus \mathbb{W}$ の方は二つの集合 $W, \mathbb{W}$ の直積に, それぞれの線形演算から誘導された演算 $\lambda(a_1, a_2) + \mu(b_1, b_2) = (\lambda a_1 + \mu b_1, \lambda a_2 + \mu b_2)$ を入れて得られる全く新しい線形空間を表します.

問 4.4 (1) 数ベクトル空間 $\mathbf{R}^4$ の次のようなベクトルで張られる部分空間 W の次元を求め，基底を一つ定めよ．

$$\begin{pmatrix} 1 \\ 0 \\ 1 \\ -1 \end{pmatrix}, \quad \begin{pmatrix} 1 \\ 0 \\ 0 \\ 2 \end{pmatrix}, \quad \begin{pmatrix} 2 \\ 0 \\ 1 \\ 1 \end{pmatrix}.$$

(2) 上の基底を延長することにより，W の直和補空間を一つ決めよ．

問 4.5 実係数 3 次以下の多項式全体が作る線形空間 V において，次のような部分集合は線形部分空間を成すか？ また，部分空間を成すものについては，その次元と基底を一組，および直和補空間を一つ示せ．
(1) ちょうど 2 次の多項式全体．
(2) 定数項が 0 である多項式の全体．
(3) $(x-1)$ で割り切れるような多項式の全体．
(4) $f'(0) = 0$ である多項式の全体．

4.3 線形写像の定義

【線形写像と行列表現】 次は，線形写像の定義を抽象化します．

定義 4.10 二つのベクトル空間 V, W の間の写像 Φ (ファイ) が**線形** (linear) とは，Φ が線形演算と両立すること，すなわち

$$\forall \boldsymbol{a}, \boldsymbol{b} \in V \text{ に対して } \Phi(\boldsymbol{a}+\boldsymbol{b}) = \Phi(\boldsymbol{a}) + \Phi(\boldsymbol{b}),$$

$$\text{および，} \forall \boldsymbol{a} \in V, \forall \lambda \in K \text{ に対して } \Phi(\lambda \boldsymbol{a}) = \lambda \Phi(\boldsymbol{a})$$

が成り立つことをいう．この二つは一つの条件式：

$$\forall \boldsymbol{a}, \boldsymbol{b} \in V, \forall \lambda, \mu \in K \text{ に対して } \Phi(\lambda \boldsymbol{a} + \mu \boldsymbol{b}) = \lambda \Phi(\boldsymbol{a}) + \mu \Phi(\boldsymbol{b})$$

にまとめられる．

定義から明らかに，線形写像は基底の行き先を決めれば決まります．また基底の行き先をどう決めても線形写像が定義できます．実際，基底 $[\boldsymbol{a}_1, \ldots, \boldsymbol{a}_n]$ の各元の Φ による行き先が分かっていれば，$\boldsymbol{v} = x_1 \boldsymbol{a}_1 + \cdots + x_n \boldsymbol{a}_n$ の行き先は，Φ の線形性の条件から次のように決まってしまいます：

$$\Phi(\boldsymbol{v}) = x_1 \Phi(\boldsymbol{a}_1) + \cdots + x_n \Phi(\boldsymbol{a}_n)$$

4.3 線形写像の定義

命題 4.10 $m \times n$ 型行列は,積の定義により数ベクトル空間 K^n から K^m への線形写像を定める.逆に,n 次元線形空間 V から m 次元線形空間 W への線形写像 Φ は V, W に基底を導入することにより $m \times n$ 型行列 $A: K^n \to K^m$ で表現される:Φ による基底の行き先を

$$\begin{cases} \Phi(\boldsymbol{a}_1) = c_{11}\boldsymbol{b}_1 + \cdots + c_{m1}\boldsymbol{b}_m, \\ \cdots\cdots\cdots \\ \Phi(\boldsymbol{a}_n) = c_{1n}\boldsymbol{b}_1 + \cdots + c_{mn}\boldsymbol{b}_m \end{cases} \tag{4.3}$$

とするとき,A はこれらの係数 c_{ij} を成分に持つ行列となる:

$$\begin{cases} \boldsymbol{v} = x_1\boldsymbol{a}_1 + \cdots + x_n\boldsymbol{a}_n, \\ \Phi(\boldsymbol{v}) = \boldsymbol{w} = y_1\boldsymbol{b}_1 + \cdots + y_m\boldsymbol{b}_m \end{cases}$$

$$\iff \begin{pmatrix} y_1 \\ \vdots \\ y_m \end{pmatrix} = \begin{pmatrix} c_{11} & \cdots & c_{1n} \\ \vdots & & \vdots \\ c_{m1} & \cdots & c_{mn} \end{pmatrix} \begin{pmatrix} x_1 \\ \vdots \\ x_n \end{pmatrix}. \tag{4.4}$$

A を線形写像 Φ の基底 $[\boldsymbol{a}_1, \ldots, \boldsymbol{a}_n]$, $[\boldsymbol{b}_1, \ldots, \boldsymbol{b}_m]$ に関する**表現行列**と呼ぶ.

(4.3) における添え字の番号の振り方が普通の連立 1 次方程式などとは異なり,"転置"になっていることに注意しましょう.(4.4) 式は,代入して係数比較すれば確かめられますが,次のようにシンボリックな表記法で見た方がずっと分かりやすい:今,基底の線形結合を

$$x_1\boldsymbol{a}_1 + \cdots + x_n\boldsymbol{a}_n = [\boldsymbol{a}_1, \ldots, \boldsymbol{a}_n] \begin{pmatrix} x_1 \\ \vdots \\ x_n \end{pmatrix} \tag{4.5}$$

と略記することとし,記号 $\Phi([\boldsymbol{a}_1, \ldots, \boldsymbol{a}_n])$ を Φ による基底の行き先を並べたもの $[\Phi(\boldsymbol{a}_1), \ldots, \Phi(\boldsymbol{a}_n)]$ のことだと約束すれば,写像 Φ の線形性

$$\Phi(x_1\boldsymbol{a}_1 + \cdots + x_n\boldsymbol{a}_n) = x_1\Phi(\boldsymbol{a}_1) + \cdots + x_n\Phi(\boldsymbol{a}_n)$$

は,

$$\Phi\left([\boldsymbol{a}_1, \ldots, \boldsymbol{a}_n] \begin{pmatrix} x_1 \\ \vdots \\ x_n \end{pmatrix}\right) = \Phi([\boldsymbol{a}_1, \ldots, \boldsymbol{a}_n]) \begin{pmatrix} x_1 \\ \vdots \\ x_n \end{pmatrix}$$

と略記されます.従って,(4.3) を行列積の規則を形式的に適用して書き直した

と (4.5) とから，

$$\therefore \ \bm{w} = \Phi(\bm{v}) = \Phi\left([\bm{a}_1,\ldots,\bm{a}_n]\begin{pmatrix}x_1\\ \vdots\\ x_n\end{pmatrix}\right) = \Phi([\bm{a}_1,\ldots,\bm{a}_n])\begin{pmatrix}x_1\\ \vdots\\ x_n\end{pmatrix}$$

$$= [\bm{b}_1,\ldots,\bm{b}_m]\begin{pmatrix}c_{11}&\cdots&c_{1n}\\ \vdots&&\vdots\\ c_{m1}&\cdots&c_{mn}\end{pmatrix}\begin{pmatrix}x_1\\ \vdots\\ x_n\end{pmatrix}$$

これを

$$\bm{w} = [\bm{b}_1,\ldots,\bm{b}_m]\begin{pmatrix}y_1\\ \vdots\\ y_m\end{pmatrix}$$

と比較し，基底 $[\bm{b}_1,\ldots,\bm{b}_m]$ の係数を等しいと置けば (4.4) の右辺の式が得られます．

例題 4.1 $\mathcal{P}_3$ に働く微分作用素 $\Phi := \dfrac{d}{dx} + 1 : f(x) \mapsto f'(x) + f(x)$ は線形写像である．基底 $[1, x, x^2, x^3]$ でこれを表現するとどういう行列となるか？

解答 基底の各元が Φ により写される先をまとめて書けば，

$$\Phi([1,x,x^2,x^3]) = [1, 1+x, 2x+x^2, 3x^2+x^3] = [1,x,x^2,x^3]\begin{pmatrix}1&1&0&0\\ 0&1&2&0\\ 0&0&1&3\\ 0&0&0&1\end{pmatrix}$$

よって，この行列が求める表現行列である．□

例題 4.2 V を実係数 3 次以下の多項式が成す $\bm{R}$ 上の線形空間，W を実係数 2 次以下の多項式が成す $\bm{R}$ 上の線形空間とする．写像 $\Phi : V \to W$ を $\Phi(f(x)) = xf''(x) - 2f'(x-1)$ で定める．
(1) Φ は線形写像であることを確かめよ．

(2) V の基底を $[x^3, x^2, x, 1]$,W の基底を $[x^2, x, 1]$ とするとき，これらに関する Φ の表現行列を求めよ．

解答 (1) $f(x), g(x) \in \mathcal{P}_3$ とするとき，

$$\begin{aligned}
\Phi(\lambda f + \mu g) &= x(\lambda f(x) + \mu g(x))'' - 2\{\lambda f(x) + \mu g(x)\}'\big|_{x \mapsto x-1} \\
&= x\{\lambda f''(x) + \mu g''(x)\} - 2\lambda f'(x-1) - 2\mu g'(x-1) \\
&= \lambda\{xf''(x) - 2f'(x-1)\} + \mu\{xg''(x) - 2g'(x-1)\} \\
&= \lambda \Phi(f) + \mu \Phi(g)
\end{aligned}$$

よって Φ は線形写像である．

(2) Φ による基底の行き先を調べると

$$\begin{aligned}
\Phi(x^3) &= x \cdot 6x - 6(x-1)^2 = 12x - 6, \\
\Phi(x^2) &= 2x - 4(x-1) = -2x + 4, \\
\Phi(x) &= x \cdot 0 - 2 = -2, \\
\Phi(1) &= 0.
\end{aligned}$$

これをまとめると，

$$\Phi([x^3, x^2, x, 1]) = [12x-6, -2x+4, -2, 0] = [x^2, x, 1] \begin{pmatrix} 0 & 0 & 0 & 0 \\ 12 & -2 & 0 & 0 \\ -6 & 4 & -2 & 0 \end{pmatrix}$$

よってこの最後の行列が求める表現行列である．□

問 4.6 V から W への次の各写像 Φ は線形写像であることを示せ．また V, W の自然な基底を一組選んでその行列表現を与えよ．
(1) V は 4 次以下の実係数 1 変数多項式の集合，W は 3 次以下の実係数 1 変数多項式の集合，Φ は $f(x) \in V$ に対して $f''(x) + (f(x) - f(1))/(x-1)$ を対応させる写像．
(2) V は 3 次以下の実係数 1 変数多項式の集合，W は 2 次以下の実係数 1 変数多項式の集合，Φ は $f(x) \in V$ に対して $(x+1)f''(x) - f'(x)$ を対応させる写像．
(3) V, W は同上，Φ は $f(x) \in V$ に対して $xf''(x) + x^2 f(1)$ を対応させる写像．

【線形写像の像と核】 線形写像が一つあると，それから，元の空間 (始空間)，行き先の空間 (終空間) のそれぞれに部分空間が自然に誘導されます．これは行列の場合に第 2 章で既に見たように，連立 1 次方程式の可解性など応用上重要な概念とも結び付いています．

定義 4.11 二つの線形空間の間の線形写像 $\Phi: V \to W$ に対し，

(1) ある v により $w = \Phi(v)$ と表されるような $w \in W$ の全体を Φ の像 (image) と呼び，$\mathrm{Image}\,\Phi$ で表す．これは集合論的な写像の意味での像と同じものである．

(2) $\Phi(v) = \mathbf{0}$ となるような $v \in V$ の全体を Φ の核 (kernel) と呼び，$\mathrm{Ker}\,\Phi$ で表す．

$\dim \mathrm{Image}\,\Phi$ は特に重要な量で，これを線形写像 Φ の**階数**と呼ぶ．

補題 4.11 $\mathrm{Image}\,\Phi$ は W の線形部分空間となる．また $\mathrm{Ker}\,\Phi$ は V の線形部分空間となる．

実際，$w_1 = \Phi(v_1), w_2 = \Phi(v_2) \in \mathrm{Image}\,\Phi$ なら，

$$\lambda_1 w_1 + \lambda_2 w_2 = \Phi(\lambda_1 v_1 + \lambda_2 v_2) \in \mathrm{Image}\,\Phi,$$

また，$v_1, v_2 \in \mathrm{Ker}\,\Phi$，すなわち，$\Phi(v_1) = \Phi(v_2) = \mathbf{0}$ なら，

$$\Phi(\lambda_1 v_1 + \lambda_2 v_2) = \lambda_1 \Phi(v_1) + \lambda_2 \Phi(v_2) = \mathbf{0}, \qquad \therefore \quad \lambda_1 v_1 + \lambda_2 v_2 \in \mathrm{Ker}\,\Phi$$

となることが，いずれも線形写像の性質より分かる． □

補題 4.12 V, W の基底をそれぞれ一組定め，これにより $V \cong K^n, W \cong K^m$，また Φ が (m, n) 型行列 A で表現されたとすれば，$\mathrm{Image}\,\Phi, \mathrm{Ker}\,\Phi$ は，それぞれ $\mathrm{Image}\,A, \mathrm{Ker}\,A$ に対応する．従って，$\mathrm{Image}\,\Phi$ は A の列ベクトルで生成される K^m の線形部分空間に対応し，また $\mathrm{Ker}\,\Phi$ は連立 1 次方程式 $Ax = \mathbf{0}$ の解に対応する．

実際，$V \ni v \leftrightarrow x \in K^n$ と対応していれば，表現行列の定義により $\Phi(v) \leftrightarrow Ax$ と対応するから． □

定理 4.13 (次元の不変性定理) 線形写像 $\Phi: V \to W$ に対し，次の等式が成り立つ：

$$\dim \mathrm{Ker}\,\Phi + \dim \mathrm{Image}\,\Phi = \dim V. \tag{4.6}$$

証明 $\dim \mathrm{Ker}\,\Phi = k$ とし，$\mathrm{Ker}\,\Phi$ の基底 $[a_1, \ldots, a_k]$ を一つとる．定理 4.8 によりこれに $[a_{k+1}, \ldots, a_n]$ を付け加えて V の基底に延長する．付け加えられた元により張られる $V' := \mathrm{Span}(a_{k+1}, \ldots, a_n)$ は V における $\mathrm{Ker}\,\Phi$ の直和補空間となることに注意しよう．このとき $\mathrm{Image}\,\Phi = \Phi(V')$ は $\Phi(a_{k+1}), \ldots, \Phi(a_n)$

で張られるが，ここで最後の $n-k$ 個のベクトルは線形独立である．実際，もし $\lambda_{k+1}\Phi(\boldsymbol{a}_{k+1})+\cdots+\lambda_n\Phi(\boldsymbol{a}_n)=\boldsymbol{0}$ なら，$\lambda_{k+1}\boldsymbol{a}_{k+1}+\cdots+\lambda_n\boldsymbol{a}_n \in \mathrm{Ker}\,\Phi$ となり，$\mathrm{Ker}\,\Phi \cap V' = \{\boldsymbol{0}\}$ より $\lambda_{k+1}\boldsymbol{a}_{k+1}+\cdots+\lambda_n\boldsymbol{a}_n = \boldsymbol{0}$, 従って $\lambda_{k+1}=\cdots=\lambda_n=0$ となるからである．よって $\dim \mathrm{Image}\,\Phi = \dim V' = n-k$ が分かったから，(4.6) が得られる． □

線形空間の次元を線分の長さで模式的に表示すれば下図のようになります．注意しておきますが，V' の元以外がすべて $\boldsymbol{0}$ にゆく訳ではありません．あくまで次元の割合を表しているに過ぎません．

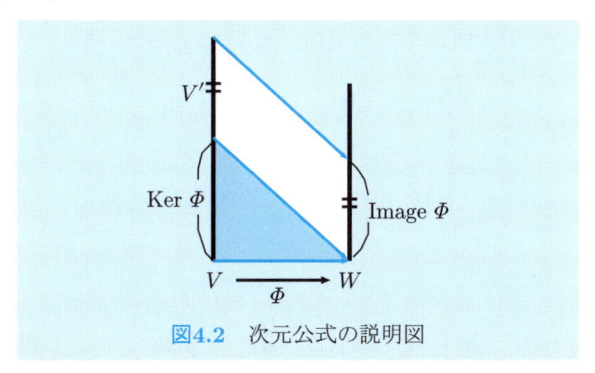

図4.2　次元公式の説明図

補題 4.12 によれば，上の公式を Φ の表現行列で表したものは，第 2 章で述べた連立 1 次方程式の解空間の次元公式となることに注意しましょう．

さて，前節で述べた線形空間の間の同型対応は，線形写像の一種です．次の系は一般に線形写像が線形同型となるための条件を示したものです：

系 4.14 線形写像 $\Phi: V \to W$ により V と W が線形同型となるためには，$\dim \mathrm{Ker}\,\Phi = 0,\ \dim \mathrm{Image}\,\Phi = \dim W$ となることが必要かつ十分である．

実際，これらの条件が必要なことは明らかですが，逆にこれらが成り立つとき，線形写像 Φ は集合の写像として一対一となり，逆写像を持つことが容易に分かります．一対一対応であることを使うと，逆写像も線形写像となることが容易に確かめられます．従って，二つの線形空間は前に述べた意味で線形同型となります．

二つの線形空間が線形同型なことを $V \cong W$ で表します．同型を与える写像を明示したいときは $V \underset{\Phi}{\cong} W$ などと記します．

4.4 基底の取り換え（座標変換）

【基底変換と座標変換】 係数体 K 上の線形空間 V に線形独立な二つのベクトルのセット $\Sigma = [\boldsymbol{a}_1, \ldots, \boldsymbol{a}_n]$ と $\Sigma' = [\boldsymbol{a}'_1, \ldots, \boldsymbol{a}'_n]$ が与えられたとします．前者を基底として採用したときの $\boldsymbol{a} \in V$ の数ベクトル表現が ${}^t(x_1, \ldots, x_n)$ であるとき，同じベクトルの後者による表現はどうなるでしょうか？

この問題に定量的に答えるには，二つの基底の間の関係を指定しなければなりません．

命題 4.15 線形空間 V の二つの基底の関係 (基底変換) を
$$\begin{cases} \boldsymbol{a}'_1 = s_{11}\boldsymbol{a}_1 + \cdots + s_{n1}\boldsymbol{a}_n, \\ \quad \cdots\cdots\cdots \\ \boldsymbol{a}'_n = s_{1n}\boldsymbol{a}_1 + \cdots + s_{nn}\boldsymbol{a}_n \end{cases}$$

すなわち，

$$[\boldsymbol{a}'_1, \ldots, \boldsymbol{a}'_n] = [\boldsymbol{a}_1, \ldots, \boldsymbol{a}_n] \begin{pmatrix} s_{11} & \cdots & s_{1n} \\ \vdots & & \vdots \\ s_{n1} & \cdots & s_{nn} \end{pmatrix} \tag{4.7}$$

新しい基底 ＝ 旧い基底 ・ S

とすれば，それらに関する $\boldsymbol{a} \in V$ の表現ベクトルの成分の変換 (座標変換) は

$$\begin{pmatrix} x_1 \\ \vdots \\ x_n \end{pmatrix} = \begin{pmatrix} s_{11} & \cdots & s_{1n} \\ \vdots & & \vdots \\ s_{n1} & \cdots & s_{nn} \end{pmatrix} \begin{pmatrix} x'_1 \\ \vdots \\ x'_n \end{pmatrix} \tag{4.8}$$

旧い成分 ＝ S ・ 新しい成分

となる．

これは，代入して計算し，基底 $[\boldsymbol{a}_1, \ldots, \boldsymbol{a}_n]$ の係数を比較すれば得られるが，先に紹介した次のような形式的表記法を用いると分かりやすい：

4.4 基底の取り換え (座標変換)

$$[\boldsymbol{a}_1,\ldots,\boldsymbol{a}_n]\begin{pmatrix}x_1\\\vdots\\x_n\end{pmatrix} = \boldsymbol{a} = [\boldsymbol{a}'_1,\ldots,\boldsymbol{a}'_n]\begin{pmatrix}x'_1\\\vdots\\x'_n\end{pmatrix}$$

$$= [\boldsymbol{a}_1,\ldots,\boldsymbol{a}_n]\begin{pmatrix}s_{11}&\cdots&s_{1n}\\\vdots&&\vdots\\s_{n1}&\cdots&s_{nn}\end{pmatrix}\begin{pmatrix}x'_1\\\vdots\\x'_n\end{pmatrix}$$

ここで基底 $[\boldsymbol{a}_1,\ldots,\boldsymbol{a}_n]$ に対する成分を比較すれば (4.8) を得る． □

基底変換と座標変換は，このように厳密には異なる概念ですが，以下ではあまり区別せずに使うことにします．

問 4.7 例 4.4 で示した，$\mathcal{P}_3$ の二つの基底の間の基底変換の行列を両方の向きについて記せ．ただし簡単のため $x_i = i, i = 0, 1, 2, 3$ とせよ．

次に，線形写像の表現行列が基底変換によりどう変わるかを調べましょう．二つのベクトル空間 V, W の間の線形写像 Φ は，V の基底 $\Sigma = [\boldsymbol{a}_1,\ldots,\boldsymbol{a}_n]$ と W の基底 $\mathsf{\Sigma}$[7] $= [\boldsymbol{b}_1,\ldots,\boldsymbol{b}_m]$ により行列 A で表現されているとします．すなわち，

$$\begin{pmatrix}y_1\\\vdots\\y_m\end{pmatrix} = A\begin{pmatrix}x_1\\\vdots\\x_n\end{pmatrix}$$

このとき，新たに V の基底を $\Sigma' = [\boldsymbol{a}'_1,\ldots,\boldsymbol{a}'_n]$，$W$ の基底を $\mathsf{\Sigma}' = [\boldsymbol{b}'_1,\ldots,\boldsymbol{b}'_m]$ に取り換えると，表現行列 A はどう変わるでしょうか？

命題 4.16 V の基底変換を $[\boldsymbol{a}'_1,\ldots,\boldsymbol{a}'_n] = [\boldsymbol{a}_1,\ldots,\boldsymbol{a}_n]S$，$W$ の基底変換を $[\boldsymbol{b}'_1,\ldots,\boldsymbol{b}'_m] = [\boldsymbol{b}_1,\ldots,\boldsymbol{b}_m]T$ とすれば，Φ の表現行列は $T^{-1}AS$ に変わる．

実際，

$$\begin{pmatrix}y'_1\\\vdots\\y'_m\end{pmatrix} = T^{-1}\begin{pmatrix}y_1\\\vdots\\y_m\end{pmatrix} = T^{-1}A\begin{pmatrix}x_1\\\vdots\\x_n\end{pmatrix} = T^{-1}AS\begin{pmatrix}x'_1\\\vdots\\x'_n\end{pmatrix}$$

以上をまとめて次のような図式として記憶するとよい：

---

[7] この記号も久賀道郎先生が導入されたものです．先生はトリグマと呼んでおられましたが，シグマの次なので，筆者はディグマと呼んでいます．

図4.3 基底変換の説明図

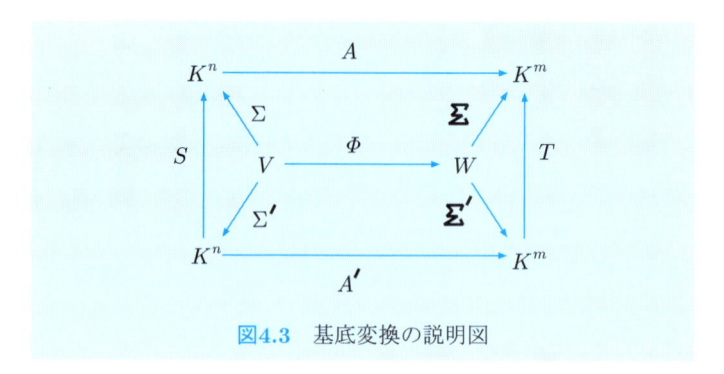

ここで Σ は基底 Σ から誘導された数ベクトル表現の写像の記号にも流用されています．この図は，始点と終点が同じなら，矢印をどう辿っても結果が等しいという，いわゆる写像の**可換図式**となっています．逆写像を持つところでは逆向きにも辿れるので，一番外側の長方形の辺を辿ることにより $A' = T^{-1}AS$ が読み取れます．

さて，第 2 章でやった行列 A の行基本変形は，A の左から対応する基本行列を掛けることと同等でした．従ってこれは，線形写像 Φ の行き先の空間 (終空間) W の座標変換に対応する訳です．

同様に，行列 A の列基本変形は，A の右から対応する基本行列を掛けることと同等でした．従ってこれは線形写像 Φ の出発の空間 (始空間) V の座標変換に対応します．

第 2 章でやった，行列 A が左右の基本変形で標準形

$$r) \begin{pmatrix} 1 & 0 & \overset{r}{\cdots} & 0 & \cdots & 0 \\ 0 & \ddots & & & & \vdots \\ \vdots & & \ddots & 1 & & \vdots \\ & & & & 0 & \ddots \\ \vdots & & & & & \ddots & \vdots \\ 0 & \cdots & & & \cdots & & 0 \end{pmatrix}$$

に帰着させられるという事実は，別の見方をすれば V, W の基底を最初から適当に選べば，線形写像 Φ は

$$a_1 \mapsto b_1, \quad \ldots, \quad a_r \mapsto b_r, \quad a_{r+1} \mapsto 0, \quad \ldots, \quad a_n \mapsto 0$$

という簡単な構造をしているということです．特に，行列の標準形における 1

の個数は，線形写像の像の次元という座標系に依らない固有の量に相当しており，これから，線形写像の構造を一意に決める量としての階数の重要性が納得されます：

> **― 階数の意義 ―**
> 階数は線形写像 $\Phi: V \to W$ の唯一の不変量である

【標準形を与える基底の選び方】 V, W の基底が最初から与えられている場合は，線形写像 $\Phi: V \to W$ をまずそれらの基底により行列で表現してから，その行列が簡単な形になるような基底を探すという方法も自然でしょう．しかし基底を自分で選んでよい場合は，線形写像の表現行列が標準形となるような基底を求めるのに，それよりずっと簡単な方法があります．理論的には，

① まず，Image $\Phi \subset W$ の基底 $[\boldsymbol{b}_1, \ldots, \boldsymbol{b}_r]$ を適当に選ぶ．
② 次に，この基底を W 全体の基底 $[\boldsymbol{b}_1, \ldots, \boldsymbol{b}_m]$ まで延長する．これで W の基底はできた．
③ V の元 $[\boldsymbol{a}_1, \ldots, \boldsymbol{a}_r]$ を $\Phi(\boldsymbol{a}_j) = \boldsymbol{b}_j, j = 1, \ldots, r$ となるように選ぶ．
④ 最後に，Ker Φ の基底 $[\boldsymbol{a}_{r+1}, \ldots, \boldsymbol{a}_n]$ を選ぶと，これらを合わせた $[\boldsymbol{a}_1, \ldots, \boldsymbol{a}_n]$ は V の基底となっている．

とすれば良いのです．ただし実際に人間が手で計算するときは，① でどの元が Φ の像に入っているかの判定や，③ で方程式 $\Phi(\boldsymbol{a}_j) = \boldsymbol{b}_j$ を解くことは単独に実行するのは難しいので，

> ① と ③ は平行して実行し，V の基底をまず仮に選んで
> Φ によるそれらの像から線形独立なものだけを残す

という方法で Image Φ の基底と V におけるその逆像を並行して作るのが簡単です．あるいは，定理 4.13 の証明から，次のような計算法も可能なことが分かります．この方が計算機でプログラミングするときは簡単でしょう．

① まず，Ker $\Phi \subset V$ の基底 $[\boldsymbol{a}_{r+1}, \ldots, \boldsymbol{a}_n]$ を適当に選ぶ．
② これに $[\boldsymbol{a}_1, \ldots, \boldsymbol{a}_r]$ を補い，V 全体の基底 $[\boldsymbol{a}_1, \ldots, \boldsymbol{a}_n]$ に延長する．
③ $\boldsymbol{b}_j = \Phi(\boldsymbol{a}_j), j = 1, \ldots, r$ は線形独立で Image Φ の基底となる．
④ 最後に，$[\boldsymbol{b}_{r+1}, \ldots, \boldsymbol{b}_m]$ を補い，W の基底とする．

なお，ここでの V の基底に対する番号の付け方は，表現行列で 1 が先に来るようにしているため，先に $\mathrm{Ker}\,\Phi$ の方から番号付けした定理 4.13 の証明中とは逆になっていることに注意しましょう．

例題 4.3 例題 4.1 の線形写像を $\mathcal{P}_3$ の二つのコピーである別々の線形空間 V, W の間の線形写像と見て，その表現行列が標準形となるような V, W の基底を一組与えよ．

解答 V の基底として，$[1, x, x^2, x^3]$ をとると，Φ によるその像は $[1, 1+x, 2x+x^2, 3x^2+x^3]$ となり，これらは W で線形独立だから，そのまま基底として採用できる．これらの基底に関する Φ の表現行列は明らかに

$$\begin{pmatrix} 1 & 0 & 0 & 0 \\ 0 & 1 & 0 & 0 \\ 0 & 0 & 1 & 0 \\ 0 & 0 & 0 & 1 \end{pmatrix}$$

となる． □

この例は，もとの空間と行き先の空間を同じ $\mathcal{P}_3$ でも異なるものとみなすという点がやや分かりにくい以外は簡単でしたが，次の例は核が生ずる複雑なものです．

例題 4.4 例題 4.2 の線形写像の表現行列が標準形となるような V, W の基底を一組与えよ．

解答 先の計算より，線形写像 Φ の像は $-2x+4$ と -2 で張られるので，階数は 2 であることが分かる．よって，V の元で 0 に行くものを $4-2=2$ 個求めればよい．一つは 1 でよいことが分かっているので，もう一つは基底の行き先を見ながら目の子で

$$\Phi(x^3 + 6x^2 + 9x) = (12x-6) + 6(-2x+4) + 9(-2) = 0$$

がすぐに発見でき，かつ $x^3 + 6x^2 + 9x$ は 1 と線形独立なので，この二つが Φ の核の基底となる．以上により，V の基底を $[x^2, x, x^3+6x^2+9x, 1]$ と取

り，また W の基底は上で求めた $\mathrm{Image}\,\Phi$ の基底を適当に延長して，例えば $[-2x+4, -2, x^2]$ を取れば，これらによる Φ の表現は

$$\begin{pmatrix} 1 & 0 & 0 & 0 \\ 0 & 1 & 0 & 0 \\ 0 & 0 & 0 & 0 \end{pmatrix}$$

となる． □

問 4.8 問 4.6 の写像のそれぞれについて，表現行列が標準形となるような基底を一組示せ．

■ 4.5 線形写像に対する演算

$\Phi: V \to W$, $\Psi: W \to \mathbb{W}$ を連続した二つの線形写像とするとき，合成写像 $\Psi \circ \Phi: V \to \mathbb{W}$ は再び線形写像となります．$V, W, \mathbb{W}$ の基底を一つ決めたとき，Φ, Ψ の表現行列が A, B なら，$\Psi \circ \Phi$ の表現行列は行列の積 BA で与えられます．これが行列の積の意味でしたね．$\dim V = n$, $\dim W = m$, $\dim \mathbb{W} = l$ なら，この行列積は (l, m) 型 × (m, n) 型 = (l, n) 型の演算です．実際に縦横の寸法が異なる長方形行列に対する掛け算ではこの順序を間違えると計算ができなくなるので気が付くでしょうが，文字で表された行列の理論的な問題では順序を間違えないように注意しましょう．

定義 4.12 (**線形写像の線形結合**) Φ, Ψ をともに $V \to W$ の線形写像とすると，$\forall \lambda, \mu \in K$ に対し，次の式で定まる写像 $\lambda\Phi + \mu\Psi$ は再び $V \to W$ の線形写像となる：

$$(\lambda\Phi + \mu\Psi)(\boldsymbol{a}) = \lambda\Phi(\boldsymbol{a}) + \mu\Psi(\boldsymbol{a})$$

この演算で $V \to W$ の線形写像の全体 $\mathrm{Hom}_K(V, W)$ は K 上の線形空間となる[8]．これは (m, n) 型行列の全体が行列演算で作る mn 次元の線形空間と同型である．

実際，$\Phi \leftrightarrow A$, $\Psi \leftrightarrow B$ なら，$\lambda\Phi + \mu\Psi \leftrightarrow \lambda A + \mu B$ となることが定義から容易に分かります．この線形空間の零ベクトルは，すべての元を零ベクトルに写す零写像で，これには成分がすべて 0 の零行列が対応します．(m, n) 型行列

---

[8] Hom は homomorphism (準同型写像) の頭 3 字を取って作られた記号です．また，End は endomorphism (自己準同型) の頭 3 字を取ったものです．

全体の次元が mn であることは，成分を長方形に並べる代わりに一列に並べてみれば K^{mn} と同一視できることから分かります．(実は計算機のメモリーの中では行列のデータはこのように一列に並んでいたりします．)

命題 4.17 線形空間 V からそれ自身への線形写像の全体 $\mathrm{End}_K(V)$ には，上に定義した和と，更に写像の合成を積演算として環の構造が入る．これは n 次正方行列の成す環 $M(n,K)$ と同型である．

環とは一言で言えば，四則演算から最後の割り算を抜いたようなものでした．環の定義は第 2 章の定義 2.2 で，行列の演算規則として紹介しました．そこでも注意したように，環と言う言葉は，定義 2.2 に列挙された演算規則のセットをまとめて引用するための便利な言葉だと思ってください．そこでの説明は環 $M(n, \boldsymbol{R})$ に相当しますが，それは抽象的な環の定義としてそのまま通用するので，特に $\boldsymbol{R}$ を K に変えたり，行列を抽象的な線形写像に代えてもそのまま適用できます．なお，環の同型とは，集合論的な一対一対応で，更に環の和と積の演算結果が対応していることを言います．どんな基底に対しても零写像の表現行列は零行列，恒等写像 I の表現行列は単位行列と常に一定であることに注意しましょう．

環の構造の御利益として，一般に

$$f(x) = a_0 x^n + a_1 x^{n-1} + \cdots + a_n$$

という，V の係数体 K に係数を持つ 1 変数多項式 $f(x)$ の変数 x に線形写像 Φ を代入した

$$f(\Phi) = a_0 \Phi^n + a_1 \Phi^{n-1} + \cdots + a_n I$$

というものが常に定義可能となります．Φ^n はもちろん，写像 Φ を n 回合成したもののことです．定数項のところをそのまま定数を足す形にしてしまうと，異質なものの足し算になってしまうので，恒等写像 I を補うということに注意しましょう．これは形式的に $1 = x^0$ に $x = \Phi$ を代入すると $I = \Phi^0$ が得られると思ってもよい．行列の場合は定数項には単位行列を配置します：

$$f(A) = a_0 A^n + a_1 A^{n-1} + \cdots + a_n E$$

具体的な多項式に対しては，このような行列の計算は演習問題として高校でも

やったことがあるでしょう．行列環の場合，積は一般に可換ではないことに注意する必要がありましたが，例外的に，しかし結構重要な例として，ある一つの定まった行列 A の多項式同士の積は，通常の多項式の積と同じように計算でき，可換になります．代数の言葉でいうと，このようなものの全体は行列環 $M(n, K)$ の可換な部分環で，1 変数多項式環 $K[x]$ と同型なものとなります．同様に線形写像 Φ の多項式の全体も $K[x]$ と同型な $\mathrm{End}_K(V)$ の可換な部分環となります．この種のものは次の章でたくさん使われます．

問 4.9　行列 A の多項式同士の積が可換なことを確かめよ．

このように線形写像の演算を考える利点の一つとして，複雑な写像が線形かどうかを部品に分けて調べることが可能になります．

例 4.5　例題 4.2 の線形写像 $\Phi : f(x) \mapsto xf''(x) - 2f'(x-1)$ はかなり複雑ですが，これは多項式の全体が成す線形空間 $\mathcal{P}$ に働く次のような線形写像

$$M : f(x) \mapsto xf(x), \quad D : f(x) \mapsto f'(x), \quad S : f(x) \mapsto f(x-1)$$

を部品として考えると，$\Phi = MD^2 - 2SD$ と，積と線形結合で書かれ，従って $\mathcal{P}$ から $\mathcal{P}$ への線形写像となります．最後に，合成写像 Φ が多項式の次数を一つ下げることに注意すれば，$\mathcal{P}_3$ から $\mathcal{P}_2$ への写像となり，従ってそこでも線形であると結論されます．

章 末 問 題

問題 1　実数の無限数列 $\{x_n\}_{n=0}^{\infty} = \{x_0, x_1, x_2, \dots\}$ の全体に，和とスカラー倍を次のように定める：

$$\{a_n\}_{n=0}^{\infty} + \{b_n\}_{n=0}^{\infty} = \{a_n + b_n\}_{n=0}^{\infty}, \quad \lambda\{a_n\}_{n=0}^{\infty} = \{\lambda a_n\}_{n=0}^{\infty}.$$

このとき漸化式 $x_{k+3} = 7x_{k+1} + 6x_k$ $(k = 0, 1, 2, \dots)$ を満たす数列 $\{x_n\}_{n=0}^{\infty}$ 全体の集合を V とする．
(1) V は線形空間になることを示せ．
(2) V の次元はいくつか？
(3) V の基底で，数列の一般項が明白なものを一組与えよ．

問題 2 $A = \begin{pmatrix} a_{11} & a_{12} \\ a_{21} & a_{22} \end{pmatrix}$, $B = \begin{pmatrix} b_{11} & b_{12} \\ b_{21} & b_{22} \end{pmatrix}$ を与えられた 2 次の正方行列とする.

(1) 対応 $X \mapsto [A, X]$ は 2 次正方行列の空間からそれ自身への線形写像となることを示し, 標準基底
$$E_{11} = \begin{pmatrix} 1 & 0 \\ 0 & 0 \end{pmatrix}, \quad E_{12} = \begin{pmatrix} 0 & 1 \\ 0 & 0 \end{pmatrix}, \quad E_{21} = \begin{pmatrix} 0 & 0 \\ 1 & 0 \end{pmatrix}, \quad E_{22} = \begin{pmatrix} 0 & 0 \\ 0 & 1 \end{pmatrix}$$
による表現行列を計算せよ. ここに, $[\,,\,]$ は第 2 章の章末問題 5 で定義した行列の交換子を表す.

(2) 方程式 $[A, X] = B$ はいつ解を持つか?

問題 3 V を体 K 上の n 次元線形空間とする. $V \times V$ 上の K 値関数 $\langle \boldsymbol{x}, \boldsymbol{y} \rangle$ が $\boldsymbol{y}$ を固定したとき $\boldsymbol{x}$ について, また $\boldsymbol{x}$ を固定したとき $\boldsymbol{y}$ について線形のとき, V 上の**双線形形式 (双 1 次形式)** と呼ばれる. このようなものは, V の基底を定めると, K の元を成分とするある n 次正方行列 A により ${}^t\boldsymbol{x}A\boldsymbol{y}$ の形に表現できることを示せ.

問題 4 $\boldsymbol{R}^4$ の次のようなベクトルで張られた線型部分空間を考える.
$$V = \left\langle \begin{pmatrix} 2 \\ 1 \\ 0 \\ 1 \end{pmatrix}, \begin{pmatrix} 1 \\ 1 \\ 1 \\ 1 \end{pmatrix}, \begin{pmatrix} 0 \\ 1 \\ 1 \\ 3 \end{pmatrix} \right\rangle, \quad W = \left\langle \begin{pmatrix} 1 \\ 0 \\ 1 \\ 1 \end{pmatrix}, \begin{pmatrix} 1 \\ 1 \\ 1 \\ 1 \end{pmatrix}, \begin{pmatrix} 0 \\ -1 \\ 1 \\ 0 \end{pmatrix} \right\rangle$$

(1) V, W の次元を示せ.
(2) $V \cap W$ の基底を一つ与えよ.
(3) $V \cap W$ には含まれないようなベクトルを V, W から適当に選び, (2) で与えたものと合わせて $\boldsymbol{R}^4$ 全体の基底となるようにせよ.

問題 5 (部分空間に関する次元公式) V, W をある線形空間の二つの線形部分空間とするとき, 次を示せ.
$$\dim V + \dim W = \dim(V + W) + \dim V \cap W$$
[ヒント: $V \cap W$ の基底を V, W のそれぞれに延長せよ.]

問題 6 s 個の線形部分空間の直和を s に関する帰納法で, (1) $V_1 \dotplus V_2$ は定義 4.8 により, (2) $s-1$ 個までの直和が定義されたら, $V_1 \dotplus \cdots \dotplus V_{s-1} \dotplus V_s = (V_1 \dotplus \cdots \dotplus V_{s-1}) \dotplus V_s$ として, 定義する. このとき次は同値なことを示せ.

(1) $V = V_1 \dotplus \cdots \dotplus V_s$.
(2) $V = V_1 + \cdots + V_s$ かつ, 各 $i = 1, \ldots, s$ に対し, $V_i \cap \sum_{j \neq i} V_j = \{\boldsymbol{0}\}$.
(3) 任意の $\boldsymbol{a} \in V$ に対し $\boldsymbol{a}_j \in V_j, j = 1, \ldots, s$ で $\boldsymbol{a} = \boldsymbol{a}_1 + \cdots + \boldsymbol{a}_s$ となるものがただ一組定まる.

[ヒント: (1) $\Rightarrow$ (3) を帰納法で示せば, 後は容易.]

第5章
固有値と固有ベクトル

　前の章では，二つの異なる線形空間の間の線形写像が階数というただ一つの不変量で分類できることを学びました．この章では，同じ空間に働く線形写像の分類を試みます．これは線形代数の核心を成す内容です．なお，以下の議論では1変数多項式が常に1次因子に分解できることが必要となるので，線形空間の係数体 K はそのような性質を持っているものと仮定します．このような体は**代数的閉体**と呼ばれ，複素数体がその代表例です．実数体のように，必ずしも1変数多項式が常に1次因子に分解できるとは限らない体の上で議論するときは，一旦体を複素数体などの代数的閉体に"拡大"して，広い方で議論します．これを線形空間の**係数拡大**といいます．ここではその厳密な定義は省略しますが，気になる人は付録A.4を見て下さい．拡大したところで得られた最終結果の中には，元のところでも成り立つものもあります．

■ 5.1　相似変換の不変量としての固有値

【**相似変換の不変量**】　二つの異なる線形空間の間の線形写像 $\Phi: V \to W$ の，ある基底に関する表現行列 A は，それぞれの空間で行列 S, T により表される基底変換を行うと，$T^{-1}AS$ に変わるのでした（命題 4.16）．ここで，$V = W$ なら，当然 $S = T$ でなければならないので，次が得られます：

補題 5.1　同じ空間に働く線形写像 $\Phi: V \to V$ の表現行列 A は，行列 S で表される V の基底変換の後，$S^{-1}AS$ に変わる．

定義 5.1　行列の変換 $A \mapsto S^{-1}AS$ を**相似変換**と呼ぶ．

線形代数の中心テーマ

線形写像 $\Phi: V \to V$ の不変量は？　i.e. 行列の相似変換の不変量は？

行列の相似変換で不変な量として，まず基本的なのが固有値ですが，線形代数では，初等的には固有多項式の方が分かりやすいでしょう．

補題 5.2 行列 A の**固有多項式** $\det(\lambda E - A)$ は相似変換で不変である．従って，その根である固有値も，重複度を込めて相似変換で不変となる．

実際，行列 A の固有多項式を A への依存性を明示して $\varphi_A(\lambda) := \det(\lambda E - A)$ と置くとき，行列式という関数が行列の積を行列式の積に写すことから

$$\begin{aligned}\varphi_{S^{-1}AS}(\lambda) &:= \det(\lambda E - S^{-1}AS) = \det(S^{-1}(\lambda E - A)S) \\ &= \det(S)^{-1} \det(\lambda E - A) \det(S) \\ &= \det(\lambda E - A) = \varphi_A(\lambda)\end{aligned}$$

【線形写像の固有値】 上の主張を今度は抽象的に線形写像で見てみましょう．

定義 5.2 λ が線形写像 $\Phi : V \to V$ の固有値とは，$a \neq 0$ が存在して $\Phi(a) = \lambda a$ を満たすことをいう．また，このようなベクトル a は固有値 λ に対応する[1] Φ の固有ベクトルと呼ばれる．

補題 5.3 λ が Φ の固有値なら，それは Φ の (任意の) 表現行列 A の固有値となる．また，λ に対応する Φ の固有ベクトルの同じ基底に関する表現数ベクトルは，行列 A の固有値 λ に対する固有ベクトルとなる．

実際，線形写像の和やベクトルへの作用には行列の和や数ベクトルへの作用が対応していたので，V の基底を任意に固定したとき，これに対する Φ の表現行列が A，また $a \in V$ を表現する数ベクトルが x であったとすれば，

$$\Phi(a) = \lambda a \iff Ax = \lambda x \tag{5.1}$$

従って $(\lambda E - A)x = 0$ となるので，行列 $\lambda E - A$ は退化し，$\det(\lambda E - A) = 0$ となります．行列の固有ベクトルは，行列を線形写像とみたときの固有ベクトルの意味なので，最後の主張は (5.1) 式から明らかです． □

V からそれ自身への恒等写像を I で表すとき，明らかに

---

[1]対する，属する，随伴する，同伴する，などの用語も使われます．

$$\Phi(a) = \lambda a \iff (\lambda I - \Phi)a = 0,$$

従って, Φ の固有値 λ に対応する固有ベクトルの全体 (に零ベクトルを追加したもの) は $\mathrm{Ker}(\lambda I - \Phi)$ に他ならず, 従ってこれは V の線形部分空間となることが分かります. これを Φ の固有値 λ に対する固有空間, あるいは略して λ-固有空間と呼びます. 普通に"固有ベクトルを求めなさい"と言われたときは, この空間の基底を答えることが求められています.

V の基底を決めたとき, Φ の λ-固有空間には, Φ の表現行列 A の λ-固有空間 $\mathrm{Ker}(\lambda E - A)$ が対応することも明らかでしょう. ここで E が恒等写像 I の表現行列である単位行列を表していることは言うまでもありません.

🐭 固有ベクトルは零ベクトル以外のベクトルでなければなりません. ときどき, 計算を間違えてしまったため, 固有ベクトルが零ベクトルとか, 固有ベクトルは存在しないとか答える人が居ますが, 本当に固有ベクトルを求める連立 1 次方程式に零ベクトル以外に解が無いのなら, それは固有値ではなかったということです. どんな固有値に対しても, 固有ベクトルは少なくとも一本は必ず存在するということを頭に叩き込んでおきましょう.

問 5.1 次の行列の固有多項式, 固有値, 固有ベクトルを計算せよ.

(1) $\begin{pmatrix} 2 & 1 \\ 4 & -1 \end{pmatrix}$ (2) $\begin{pmatrix} 0 & 1 & 0 \\ 0 & 0 & 1 \\ 6 & 7 & 0 \end{pmatrix}$ (3) $\begin{pmatrix} 3 & 0 & -1 \\ 0 & 2 & 0 \\ -1 & 0 & 3 \end{pmatrix}$ (4) $\begin{pmatrix} 0 & -2 & -1 \\ 1 & 3 & 1 \\ -1 & -2 & 0 \end{pmatrix}$

(5) $\begin{pmatrix} 5 & 0 & -6 \\ -3 & -1 & 3 \\ 3 & 0 & -4 \end{pmatrix}$ (6) $\begin{pmatrix} 1 & 3 & 1 \\ -5 & -7 & -2 \\ 4 & 4 & 0 \end{pmatrix}$ (7) $\begin{pmatrix} 1 & 3 & -2 \\ 2 & 3 & -2 \\ 4 & 8 & -5 \end{pmatrix}$

問 5.2 V を実数を係数とする 2 次以下の多項式全体の成すベクトル空間とし, T をその上の線形変換で

$$T(f(x)) := f(1 + kx)$$

で定められるものとする. ここに k は定数とする.
(1) $T(1), T(x), T(x^2)$ を求めよ.
(2) V の基底として $[1, x, x^2]$ をとるとき, T の表現行列 A を計算せよ.
(3) A の固有値と, 各固有値に対応する固有ベクトルを求めよ.

■ 5.2　固有ベクトルと対角化

固有ベクトルの重要性は, それが線形写像, あるいは行列の構造を明らかにする点にあります.

第 5 章 固有値と固有ベクトル

命題 5.4 線形写像 Φ (あるいはこれを表現する行列 A) の異なる固有値に属する固有ベクトルは線形独立である．従って，固有値がすべて異なれば，固有ベクトルを並べて空間の基底とすることができる．

証明 線形写像でも行列でも議論は全く同じなので，分かりやすい (と思われるであろう) 行列で説明する．$\lambda_1, \ldots, \lambda_r$ $(r \leq n)$ を異なる固有値とし，それに対応する固有ベクトルを $\boldsymbol{a}_1, \ldots, \boldsymbol{a}_r$ とする．今，

$$c_1 \boldsymbol{a}_1 + \cdots + c_r \boldsymbol{a}_r = \boldsymbol{0}$$

という関係式が有ったとすれば，これに A を順次施して，固有ベクトルの性質を使うと，

$$\lambda_1 c_1 \boldsymbol{a}_1 + \cdots + \lambda_r c_r \boldsymbol{a}_r = \boldsymbol{0},$$
$$\lambda_1^2 c_1 \boldsymbol{a}_1 + \cdots + \lambda_r^2 c_r \boldsymbol{a}_r = \boldsymbol{0},$$
$$\cdots\cdots\cdots$$
$$\lambda_1^{r-1} c_1 \boldsymbol{a}_1 + \cdots + \lambda_r^{r-1} c_r \boldsymbol{a}_r = \boldsymbol{0}$$

という式も得られる．これらを元の式と併せたものは形式的に，

$$[c_1\boldsymbol{a}_1, \ldots, c_r\boldsymbol{a}_r] \begin{pmatrix} 1 & \lambda_1 & \cdots & \lambda_1^{r-1} \\ 1 & \lambda_2 & \cdots & \lambda_2^{r-1} \\ \vdots & \vdots & & \vdots \\ 1 & \lambda_r & \cdots & \lambda_r^{r-1} \end{pmatrix} = [\boldsymbol{0}, \ldots, \boldsymbol{0}]$$

という形をしている．この最後の行列は，第 3 章例 3.7 で述べたヴァンデルモンド行列 (を転置したもの) になっているので，$\lambda_1, \ldots, \lambda_r$ がすべて異なれば，0 と異なる行列式を持ち，従って行列として可逆である．この逆行列を右から掛ければ，

$$[c_1\boldsymbol{a}_1, \ldots, c_r\boldsymbol{a}_r] = [\boldsymbol{0}, \ldots, \boldsymbol{0}]$$

を得るが，$\boldsymbol{a}_1, \ldots, \boldsymbol{a}_r$ はどれも零ベクトルではなかったので，これは $(c_1, \ldots, c_r) = (0, \ldots, 0)$ を意味する． □

系 5.5 (1) 固有値がすべて異なる線形写像は，対応する固有ベクトルで作られた基底により，固有値を対角成分に持つ対角型行列で表現される．
(2) 固有値がすべて異なる行列 A は，対応する固有ベクトルを列ベクトルとして作った行列 S による相似変換 $S^{-1}AS$ で固有値を対角成分に持つ対角型行列

5.2 固有ベクトルと対角化

に変換される．これを行列の**対角化**という．

証明 (1) 線形写像 Φ の固有値を $\lambda_1,\ldots,\lambda_n$，これに対応する固有ベクトルを $\boldsymbol{a}_1,\ldots,\boldsymbol{a}_n$ とし，後者を V の基底として選べば，Φ の作用は

$$\Phi[\boldsymbol{a}_1,\ldots,\boldsymbol{a}_n] = [\lambda_1\boldsymbol{a}_1,\ldots,\lambda_n\boldsymbol{a}_n]$$

$$= [\boldsymbol{a}_1,\ldots,\boldsymbol{a}_n]\begin{pmatrix} \lambda_1 & 0 & \cdots & 0 \\ 0 & \ddots & \ddots & \vdots \\ \vdots & \ddots & \ddots & 0 \\ 0 & \cdots & 0 & \lambda_n \end{pmatrix} =: [\boldsymbol{a}_1,\ldots,\boldsymbol{a}_n]\overset{\text{ラムダ}}{\Lambda}$$

となるので，定義により Φ の表現行列はこの対角型行列 Λ である．

(2) $S = [\boldsymbol{a}_1,\ldots,\boldsymbol{a}_n]$ とすれば，

$$AS = (\lambda_1\boldsymbol{a}_1,\ldots,\lambda_n\boldsymbol{a}_n) = [\boldsymbol{a}_1,\ldots,\boldsymbol{a}_n]\begin{pmatrix} \lambda_1 & 0 & \cdots & 0 \\ 0 & \ddots & \ddots & \vdots \\ \vdots & \ddots & \ddots & 0 \\ 0 & \cdots & 0 & \lambda_n \end{pmatrix} = S\Lambda$$

従って $S^{-1}AS = \Lambda$ となる． □

固有値に重複したものが有っても，固有ベクトルが固有値の重複度だけ線形独立なものを取ることができれば，これらを集めて同様に空間の基底とすることができます．命題 5.4 の証明をこのような場合に修正するには，例えば $c_1\boldsymbol{a}_1$ のところを重複度 ν_1 を持つ同一の固有値 λ_1 に対応する線形独立な固有ベクトルたちの任意の線形結合 $c_{11}\boldsymbol{a}_{11} + \cdots + c_{1\nu_1}\boldsymbol{a}_{1\nu_1}$ で置き換えて上の証明を適用すれば，この線形結合が $\boldsymbol{0}$ に等しいことが結論できるので，全体としての線形独立性が分かります．行列の場合には，これらの固有ベクトルを並べて変換行列 S を作ると $S^{-1}AS$ は対角化されます．この計算も上と全く同様です．

例題 5.1 次の行列を対角化せよ．

$$A = \begin{pmatrix} 0 & 2 & -4 \\ 1 & 1 & 2 \\ 1 & -1 & 4 \end{pmatrix}$$

解答 まず，固有値は

$$\begin{vmatrix} -\lambda & 2 & -4 \\ 1 & 1-\lambda & 2 \\ 1 & -1 & 4-\lambda \end{vmatrix} \xrightarrow{\text{第 2 列を第 1 列に加える}} \begin{vmatrix} 2-\lambda & 2 & -4 \\ 2-\lambda & 1-\lambda & 2 \\ 0 & -1 & 4-\lambda \end{vmatrix}$$

$$= (2-\lambda) \begin{vmatrix} 1 & 2 & -4 \\ 1 & 1-\lambda & 2 \\ 0 & -1 & 4-\lambda \end{vmatrix} \xrightarrow{\text{第2行から}}_{\text{第1行を引く}} (2-\lambda) \begin{vmatrix} 1 & 2 & -4 \\ 0 & -1-\lambda & 6 \\ 0 & -1 & 4-\lambda \end{vmatrix}$$

$$= (2-\lambda) \begin{vmatrix} -1-\lambda & 6 \\ -1 & 4-\lambda \end{vmatrix} = (2-\lambda)(\lambda^2 - 3\lambda + 2)$$

より，2 (2 重)，1 となる．重複固有値 2 に対する固有ベクトルは，

$$\begin{pmatrix} -2 & 2 & -4 \\ 1 & -1 & 2 \\ 1 & -1 & 2 \end{pmatrix} \begin{pmatrix} x \\ y \\ z \end{pmatrix} = \begin{pmatrix} 0 \\ 0 \\ 0 \end{pmatrix}$$

すなわち $x - y + 2z = 0$ を解いて，例えば ${}^t(x,y,z) = {}^t(1,1,0), {}^t(2,0,-1)$ と二つ見付かるから，対角化可能である．固有値 1 に対する固有ベクトルの方は，

$$\begin{pmatrix} -1 & 2 & -4 \\ 1 & 0 & 2 \\ 1 & -1 & 3 \end{pmatrix} \begin{pmatrix} x \\ y \\ z \end{pmatrix} = \begin{pmatrix} 0 \\ 0 \\ 0 \end{pmatrix}, \qquad \text{すなわち，} \begin{cases} x \quad + 2z = 0, \\ y - z = 0 \end{cases}$$

を解いて ${}^t(x,y,z) = {}^t(2,-1,-1)$．よって

$$S = \begin{pmatrix} 1 & 2 & 2 \\ 1 & 0 & -1 \\ 0 & -1 & -1 \end{pmatrix} \quad \text{により} \quad S^{-1}AS = \begin{pmatrix} 2 & 0 & 0 \\ 0 & 2 & 0 \\ 0 & 0 & 1 \end{pmatrix} =: \Lambda$$

となる． □

問 5.3 問題 5.1 の行列の中で対角化可能なものはどれか？またそれらを対角化する相似変換を記せ．

重複固有値を持つ行列は一般には相似変換で対角化できませんが，**上三角化**，すなわち

$$\begin{pmatrix} \lambda_1 & * & \cdots & * \\ 0 & \ddots & \ddots & \vdots \\ \vdots & \ddots & \ddots & * \\ 0 & \cdots & 0 & \lambda_n \end{pmatrix}$$

の形に持って行くことはできます．このとき対角線上に並ぶ数は，もとの行列の固有値であることが，固有多項式の相似変換不変性と，上三角型行列の行列式が対角成分の積ということから，直ちに分かります．次節以降では，この $*$ 印の部分を更に分析する理論が展開されますが，上のような形にできることを仮定するだけでもかなりのことが言えます．例えば，固有多項式に行列を代入すると零行列になるという Cayley-Hamilton の定理 (後出定理 5.16) は，2 次

行列の場合には
$$A^2 - (\operatorname{tr} A)A + (\det A)E = O$$
という形で直接計算で確かめることができ，高校の教科書にも練習問題として載っていた時期がありますが，一般の場合にも上三角化を使えば計算で確かめることができます．

5.3 一般固有ベクトルと最小多項式 *

【一般固有ベクトル】 さて，一般には固有ベクトルは必ずしも固有値の重複度だけ線形独立なものを取ることはできません．言い換えると，固有値 λ に対応する固有空間は必ずしも λ の重複度だけの次元は持ちません．このため，抽象的な線形写像 Φ に対しては，固有値の重複度は固有ベクトルだけでは定義できません．しかも，線形写像に対しては固有多項式の定義は意味を持たないので，固有値の重複度を定義するには新たな考察が必要となります．そこで使われるのが一般固有ベクトルの概念です．

定義 5.3 λ が線形写像 Φ の固有値のとき，ある正整数 k に対して $(\lambda I - \Phi)^k \boldsymbol{a} = \boldsymbol{0}$ を満たすようなベクトル $\boldsymbol{a} \neq \boldsymbol{0}$ のことを固有値 λ に対する**一般固有ベクトル**と呼び，それらの全体 (に $\boldsymbol{0}$ を追加したもの) を固有値 λ に対する**一般固有空間**，あるいは略して λ-**一般固有空間**と呼ぶ．

一般固有空間は
$$\bigcup_{k=1}^{\infty} \operatorname{Ker}(\lambda I - \Phi)^k$$
と書けます．線形部分空間の合併は一般には線形部分空間とはならないので，上の定義では一般固有空間が線形部分空間になるかどうか心配ですね．しかし，実は定義から容易に分かるように，これらは，次のように k について "単調増加" な V の部分空間の列になっており，そういう場合には合併したものが線形部分空間となることは明らかです：

$$\{\boldsymbol{0}\} \subsetneq \operatorname{Ker}(\lambda I - \Phi) \subset \operatorname{Ker}(\lambda I - \Phi)^2 \subset \cdots \subset \operatorname{Ker}(\lambda I - \Phi)^n \subset \cdots \subset V$$

ところで，部分空間として等しくなければ，補題 4.7 により次元が少なくとも 1 は増えるので，全体が n 次元に抑えられていると，k を無限に動かさなく

ても実はここまでのどこかで等号が成立しなければなりません．するとそこから先はもう冪を上げても部分空間はそれ以上変化しなくなります．実際，もし $\operatorname{Ker}(\lambda I - \Phi)^{\nu} = \operatorname{Ker}(\lambda I - \Phi)^{\nu+1}$ とすると，$\forall \boldsymbol{a} \in \operatorname{Ker}(\lambda I - \Phi)^{\nu+2}$ について，

$$0 = (\lambda I - \Phi)^{\nu+2}\boldsymbol{a} = (\lambda I - \Phi)^{\nu+1}\{(\lambda I - \Phi)\boldsymbol{a}\}$$

より $(\lambda I - \Phi)\boldsymbol{a} \in \operatorname{Ker}(\lambda I - \Phi)^{\nu+1}$，よって仮定より $(\lambda I - \Phi)\boldsymbol{a} \in \operatorname{Ker}(\lambda I - \Phi)^{\nu}$，従って

$$0 = (\lambda I - \Phi)^{\nu}\{(\lambda I - \Phi)\boldsymbol{a}\} = (\lambda I - \Phi)^{\nu+1}\boldsymbol{a}$$

ですから $\operatorname{Ker}(\lambda I - \Phi)^{\nu+2} = \operatorname{Ker}(\lambda E - \Phi)^{\nu+1}$ となります．これ以上の冪についても同様です．

以上により，固有値 λ に対する一般固有空間は，上のような ν をとったときの $\operatorname{Ker}(\lambda I - \Phi)^{\nu}$ に等しくなります．この空間の次元 μ が λ の重複度の抽象的な定義の候補です．ここでは取り敢えず，抽象的な定義を与えてしまい，後でそれが行列の場合には固有多項式の根の重複度で定義したものと一致することを示すことにしましょう．

定義 5.4 線形写像 $\Phi: V \to V$ の固有値 λ_j に対する一般固有空間の次元 μ_j を固有値 λ_j の重複度と呼ぶ．（重複度 1 とは重複していないことを意味し，単純固有値とも言う．）$\lambda_1, \ldots, \lambda_s$ を Φ のすべての固有値とするとき，Φ の固有多項式を

$$\varphi_{\Phi}(\lambda) = \prod_{j=1}^{s}(\lambda - \lambda_j)^{\mu_j}$$

で定義する．

一般固有ベクトルを使うと空間 V の基底が必ず作れること，言い替えると

$$\sum_{j=1}^{s}\mu_j = n = \dim V \tag{5.2}$$

となることを次の節で示します．また，上に定義した Φ の固有多項式は，Φ の表現行列 A を用いて $\det(\lambda E - A)$ で計算したものと一致することも同時に示します．このため，まず，行列の抽象論で固有多項式と並んで重要な最小多項式の概念を導入しましょう．

【最小多項式】 前章末で，一般に

5.3 一般固有ベクトルと最小多項式 *

$$f(x) = a_0 x^n + a_1 x^{n-1} + \cdots + a_n$$

という，V の係数体 K に係数を持つ 1 変数多項式 $f(x)$ の変数 x に線形写像 Φ を代入した

$$f(\Phi) = a_0 \Phi^n + a_1 \Phi^{n-1} + \cdots + a_n I$$

や，行列 A を代入した

$$f(A) = a_0 A^n + a_1 A^{n-1} + \cdots + a_n E$$

などが定義でき，これら同士の積は可換となることを注意しました．

定義 5.5 $f(\Phi) = 0$ を満たす K 上の 1 変数多項式の中で，次数最小のものの最高次の係数を 1 に正規化したもの (**モニック**な多項式という) を Φ の**最小多項式**と呼ぶ．ここに右辺の 0 は零写像である．行列 A の**最小多項式**も同様に $f(A) = O$ を満たす次数最小のモニックな多項式と定義する．ここに O は零行列である．

Φ の表現行列 A を任意に一つとるとき，多項式 $f(x)$ について，$f(\Phi) = 0$ となることと $f(A) = O$ となることは同値です．これは，Φ に対する加法や乗法が A に対する加法や乗法に対応していることと，線形写像 0 の表現行列が零行列 O であること (一言で言えば環の同型対応) から明らかです．ケイリー - ハミルトンの定理のことは 5.2 節末で紹介しましたが，一般には与えられた行列 A に対し $f(A) = O$ を満たす 1 変数多項式が自明な 0 以外に存在するかどうかさえ証明を要することです．このような $f(x)$ の全体 $\mathcal{I}$ は，以下の性質を満たす 1 変数多項式環 $K[x]$ の部分集合となります：

(1) $f, g \in \mathcal{I} \implies f + g \in \mathcal{I}$
(2) $f \in \mathcal{I}, g \in K[x] \implies fg \in \mathcal{I}$

特に $\mathcal{I}$ は $K[x]$ の部分環となりますが，(2) はそれよりも強いことを主張していることに注意しましょう．このような性質を満たす環の部分集合のことを**イデアル**と呼びます．一般に $K[x]$ の自明でないイデアルは，それに含まれる次数最小の非零元の倍数全体と一致することが証明できます．しかし議論をあまり抽象的にするのは避けて，ここでは，上の集合 $\mathcal{I}$ に限ってこの事実を示しておきましょう．

定理 5.6 上のようにして定義された $\mathcal{I}$ は 0 以外の元を含み，従って最小多項式は確定する．また $\mathcal{I}$ は最小多項式で割り切れるような多項式の全体と一致する．

証明 n 次正方行列の全体は，命題 4.16 で述べたように K 上 n^2 次元の線形空間を成す．故に，
$$E, A, A^2, \ldots, A^{n^2}$$
はもはや線形独立ではないので，K の適当な元を係数として
$$f(A) = c_0 A^{n^2} + \cdots + c_{n^2-1} A + c_{n^2} E = O$$
という非自明な式が成り立つ．このような $f(x)$ は確かに $\mathcal{I}$ の 0 以外の元である．そこで，$\psi(x) \in \mathcal{I}$ を次数最小とし，$f(x) \in \mathcal{I}$ を任意に取るとき，一般に多項式の次数を deg で表せば，**割り算定理**により
$$f(x) = g(x)\psi(x) + r(x), \quad \deg r < \deg \psi \tag{5.3}$$
と書ける．$r = f - g\psi \in \mathcal{I}$ なので，$\deg \psi$ の最小性より $r = 0$ でなければならない． □

割り算定理 (5.3) は，高次の項から消してゆくという，高校で習ったのと同じ説明で，多項式の係数体が一般の体になっても成立することが示せます．次数と言う物差しのお蔭で，どんな体の上でも 1 変数多項式の素因数分解が確定することも一般に示せます．ただし，今はどの 1 変数多項式も 1 次因子まで分解できることを仮定しているのでした．

次の主張は一般固有空間の情報から最小多項式を決定するものです．我々はこれを次節で証明します．

最小多項式の決定法

各固有値 λ_j に対して ν_j を rank $(\lambda_j E - A)^\nu$ が一定となるような最小の ν の値とするとき，A の最小多項式 $\psi_A(\lambda)$ は
$$\psi_A(\lambda) = \prod_{j=1}^{s} (\lambda - \lambda_j)^{\nu_j}$$

上の主張が示されると，(5.2) と併せて次のような対角化可能性の特徴付けが直ちに得られます：

---対角化可能性の判定条件---

行列 A が対角化可能 $\iff$ 固有ベクトルが全空間を張れる
$\iff$ A の最小多項式 $\psi_A(\lambda)$ が重根を持たない
(i.e. $\forall \nu_j = 1$)

問 5.4　上の主張を仮定して問 5.1 の各行列の最小多項式を決定せよ．

■ 5.4　一般固有空間への分解*

【ユークリッドの互除法】　まず次の準備から始めましょう．

補題 5.7　(**Euclid** の互除法)　1 変数多項式 $f(x), g(x)$ の最大公約式は次のアルゴリズムで求まる：

$f(x) = q_0(x)g(x) + r_1(x)$ …($f \div g$ の商を q_0，剰余を r_1 とする.)
$g(x) = q_1(x)r_1(x) + r_2(x)$ …($g \div r_1$ の商を q_1，剰余を r_2 とする.)
　……
$r_k(x) = q_{k+1}(x)r_{k+1}(x) + r_{k+2}(x)$
　……
$r_{m-1}(x) = q_m(x)r_m(x) + r_{m+1}(x)$
$r_m(x) = q_{m+1}(x)r_{m+1}(x)$ …(割り切れたところで止める)

このとき，"最後の剰余" r_{m+1} が最大公約数 $\mathrm{GCD}(f,g)$ を与える．

実際，上の式の 1 番目から順に

$$\mathrm{GCD}(f,g) = \mathrm{GCD}(g,r_1) = \mathrm{GCD}(r_1,r_2) = \cdots$$
$$= \mathrm{GCD}(r_k,r_{k+1}) = \cdots = \mathrm{GCD}(r_m,r_{m+1}) = r_{m+1}. \quad \square$$

実にしばしば，単なる互除法よりも次のような拡張形が必要になります．

補題 5.8　(拡張ユークリッド互除法)　上のアルゴリズムにより，多項式 $a(x), b(x)$ で

$$a(x)f(x) + b(x)g(x) = \mathrm{GCD}\,(f, g)$$

を成り立たせるようなものを計算できる．ここで $\deg a < \deg g, \deg b < \deg f$ に取れる．

実際，上のアルゴリズムで

$$f(x) - q_0(x)g(x) = r_1(x),$$
$$-q_1(x)f(x) + \{q_0(x)q_1(x) + 1\}g(x) = r_2(x),$$
$$\cdots\cdots$$

一般に

$$a_{k-1}(x)f(x) + b_{k-1}(x)g(x) = r_k(x),$$
$$a_k(x)f(x) + b_k(x)g(x) = r_{k+1}(x)$$

なら，

$$\{a_{k-1}(x) - q_{k+1}(x)a_k(x)\}f(x) + \{b_{k-1}(x) - q_{k+1}(x)b_k(x)\}g(x) = r_{k+2}(x)$$
$$\cdots\cdots$$

となり，帰納法により $a_m(x)f(x) + b_m(x)g(x) = r_{m+1}(x)$ を満たす係数の存在が分かる．もし $\deg a \geq \deg g$ なら $a = qg + a'$ ($\deg a' < \deg g$) と割り算して

$$a'f + b'g = \mathrm{GCD}\,(f,g), \qquad \text{ここに}\ \ b' = b + qf$$

と変形すれば，

$$\deg b' + \deg g = \deg(b'g) = \deg(\mathrm{GCD}\,(f,g) - a'f) \leq \deg(a'f)$$
$$= \deg f + \deg a' < \deg f + \deg g$$

より $\deg b' < \deg f$ となる． □

拡張ユークリッド互除法の応用として部分分数分解の可能性を示しましょう．これは微積で有理関数の不定積分を計算するときにも使います．

系 5.9 (部分分数分解) $f_1(x), \ldots, f_s(x)$ をどの二つも互いに素な多項式とすれば，任意の多項式 $r(x)$ に対して，

$$\frac{r}{f_1 \cdots f_s} = \frac{q_1}{f_1} + \cdots + \frac{q_s}{f_s}$$

5.4 一般固有空間への分解 *

を満たす多項式 $q_j, j=1,\ldots,s$ が存在する．このとき，もし左辺が真分数，すなわち $\deg r < \deg(f_1\cdots f_s)$ なら，分解も真分数，すなわち，$\deg q_j < \deg f_j$, $j=1,\ldots,s$ とできる．

証明 分母の因子の個数 s に関する帰納法で示す．二つの多項式 $f(x), g(x)$ が互いに素なら，拡張ユークリッド互除法より，多項式 $p(x), q(x)$ で，$\deg p < \deg f$, $\deg q < \deg g$, かつ $q(x)f(x) + p(x)g(x) = 1$ を満たすものが存在する．よって両辺を $f(x)g(x)$ で割れば，

$$\frac{1}{fg} = \frac{p}{f} + \frac{q}{g}.$$

この両辺に r を書ければよい．一般の場合は，仮定により $f = f_1\cdots f_{s-1}$ と $g = f_s$ は互いに素だから，これより因子が二つの場合を使って

$$\frac{r}{f_1\cdots f_s} = \frac{p}{f_1\cdots f_{s-1}} + \frac{q_s}{f_s}$$

とまず分解でき，第1項は帰納法の仮定により，更に

$$\frac{p}{f_1\cdots f_{n-1}} = \frac{q_1}{f_1} + \cdots + \frac{q_{s-1}}{f_{s-1}}$$

と分解できる．最後に，左辺が真分数のとき，もしもこうして得られた分解の右辺に仮分数が有れば，割り算により真分数と多項式の和に直す．こうして得られた多項式を総和すれば，両辺の次数の比較から 0 になるはずである． □

【一般固有空間への直和分解】 以上の準備の下に，前節で予告した次の定理の証明にかかれます：

定理 5.10 $\lambda_1,\ldots,\lambda_s$ を線形写像 $\Phi : V \to V$ の異なる固有値の全体，$V_1,\ldots,V_s$ をこれらに対応する一般固有空間とするとき

$$V = V_1 \dotplus \cdots \dotplus V_s. \tag{5.4}$$

すなわち，V の元は $V_j, j=1,\cdots,s$ の元の和として唯一通りに表される (第4章章末問題 6 参照)．以下，この証明を少しずつ行ってゆきます．

補題 5.11 $\alpha_1,\ldots,\alpha_t$ は互いに異なり，かつ $(\Phi - \alpha_j I)^{k_j}\boldsymbol{a}_j = \boldsymbol{0}, j=1,\ldots,t$ なら，$\boldsymbol{a}_i = \sum_{j\neq i}\boldsymbol{a}_j$ から $\boldsymbol{a}_i = \boldsymbol{0}$ が従う．従って特に，$i \neq j$ なら $V_i \cap V_j = \{\boldsymbol{0}\}$.

証明 二つの多項式 $(x-\alpha_i)^{k_i}$ と $\prod_{j\neq i}(x-\alpha_j)^{k_j}$ は明らかに互いに素なので，拡張ユークリッド互除法より，多項式 $f(x), g(x)$ で $f(x)(x-\alpha_i)^{k_i} + g(x)\prod_{j\neq i}(x-\alpha_j)^{k_j} = 1$ を満たすものが存在する．よって

$$\boldsymbol{a}_i = I\boldsymbol{a}_i = f(\Phi)(\Phi-\alpha_i I)^{k_i}\boldsymbol{a}_i + g(\Phi)\prod_{j\neq i}(\Phi-\alpha_j I)^{k_j}\boldsymbol{a}_i$$

$$= f(\Phi)(\Phi-\alpha_i I)^{k_i}\boldsymbol{a}_i + g(\Phi)\prod_{j\neq i}(\Phi-\alpha_j I)^{k_j}\sum_{j\neq i}\boldsymbol{a}_j = \boldsymbol{0}. \quad \square$$

補題 5.12 Φ の最小多項式の素因数分解を $\psi(x) = \prod_{j=1}^{t}(x-\alpha_j)^{m_j}$ とし，$W_j = \mathrm{Ker}\,(\Phi-\alpha_j I)^{m_j}$ と置くとき，

$$V = W_1 \dotplus \cdots \dotplus W_t \tag{5.5}$$

証明 $f_j(x) = (x-\alpha_j)^{m_j}$ として部分分数分解を適用すれば

$$\frac{1}{(x-\alpha_1)^{m_1}\cdots(x-\alpha_s)^{m_t}} = \frac{q_1(x)}{(x-\alpha_1)^{m_1}} + \cdots + \frac{q_t(x)}{(x-\alpha_t)^{m_t}}$$

従って分母を払って

$$1 = q_1(x)\prod_{j\neq 1}(x-\alpha_j)^{m_j} + \cdots + q_t(x)\prod_{j\neq t}(x-\alpha_j)^{m_j}$$

という多項式の表現が得られる．これに $x = \Phi$ を代入すれば

$$I = q_1(\Phi)\prod_{j\neq 1}(\Phi-\alpha_j I)^{m_j} + \cdots + q_t(\Phi)\prod_{j\neq t}(\Phi-\alpha_j I)^{m_t}$$

$$=: \Phi_1 + \cdots + \Phi_t$$

という恒等写像の分解を得る (右辺の第 i 項を Φ_i と置いた)．よって $\forall \boldsymbol{a} \in V$ に対し $\boldsymbol{a}_i = \Phi_i \boldsymbol{a}$, $i = 1, \ldots, t$ と置けば，

$$\boldsymbol{a} = \boldsymbol{a}_1 + \cdots + \boldsymbol{a}_t$$

であり，かつ

$$(\Phi-\alpha_i I)^{m_i}\boldsymbol{a}_i = q_i(\Phi)\psi(\Phi)\boldsymbol{a} = \boldsymbol{0}$$

だから，$\boldsymbol{a}_i \in W_i$. 以上により $V = W_1 + \cdots + W_t$ が示された．もし $\boldsymbol{a} = \boldsymbol{a}'_1 + \cdots \boldsymbol{a}'_t$ でもあれば，$\boldsymbol{a}'_i - \boldsymbol{a}_i = \sum_{j\neq i}(\boldsymbol{a}_j - \boldsymbol{a}'_j)$ より前補題から $\boldsymbol{a}'_i = \boldsymbol{a}_i$. $\square$

5.4 一般固有空間への分解 *

補題 5.13 最小多項式の根は固有値のすべてより成る．上の分解 (5.5) の直和因子はそれぞれの固有値に対応する一般固有空間となり，各 i について $m_i \leq \dim W_i$ が成り立つ．

証明 i を任意に固定したとき，$\forall \boldsymbol{v} \in V$ に対し，明らかに $\boldsymbol{w} := (\Phi - \alpha_i I)^{m_i - 1} \prod_{j \neq i}(\Phi - \alpha_j I)\boldsymbol{v} \in W_i$ であるが，これが零ベクトルでないようなものが存在する．さもないと $\psi(x)$ より 1 次低い多項式 $\psi(x)/(x - \alpha_i)$ が Φ の最小多項式となってしまい，不合理だからである．よって $\boldsymbol{w}$ は $(\Phi - \alpha_i I)\boldsymbol{w} = \boldsymbol{0}$ の自明でない解となるから，α_i は定義により Φ の固有値である．以上により

$$\{\alpha_1, \ldots, \alpha_t\} \subset \{\lambda_1, \ldots, \lambda_s\} \tag{5.6}$$

が分かった．次に，W_i が Φ の α_i-一般固有空間となることを示そう．$\boldsymbol{a}$ がある $k > 0$ について $(\Phi - \alpha_i I)^k \boldsymbol{a} = \boldsymbol{0}$ を満たしたとせよ．前補題により $\boldsymbol{a} = \boldsymbol{a}_1 + \cdots + \boldsymbol{a}_t$ と分解すると，

$$\boldsymbol{0} = (\Phi - \alpha_i I)^k \boldsymbol{a} = (\Phi - \alpha_i I)^k \boldsymbol{a}_1 + \cdots + (\Phi - \alpha_i I)^k \boldsymbol{a}_t \tag{5.7}$$

ここで，各 j について $(\Phi - \alpha_i I)^k \boldsymbol{a}_j \in W_j$ であることに注意しよう．実際，Φ の多項式同士は順序が交換できるので，

$$(\Phi - \alpha_j I)^{m_j}(\Phi - \alpha_i I)^k \boldsymbol{a}_j = (\Phi - \alpha_i I)^k (\Phi - \alpha_j I)^{m_j} \boldsymbol{a}_j = \boldsymbol{0}$$

となるからである．故に，(5.7) は，直和分解 (5.5) に従った $\boldsymbol{0}$ の分解なので，分解の一意性により各 j について $(\Phi - \alpha_i I)^k \boldsymbol{a}_j = \boldsymbol{0}$ となるが，補題 5.11 によれば，このとき $i \neq j$ なら $\boldsymbol{a}_j = \boldsymbol{0}$ でなければならない．よって $\boldsymbol{a} = \boldsymbol{a}_i \in W_i$ となる．

以上により，(5.5) は，固有値 $\alpha_1, \ldots, \alpha_t$ に対応する一般固有空間への直和分解となっていることが分かった．ここでもし (5.6) で等号が成り立っていないと，ある λ_i に対する固有ベクトル $\boldsymbol{b}$ が V に含まれないことになり，不合理である．実際，$\boldsymbol{b} = \boldsymbol{b}_1 + \cdots + \boldsymbol{b}_t \in W_1 + \cdots + W_t$ とすれば，この両辺に $(\Phi - \lambda_i I)$ を掛け，(5.7) と同様の計算で，$\boldsymbol{b} = \boldsymbol{0}$ が導かれるからである．以上により，分解 (5.5) は分解 (5.4) と一致することが分かった．また，定義 5.3 の後で述べたように $\dim \mathrm{Ker}(\Phi - \alpha_i I)^k$ は k とともに増え続けて最後は一定値 $\dim W_i$ となるので，最低で 1 次元ずつ増えたとしても $k \leq \dim W_i$ まで

にはこの値は一定となるはずである．故に $m_i \leq \dim W_i$ でなければならない．
□

以上をまとめると定理 5.10 が証明されました．証明の中で用いた議論から，次のことは明らかでしょう．

命題 5.14 直和分解 (5.4) は Φ の作用と両立する．すなわち，各直和成分は Φ-不変：$\Phi(V_j) \subset V_j$ である．従って，それぞれの V_j に基底を取り，それらを集めて全体の基底を作ると，この基底による Φ の表現行列は次のような，いわゆる**ブロック対角型**となる．

$$\begin{pmatrix} A_1 & 0 & \cdots & 0 \\ 0 & A_2 & \ddots & \vdots \\ \vdots & \ddots & \ddots & 0 \\ 0 & \cdots & 0 & A_s \end{pmatrix}, \quad \text{各 } A_j \text{ は } \mu_j \text{ 次の正方行列}$$

系 5.15 定義 5.4 で定義した線形写像 Φ の固有多項式は，Φ の表現行列 A の固有多項式 $\det(\lambda E - A)$ と一致する．

実際，上の命題の表現行列 A の固有多項式は

$$\det(\lambda E - A) = \det(\lambda E_1 - A_1) \cdots \det(\lambda E_s - A_s)$$

と，各ブロックの固有多項式の積となる．ここで各 A_j は V_j に作用する Φ の表現行列なので，補題 5.11 よりただ一種類の固有値 λ_j しか持たない．以上により $\det(\lambda E_j - A_j) = (\lambda - \lambda_j)^{\mu_j}$, $\mu_j = \dim V_j$ でなければならない．□

これと補題 5.13 の不等式 $m_i \leq \mu_i$ から次が得られます．

定理 5.16 (ケイリー - ハミルトンの定理) 行列 A の固有多項式を $\varphi(x)$ とすれば，$\varphi(A)$ は零行列となる．言い替えると，固有多項式は最小多項式で割り切れる．

固有値を用いた議論は係数体が複素数体のような代数的閉体，すなわち代数方程式が必ず根を持つような体でないと通用しませんが，多項式の除法やユークリッドの互除法は有理数体や実数体を始め，任意の体で通用します．GCD，

固有多項式, 最小多項式も係数体によらない意味を持ちます. 例えば, 実数係数の多項式 $\psi(x)$ が実数係数の多項式 $\varphi(x)$ を複素数係数の多項式として割り切れば, 商は実数係数の多項式です. 従って, ケイリー - ハミルトンの定理も証明の途中では多項式を 1 次因子に分解する必要上, 複素数体の中で論じなければならなくても, 結果自身は任意の実行列で, 更には任意の体上の行列で成立します. これに対し, 次の主張は, 表現自身に固有値をもろに使っているので, 複素数体のような代数的閉体の上でしか成り立ちません.

系 5.17 行列 A が対角化可能
$\iff$ 固有ベクトルが全空間を張れる
$\iff$ 一般固有ベクトルは固有ベクトルになる
$\iff$ A の最小多項式が重根を持たない (i.e. $\forall m_j = 1$)

■ 5.5 ジョルダン標準形*

次はいよいよ一般固有空間の内部構造の分析, すなわち, Jordan（ジョルダン）標準形の説明に入ります.

【ジョルダンブロックの性質】 一般の行列の一般固有空間の構造を分析する前に, 重複固有値を持つ対角化できないような行列の例として, ただ一種類の固有値 λ を持つ対角化できない行列の典型例

$$\Lambda := \begin{pmatrix} \lambda & 1 & 0 & \cdots & 0 \\ 0 & \lambda & \ddots & \ddots & \vdots \\ \vdots & \ddots & \ddots & \ddots & 0 \\ \vdots & & \ddots & \ddots & 1 \\ 0 & \cdots & \cdots & 0 & \lambda \end{pmatrix} \tag{5.8}$$

の性質を調べましょう. これが**ジョルダンブロック**と呼ばれる, ジョルダンの標準形の構成要素ですが, 以下, これを対応する固有値も明示して **λ-ブロック**と呼ぶことにします. このとき

$$N := \Lambda - \lambda E = \begin{pmatrix} 0 & 1 & 0 & \cdots & 0 \\ 0 & 0 & \ddots & \ddots & \vdots \\ \vdots & \ddots & \ddots & \ddots & 0 \\ \vdots & & \ddots & \ddots & 1 \\ 0 & \cdots & \cdots & 0 & 0 \end{pmatrix}$$

は，冪乗すると1の位置が一つずつ上にずれてゆき，

$$N^2 = \begin{pmatrix} 0 & 0 & 1 & 0 & 0 \\ 0 & 0 & \ddots & \ddots & 0 \\ \vdots & \ddots & \ddots & \ddots & 1 \\ \vdots & & \ddots & \ddots & 0 \\ 0 & \cdots\cdots & 0 & 0 \end{pmatrix}, \ldots, N^{n-1} = \begin{pmatrix} 0 & 0 & \cdots & 0 & 1 \\ 0 & 0 & \ddots & & 0 \\ \vdots & \ddots & \ddots & \ddots & \vdots \\ \vdots & & \ddots & \ddots & 0 \\ 0 & \cdots\cdots & 0 & 0 \end{pmatrix}, N^n = O \quad (5.9)$$

を満たしています．このように，ある冪が零行列となるような行列を**冪零** (nilpotent) と呼びます．

λ のみを固有値とする一般の行列は，この形をしたいろんなサイズの行列がいくつか並んだ構造をしています．その構造，すなわちどんなサイズのブロックがいくつ存在するかは $(\lambda E - A)^k$, $k = 1, 2, \ldots$ の階数を見て判定できます．実際，上に示した標準型の冪零行列が冪を一つ上げると階数がちょうど1だけ減ることに着目すれば，次元公式 $\mathrm{rank}\,(A - \lambda E) = n - \dim \mathrm{Ker}\,(A - \lambda E)$ 等を用いて

- ◆ $n - \mathrm{rank}\,(A - \lambda E)$ はブロックの総数を与える．
- ◆ $\mathrm{rank}\,(A - \lambda E) - \mathrm{rank}\,(A - \lambda E)^2 = \dim \mathrm{Ker}\,(A - \lambda E)^2 - \dim \mathrm{Ker}\,(A - \lambda E)$ はサイズが2以上のブロックの個数を与える．2乗した時点でサイズが2のブロック $\begin{pmatrix} 0 & 1 \\ 0 & 0 \end{pmatrix}$ は潰れて消失し，以下の計算に影響しなくなる．
- ◆ $\mathrm{rank}\,(A - \lambda E)^2 - \mathrm{rank}\,(A - \lambda E)^3 = \dim \mathrm{Ker}\,(A - \lambda E)^3 - \dim \mathrm{Ker}\,(A - \lambda E)^2$ はサイズが3以上のブロックの個数を与える．3乗した時点でサイズ3のブロックは潰れて消失し，以下の計算に影響しなくなる．
- ◆ $\ldots$
- ◆ $\mathrm{rank}\,(A - \lambda E)^m$ が初めて0になったとき (すなわち $\dim \mathrm{Ker}\,(A - \lambda E)^m$ が初めて n になったとき)，m がブロックの最大サイズを与える．また $\mathrm{rank}\,(A - \lambda E)^{m-1}$ は最大サイズのブロックの個数を与える．

となることが想像されます．固有値が一種類だけでなく，いろんな固有値が混ざっている状況で一つの固有値 λ_j のブロックに注目するときは，最後のところだけが次のように修正されます：

- ◆ $\mathrm{rank}\,(A - \lambda E)^m = \mathrm{rank}\,(A - \lambda E)^{m+1}$ と初めて等号が成立したとき (i.e. $\dim \mathrm{Ker}\,(A - \lambda E)^m$ が初めて増加しなくなったとき)，この m が λ_j-ブロックの最大サイズを与える．また $\mathrm{rank}\,(A - \lambda E)^{m-1} - \mathrm{rank}\,(A - \lambda E)^m$ は最大サイズのブロックの個数を与える．

5.5 ジョルダン標準形 *

つまり，最小多項式に含まれる $(x - \lambda_j)$ の冪は λ_j-ブロックの最大サイズを表しているのです．これに対して固有多項式に含まれる $(x - \lambda_j)$ の冪は λ_j-ブロックの全体としてのサイズを表しています．

以上は行列 A がジョルダン標準形に変換できたとしての発見的考察ですが，次は，これらの情報から逆にジョルダン標準形が作れることを見ます．そのため，$\mathrm{rank}\,(A - \lambda E)^k$ の値は，A を相似変換しても変わらないこと，あるいは元の線形写像に対する $\mathrm{rank}\,(\Phi - \lambda I)^k$ の値で決まっていることに注意しましょう．従って行列 A をジョルダン標準型に導く基底を構成することは，線形写像 Φ をジョルダン標準形で表現する基底を構成することと同等なのですが，以下では見掛けが初等的な行列 A の方で議論します．

【ジョルダン標準形】 全く一般の行列は，各固有値に対応してその一般固有空間における構造が上述のようなジョルダンブロックの集合で規定され，これらの総体が行列の相似変換による不変量，言い替えると，同じ空間に働く線形写像を特徴付ける量，となります．更に，任意の行列は適当な相似変換で次の形にできます．すなわち，同一の空間への線形写像は適当な基底により次の形の行列で表現されます：

$$\begin{pmatrix} J_1 & 0 & \cdots & 0 \\ 0 & J_2 & \ddots & \vdots \\ \vdots & \ddots & \ddots & 0 \\ 0 & \cdots & 0 & J_t \end{pmatrix}, \quad \text{各 } J_j \text{ はある } \lambda \text{ について (5.8) の形}$$

これを行列 A の**ジョルダン標準形**と呼びます．ただし，ジョルダンブロックの並び方は座標変換で自由に変えられることに注意しましょう．従って不変量は固有値の値と，各固有値に対してどんなサイズのブロックがいくつあるかという情報だけです．

線形代数の究極の定理

行列の相似変換の不変量はジョルダンブロックの集合体である．

【手計算による標準基底の作り方】 最初に，固有多項式からすべての固有値 λ_j とその重複度 μ_j を求めます．各 λ_j について以下の作業を行います：
① まず $\mathrm{Ker}\,(A - \lambda_j E)$ の基底 Σ_1 を選ぶ．重複度だけ求まったら，この固有

値に関する部分は対角化可能と分かり，ここで停止する．
② 次にこれらの線形結合を右辺として $(A - \lambda_j E)\bm{x} = \bm{v}$ を解き，解けるようなものと解けないようなものに分けて基底 Σ_1 を $\Sigma_1' \cup \Sigma_1''$ に作り替える．後者の一つ一つがサイズ 1 のブロックの基底となる．また解の全体は $\mathrm{Ker}\,(A - \lambda_j E)^2$ における $\mathrm{Ker}\,(A - \lambda_j E)$ の直和補空間の基底 Σ_2 を与える．
③ 次に上で求めた解の基底 Σ_2 の線形結合を右辺として再び $(A-\lambda_j E)\bm{x} = \bm{v}$ を解き，解けるものと解けないもの $\Sigma_2' \cup \Sigma_2''$ に作り替える．後者の一つ一つがサイズ 2 のブロックの基底 $(A - \lambda_j E)\bm{v}, \bm{v}$ を生成する．
　　⋯⋯⋯
④ 以上の操作を ν_j 回繰り返して，もう方程式 $(A - \lambda_j E)\bm{x} = \bm{v}$ が解けなくなったとき，ν_j が固有値 λ_j に属するジョルダンブロックの最大サイズとなり，最後に得たベクトル $\bm{v}$ の一つ一つがサイズ ν_j のブロックの基底 $(A - \lambda_j E)^{\nu_j - 1}\bm{v}, \ldots, (A - \lambda_j E)\bm{v}, \bm{v}$ を生成する．

以上を集めたものが固有値 λ_j に対応する一般固有空間の部分の標準基底となります．このとき ν_j は自然に A の最小多項式における λ_j の重複度となっています．これをすべての固有値について集めたものが，全体の基底となります．

【ジョルダン標準形の存在証明】 後でこのやり方によるジョルダン標準形の手計算の例を示します．小さな行列についてはこの方法は使いやすいのですが，ジョルダン標準形の存在証明をきちんとやるときなど，理論的には，上とは逆の方向から基底を作っていく方がすっきりしています．行列 A の最小多項式における固有値 λ_j の冪，すなわち $\mathrm{Ker}\,(A - \lambda_j)^k$ が λ_j-一般固有空間と一致するような最小の k を m_j とします．以下の説明は図 5.1 を見ながら読むと分かりやすいでしょう．
① まず $V_j = \mathrm{Ker}\,(A - \lambda_j E)^{m_j}$ における $\mathrm{Ker}\,(A - \lambda_j E)^{m_j - 1}$ の直和補空間 W_{m_j} を取り，$W_{m_j} = W_{m_j}$ と置く．
② 次に $\mathrm{Ker}\,(A - \lambda_j E)^{m_j - 1}$ における $\mathrm{Ker}\,(A - \lambda_j E)^{m_j - 2} + (A - \lambda_j E)W_{m_j}$ の直和補空間 $W_{m_j - 1}$ を取って $W_{m_j - 1} = (A - \lambda_j E)W_{m_j} + W_{m_j - 1}$ と置く．
　　⋯⋯⋯
ⓚ 各 k について W_k を $\mathrm{Ker}\,(A - \lambda_j E)^k$ における $\mathrm{Ker}\,(A - \lambda_j E)^{k-1} + (A -$

5.5 ジョルダン標準形 *

図5.1 固有値λ_jに対するジョルダン標準形の
すべてのブロックに与える基底の構造

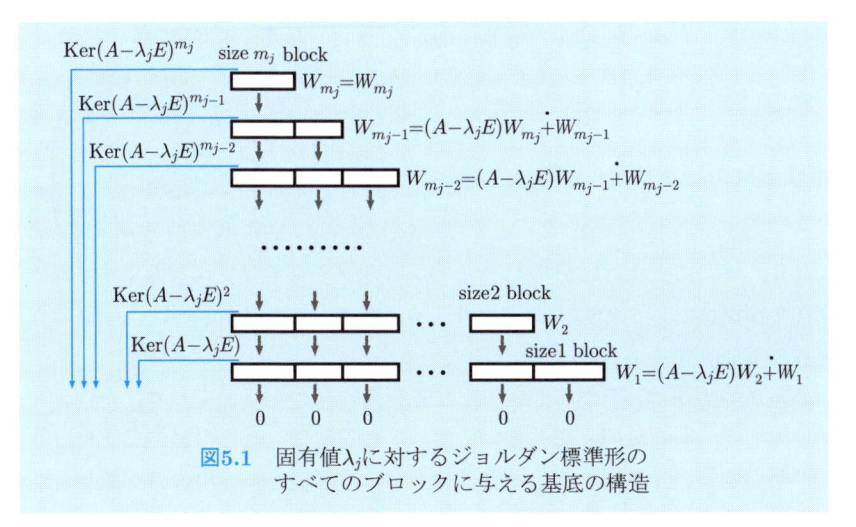

$\lambda_j E)W_{k+1}$ の直和補空間に取って $W_k = (A - \lambda_j E)W_{k+1} \dot{+} W_k$ と置く．以上の操作を $k = 1$ まで繰り返す．

こうして図 5.1 のような λ_j-一般固有空間の直和分解が得られます．このとき，各 k について W_k に基底を一つ取れば，その各元 $\boldsymbol{v}$ がサイズ k のジョルダンブロックを生成します．実際，

$$(A - \lambda_j E)^{k-1}\boldsymbol{v}, (A - \lambda_j E)^{k-2}\boldsymbol{v}, \ldots, (A - \lambda_j E)\boldsymbol{v}, \boldsymbol{v} \tag{5.10}$$

はまず線形独立となります．これはこれらの線形結合に $(A - \lambda_j E)^l$, $l = k-1, \ldots, 1$ を順に掛けてみると，後の方の係数から順に 0 となることから容易に分かります．次に，$A - \lambda_j E$ のこれらへの作用は

$$(A - \lambda_j E)[(A - \lambda_j E)^{k-1}\boldsymbol{v}, (A - \lambda_j E)^{k-2}\boldsymbol{v}, \ldots, (A - \lambda_j E)\boldsymbol{v}, \boldsymbol{v}]$$
$$= [\boldsymbol{0}, (A - \lambda_j E)^{k-1}\boldsymbol{v}, (A - \lambda_j E)^{k-2}\boldsymbol{v}, \ldots, (A - \lambda_j E)\boldsymbol{v}]$$
$$= [(A - \lambda_j E)^{k-1}\boldsymbol{v}, (A - \lambda_j E)^{k-2}\boldsymbol{v}, \ldots, (A - \lambda_j E)\boldsymbol{v}, \boldsymbol{v}] \begin{pmatrix} 0 & 1 & 0 & \cdots & 0 \\ 0 & 0 & \ddots & \ddots & \vdots \\ \vdots & \ddots & \ddots & \ddots & 0 \\ \vdots & & \ddots & \ddots & 1 \\ 0 & \cdots & \cdots & 0 & 0 \end{pmatrix}$$

従って，これらへの A の作用は

$$A[(A - \lambda_j E)^{k-1}\boldsymbol{v}, (A - \lambda_j E)^{k-2}\boldsymbol{v}, \ldots, (A - \lambda_j E)\boldsymbol{v}, \boldsymbol{v}]$$

$$
\begin{aligned}
&= (A-\lambda_j E)[(A-\lambda_j E)^{k-1}\boldsymbol{v}, (A-\lambda_j E)^{k-2}\boldsymbol{v}, \dots, (A-\lambda_j E)\boldsymbol{v}, \boldsymbol{v}] \\
&\quad + \lambda_j[(A-\lambda_j E)^{k-1}\boldsymbol{v}, (A-\lambda_j E)^{k-2}\boldsymbol{v}, \dots, (A-\lambda_j E)\boldsymbol{v}, \boldsymbol{v}] \\
&= [(A-\lambda_j E)^{k-1}\boldsymbol{v}, (A-\lambda_j E)^{k-2}\boldsymbol{v}, \dots, (A-\lambda_j E)\boldsymbol{v}, \boldsymbol{v}]
\begin{pmatrix} \lambda_j & 1 & 0 & \cdots & 0 \\ 0 & \lambda_j & \ddots & \ddots & \vdots \\ \vdots & \ddots & \ddots & \ddots & 0 \\ \vdots & & \ddots & \ddots & 1 \\ 0 & \cdots\cdots & 0 & \lambda_j \end{pmatrix}
\end{aligned}
$$

となり，確かに表現行列がサイズ k のジョルダンブロックになります．以上の操作を図解すれば下の図 5.1 のようになります．縦の矢印は $A - \lambda_j E$ の作用を示しています．

こちらの方法は，自然に λ_j-一般固有空間の基底を与えており，かつジョルダン標準形の存在証明となっています．手計算では，行列の冪乗を予め計算するのが面倒なので実用的ではありませんが．計算機を使う場合は，冪乗計算は簡単で，かつそれらの階数から予めジョルダン標準形が予測できるので，前のものに比べてプログラムするのが簡単です．

以上に得られたことを定理の形にまとめておきましょう．

定理 5.18 任意の正方行列 A は，適当な正則行列 S による相似変換 $S^{-1}AS$ でジョルダン標準形に帰着できる．標準形に現れるブロックの種類はもとの行列により定まっている．

例題 5.2 次の行列のジョルダン標準形を計算せよ．

$$A = \begin{pmatrix} -4 & -8 & 3 & -2 \\ 9 & 15 & -5 & 4 \\ 12 & 19 & -6 & 5 \\ -3 & -5 & 2 & 0 \end{pmatrix}$$

解答 ⓪ まず固有値を求める．

$$\begin{vmatrix} -4-\lambda & -8 & 3 & -2 \\ 9 & 15-\lambda & -5 & 4 \\ 12 & 19 & -6-\lambda & 5 \\ -3 & -5 & 2 & -\lambda \end{vmatrix}$$

第 4 行の 3 倍を第 2 行に加える
第 4 行の 4 倍を第 3 行に加える

$$\begin{vmatrix} -4-\lambda & -8 & 3 & -2 \\ 0 & -\lambda & 1 & 4-3\lambda \\ 0 & -1 & 2-\lambda & 5-4\lambda \\ -3 & -5 & 2 & -\lambda \end{vmatrix}$$

第 3 行を
第 2 行から
引く

$$\begin{vmatrix} -4-\lambda & -8 & 3 & -2 \\ 0 & -\lambda+1 & \lambda-1 & \lambda-1 \\ 0 & -1 & 2-\lambda & 5-4\lambda \\ -3 & -5 & 2 & -\lambda \end{vmatrix}$$

5.5 ジョルダン標準形* **151**

$\underset{\lambda-1\text{を括り出す}}{\underline{\text{第2行から}}} (\lambda-1) \begin{vmatrix} -4-\lambda & -8 & 3 & -2 \\ 0 & -1 & 1 & 1 \\ 0 & -1 & 2-\lambda & 5-4\lambda \\ -3 & -5 & 2 & -\lambda \end{vmatrix} \underset{\text{第3,4列に加える}}{\underline{\text{第2列を}}}$

$(\lambda-1) \begin{vmatrix} -4-\lambda & -8 & -5 & -10 \\ 0 & -1 & 0 & 0 \\ 0 & -1 & 1-\lambda & 4-4\lambda \\ -3 & -5 & -3 & -5-\lambda \end{vmatrix} = -(\lambda-1) \begin{vmatrix} -4-\lambda & -5 & -10 \\ 0 & 1-\lambda & 4-4\lambda \\ -3 & -3 & -5-\lambda \end{vmatrix}$

$= (\lambda-1)^2 \begin{vmatrix} -4-\lambda & -5 & -10 \\ 0 & 1 & 4 \\ -3 & -3 & -5-\lambda \end{vmatrix} = (\lambda-1)^2 \begin{vmatrix} -4-\lambda & -5 & 10 \\ 0 & 1 & 0 \\ -3 & -3 & 7-\lambda \end{vmatrix}$

$= (\lambda-1)^2 \begin{vmatrix} -4-\lambda & 10 \\ -3 & 7-\lambda \end{vmatrix} = (\lambda-1)^2(\lambda^2 - 3\lambda + 2) = (\lambda-1)^3(\lambda-2)$

①a 最初に $\lambda=2$ に対する固有ベクトルを求める．この固有値は単純なのでちょうど1本有り，単に計算するだけでよい：

$\begin{pmatrix} -6 & -8 & 3 & -2 \\ 9 & 13 & -5 & 4 \\ 12 & 19 & -8 & 5 \\ -3 & -5 & 2 & -2 \end{pmatrix} \xrightarrow[\substack{\text{第4行の3倍を第2行に加える} \\ \text{第4行の4倍を第3行に加える}}]{\text{第4行の2倍を第1行から引く}} \begin{pmatrix} 0 & 2 & -1 & 2 \\ 0 & -2 & 1 & -2 \\ 0 & -1 & 0 & -3 \\ -3 & -5 & 2 & -2 \end{pmatrix}$

$\xrightarrow[\substack{\text{第1行を4行に加える}}]{\text{第1行を第2行に加える}} \begin{pmatrix} 0 & 2 & -1 & 2 \\ 0 & 0 & 0 & 0 \\ 0 & -1 & 0 & -3 \\ -3 & -3 & 1 & 0 \end{pmatrix}$

$\therefore 2y - z + 2u = 0, \quad y + 3u = 0, \quad -3x - 3y + z = 0$

ここで $u=1$ とすると $y=-3, z=-4, x=5/3$. これより，全体を3倍した $\begin{pmatrix} x \\ y \\ z \\ u \end{pmatrix} = \overset{ⓐ}{\begin{pmatrix} 5 \\ -9 \\ -12 \\ 3 \end{pmatrix}}$ は解．（解はこの定数倍の自由度しかない．）

①b 次に $\lambda=1$ に対する固有ベクトルを求める．重複度に等しい3本求まれば対角化可能であるが，さあどうだろう？

$\begin{pmatrix} -5 & -8 & 3 & -2 \\ 9 & 14 & -5 & 4 \\ 12 & 19 & -7 & 5 \\ -3 & -5 & 2 & -1 \end{pmatrix} \xrightarrow[\substack{\text{第4行の3倍を第2行に加える} \\ \text{第4行の4倍を第3行に加える}}]{\text{第4行の2倍を第1行から引く}} \begin{pmatrix} 1 & 2 & -1 & 0 \\ 0 & -1 & 1 & 1 \\ 0 & -1 & 1 & 1 \\ -3 & -5 & 2 & -1 \end{pmatrix}$

$$\xrightarrow[\text{第 2 行を第 3 行から引く}]{\substack{\text{第 1 行の 3 倍を}\\\text{第 4 行に加える}}} \begin{pmatrix} 1 & 2 & -1 & 0 \\ 0 & -1 & 1 & 1 \\ 0 & 0 & 0 & 0 \\ 0 & 1 & -1 & -1 \end{pmatrix} \xrightarrow[\text{第 4 行に加える}]{\text{第 2 行を}} \begin{pmatrix} 1 & 2 & -1 & 0 \\ 0 & -1 & 1 & 1 \\ 0 & 0 & 0 & 0 \\ 0 & 0 & 0 & 0 \end{pmatrix}$$

よって，固有ベクトルを求める方程式は $x + 2y - z = 0, -y + z + u = 0$ となって解は $4 - 2 = 2$ 次元となり，例えば

$z = 1, u = 0$ とすると $\begin{pmatrix} \overset{\text{ⓑ}}{-1} \\ 1 \\ 1 \\ 0 \end{pmatrix}$, $\quad z = 0, u = 1$ とすると $\begin{pmatrix} -2 \\ 1 \\ 0 \\ 1 \end{pmatrix}$

と，2 本しか求まらなかった．

② 従って次は残る 1 本の一般固有ベクトルを探す．

$$(A - 1 \cdot E)\boldsymbol{x} = \begin{pmatrix} -5 & -8 & 3 & -2 \\ 9 & 14 & -5 & 4 \\ 12 & 19 & -7 & 5 \\ -3 & -5 & 2 & -1 \end{pmatrix} \begin{pmatrix} x \\ y \\ z \\ u \end{pmatrix} = c_1 \begin{pmatrix} -1 \\ 1 \\ 1 \\ 0 \end{pmatrix} + c_2 \begin{pmatrix} -2 \\ 1 \\ 0 \\ 1 \end{pmatrix}$$

が解を持つように c_1, c_2 を決めれば，そのときの解が求める最後の 1 本である．上で固有ベクトルを求めるために用いた行基本変形をこの右辺の二つのベクトルにも適用すると

$$\begin{pmatrix} -1 & -2 \\ 1 & 1 \\ 1 & 0 \\ 0 & 1 \end{pmatrix} \longrightarrow \begin{pmatrix} -1 & -4 \\ 1 & 4 \\ 1 & 4 \\ 0 & 1 \end{pmatrix} \longrightarrow \begin{pmatrix} -1 & -4 \\ 1 & 4 \\ 0 & 0 \\ -3 & -11 \end{pmatrix} \longrightarrow \begin{pmatrix} -1 & -4 \\ 1 & 4 \\ 0 & 0 \\ -2 & -7 \end{pmatrix}$$

よって

$$\begin{pmatrix} 1 & 2 & -1 & 0 \\ 0 & -1 & 1 & 1 \\ 0 & 0 & 0 & 0 \\ 0 & 0 & 0 & 0 \end{pmatrix} \begin{pmatrix} x \\ y \\ z \\ u \end{pmatrix} = c_1 \begin{pmatrix} -1 \\ 1 \\ 0 \\ -2 \end{pmatrix} + c_2 \begin{pmatrix} -4 \\ 4 \\ 0 \\ -7 \end{pmatrix}$$

を解けば良い．これより $c_1 = 7, c_2 = -2$ が良い選択で，このとき方程式は，

$$x + 2y - z = 1, \quad -y + z + u = -1$$

となり，この解は斉次方程式と同じく 2 次元分は有る訳だが，今は一つ求めればよく，例えば $x = -1, y = 1, z = 0, u = 0$．このとき基本変形前の表示で

5.5 ジョルダン標準形 *

$$(A - 1 \cdot E)\begin{pmatrix} -1 \\ 1 \\ 0 \\ 0 \end{pmatrix} \overset{\text{ⓒ}}{=} 7\begin{pmatrix} -1 \\ 1 \\ 1 \\ 0 \end{pmatrix} - 2\begin{pmatrix} -2 \\ 1 \\ 0 \\ 1 \end{pmatrix} = \begin{pmatrix} -3 \\ 5 \\ 7 \\ -2 \end{pmatrix} \overset{\text{ⓓ}}{}$$

以上より,例えば,変換行列 $S = \begin{pmatrix} \overset{\text{ⓓ}}{-3} & \overset{\text{ⓒ}}{-1} & \overset{\text{ⓑ}}{-1} & \overset{\text{ⓐ}}{5} \\ 5 & 1 & 1 & -9 \\ 7 & 0 & 1 & -12 \\ -2 & 0 & 0 & 3 \end{pmatrix}$ により,A はジョルダン標準形 $S^{-1}AS = \begin{pmatrix} 1 & 1 & 0 & 0 \\ 0 & 1 & 0 & 0 \\ 0 & 0 & 1 & 0 \\ 0 & 0 & 0 & 2 \end{pmatrix}$ に変換される. □

一般固有ベクトルを求めるための右辺の調整 (c_1, c_2 の選択) は,このように小さな行列ではちょっとした行基本変形と目の子で求まりますが,巨大行列で組織的に行うときは付録 A.3 の補題 A.2 の方法などが利用できます.

【サイズの小さな行列に対するジョルダン標準形のパターン】 小さな行列では,ジョルダン標準形の推定はほとんどの場合,次のどれになるかを判定するだけの仕事になります.

◆ 2 次行列の 2 重固有値:固有ベクトルが 2 本なら対角化可能,
 1 本なら $\begin{pmatrix} \lambda & 1 \\ 0 & \lambda \end{pmatrix}$.

◆ 3 次行列の 3 重固有値:固有ベクトルが 3 本なら対角化可能,
 2 本なら $\begin{pmatrix} \lambda & 1 & 0 \\ 0 & \lambda & 0 \\ 0 & 0 & \lambda \end{pmatrix}$, 1 本なら $\begin{pmatrix} \lambda & 1 & 0 \\ 0 & \lambda & 1 \\ 0 & 0 & \lambda \end{pmatrix}$.

◆ 4 次行列の 4 重固有値:固有ベクトルが 4 本なら対角化可能,
 3 本なら $\begin{pmatrix} \lambda & 1 & 0 & 0 \\ 0 & \lambda & 0 & 0 \\ 0 & 0 & \lambda & 0 \\ 0 & 0 & 0 & \lambda \end{pmatrix}$, 2 本なら $\begin{pmatrix} \lambda & 1 & 0 & 0 \\ 0 & \lambda & 1 & 0 \\ 0 & 0 & \lambda & 0 \\ 0 & 0 & 0 & \lambda \end{pmatrix}$ か $\begin{pmatrix} \lambda & 1 & 0 & 0 \\ 0 & \lambda & 0 & 0 \\ 0 & 0 & \lambda & 1 \\ 0 & 0 & 0 & \lambda \end{pmatrix}$,
 1 本なら $\begin{pmatrix} \lambda & 1 & 0 & 0 \\ 0 & \lambda & 1 & 0 \\ 0 & 0 & \lambda & 1 \\ 0 & 0 & 0 & \lambda \end{pmatrix}$.

以上の知識は,もっと大きな行列に含まれるサイズの小さな λ-ブロックの推定についても通用します.

問 **5.5** 次の行列のジョルダン標準形を決定し，標準形を導く変換行列を一つ示せ．

(1) $\begin{pmatrix} 4 & 9 \\ -1 & -2 \end{pmatrix}$
(2) $\begin{pmatrix} 3 & 2 & -8 \\ 5 & 6 & -20 \\ 2 & 2 & -7 \end{pmatrix}$
(3) $\begin{pmatrix} -1 & 0 & 0 \\ -3 & -6 & -5 \\ 3 & 5 & 4 \end{pmatrix}$

(4) $\begin{pmatrix} 3 & -1 & 2 \\ 2 & -1 & 7 \\ 1 & -1 & 4 \end{pmatrix}$
(5) $\begin{pmatrix} 3 & -2 & 0 & 4 \\ 0 & 2 & 1 & -1 \\ -2 & 2 & 0 & -3 \\ -2 & 3 & 0 & -3 \end{pmatrix}$
(6) $\begin{pmatrix} 2 & 5 & -2 & 3 \\ 0 & 0 & 1 & -1 \\ 0 & -2 & 3 & -1 \\ 0 & 2 & -1 & 3 \end{pmatrix}$

ここで少し理論的な例を挙げましょう．この形の行列は応用上重要です．

例題 5.3 行列
$$\begin{pmatrix} 0 & 1 & 0 & \cdots & 0 \\ 0 & 0 & 1 & \ddots & \vdots \\ \vdots & & \ddots & \ddots & 0 \\ 0 & \cdots & \cdots & 0 & 1 \\ -a_n & -a_{n-1} & \cdots & -a_2 & -a_1 \end{pmatrix}$$
の固有多項式は
$$\lambda^n + a_1 \lambda^{n-1} + a_2 \lambda^{n-2} + \cdots + a_n$$
となること，および，この根が λ_1 (ν_1 重)，…，λ_s (ν_s 重) のとき，ジョルダン標準形は，サイズ ν_1 の 1 個の λ_1-ブロック，…，サイズ ν_s の 1 個の λ_s ブロックより成る．すなわち，
$$\begin{pmatrix} J_1 & 0 & \cdots & 0 \\ 0 & \ddots & \ddots & \vdots \\ \vdots & \ddots & \ddots & 0 \\ 0 & \cdots & 0 & J_s \end{pmatrix}, \quad J_j = \begin{pmatrix} \lambda_j & 1 & & 0 \\ & \ddots & \ddots & \\ & & \ddots & 1 \\ 0 & & & \lambda_j \end{pmatrix} \overset{\longleftarrow \nu_j \longrightarrow}{}, \quad j = 1, \ldots, s$$
の形となる．

解答 固有多項式の計算は既に第 3 章の章末問題 1 (3) でやってあり，
$$\begin{vmatrix} \lambda & -1 & 0 & \cdots & 0 \\ 0 & \lambda & -1 & \ddots & \vdots \\ \vdots & \ddots & \ddots & \ddots & 0 \\ 0 & \cdots & 0 & \lambda & -1 \\ a_n & a_{n-1} & \cdots & a_2 & \lambda + a_1 \end{vmatrix} = \lambda^n + a_1 \lambda^{n-1} + a_2 \lambda^{n-2} + \cdots + a_n.$$

ここで対応する行列において $\lambda = \lambda_j$ を代入したものは，対角線の 1 行上に並んだ -1 のお蔭で階数が常に $n-1$ 以上なので，固有ベクトルは 1 本しかない．よって各固有値に対してジョルダンブロックは一つだけとなる． □

5.6 標準形の応用

行列の対角化，あるいはジョルダン標準形化は，応用数学でも大切です．特に，それは以下のような計算を簡単にします．ジョルダン標準形の解説を飛ばした読者は，以下，対角化可能な場合だけを拾い読みしてもいいですが，ジョルダン標準形の存在を信じてその使い方だけをここで学ぶ方が有用でしょう．

【行列の冪乗】 まず基本となるのが与えられた行列 A に対し，その一般冪 A^k の計算です．A が特殊なときは A^2, A^3 くらいを計算してみて，結果を予想し，帰納法によりそれを証明するというのが速いこともありますが，一般には無理です．

命題 5.19 正方行列 A の相似変換を $S^{-1}AS$ とするとき，$(S^{-1}AS)^k = S^{-1}A^k S$ が成り立つ．従って，$S^{-1}AS$ の k 乗が計算できれば，$A^k = S(S^{-1}AS)^k S^{-1}$ も求まる．

実際，$S^{-1}AS$ を続けて掛けると，ちょうどアミノ酸が縮合して高分子を作るように，繋ぎ目の S と S^{-1} が打ち消し合い，

$$\underbrace{S^{-1}AS \times S^{-1}AS \times \cdots \times S^{-1}AS}_{S^{-1}AS \text{ が } k \text{ 個}} = S^{-1}\underbrace{A \times A \times \cdots \times A}_{A \text{ が } k \text{ 個}}S = S^{-1}A^k S$$

となります．

行列の冪乗を直接手で行うのは面倒なものです．冪が定まった数値なら計算機にやらせることもできますが，不定文字 k に対して k 乗を計算するとなると，計算機でもそのままやらせる訳にはゆきません．しかし対角型行列に対しては，冪乗の計算は簡単ですね．二つの対角型行列の積は対応する対角成分の積で計算できるので，実質的にスカラーの計算に帰着してしまうからです．従って上の命題により，対角化可能な行列の冪乗は手で計算できます．

例題 5.4 例題 5.1 の行列の k 乗を計算せよ．

解答 既に例題 5.1 で対角化の計算が終わっているので，そこでの記号で，

$$A^k = S\Lambda^k S^{-1} = \begin{pmatrix} 1 & 2 & 2 \\ 1 & 0 & -1 \\ 0 & -1 & -1 \end{pmatrix} \begin{pmatrix} 2^k & 0 & 0 \\ 0 & 2^k & 0 \\ 0 & 0 & 1 \end{pmatrix} \begin{pmatrix} 1 & 0 & 2 \\ -1 & 1 & -3 \\ 1 & -1 & 2 \end{pmatrix}$$

$$= \begin{pmatrix} -2^k + 2 & 2^{k+1} - 2 & -2^{k+2} + 4 \\ 2^k - 1 & 1 & 2^{k+1} - 2 \\ 2^k - 1 & -2^k + 1 & 3 \cdot 2^k - 2 \end{pmatrix}. \quad \square$$

問 5.6 問 5.1 の行列の中で対角化可能なものについて，その k 乗を計算せよ．

対角化できない場合も，ジョルダン標準形にすれば冪乗は計算可能です．まず次のことに注意しましょう．

補題 5.20 ブロック対角型の行列の冪乗は，各ブロック毎の冪乗を並べて得られる同じ型の行列となる：

$$A = \begin{pmatrix} A_1 & & 0 \\ & \ddots & \\ 0 & & A_s \end{pmatrix} \quad \text{ならば} \quad A^k = \begin{pmatrix} A_1^k & & 0 \\ & \ddots & \\ 0 & & A_s^k \end{pmatrix}$$

実際，同じ構造を持つブロック対角型の二つの行列の積は，行列の積の定義を思い出せば，確かに対応するブロック同士の積を並べたものになることが分かります．(厳密に証明するには，ブロックが二つの場合から始めて，ブロックの個数に関する帰納法を使えばよい．) よって，冪乗はその繰り返しですから，上のようになります．

このことから，一つのジョルダンブロックについて，冪乗が計算できればよいことになりますが，これは実際に計算してみればよろしい．

補題 5.21 サイズ ν の λ-ブロックの k 乗は

$$J := \begin{pmatrix} \lambda & 1 & 0 & \cdots & 0 \\ 0 & \lambda & \ddots & \ddots & \vdots \\ \vdots & \ddots & \ddots & \ddots & 0 \\ \vdots & & \ddots & \ddots & 1 \\ 0 & \cdots & \cdots & 0 & \lambda \end{pmatrix}$$

に対し

5.6 標準形の応用

$$J^k = \begin{pmatrix} \lambda^k & {}_kC_1\lambda^{k-1} & {}_kC_2\lambda^{k-2} & \cdots & {}_kC_{\nu-1}\lambda^{k-\nu+1} \\ 0 & \lambda^k & \ddots & \ddots & \vdots \\ \vdots & \ddots & \ddots & \ddots & {}_kC_2\lambda^{k-2} \\ \vdots & & \ddots & \ddots & {}_kC_1\lambda^{k-1} \\ 0 & \cdots & \cdots & 0 & \lambda^k \end{pmatrix}. \tag{5.11}$$

この答は，$k = 2, 3$ くらいを計算してみれば想像が付き，答が予想できれば帰納法で証明できます．もう少しエレガントな説明として，

$$J = \lambda E + N, \quad N = \begin{pmatrix} 0 & 1 & 0 & \cdots & 0 \\ 0 & 0 & \ddots & \ddots & \vdots \\ \vdots & \ddots & \ddots & \ddots & 0 \\ \vdots & & \ddots & \ddots & 1 \\ 0 & \cdots\cdots & & 0 & 0 \end{pmatrix}$$

と置くとき，λE と N は明らかに可換なので，2項定理から

$$J^k = (\lambda E)^k + {}_kC_1(\lambda E)^{k-1}N + {}_kC_2(\lambda E)^{k-2}N^2 + \cdots$$
$$+ {}_kC_{\nu-1}(\lambda E)^{k-\nu+1}N^{\nu-1} + \cdots.$$

ここで，N は先に注意したように冪零行列で，(5.9) に書いたように，N^i は 1 が対角線より i だけ上に斜めに並ぶ行列となり，$i \geq \nu$ では零行列となってしまいます．従って上の展開において N^ν 以降は必要ないので，書かれた項だけを足せば (5.11) が得られます．

ここで，行列の和の冪乗に対して2項定理

$$(A+B)^k = A^k + {}_kC_1A^{k-1}B + {}_kC_2A^{k-2}B^2 + \cdots + B^k$$

を使いましたが，これは上で用いた場合のように二つの行列 A と B が可換な場合には成り立ちますが，一般には成り立たないことに注意しましょう．実際，例えば $(A+B)^2$ を定義に従って計算してみると，

$$(A+B)^2 = (A+B)(A+B) = A^2 + AB + BA + B^2$$

となり，ここで $AB \neq BA$ だと $AB + BA \neq 2AB$ です．

例題 5.5 例題 5.2 の行列 A に対し A^k を計算せよ．

解答 既にジョルダン標準形と，それに帰着するための変換行列

$$S^{-1}AS = \Lambda := \begin{pmatrix} 1 & 1 & 0 & 0 \\ 0 & 1 & 0 & 0 \\ 0 & 0 & 1 & 0 \\ 0 & 0 & 0 & 2 \end{pmatrix}, \qquad S = \begin{pmatrix} -3 & -1 & -1 & 5 \\ 5 & 1 & 1 & -9 \\ 7 & 0 & 1 & -12 \\ -2 & 0 & 0 & 3 \end{pmatrix}$$

が得られているので，それを使って上の補題に持ち込めばよい．

$$\Lambda^n = \begin{pmatrix} 1 & k & 0 & 0 \\ 0 & 1 & 0 & 0 \\ 0 & 0 & 1 & 0 \\ 0 & 0 & 0 & 2^k \end{pmatrix}$$

なので

$$A^k = S\Lambda^k S^{-1}$$

$$= \begin{pmatrix} -3 & -1 & -1 & 5 \\ 5 & 1 & 1 & -9 \\ 7 & 0 & 1 & -12 \\ -2 & 0 & 0 & 3 \end{pmatrix} \begin{pmatrix} 1 & k & 0 & 0 \\ 0 & 1 & 0 & 0 \\ 0 & 0 & 1 & 0 \\ 0 & 0 & 0 & 2^k \end{pmatrix} \begin{pmatrix} -3/2 & -3/2 & 0 & -2 \\ 0 & 1 & -1 & -1 \\ -3/2 & -3/2 & 1 & 2 \\ -1 & -1 & 0 & -1 \end{pmatrix}$$

$$= \begin{pmatrix} -5 \cdot 2^k + 6 & -5 \cdot 2^k - 3k + 5 & 3k & -5 \cdot 2^k + 3k + 5 \\ 9 \cdot 2^k - 9 & 9 \cdot 2^k + 5k - 8 & -5k & 9 \cdot 2^k - 5k - 9 \\ 12 \cdot 2^k - 12 & 12 \cdot 2^k + 7k - 12 & -7k + 1 & 12 \cdot 2^k - 7k - 12 \\ -3 \cdot 2^k + 3 & -3 \cdot 2^k - 2k + 3 & 2k & -3 \cdot 2^k + 2k + 4 \end{pmatrix}. \qquad \square$$

問 5.7 問題 5.5 の行列の k 乗を計算せよ．

【漸化式の解法】 数列 $\{x_k\}$ に対する定数係数の $n+1$ 項漸化式

$$x_{k+n} = a_1 x_{k+n-1} + a_2 x_{k+n-2} + \cdots + a_n x_k \tag{5.12}$$

は，**特性方程式**と呼ばれる代数方程式

$$\lambda^n - a_1 \lambda^{n-1} - a_2 \lambda^{n-2} - \cdots - a_n = 0 \tag{5.13}$$

の根 $\lambda_j, j = 1, \ldots, n$ が互いに異なるとき，

$$x_k = c_1 \lambda_1^k + c_2 \lambda_2^k + \cdots + c_n \lambda_n^k \tag{5.14}$$

の形の一般解を持つことが知られています．ここに $c_j, j = 1, \ldots, n$ は任意定数で，この数列の初項 $x_1, x_2, \ldots, x_n$ から $\lambda_j, j = 1, \ldots, n$ のヴァンデルモンド行列を係数行列とする連立 1 次方程式を解いて求めることができます．この

5.6 標準形の応用

公式は $n=2$, すなわち 3 項漸化式のときは高校で習った人もいるでしょう．一般の場合は以下のように行列の冪乗を用いて説明できます：(5.12) はベクトル表記で

$$\boldsymbol{x}_{k+1} := \begin{pmatrix} x_{k+1} \\ x_{k+2} \\ \vdots \\ x_{k+n-1} \\ x_{k+n} \end{pmatrix} = \begin{pmatrix} 0 & 1 & 0 & \cdots & 0 \\ 0 & 0 & 1 & \ddots & \vdots \\ \vdots & & \ddots & \ddots & 0 \\ 0 & \cdots & \cdots & 0 & 1 \\ a_n & a_{n-1} & \cdots & a_2 & a_1 \end{pmatrix} \begin{pmatrix} x_k \\ x_{k+1} \\ \vdots \\ x_{k+n-2} \\ x_{k+n-1} \end{pmatrix} =: A\boldsymbol{x}_k$$

と書き直せます．従って，数列の番号を一つ進めるのは，この係数行列 A を一回掛けるのと同等であり，一般項は $\boldsymbol{x}_k = A^{k-1}\boldsymbol{x}_1$ の第 1 成分から求まるので，結局 A の冪乗が分かればよいのですが，この行列の標準形は例題 5.3 で調べてあり，(5.13) が固有方程式です．これから，固有値がすべて単純なら，A の冪乗は (5.14) の形の成分を持つ行列となることが分かります．ちなみに，重複固有値がある一般の場合は，λ_1 (ν_1 重), $\ldots$, λ_s (ν_s 重) とするとき，

$$x_k = (c_{11} + c_{12}k + \cdots + c_{1\nu_1}k^{\nu_1-1})\lambda_1^k + \cdots + (c_{s1} + c_{s2}k + \cdots + c_{s\nu_s}k^{\nu_s-1})\lambda_s^k \tag{5.15}$$

の形の一般解が得られることが同じ例題から分かります．

固有値は無理数や複素数になり得るので，上の一般解の表現は必ずしも分かりやすいものとは限りません．例えば，有名な Fibonacci 数列は，初期値 $x_1 = x_2 = 1$ と，$x_{k+2} = x_{k+1} + x_k$ という単純な漸化式で定義されますが，上の結果による一般項の表現は，

$$x_k = \frac{1}{\sqrt{5}}\left(\frac{1+\sqrt{5}}{2}\right)^k - \frac{1}{\sqrt{5}}\left(\frac{1-\sqrt{5}}{2}\right)^k \tag{5.16}$$

となり，これを見てすぐに整数列を想像するのはかなり困難です．

問 5.8 適当な漸化式を導くことにより，次の行列式を求めよ．

(1) $\begin{vmatrix} a+b & ab & 0 & \cdots & & 0 \\ 1 & a+b & ab & \ddots & & \vdots \\ 0 & 1 & a+b & ab & \ddots & \\ \vdots & \ddots & \ddots & \ddots & \ddots & 0 \\ \vdots & & \ddots & \ddots & \ddots & ab \\ 0 & \cdots & \cdots & 0 & 1 & a+b \end{vmatrix}$

(2) $\begin{vmatrix} 1 & 1 & 0 & \cdots & & 0 \\ -1 & 1 & 1 & \ddots & & \vdots \\ 0 & -1 & 1 & 1 & \ddots & \\ \vdots & \ddots & \ddots & \ddots & \ddots & 0 \\ \vdots & & \ddots & \ddots & \ddots & 1 \\ 0 & \cdots & \cdots & 0 & -1 & 1 \end{vmatrix}$

【行列の指数関数】 世の中で最も必要とされる行列の関数は，指数関数 e^A ($\exp(A)$ とも書かれる) でしょう．それは，工学で重要な線形常微分方程式系

$$\begin{cases} x_1' = a_{11}x_1 + \cdots + a_{1n}x_n, \\ \cdots\cdots\cdots \\ x_n' = a_{n1}x_1 + \cdots + a_{nn}x_n, \end{cases} \qquad \left(\text{ここに}\ '\ \text{は}\ \frac{d}{dt}\ \text{を表す}\right)$$

あるいは行列表記で，

$$\boldsymbol{x}' = A\boldsymbol{x}, \qquad \text{ここに}\quad A = \begin{pmatrix} a_{11} & \cdots & a_{1n} \\ \vdots & & \vdots \\ a_{n1} & \cdots & a_{nn} \end{pmatrix}, \quad \boldsymbol{x} = \begin{pmatrix} x_1 \\ \vdots \\ x_n \end{pmatrix}$$

の一般解が

$$\boldsymbol{x} = e^{tA}\boldsymbol{c}, \qquad \text{ここに}\quad \boldsymbol{c} = \begin{pmatrix} c_1 \\ \vdots \\ c_n \end{pmatrix}\ \text{は任意定数のベクトル}$$

の形で求められるからです．この解の公式は $n=1$，すなわち A がスカラーのときは実質的に高校生でも知っているものですが，A が行列になっても通用します．それは，行列 A の指数関数が，指数関数の$\underset{\text{テイラー}}{\text{Taylor}}$展開を用いて

$$e^{tA} := E + tA + \frac{t^2}{2!}A^2 + \cdots + \frac{t^k}{k!}A^k + \cdots \tag{5.17}$$

で定義され，t での微分が項別微分により計算できて，それよりスカラーの場合と同様の公式

$$\frac{d}{dt}e^{tA} = Ae^{tA} = e^{tA}A \tag{5.18}$$

が得られるからです．級数 (5.17) の収束の意味は，行列を $\boldsymbol{R}^{n^2}$ の点と同一視したときのものです．このように同一視したときの $\boldsymbol{R}^{n^2}$ のユークリッドノルム (第 6 章 (6.3) 参照) を $\|A\|$ で表すと，下の問により

$$\|A^k\| \leq \|A\|^k$$

が容易に確かめられるので[2]，通常の e^x のテイラー展開の収束証明にならい，

---

[2] ユークリッドノルムはこの意味で初等的ですが，単位行列のノルム $\|E\|$ が 1 でなく $\sqrt{n}$ になるなど，理論的にはきれいでないところもあります．数値計算の教科書ではもっとましな行列ノルムが使われます．

5.6 標準形の応用

絶対値をノルムに変えて上の級数が $\boldsymbol{R}^{n^2}$ で収束していることが示せます．各成分 $|a_{ij}| \leq \|A\|$ なので，この収束は行列の各成分の収束を意味します．

問 5.9 A, B を n 次正方行列とするとき，$\|AB\| \leq \|A\| \|B\|$ を示せ．

ここでは (5.18) のこれ以上の正当化は解析の講義に任せ，指数関数を具体的に計算しましょう．応用を考えてパラメータ t を入れた形で書きますが，ただの行列の指数関数のときは，$t = 1$ だと思えばよろしい．

補題 5.22 対角行列，および，サイズ ν の λ-ブロックの指数関数はそれぞれ次のようになる．

$$\exp\left[t\begin{pmatrix} \lambda_1 & 0 & \cdots & 0 \\ 0 & \lambda_2 & \ddots & \vdots \\ \vdots & \ddots & \ddots & 0 \\ 0 & \cdots & 0 & \lambda_n \end{pmatrix}\right] = \begin{pmatrix} e^{\lambda_1 t} & 0 & \cdots & 0 \\ 0 & e^{\lambda_2 t} & \ddots & \vdots \\ \vdots & \ddots & \ddots & 0 \\ 0 & \cdots & 0 & e^{\lambda_n t} \end{pmatrix},$$

$$\exp\left[t\begin{pmatrix} \lambda & 1 & 0 & \cdots & 0 \\ 0 & \lambda & \ddots & \ddots & \vdots \\ \vdots & \ddots & \ddots & \ddots & 0 \\ \vdots & & \ddots & \ddots & 1 \\ 0 & \cdots\cdots & & 0 & \lambda \end{pmatrix}\right] = \begin{pmatrix} e^{\lambda t} & \frac{te^{\lambda t}}{1!} & \frac{t^2 e^{\lambda t}}{2!} & \cdots & \frac{t^{\nu-1}e^{\lambda t}}{(\nu-1)!} \\ 0 & e^{\lambda t} & \ddots & \ddots & \vdots \\ \vdots & \ddots & \ddots & \ddots & \frac{t^2 e^{\lambda t}}{2!} \\ \vdots & & \ddots & \ddots & \frac{te^{\lambda t}}{1!} \\ 0 & \cdots & & 0 & e^{\lambda t} \end{pmatrix}$$

証明 上に注意したように，ここでは形式的な計算だけを示す．前者は明らかであろう．後者については，A^k における対角線より i 個上の成分は，$k < i$ では 0，$k \geq i$ では ${}_k C_i \lambda^{k-i} t^k$ であるから，e^A においては，

$$\sum_{k=i}^{\infty} \frac{1}{k!} {}_k C_i \lambda^{k-i} t^k = \frac{t^i}{i!} \sum_{k=i}^{\infty} \frac{1}{(k-i)!} (\lambda t)^{k-i} = \frac{t^i}{i!} e^{\lambda t}$$

となる． □

定理 5.23 行列 A の指数関数 e^A は，$\Lambda = S^{-1}AS$ をそのジョルダン標準形とするとき，$Se^\Lambda S^{-1}$ で計算される．ここに，e^Λ はブロック毎に前補題で計算される．

実際，冪乗の計算法で既に注意したように，

$$e^A = e^{S^{-1}AS} = \sum_{k=0}^{\infty} \frac{1}{k!}(S^{-1}AS)^k = \sum_{k=0}^{\infty} \frac{1}{k!}S^{-1}A^k S = S^{-1}\left(\sum_{k=0}^{\infty} \frac{1}{k!}A^k\right)S$$
$$= S^{-1}e^A S$$

となるからです．冪乗がブロック毎に計算できるので，その和である指数関数もブロック毎に計算できます．

この指数関数の具体的計算から，次の重要な公式が得られます：

系 5.24 $\det e^A = e^{\operatorname{tr} A}$．

実際，A の固有値を $\lambda_j, j=1,\ldots,n$ とすれば，上の計算から e^A の固有値が $e^{\lambda_j}, j=1,\ldots,n$ となることが分かるので，$\det e^A = \prod_{j=1}^n e^{\lambda_j} = e^{\sum_{j=1}^n \lambda_j} = e^{\operatorname{tr} A}$．

例題 5.6 次の線形常微分方程式系の一般解を求めよ．

$$\begin{cases} x' = 2y - 4z, \\ y' = x + y + 2z, \\ z' = x - y + 4z \end{cases}$$

解答 この連立方程式は例題 5.1 の行列 A を用いて，$\boldsymbol{x}' = A\boldsymbol{x}$ と行列表記されるから，一般解は $e^{tA}\boldsymbol{c}$ である．スカラー t 倍は行列 S と可換なことに注意すれば，行列 tA の指数関数は，例題 5.1 の記号および計算結果を用いて

$$e^{tA} = Se^{tA}S^{-1} = \begin{pmatrix} 1 & 2 & 2 \\ 1 & 0 & -1 \\ 0 & -1 & -1 \end{pmatrix} \begin{pmatrix} e^{2t} & 0 & 0 \\ 0 & e^{2t} & 0 \\ 0 & 0 & e^t \end{pmatrix} \begin{pmatrix} 1 & 0 & 2 \\ -1 & 1 & -3 \\ 1 & -1 & 2 \end{pmatrix}$$
$$= \begin{pmatrix} -e^{2t} + 2e^t & 2e^{2t} - 2e^t & -4e^{2t} + 4e^t \\ e^{2t} - e^t & e^t & 2e^{2t} - 2e^t \\ e^{2t} - e^t & -e^{2t} + e^t & 3e^{2t} - 2e^t \end{pmatrix}$$

と求まる．一般解はこれに右から任意定数のベクトル ${}^t(c_1, c_2, c_3)$ を掛けたものとなる．□

問 5.10 問 5.1 の行列の中で対角化可能なものについて，指数関数 $\exp(tA)$ を計算せよ．

例題 5.7 次の連立線形常微分方程式の一般解を求めよ.
$$\begin{cases} x' = -4x - 8y + 3z - 2u, \\ y' = 9x + 15y - 5z + 4u, \\ z' = 12x + 19y - 6z + 5u, \\ u' = -3x - 5y + 2z \end{cases}$$

解答 行列表記で,
$$x' = \begin{pmatrix} -4 & -8 & 3 & -2 \\ 9 & 15 & -5 & 4 \\ 12 & 19 & -6 & 5 \\ -3 & -5 & 2 & 0 \end{pmatrix} x$$

と書け,例題 5.2 においてジョルダン標準形と変換行列の計算が済んでいるので,指数関数は,

$$\begin{pmatrix} -3 & -1 & -1 & 5 \\ 5 & 1 & 1 & -9 \\ 7 & 0 & 1 & -12 \\ -2 & 0 & 0 & 3 \end{pmatrix} \begin{pmatrix} e^t & te^t & 0 & 0 \\ 0 & e^t & 0 & 0 \\ 0 & 0 & e^t & 0 \\ 0 & 0 & 0 & e^{2t} \end{pmatrix} \begin{pmatrix} -3/2 & -3/2 & 0 & -2 \\ 0 & 1 & -1 & -1 \\ -3/2 & -3/2 & 1 & 2 \\ -1 & -1 & 0 & -1 \end{pmatrix}$$

$$= \begin{pmatrix} 6e^t - 5e^{2t} & -(3t-5)e^t - 5e^{2t} & 3te^t & (3t+5)e^t - 5e^{2t} \\ -9e^t + 9e^{2t} & (5t-8)e^t + 9e^{2t} & -5te^t & -(5t+9)e^t + 9e^{2t} \\ -12e^t + 12e^{2t} & (7t-12)e^t + 12e^{2t} & -(7t-1)e^t & -(7t+12)e^t + 12e^{2t} \\ 3e^t - 3e^{2t} & -(2t-3)e^t - 3e^{2t} & 2te^t & 2(t+2)e^t - 3e^{2t} \end{pmatrix}$$

となる.一般解は同じくこれに右から任意定数のベクトル ${}^t(c_1, c_2, c_3, c_4)$ を掛けたもの. □

問 5.11 問 5.5 の各行列の指数関数 e^{tA} を計算せよ.

💻 実の係数行列が複素数の固有値を持つ場合の取扱いは **p.163 への補遺** を参照.

章 末 問 題

問題 1 A, B を n 次正方行列とするとき,AB の固有値と BA の固有値は重複度も込めて一致することを証明せよ.

問題 2 A, B を n 次正方行列とし,A と B は一つの同じ固有値を持つとする.このとき,ある正則行列 C と n 次元数ベクトル $x \neq 0$ が存在して $C^{-1}ACx = Bx$ が成り立つことを示せ.

問題 3 $A = (a_{ij})$ は各成分が 0 または 1 の $m \times n$ 型行列で次の 2 条件を満たすものとする：

(a) $j = 1, 2, \ldots, n$ に対して
$$\sum_{i=1}^{m} a_{ij} = a.$$

(b) A の相異なる任意の二つの列ベクトルの内積は b に等しい．

このとき次の各問に答えよ：

(1) 三つの量 a, b, m の間の大小関係について分かることを記せ．
(2) ${}^t A$ を A の転置行列とするとき，${}^t A A$ はどんな行列か？
(3) ${}^t A A$ が正則になるための必要かつ十分な条件を求めよ．
(4) $m < n$ ならば $a = b$ でなければならないことを示せ．

問題 4 n 次行列 $A = \begin{pmatrix} a & b & \cdots & b \\ b & a & \ddots & \vdots \\ \vdots & \ddots & \ddots & b \\ b & \cdots & b & a \end{pmatrix}$ に対し，$A^k = \begin{pmatrix} a_k & b_k & \cdots & b_k \\ b_k & a_k & \ddots & \vdots \\ \vdots & \ddots & \ddots & b_k \\ b_k & \cdots & b_k & a_k \end{pmatrix}$ と

なることを示せ．ただし

$$a_k = \frac{1}{n}\{(a + (n-1)b)^k + (n-1)(a-b)^k\},$$

$$b_k = \frac{1}{n}\{(a + (n-1)b)^k - (a-b)^k\}$$

である．

問題 5 $\mathbf{R}^n$ のアフィン写像 $F(\boldsymbol{x}) = A\boldsymbol{x} + \boldsymbol{b}$ において，行列 A の固有値の絶対値は 1 に等しくはないとする．このとき，任意の k に対し F の k-周期点，すなわち $F^k(\boldsymbol{x}) = \boldsymbol{x}$ となる点 $\boldsymbol{x}$ が常に唯一つ存在することを示せ．

問題 6 漸化式 $x_{n+2} = ax_{n+1} + bx_n$ で定まる数列がどんな x_1, x_2 の選び方に対しても収束するような実数 a, b の範囲を決定し図示せよ．

問題 7 (**スペクトル写像定理**) 行列 A に対し，有理関数 $f(x)$ が A の固有値において分母が 0 にならないとすれば，$f(A)$ が自然に定義できる．このとき A の固有値を $\lambda_1, \ldots, \lambda_n$ とすれば，$f(A)$ の固有値は $f(\lambda_1), \ldots, f(\lambda_n)$ となる．A が実行列で $f(x)$ が実数値なら，$f(A)$ も実行列となる．以上のことを示せ．

問題 8 巡回行列はヴァンデルモンド行列で対角化され，固有値は第 3 章章末問題 5 の解答中の $Z_0, \ldots, Z_{n-1}$ となることを示せ．

第6章

対称行列と2次形式

　線形代数の対象は主に1次式ですが，実は2次式も扱うことができます．この章では，応用上重要な対称行列という特殊な形の行列の性質と取り扱い方を学び，更にそのような行列を用いて2次式を表す方法と，それらの幾何学への応用について学びます．

■ 6.1　内積と対称行列

　対称行列 (symmetric matrix) の定義は簡単です．転置行列が元の行列に等しい行列，すなわち，

$$ {}^t A = A $$

を満たす行列を**対称行列**と言います．このような行列は，幾何学や，工学で偏微分方程式の境界値問題を離散化するときなどによく出て来ます．そこでは対称行列が持つ特有の性質が重要な役割を演じますが，これらの性質を調べようとすると，上のナイーブな定義では足りず，内積を用いた対称行列の特徴付けが必要になります．そこで，まず抽象的な内積の定義を学びましょう．

【内積とユークリッド幾何】　実数ベクトル空間の**内積** (inner product) は

$$\boldsymbol{x} = {}^t(x_1,\ldots,x_n),\quad \boldsymbol{y} = {}^t(y_1,\ldots,y_n) \text{ に対し}$$

$$(\boldsymbol{x},\boldsymbol{y}) := x_1 y_1 + \cdots + x_n y_n \tag{6.1}$$

で定義されました．**転置行列** (transposed matrix) とは，元の行列の成分を主対角線に関して線対称に入れ替えた行列のことでしたが，これは内積の等式

$$\forall \boldsymbol{x},\boldsymbol{y} \text{ に対し} \quad (A\boldsymbol{x},\boldsymbol{y}) = (\boldsymbol{x},{}^t A \boldsymbol{y}) \tag{6.2}$$

を満たす行列として特徴付けることもできます．実際，${}^t A$ の第 (i,j) 成分は A の第 (j,i) 成分 a_{ji} に等しいのですが，

$$(A\boldsymbol{x},\boldsymbol{y}) = \sum_{i=1}^n (A\boldsymbol{x})_i y_i = \sum_{i=1}^n \left(\sum_{j=1}^n a_{ij} x_j\right) y_i = \sum_{i=1}^n \sum_{j=1}^n a_{ij} x_j y_i$$
$$= \sum_{j=1}^n \left(\sum_{i=1}^n a_{ij} y_i\right) x_j = \sum_{j=1}^n \left(\sum_{i=1}^n ({}^t A)_{ji} y_i\right) x_j$$
$$= \sum_{j=1}^n ({}^t A \boldsymbol{y})_j x_j = (\boldsymbol{x}, {}^t A \boldsymbol{y}).$$

以下の議論では，このように (6.1) を直接使って計算することはあまり無く，転置行列とか，対称行列とかの性質は，内積による抽象的な等式 (6.2) と，以下にまとめた内積の性質から導くのが普通です．

> **定義 6.1** (実数体上の線形空間の内積の公理)
>
> (1) (正値性) $\forall \boldsymbol{x} \in V$ に対し，$(\boldsymbol{x},\boldsymbol{x}) \geq 0$. ここで $(\boldsymbol{x},\boldsymbol{x}) = 0 \iff \boldsymbol{x} = \boldsymbol{0}$.
> (2) (双線形性) $\forall \boldsymbol{x},\boldsymbol{y},\boldsymbol{z} \in V$, $\forall \lambda, \mu \in \boldsymbol{R}$ に対し，
> $(\lambda \boldsymbol{x} + \mu \boldsymbol{y}, \boldsymbol{z}) = \lambda (\boldsymbol{x},\boldsymbol{z}) + \mu (\boldsymbol{y},\boldsymbol{z})$,
> $(\boldsymbol{x}, \lambda \boldsymbol{y} + \mu \boldsymbol{z}) = \lambda (\boldsymbol{x},\boldsymbol{y}) + \mu (\boldsymbol{x},\boldsymbol{z})$.
> (3) (対称性) $\forall \boldsymbol{x},\boldsymbol{y} \in V$ に対し $(\boldsymbol{x},\boldsymbol{y}) = (\boldsymbol{y},\boldsymbol{x})$.

これらの性質は (6.1) で定義された内積については明らかですね．以下の議論は，内積が具体的に (6.1) のような形をしていなくても，上の諸性質を満たす $V \times V$ 上の実数値関数なら何でも通用します．そのような関数を実数体上の線形空間 V の**内積**または**計量** (metric) と呼びます．実際，これを用いてベクトルの**ノルム**，すなわち長さが

$$\|\boldsymbol{x}\| := \sqrt{(\boldsymbol{x},\boldsymbol{x})} \tag{6.3}$$

で定義されるからです．内積，あるいは計量は，線形空間に更に上部構造を付加する概念です．内積を与えられた線形空間は**計量線形空間**と呼ばれ，ユークリッド幾何の舞台となります．内積とユークリッド幾何との関連は平面と空間の場合に既に第 1 章で学びましたが，計量線形空間においては，一般の次元でも，2 次元や 3 次元のときと同様に，2 点間の距離や，二つのベクトル間の角度が定義できます．

定義 6.2 位置ベクトル x, y で表された線形空間の 2 点間の距離を $\|y - x\|$ で定義する．また，二つのベクトル x, y の成す角 θ を次の式により定める：

$$\cos\theta = \frac{(x, y)}{\|x\| \cdot \|y\|} \tag{6.4}$$

Schwarz(シュワルツ)の不等式 $|(x, y)| \leq \|x\|\|y\|$ により，上の式の右辺の絶対値は 1 以下であることに注意しましょう．この不等式は，内積の抽象的性質だけを用いて，例えば，$0 \leq \big\|\|y\|x \pm \|x\|y\big\|^2 = 2\|x\|^2\|y\|^2 \pm 2\|x\|\|y\|(x, y)$ から導けます．

【直交基底】 まず，計量にふさわしい座標軸として，正規直交基底の定義とその作り方を学びます．

定義 6.3 線形空間 V の元の組 $[a_1, \ldots, a_n]$ が $(a_i, a_j) = \delta_{ij}$ を満たすとき，これを**正規直交系**と呼ぶ．正規直交系で基底を成すものを**正規直交基底**あるいは**完全正規直交系**と呼ぶ．

このようなベクトルの組が線形独立なことは次のようにして分かります：今，$c_1 a_1 + \cdots + c_n a_n = 0$ とすれば，これと各 a_j との内積をとって

$$0 = (c_1 a_1 + \cdots + c_n a_n, a_j) = \sum_{i=1}^{n} c_i (a_i, a_j) = c_j (a_j, a_j) = c_j.$$

定義 6.4 線形空間 V の線形独立な任意のベクトル系 $[a_1, \ldots, a_n]$ から正規直交系を導く以下のようなアルゴリズムのことを Gram-Schmidt(グラムシュミット) の直交化法という：$[a_1, \ldots, a_n]$ を与えられたベクトル系とするとき

$$b_1 = \frac{1}{\|a_1\|} a_1, \ b_2' = a_2 - (b_1, a_2) b_1, \ b_2 = \frac{1}{\|b_2'\|} b_2', \ \ldots,$$

一般に $b_1, \ldots, b_{k-1}$ まで定義されたとして

$$b_k' = a_k - (b_1, a_k) b_1 - (b_2, a_k) b_2 - \cdots - (b_{k-1}, a_k) b_{k-1},$$
$$b_k = \frac{1}{\|b_k'\|} b_k', \ \ldots, \tag{6.5}$$

こうして作られた $[b_1, \ldots, b_n]$ が正規直交系となることは，ベクトルの個数に関する帰納法で容易に確かめることができます．実際，$[b_1, \ldots, b_{k-1}]$ までが正規直交系となっているとすれば，上のように定められた b_k'，従って b_k がこれらと直交することは，内積を計算してみれば直ちに分かります．

内積は直和補空間の標準的なものを与えます．

第 6 章 対称行列と2次形式

定義 6.5 V を内積 $(\ ,\ )$ が与えられた $\boldsymbol{R}$ 上の線形空間とする．V の線形部分空間 W に対し，その**直交補空間** (orthogonal complement) $W^\perp$ を

$$W^\perp := \{\boldsymbol{x} \in V \mid \forall \boldsymbol{y} \in W \text{ に対し } (\boldsymbol{x}, \boldsymbol{y}) = 0\}$$

で定める．

補題 6.1 $W^\perp$ は実際に W の直和補空間である．従って $\dim W^\perp = \dim V - \dim W$ が成り立つ．

証明 $\boldsymbol{x} \in W \cap W^\perp$ とすると $\boldsymbol{x} \perp \boldsymbol{x}$，すなわち $0 = (\boldsymbol{x}, \boldsymbol{x}) = \|\boldsymbol{x}\|^2$．よって $\boldsymbol{x} = \boldsymbol{0}$ だから，$W \cap W^\perp = \{\boldsymbol{0}\}$．他方，$W$ の正規直交基底を $\boldsymbol{a}_1, \ldots, \boldsymbol{a}_r$ とするとき，$\forall \boldsymbol{x} \in V$ について

$$\boldsymbol{x}' := \boldsymbol{x} - (\boldsymbol{x}, \boldsymbol{a}_1)\boldsymbol{a}_1 - \cdots - (\boldsymbol{x}, \boldsymbol{a}_r)\boldsymbol{a}_r$$

は，$\boldsymbol{a}_1, \ldots, \boldsymbol{a}_r$ と直交するので，$W^\perp$ に属する．故に $\boldsymbol{x} \in W + W^\perp$. □

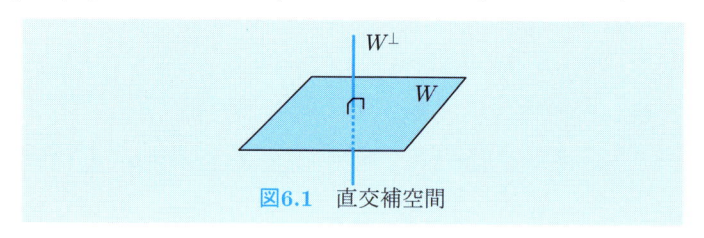

図6.1 直交補空間

【直交行列】 計量線形空間においては，一般の線形変換を使うと，計量が変わってしまうので，計量を保存するような特殊な線形変換が重要となります．

補題 6.2 実行列 P が**直交行列** (orthogonal matrix) とは P の列ベクトルが正規直交基底を成すことをいう．これは次のように言い替えることができる：

① P が直交行列 $\iff$ ② ${}^t P P = E$
$\iff$ ③ $\forall \boldsymbol{x}, \boldsymbol{y}$ に対し $(P\boldsymbol{x}, P\boldsymbol{y}) = (\boldsymbol{x}, \boldsymbol{y})$
$\iff$ ④ $\forall \boldsymbol{x}$ に対し $(P\boldsymbol{x}, P\boldsymbol{x}) = (\boldsymbol{x}, \boldsymbol{x})$
$\iff$ ⑤ P は空間の長さと角度を変えない

証明 $P = (\boldsymbol{p}_1, \ldots, \boldsymbol{p}_n)$，すなわち，$P$ の第 i 列ベクトルを $\boldsymbol{p}_i$ と記そう．${}^t P P$ の第 (i, j) 成分は内積 $(\boldsymbol{p}_i, \boldsymbol{p}_j)$ に等しいから，② は ① を言い替えたものに過ぎない．② と ③ の同値性は転置行列の定義そのものである．実際，$(P\boldsymbol{x}, P\boldsymbol{y}) = (\boldsymbol{x}, {}^t P P \boldsymbol{y})$ だから② $\implies$ ③ は明らかで，逆に戻るには，最後の

辺において $x = e_i, y = e_j$ と取ってみれば，${}^tPP$ の第 (i,j) 成分が δ_{ij} に等しいことが分かる．③ と ④ の同値性の証明は，内積をノルムだけで表現する次の**中線定理**から出る：

$$(x, y) = \frac{1}{2}\{(x+y, x+y) - (x, x) - (y, y)\} \tag{6.6}$$

この式は右辺を展開して計算すれば確かめることができる．(平面におけるパップスの定理 (第 1 章問 1.3) と同等である.) 最後に，⑤ は，長さと角度を内積で表現した式 (6.3), (6.4) から明らかである． □

問 6.1 次のようなベクトルの集合をグラム-シュミットのアルゴリズムを用いて正規直交化せよ．また，これらが張る部分空間が全空間でない場合は，その直交補空間を示せ．

(1) $\begin{pmatrix}1\\1\end{pmatrix}, \begin{pmatrix}1\\0\end{pmatrix}$ (2) $\begin{pmatrix}1\\1\\1\end{pmatrix}, \begin{pmatrix}1\\1\\-1\end{pmatrix}, \begin{pmatrix}1\\0\\0\end{pmatrix}$ (3) $\begin{pmatrix}1\\1\\1\\1\end{pmatrix}, \begin{pmatrix}1\\1\\1\\0\end{pmatrix}, \begin{pmatrix}1\\0\\1\\0\end{pmatrix}$

　グラム-シュミットの直交化法のアルゴリズムを直交行列の言葉で言い替えると，次のような抽象的定理が得られます．これは QR 分解という呼び名で，数値解析においてしばしば引用されます．

系 6.3 任意の正則行列 A は適当な直交行列 Q と上三角型の正則行列 R により $A = QR$ と分解される．この分解は，成分が ± 1 の対角型行列を除き一意である．

証明 正則行列 A の列ベクトルに対して，グラム-シュミットの直交化法を適用すると，ある直交行列 Q の列ベクトルが得られるが，このときの各ステップでの変換 (6.5) は，必ずある上三角型の行列を A の右から掛けることで実現される．(列ベクトルの線形結合は右からの行列の積に対応するが，(6.5) の b'_k が $a_1, \ldots, a_k$ だけで書けていることから，それは上三角型となる.) よって，S としてこれらの変換行列の積をとれば，$AS = Q$. 故に $R = S^{-1}$ として $A = QR$ が得られる．ここで，上三角型の正則行列同士の積や逆行列は再び上三角型となることを用いた．一意性の方は，$QR = Q'R'$ より $Q'^{-1}Q = R'R^{-1}$ は上三角型の直交行列となるが，そのようなものは成分 ± 1 の対角型行列しか無いことが，${}^tR = R^{-1}$ の両辺を比較すれば分かる． □

グラム-シュミットの直交化法は抽象的な内積にもそのまま適用でき，応用方面では無限次元の場合によく使われますが，有限次元に落としたものを章末問題1に挙げておきました．

6.2 対称行列の固有値

いよいよ対称行列の固有値に関する性質を調べましょう．

定理 6.4 実対称行列 A の固有値はすべて実数である．

ある量が実数であることを証明するには，まず最初はそれを複素数として扱わねばなりません．従ってこの証明には複素内積あるいは Hermite（エルミート）内積と呼ばれるものが必要になります．複素数ベクトル空間 $\boldsymbol{C}^n$ の上の標準エルミート内積は

$$\boldsymbol{x} = {}^t(x_1, \ldots, x_n), \ \ \boldsymbol{y} = {}^t(y_1, \ldots, y_n) \ \text{に対し}$$
$$(\boldsymbol{x}, \boldsymbol{y}) := x_1\overline{y_1} + \cdots + x_n\overline{y_n} \tag{6.7}$$

で定義されます．ここに $\overline{}$ は複素共役を表します．これは次のような性質を持ちます．

定義 6.6（複素数体上の線形空間のエルミート内積の公理）

(1)（正値性）$\forall \boldsymbol{x} \in V$ に対し，$(\boldsymbol{x}, \boldsymbol{x}) \geq 0$．
ここで $(\boldsymbol{x}, \boldsymbol{x}) = 0 \iff \boldsymbol{x} = \boldsymbol{0}$．
(2) $\left(1\dfrac{1}{2}\text{線形性}\right)$ $\forall \boldsymbol{x}, \boldsymbol{y}, \boldsymbol{z} \in V, \forall \lambda, \mu \in \boldsymbol{C}$ に対し，
$(\lambda \boldsymbol{x} + \mu \boldsymbol{y}, \boldsymbol{z}) = \lambda(\boldsymbol{x}, \boldsymbol{z}) + \mu(\boldsymbol{y}, \boldsymbol{z})$,
$(\boldsymbol{x}, \lambda \boldsymbol{y} + \mu \boldsymbol{z}) = \overline{\lambda}(\boldsymbol{x}, \boldsymbol{y}) + \overline{\mu}(\boldsymbol{x}, \boldsymbol{z})$.
(3)（エルミート対称性）$\forall \boldsymbol{x}, \boldsymbol{y} \in V$ に対し $(\boldsymbol{x}, \boldsymbol{y}) = \overline{(\boldsymbol{y}, \boldsymbol{x})}$．

一般に，複素ベクトル空間 V に対し，$V \times V$ 上の複素数値関数が上の三つの性質を持つとき，これを**エルミート内積**あるいは**エルミート計量**と呼びます．

🐙 双線形は英語で bilinear，$1\dfrac{1}{2}$ 線形は sesquilinear と言います．

複素行列 A に対しては，転置行列の代わりに次のような行列を考えるのが便利です．

6.2 対称行列の固有値

定義 6.7 複素行列 A の**エルミート共役**とは $^\dagger A := \overline{{}^t A}$ で定義される行列のことをいう。複素行列 A で $^\dagger A = A$ を満たすものを**エルミート行列** (Hermitian matrix) と呼ぶ。エルミート行列の固有値も実数となる。

実対称行列はエルミート行列でもありますが、真の複素行列については対称行列とエルミート行列は異なる概念で、後者の方がずっと有用です。このような行列は物理では量子力学において主役を演じます。

A のエルミート共役 $^\dagger A$ は、標準的なエルミート内積 (6.7) について

$$\forall \boldsymbol{x},\ \boldsymbol{y} \text{ に対し } (A\boldsymbol{x},\boldsymbol{y}) = (\boldsymbol{x}, {}^\dagger A\boldsymbol{y}) \tag{6.8}$$

を満たす行列として特徴付けられます。このことは (6.2) の計算において、第 2 成分にすべて複素共役を付けてみればただちに分かります。

定理 6.4 の証明 以下の証明は、A が複素エルミート行列の場合にそのまま通用する。$A\boldsymbol{x} = \lambda \boldsymbol{x}, \lambda \in \boldsymbol{C}, \boldsymbol{x} \in \boldsymbol{C}^n$ として、複素内積を計算すると

$$(A\boldsymbol{x},\boldsymbol{x}) = (\lambda\boldsymbol{x},\boldsymbol{x}) = \lambda(\boldsymbol{x},\boldsymbol{x}) = \lambda\|\boldsymbol{x}\|^2$$

他方、A はエルミート行列なので

$$(A\boldsymbol{x},\boldsymbol{x}) = (\boldsymbol{x}, A\boldsymbol{x}) = (\boldsymbol{x}, \lambda\boldsymbol{x}) = \overline{\lambda}(\boldsymbol{x},\boldsymbol{x}) = \overline{\lambda}\|\boldsymbol{x}\|^2$$

$\|\boldsymbol{x}\| > 0$ だから、$\lambda\|\boldsymbol{x}\|^2 = \overline{\lambda}\|\boldsymbol{x}\|^2$ より $\overline{\lambda} = \lambda$、すなわち λ は実数となる。□

定理 6.5 実対称行列 A の異なる固有値に属する固有ベクトルは互いに直交する。すなわち、それらの内積が 0 となる。複素エルミート行列の異なる固有値に属する固有ベクトルも、エルミート内積に関して互いに直交する。

証明 $A\boldsymbol{x} = \lambda\boldsymbol{x}, A\boldsymbol{y} = \mu\boldsymbol{y}, \lambda \neq \mu$ とすると、(λ, μ は実であることが既に分かっているので)

$$(A\boldsymbol{x},\boldsymbol{y}) = (\lambda\boldsymbol{x},\boldsymbol{y}) = \lambda(\boldsymbol{x},\boldsymbol{y}). \quad \text{他方} \quad (A\boldsymbol{x},\boldsymbol{y}) = (\boldsymbol{x}, A\boldsymbol{y}) = \mu(\boldsymbol{x},\boldsymbol{y}).$$

よって $\lambda(\boldsymbol{x},\boldsymbol{y}) = \mu(\boldsymbol{x},\boldsymbol{y})$ から $(\boldsymbol{x},\boldsymbol{y}) = 0$. □

定理 6.6 実対称行列 A は (重複固有値が有っても) 常に対角化可能である。

この定理には、一般固有ベクトルの説明を飛ばした読者にも対応できるよう、

2 種類の証明を与えておきましょう．

第 1 証明 対角化可能性の判定条件として，一般固有ベクトルが実は固有ベクトルになることを示す (系 5.17)．$(A - \lambda E)^k \boldsymbol{x} = \boldsymbol{0}$, $k \geq 2$ とすると，$\boldsymbol{y} = (A - \lambda E)^{k-2} \boldsymbol{x}$ と置けば，$(A - \lambda E)$ も対称行列であることに注意して

$$0 = ((A - \lambda E)^2 \boldsymbol{y}, \boldsymbol{y}) = ((A - \lambda E)\boldsymbol{y}, (A - \lambda E)\boldsymbol{y}) = \|(A - \lambda E)\boldsymbol{y}\|^2$$

よって $(A - \lambda E)\boldsymbol{y} = (A - \lambda E)^{k-1} \boldsymbol{x} = \boldsymbol{0}$．以下帰納的に冪を下げることができ，$(A - \lambda E)\boldsymbol{x} = \boldsymbol{0}$ が導ける．

第 2 証明 直交補空間に帰着することにより直接帰納法を用いる．一般に，定義 6.1 に掲げた内積の性質を満たす抽象的な関数 $(\ ,\ )$ が与えられた n 次元実線形空間において，この内積に関して対称な線形作用素，すなわち $(\Phi \boldsymbol{x}, \boldsymbol{y}) = (\boldsymbol{x}, \Phi \boldsymbol{y})$ を満たす V からそれ自身への線形写像について，定理の主張を証明すればよい．このように抽象化された "対称行列" についても定理 6.4, 6.5 が成り立つことは，それらの証明が実内積，あるいはエルミート内積について列挙した抽象的な性質だけを用いてなされ，(6.1) や (6.6) の具体的構造には依っていないことから分かる．

さて，λ を一つの固有値，$\boldsymbol{a}$ をそれに対応する固有ベクトルとせよ．このとき，$\boldsymbol{a}$ の直交補空間，すなわち，

$$W = \{\boldsymbol{x} \in V \mid (\boldsymbol{x}, \boldsymbol{a}) = 0\}$$

は，Φ-不変，すなわち $\Phi(W) \subset W$ を満たす．実際，$\boldsymbol{x} \in W$ なら，Φ の対称性により

$$(\Phi \boldsymbol{x}, \boldsymbol{a}) = (\boldsymbol{x}, \Phi \boldsymbol{a}) = (\boldsymbol{x}, \lambda \boldsymbol{a}) = \lambda(\boldsymbol{x}, \boldsymbol{a}) = 0$$

となるからである．よって Φ を W に制限した写像 $\Phi|_W$ が定義できるが，これは V の内積を自然に制限することにより定義される W の内積に関しても明らかに対称である．補題 6.1 により $\dim W = \dim V - 1$ だから，帰納法の仮定により，$\Phi|_W$ は，W では対角行列で表現される．すなわち，固有ベクトルから成る基底 $\boldsymbol{a}_1, \ldots, \boldsymbol{a}_{n-1} \in W$ が存在する．これにもとの $\boldsymbol{a}$ を付け加えたものは，明らかに Φ の固有ベクトルより成る V の基底となる． □

系 6.7 実対称行列 A は直交行列 P により対角化される．

6.2 対称行列の固有値

証明 変換行列は固有ベクトルを並べたものなので，固有ベクトルで正規直交系が作れることを言えばよい．異なる固有値に対する固有ベクトルは定理 6.5 により自然に直交するので，単純固有値については固有ベクトルの長さを 1 に正規化するだけでよい．重複固有値が有る場合には，その固有値に対応する固有ベクトルの基底を，まず単に線形独立となるように求めておき，次いでグラム-シュミットの直交化法を用いて正規直交化する．これを各重複固有値について個別に行っても，全体としての正規直交性は保たれる．

なお，定理 6.6 の第 2 証明をほんの少し修正すれば，直接この定理を証明することができるが，実際に変換の直交行列を計算するには，ここで述べた手順の方が簡単である． □

例題 6.1 次の対称行列を直交行列により対角化せよ．

$$A = \begin{pmatrix} 2 & 2 & -2 \\ 2 & 5 & -4 \\ -2 & -4 & 5 \end{pmatrix}$$

解答 まず，固有方程式

$$\begin{vmatrix} 2-\lambda & 2 & -2 \\ 2 & 5-\lambda & -4 \\ -2 & -4 & 5-\lambda \end{vmatrix} \underset{\text{第 2 行を第 3 行に加える}}{=} \begin{vmatrix} 2-\lambda & 2 & -2 \\ 2 & 5-\lambda & -4 \\ 0 & 1-\lambda & 1-\lambda \end{vmatrix}$$

$$\underset{\text{第 3 列を第 2 列から引く}}{=} \begin{vmatrix} 2-\lambda & 4 & -2 \\ 2 & 9-\lambda & -4 \\ 0 & 0 & 1-\lambda \end{vmatrix} = (1-\lambda)(\lambda^2 - 11\lambda + 10) = 0$$

を解いて，固有値は 10, 1 (2 重)．固有値 10 に対する固有ベクトルは

$$\begin{pmatrix} -8 & 2 & -2 \\ 2 & -5 & -4 \\ -2 & -4 & -5 \end{pmatrix} \begin{pmatrix} x \\ y \\ z \end{pmatrix} = \begin{pmatrix} 0 \\ 0 \\ 0 \end{pmatrix} \text{ より } \begin{pmatrix} 1 \\ 2 \\ -2 \end{pmatrix}. \text{ 長さを正規化して } \begin{pmatrix} \frac{1}{3} \\ \frac{2}{3} \\ -\frac{2}{3} \end{pmatrix}.$$

固有値 1 に対する固有ベクトルは $\begin{pmatrix} 1 & 2 & -2 \\ 2 & 4 & -4 \\ -2 & -4 & 4 \end{pmatrix} \begin{pmatrix} x \\ y \\ z \end{pmatrix} = \begin{pmatrix} 0 \\ 0 \\ 0 \end{pmatrix}$ より，取り

敢えず $\begin{pmatrix} 2 \\ -1 \\ 0 \end{pmatrix}$ と $\begin{pmatrix} 0 \\ 1 \\ 1 \end{pmatrix}$ が求まる．グラム-シュミット法によりこれらを正規直

交化すると，$\boldsymbol{b}_1 = \begin{pmatrix} \frac{2}{\sqrt{5}} \\ -\frac{1}{\sqrt{5}} \\ 0 \end{pmatrix}$, $\boldsymbol{b}_2' = \begin{pmatrix} 0 \\ 1 \\ 1 \end{pmatrix} - \left(-\frac{1}{\sqrt{5}}\right) \begin{pmatrix} \frac{2}{\sqrt{5}} \\ -\frac{1}{\sqrt{5}} \\ 0 \end{pmatrix} = \begin{pmatrix} \frac{2}{5} \\ \frac{4}{5} \\ 1 \end{pmatrix}$

正規化して $\boldsymbol{b}_2 = \begin{pmatrix} \frac{2}{3\sqrt{5}} \\ \frac{4}{3\sqrt{5}} \\ \frac{\sqrt{5}}{3} \end{pmatrix}$. よって変換行列は, $\begin{pmatrix} \frac{1}{3} & \frac{2}{\sqrt{5}} & \frac{2}{3\sqrt{5}} \\ \frac{2}{3} & -\frac{1}{\sqrt{5}} & \frac{4}{3\sqrt{5}} \\ -\frac{2}{3} & 0 & \frac{\sqrt{5}}{3} \end{pmatrix}$. □

問 6.2 次の対称行列を直交行列により対角化せよ.
(1) $\begin{pmatrix} 1 & 2 \\ 2 & 1 \end{pmatrix}$ (2) $\begin{pmatrix} 2 & -2 & 0 \\ -2 & 1 & -2 \\ 0 & -2 & 0 \end{pmatrix}$ (3) $\begin{pmatrix} 2 & 2 & 2 \\ 2 & 5 & 4 \\ 2 & 4 & 5 \end{pmatrix}$ (4) $\begin{pmatrix} 2 & -2 & 0 & 1 \\ -2 & 1 & 1 & 1 \\ 0 & 1 & 2 & -2 \\ 1 & 1 & -2 & 1 \end{pmatrix}$

■ 6.3 2次形式

【2次形式の定義】 対称行列の応用として, 2次形式の扱い方を学びます.

定義 6.8 **2次形式** (quadratic form) とは, 2次同次多項式のことで

$$f(\boldsymbol{x}) = \sum_{i,j=1}^{n} a_{ij} x_i x_j = (x_1, \ldots, x_n) \begin{pmatrix} a_{11} & \cdots & a_{1n} \\ \vdots & & \vdots \\ a_{n1} & \cdots & a_{nn} \end{pmatrix} \begin{pmatrix} x_1 \\ \vdots \\ x_n \end{pmatrix} = (A\boldsymbol{x}, \boldsymbol{x}) \tag{6.9}$$

という関係式により対称行列と結びつけられる. これを2次形式の**表現行列**と呼ぶ. これにより線形代数の適用が2次式まで拡張される.

例 6.1 2変数 x, y の2次形式は

$$f(x,y) = ax^2 + 2hxy + by^2 = (x,y) \begin{pmatrix} a & h \\ h & b \end{pmatrix} \begin{pmatrix} x \\ y \end{pmatrix}$$

となります. 行列表現においては交叉項 xy が2箇所に分かれて記述されることに注意しましょう. 表現行列を対称行列にするために, 係数を半分ずつ配分するのです. このことは一般次元の2次形式でも同様です.

【2次形式の標準形】 2次形式の表現行列は行列 S による基底の変換で ^tSAS に変換されます. これは次のような形式的計算で確かめることができます:

$$\boldsymbol{x} = S\boldsymbol{y} \text{ なら } (A\boldsymbol{x}, \boldsymbol{x}) = (AS\boldsymbol{y}, S\boldsymbol{y}) = (^tSAS\boldsymbol{y}, \boldsymbol{y}).$$

前節の議論で, 対称行列 A は適当な直交行列 P により $P^{-1}AP$ を対角型行列に帰着できることを知りました. 直交行列は $P^{-1} = {}^tP$ を満たすので, これから, 次のことが分かります.

6.3　2次形式

定理 6.8　2次形式は直交座標変換で標準形 $\lambda_1 x_1^2 + \cdots + \lambda_n x_n^2$ に変換できる．このときの係数はもとの表現行列の固有値となる．

一般の正則行列では ${}^t S$ は S^{-1} とは異なります．よって2次形式の表現行列の固有値は一般の座標変換では変化してしまいます．特に，上の標準形において，更に，$\lambda_j \neq 0$ なる j については $\sqrt{|\lambda_j|}\, x_j$ を新しい座標に選べるので，実2次形式は一般の座標変換まで使えば必ず

$$x_1^2 + \cdots + x_p^2 - x_{p+1}^2 - \cdots - x_{p+q}^2 \tag{6.10}$$

の形に帰着できます．このときの正項と負項の個数はもとの2次形式により決まっています．すなわち，次のことが言えます：

定理 6.9　(**Sylvester**（シルベスター）の慣性法則)　2次形式の表現行列の正固有値の個数 p，負固有値の個数 q，零固有値の個数 r は一般の線形座標変換で不変である．この不変量を2次形式の**符号** (signature) と呼ぶ．普通は (p, q) を符号 (あるいは符号数) と呼ぶ．また q のことを2次形式の**慣性指数** (inertia index) と呼ぶ．これは，2次形式がその上で負定値となるような線形部分空間の最大次元に等しい．

この証明のために，まず特殊な符号を持つ2次形式について考察しましょう．

定義 6.9　2次形式 $f(\boldsymbol{x})$ が**正定値**とは，$\boldsymbol{x} \neq \boldsymbol{0}$ のとき $f(\boldsymbol{x}) > 0$ となることをいう．また**半正定値**とは，常に $f(\boldsymbol{x}) \geq 0$ となることをいう．同様に，不等号の向きを逆にして**負定値**，**半負定値**を定義する．これらの言葉は係数行列である対称行列 A に対しても用いる．

2次形式は同次式なので，零ベクトルに対する値は常に 0 となることに注意しましょう．次のことは，2次形式を直交行列により標準化してみれば明らかですね．

補題 6.10　2次形式が正定値であるためには，係数行列の固有値がすべて正であることが必要かつ十分である．また半正定値であるためには，固有値がすべて非負であることが必要かつ十分である．

関数の値が正かどうかは座標変換で不変ですから，従って符号数が $(n, 0)$ と

いう特別な場合には，定理 6.9 は正しいことが分かります．

定理 6.9 の証明 まず正固有値の個数が一定であることを示す．これが一定でないとすれば，座標変換をいろいろ選んだとき，正固有値の個数 p が最大となるものが存在する．これらに対応する固有ベクトルたちで張られる p 次元部分空間 W の上で，与えられた 2 次形式は正定値となる．別の座標変換で正固有値の数が $p' < p$ 個になったとし，残りの固有値のうちの q' 個が負，r' 個が零であったとせよ．これらに対応する固有ベクトルを，それぞれ

$$[\boldsymbol{v}_1, \ldots, \boldsymbol{v}_{p'}], \quad [\boldsymbol{v}_{p'+1}, \ldots, \boldsymbol{v}_{p'+q'}], \quad [\boldsymbol{v}_{p'+q'+1}, \ldots, \boldsymbol{v}_{p'+q'+r'}] \quad (6.11)$$

とする．もちろん $p' + q' + r' = n$ である．この新しい座標でも，部分空間 W の上では 2 次形式は正定値であることに変わりはない．W の基底 $[\boldsymbol{w}_1, \ldots, \boldsymbol{w}_p]$ をとれば，これらは (6.11) の線形結合で表される：

$$\begin{cases} \boldsymbol{w}_1 = c_{11}\boldsymbol{v}_1 + \cdots + c_{p'1}\boldsymbol{v}_{p'} + \cdots + c_{n1}\boldsymbol{v}_n, \\ \cdots\cdots\cdots \\ \boldsymbol{w}_p = c_{1p}\boldsymbol{v}_1 + \cdots + c_{p'p}\boldsymbol{v}_{p'} + \cdots + c_{np}\boldsymbol{v}_n \end{cases}$$

ここで $p' < p$ なので，これらの適当な線形結合をとれば，$\boldsymbol{v}_1, \ldots, \boldsymbol{v}_{p'}$ の係数がすべて零の自明でないベクトル $\boldsymbol{w}$ を得ることができる．これも W の元だから 2 次形式の $\boldsymbol{w}$ における値は正でなければならない．しかるに，これは負固有値と零固有値に対応する固有ベクトルの線形結合なので，2 次形式の値は正にはなり得ない．これは不合理である．以上により，正固有値の個数は一定であることが分かり，同時にこれは，2 次形式がその上で正定値となるような線形部分空間の最大次元に等しいことも分かった．

同様のことは負固有値についても不等号を逆にするだけで示せる．零固有値はこれらの残りだから，以上で定理が証明された．なお，零固有値の個数の不変性は下の問 6.3 のようにしても分かる． □

実線形空間 V 上の与えられた 2 次形式 $f(\boldsymbol{x})$ に対し，V の部分空間 V_+, V_-, V_0 で，これらの上で f がそれぞれ正定値，負定値，恒等的に 0 となるようなものを適当に選んで，$V = V_+ \dotplus V_- \dotplus V_0$ と直和に分解することができます．実際，それぞれ正，負，零の固有値に対応する固有ベクトルが張る空間をとればよいので，直交分解にとることさえできます．しかし，2 次形式は一般の線

6.3 2次形式

形変換で固有値も固有ベクトルも変化してしまうので，この分解には標準的なものはありません．簡単な例として，$\boldsymbol{R}^3$ 上の2次形式 $x^2 - y^2$ を考えてみましょう．最も標準的な直和分解は

$$V_+ = \mathrm{Span}(^t(1,0,0)), \quad V_- = \mathrm{Span}(^t(0,1,0)), \quad V_0 = \mathrm{Span}(^t(0,0,1))$$

ですが，

$$V_+ = \mathrm{Span}(^t(2,1,0)), \quad V_- = \mathrm{Span}(^t(1,2,0)), \quad V_0 = \mathrm{Span}(^t(1,1,1))$$

だって良い訳です．ちなみに，$x^2 - y^2 = 0$ を満たすベクトルの全体は

$$\{^t(x,y,z) \mid x = \pm y\}$$

で，これは線形部分空間にはなっていないことに注意しましょう．実際，$^t(1,1,0)$，$^t(1,-1,0)$，$^t(0,0,1)$ がこの集合に属し，これらの線形結合で全空間が張られてしまいます！

問 6.3 n 次対称行列 A の零固有値の個数は $n - \mathrm{rank}\, A$ に等しいことを示せ．[ヒント：$\mathrm{rank}(^tSAS) = \mathrm{rank}\, A$.]

【**符号の実用的な判定法**】応用上は，2次形式の固有値まで分からなくても，(6.10) の意味の標準形だけで十分なことがよくあります．例えば，微分積分学で出てくる多変数関数の極値問題では，与えられた2次形式が正定値かどうかだけ分かればよろしい．そのような目的には対角化の計算は重すぎるので，次のように平方完成を用いて (6.10) の形の標準形を直接導く判定法が有効です：

例題 6.2 次のような $\boldsymbol{R}^4$ 上の2次形式の符号を決定せよ．
(1) $x_1^2 + 2x_1x_2 + 4x_1x_4 - 2x_2x_3 + 2x_3^2 + 2x_3x_4$ (2) $x_1x_2 + x_1x_3 + x_2x_3$

解答 (1) x_1 を含む項から順に平方完成してゆくと

$$= (x_1 + x_2 + 2x_4)^2 - x_2^2 - 2x_2x_3 - 4x_2x_4 + 2x_3^2 + 2x_3x_4 - 4x_4^2$$
$$= (x_1 + x_2 + 2x_4)^2 - (x_2 + x_3 + 2x_4)^2 + 3x_3^2 + 6x_3x_4$$
$$= (x_1 + x_2 + 2x_4)^2 - (x_2 + x_3 + 2x_4)^2 + 3(x_3 + x_4)^2 - 3x_4^2$$

ここで，$y_1 = x_1 + x_2 + 2x_4$, $y_2 = x_2 + x_3 + 2x_4$, $y_3 = \sqrt{3}(x_3 + x_4)$, $y_4 = \sqrt{3}\, x_4$

は新座標として使える．よって符号数は正の項の数と負の項の数で $(2,2)$．

(2) これは平方完成ができないので，まず平方差への変形を行う：

$$x_1x_2 + x_1x_3 + x_2x_3 = x_1(x_2+x_3) + \frac{1}{4}(x_2+x_3)^2 - \frac{1}{4}(x_2-x_3)^2$$
$$= \frac{1}{4}(2x_1+x_2+x_3)^2 - x_1^2 - \frac{1}{4}(x_2-x_3)^2$$

よって符号は $(1,2)$，あるいは 0 固有値の情報も入れて $(1,2,1)$． □

問 **6.4** $\mathbf{R}^4$ 上の次の2次形式の符号を決定せよ．[ヒント：展開し平方完成し直す．そのまま $(3,3)$ などと答えないように！]

$$(x_1+x_2)^2 + (x_3+x_4)^2 + (x_2+x_3)^2 - (x_1+x_3)^2 - (x_2+x_4)^2 - (x_1+x_4)^2$$

手で計算できる程度の具体的な問題では平方完成法が最も効率的ですが，計算機にやらせるような巨大な計算や，理論的な問題のときは，もっと抽象的な判定法の方が便利なこともあります．そのようなものはいろいろ知られていますが，ここでは一つだけ紹介しておきましょう．

定理 6.11 対称行列 $A = (a_{ij})_{i,j=1}^n$ が正定値なら，その任意の主小行列式の値は正，従って特に，対角成分はすべて正となる．逆に，A の左上から順に取った n 個の主小行列式

$$\begin{vmatrix} a_{11} & \cdots & a_{1k} \\ \vdots & & \vdots \\ a_{k1} & \cdots & a_{kk} \end{vmatrix}, \quad k = 1, 2, \ldots, n$$

がすべて正なら，A は正定値となる．

証明 主小行列 $(a_{ij})_{i,j=1}^k$ を係数とする2次形式は，もとの2次形式 $(A\boldsymbol{x},\boldsymbol{x})$ の $\boldsymbol{x} = {}^t(x_1,\ldots,x_k,0,\ldots,0)$ における値であるから，A が正定値ならこれらも正定値，従って補題 6.10 により固有値はすべて正だから，その積である行列式も正である．このことは，上の n 個のみならず，任意の主小行列式について同じ論法で言える (あるいは座標の番号を入れ換えて上の場合に帰着させてもよい)．逆は n に関する帰納法で示す．$n=1$ のときは証明は不要である．$n-1$ 次まで正しいとすると，仮定により A の左上の $n-1$ 次主小行列は正定値となる．言い換えると，この2次形式は $n-1$ 次元部分空間 $x_n = 0$ 上，すなわ

ち $^t(x_1,\ldots,x_{n-1},0)$ の形のベクトルに対して，正定値となる．よって，定理 6.9 の証明中に注意したように，この 2 次形式は少なくとも $n-1$ 個の正固有値を持つ．仮定により $\det A > 0$ であり，この値は上で見付かった $n-1$ 個の正固有値に残る一つの固有値を掛けたものに等しいから，最後の固有値も正でなければならない． □

例 6.2 2 変数の 2 次形式 $ax^2 + 2hxy + by^2$ が正定値となるための必要十分条件は，上の定理により $a > 0$, かつ $ab - h^2 > 0$. これは判別式や平方完成を用いて初等的に示すこともできる．

問 6.5 (1) A を任意の行列とするとき，^tAA は半正定値の行列となることを示せ．
(2) A が正則行列のとき，^tAA は正定値の行列となることを示せ．

問 6.6 正定値な対称行列 A に対し，正定値な対称行列 $\sqrt{A}$ で $(\sqrt{A})^2 = A$ を満たすものがただ一つ定まることを示せ．また $\det\sqrt{A} = \sqrt{\det A}$ を確かめよ．[ヒント：対角化を利用せよ．]

問 6.7 A, B を実対称行列で，A は正定値，B は半正定値とする．
(1) A^{-1} は正定値の対称行列となることを示せ．
(2) $C = A + B$ は正定値の対称行列となることを示せ．
(3) $\det C \geq \det A$ を示せ．
(4) $A^{-1} - C^{-1}$ は半正定値となることを示せ．

問 6.8 次の行列について以下の問に答えよ．

$$A = \begin{pmatrix} 1 & 1 & 1 \\ 1 & a & a \\ 1 & a & b \end{pmatrix}$$

(1) $\det A$ を因数分解した形で求めよ．
(2) $\operatorname{rank} A = 2$ となる条件を a, b を用いて表せ．
(3) 行列 A の固有値がすべて正である条件を a, b を用いて表せ．

【条件付き最大最小問題への応用】 次の定理は工学における条件付き極値問題の基礎となるものです．なお，もう少し複雑な例が最後の節で扱われています．

命題 6.12 $x_1^2 + \cdots + x_n^2 = 1$ なる拘束条件の下での 2 次形式 (6.9) の最大値・最小値は，係数行列 A の最大固有値 λ_n と最小固有値 λ_1 で与えられる．

実際，P が A を対角化するような直交行列なら

$$\max_{\|\boldsymbol{x}\|=1}(A\boldsymbol{x},\boldsymbol{x}) = \max_{\|\boldsymbol{x}\|=1}(AP\boldsymbol{x}, P\boldsymbol{x}) = \max_{\|\boldsymbol{x}\|=1}({}^tPAP\boldsymbol{x},\boldsymbol{x})$$
$$= \max_{\|\boldsymbol{x}\|=1} \lambda_1 x_1^2 + \cdots + \lambda_n x_n^2 = \lambda_n.$$

最小値についても同様である． □

問 6.9 2 次式 $x^2+2xy+2y^2-yz$ の $x^2+y^2+z^2=1$ の下での最大値と最小値を求めよ．

応用で使われる 2 次形式はほとんどが今まで扱ってきた実 2 次形式ですが，数学では，複素変数の 2 次形式や一般の体の上の 2 次形式も使われます．特に，複素 2 次形式の場合は，ix_j を新しい座標に取れるため，(6.10) に対応する標準形はすべての項をプラスにすることができ，不変量は係数行列の階数だけとなります．

6.4　2 次曲線と 2 次曲面

この節では，2 次形式の理論の幾何学への応用を紹介します．

【2 次曲線】　平面の **2 次曲線** (second order curve) とは，次のような x,y の 2 次方程式が表す曲線のことを言います：

$$ax^2 + 2hxy + by^2 + 2fx + 2gy + c = 0 \tag{6.12}$$

このようなものは，2 次同次部分を 2 次形式として対角化することにより xy の項を無くし，続いて，2 次の項が存在する変数については平行移動（平方完成）により 1 次の項を無くすことにより，常に次の標準形のいずれかに帰着できます．

$$\frac{x^2}{a^2}+\frac{y^2}{b^2}=1 \text{ （楕円）}, \qquad \frac{x^2}{a^2}-\frac{y^2}{b^2}=1 \text{ （双曲線）}, \qquad y^2=4px \text{ （放物線）}{}^{1)}$$

ただし全く一般の方程式からは次のような退化したものも生じ得ます：

$$\frac{x^2}{a^2}+\frac{y^2}{b^2}=0 \text{ （1 点）}, \qquad \frac{x^2}{a^2}+\frac{y^2}{b^2}=-1 \text{ （空集合（虚楕円））},$$
$$\frac{x^2}{a^2}-\frac{y^2}{b^2}=0 \text{ （2 直線）},$$
$$y^2=1 \text{ （並行 2 直線）}, \quad y^2=0 \text{ （重複直線）}, \quad y^2=-1 \text{ （空集合）}$$

最初の行が楕円の，2 行目が双曲線の，3 行目が放物線のぐれた仲間です．

---

[1] 中学や高校で放物線の方程式の標準形を習うときは $y=ax^2$ の形が普通ですが，伝統的には放物線の標準形としてこのように横倒しの形を採ります．

6.4 2次曲線と2次曲面

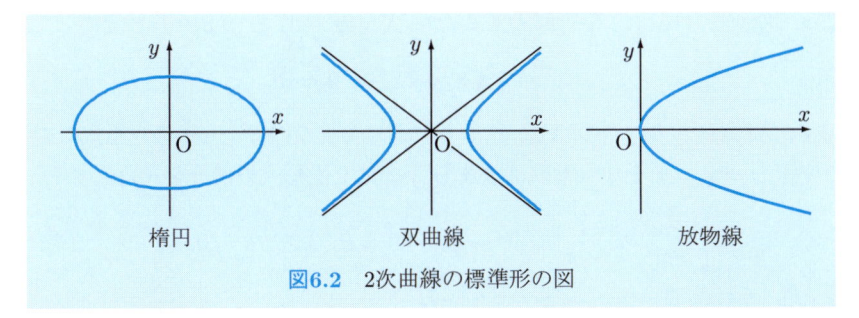

図6.2 2次曲線の標準形の図

楕円と双曲線は，点対称の中心が確定するので，まとめて**有心2次曲線**と呼ばれます．実際にこれらの標準形を計算するには，先に中心の座標を求め，これを原点に平行移動することにより1次の項を無くしてから回転すると，計算がはるかに簡単になります[2]．中心の座標 (x_0, y_0) は (6.12) を x, y で偏微分したものを 0 と置いて得られる連立1次方程式

$$ax + hy + f = 0, \quad hx + by + g = 0$$

を解けば求まります．実際，中心の座標を使うと方程式は $a(x-x_0)^2 + 2h(x-x_0)(y-y_0) + b(y-y_0)^2 = 0$ の形になるはずだからです．あるいは，代数学としてはやや不純ですが，曲線 (6.12) を2変数関数

$$z = ax^2 + 2hxy + by^2 + 2fx + 2gy + c$$

のグラフ，すなわち，後で見るような放物面の，水平面 $z = 0$ による切り口とみなし，中心の座標が対称性によりこの関数の極値点あるいは停留点と一致することに注目するのも分かりやすい説明でしょう．上の連立方程式が解を持たないときは，曲線は放物線 (あるいはその退化) であると結論できます．

例題 6.3 2次曲線 $x^2 - 8xy + 7y^2 + 6x - 6y + 9 = 0$ を標準形にせよ．

解答 まず，中心を求めると

$$2x - 8y + 6 = 0, \quad -8x + 14y - 6 = 0 \quad \text{より} \quad x = y = 1.$$

---

[2] もとの方程式が有理数係数の場合，この方法だと平行移動は有理数の計算で済みますが，先に回転してしまうと，大抵は無理数が現れるので，平行移動のときに無理数の計算が必要となってしまいます．

よって原点を $(1,1)$ に平行移動するため $X = x-1, Y = y-1$ と変換して
$$X^2 - 8XY + 7Y^2 + 9 = 0$$
(定数項は方程式の左辺の $X = Y = 0$ における値なので，もとの方程式で中心の座標 $x = y = 1$ を代入すれば求まる．) 次に2次形式の部分を対角化する．
$$\begin{vmatrix} 1-\lambda & -4 \\ -4 & 7-\lambda \end{vmatrix} = \lambda^2 - 8\lambda - 9 = 0 \quad \text{より} \quad \lambda = 9, -1.$$
それぞれに対する正規化固有ベクトルは

固有値 -1 に対しては $\begin{pmatrix} 2 & -4 \\ -4 & 8 \end{pmatrix} \begin{pmatrix} x \\ y \end{pmatrix} = \begin{pmatrix} 0 \\ 0 \end{pmatrix}$ より $\dfrac{1}{\sqrt{5}} \begin{pmatrix} 2 \\ 1 \end{pmatrix}$

固有値 9 に対しては $\begin{pmatrix} -8 & -4 \\ -4 & -2 \end{pmatrix} \begin{pmatrix} x \\ y \end{pmatrix} = \begin{pmatrix} 0 \\ 0 \end{pmatrix}$ より $\dfrac{1}{\sqrt{5}} \begin{pmatrix} 1 \\ -2 \end{pmatrix}$

よって，
$$\begin{pmatrix} X \\ Y \end{pmatrix} = \frac{1}{\sqrt{5}} \begin{pmatrix} 2 & 1 \\ 1 & -2 \end{pmatrix} \begin{pmatrix} \xi \\ \eta \end{pmatrix}$$
なる直交座標変換で，$-\xi^2 + 9\eta^2 + 9 = 0$ すなわち $\dfrac{\xi^2}{3^2} - \eta^2 = 1$ という，双曲線の標準形が得られる． □

🐰 標準形に変換するための新しい座標軸のことをこの2次曲線の **主軸** (principal axis) と呼びます．上の計算を一般の係数行列 $\begin{pmatrix} a & h \\ h & b \end{pmatrix}$ について行うと，固有値は $\dfrac{a+b \pm \sqrt{(a-b)^2 + 4h^2}}{2}$，固有ベクトルは ${}^t\left(h, -\dfrac{a-b \pm \sqrt{(a-b)^2 + 4h^2}}{2} \right)$．従って，主軸の一つがもとの x 軸と成す角，すなわち，標準形にするのに必要な回転角 θ の一つが
$$\tan \theta = \frac{\sqrt{(a-b)^2 + 4h^2} - (a-b)}{2h}, \quad \text{すなわち} \quad \tan 2\theta = \frac{2h}{a-b}$$
という公式で与えられることが分かります．(図形の方を回転させるときは $-\theta$ になります．) この公式は一時期，高校の教科書にも載っていました．

【**曲線の概形の簡易描画法**】 標準形を必要とせず，単に2次曲線の概形を描くだけなら，次の例題で述べる方法が最も手っ取り早いでしょう．

例題 6.4 例題 6.3 の方程式の概形を直接描け．

解答 まず $7y^2 - 2(4x+3)y + x^2 + 6x + 9 = 0$ と y につき整頓し，次いでこ

の y の 2 次方程式をむりやり解くと，

$$y = \frac{4x+3 \pm \sqrt{(4x+3)^2 - 7(x^2+6x+9)}}{7} = \frac{4x+3 \pm 3\sqrt{x^2-2x-6}}{7}$$

よって曲線の存在領域は $x^2 - 2x - 6 \geq 0$，すなわち，$x \geq 1+\sqrt{7}$ または $x \leq 1-\sqrt{7}$．このように存在領域が二つに分かれるのは双曲線しかない．曲線は直線 $y = \dfrac{4x+3}{7}$ の上下に同じ幅を持つ．$|x|$ が大きいところでは

$$\sqrt{x^2-2x-6} = \pm(x-1)\sqrt{1 - \frac{7}{(x-1)^2}} \fallingdotseq \pm\left\{(x-1) - \frac{7}{2(x-1)}\right\}$$

とテイラー近似されるので，二つの直線

$$y = \frac{4x+3+3(x-1)}{7} = x \quad \text{および} \quad y = \frac{4x+3-3(x-1)}{7} = \frac{1}{7}x + \frac{6}{7}$$

に近付く．これらが漸近線 (asymptote) の方程式である．双曲線の概形を描くときは必ず漸近線を描くようにせよ．漸近線を描かないと，つい放物線を二つ逆向きに並べたような絵を描いてしまいがちである． □

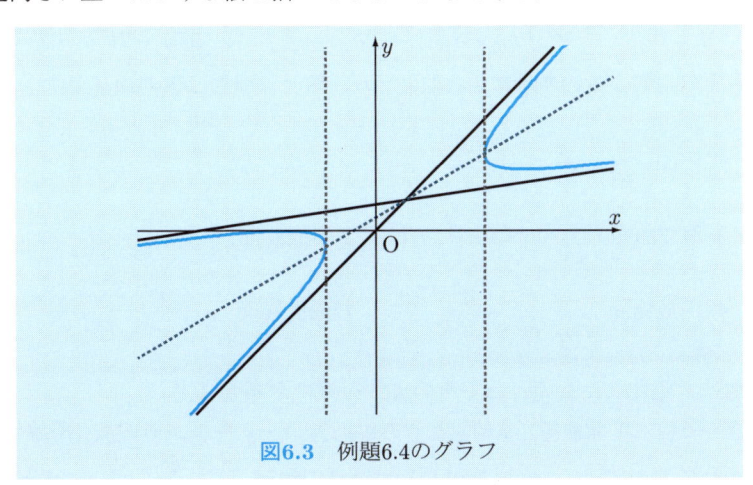

図6.3　例題6.4のグラフ

　上の例からも分かるように，双曲線の漸近線は双曲線の方程式と定数項だけ異なっており，それは方程式が 1 次式の積に因数分解できるようなただ一つの値で，上のように y について解いたときは，平方根が開けるようなただ一つの値です．学生がよくやる間違いは，平方根の中を平方完成せず，

$$y = \frac{4x+3\pm 3\sqrt{x^2-2x-6}}{7} = \frac{4x+3\pm 3x\sqrt{1-\frac{2}{x}-\frac{6}{x^2}}}{7} \fallingdotseq \frac{4x+3\pm 3x}{7}$$

としてしまうものです．平方根部分だけの $x \to \infty$ のときの漸近形ならばこれでもよいのですが，求めなければいけないのは，これに $3x$ を掛けたときの漸近形なので，これでは漸近線の傾きを与える x の 1 次の項だけしか正しく求まりません．y 切片に当たる定数項の情報は剰余項にも含まれてしまうので，$\sqrt{1+t}$ の $t=0$ でのテイラー展開の次の項までを書かねば正しい答が得られなくなります．以上のことを微積の練習問題として確認してごらんなさい．

問 6.10 次の 2 次曲線の標準形を求めよ．また (標準化する前の) もとの位置での曲線の概形を描け．
(1) $x^2 - 2xy + y^2 - x + 2y - 1 = 0$ (2) $2x^2 + 2xy + y^2 - 3x - 2y - 1 = 0$
(3) $x^2 - xy - 3x + y + 4 = 0$ (4) $x^2 + xy - 2y^2 + x + y - 2 = 0$
(5) $x^2 + 2xy - 3y^2 + 2x - 6y + 5 = 0$

【2 次曲面】 2 次曲面 (quadric surface) とは，次のような方程式が表す 3 次元空間内の曲面を言います：
$$ax^2 + by^2 + cz^2 + 2fxy + 2gxz + 2hyz + 2f'x + 2g'y + 2h'z + d = 0$$
2 次曲面の主要なもの (固有 2 次曲面) の分類と標準形は次の通りです：

> 楕円面 $\dfrac{x^2}{a^2} + \dfrac{y^2}{b^2} + \dfrac{z^2}{c^2} = 1$
>
> 1 葉双曲面 $\dfrac{x^2}{a^2} + \dfrac{y^2}{b^2} - \dfrac{z^2}{c^2} = 1$,   2 葉双曲面 $\dfrac{x^2}{a^2} + \dfrac{y^2}{b^2} - \dfrac{z^2}{c^2} = -1$
>
> 楕円放物面 $z = \dfrac{x^2}{a^2} + \dfrac{y^2}{b^2}$,   双曲放物面 $z = \dfrac{x^2}{a^2} - \dfrac{y^2}{b^2}$

この他に，退化したものとして次のようなものがあります：

錐面 一般に平面曲線 (基線) とその平面外の一点を結ぶ直線族 (母線) により描かれる曲面です．2 次の錐面としては楕円錐面 $\dfrac{x^2}{a^2} + \dfrac{y^2}{b^2} - \dfrac{z^2}{c^2} = 0$ があり，円錐面はこの $a=b$ という特別な場合です．(双曲線や放物線で錐面を作っても結局は楕円錐面に帰します．試してみましょう．)

柱面 x, y 座標を平面曲線 (基線) の方程式で束縛し，z 座標を自由に動かして得られる直線 (母線) 族が作る曲面です．2 次の柱面としては楕円柱面

図6.4 2次曲面の標準形の図

楕円面　単葉双曲面　双葉双曲面　楕円錐面

楕円放物面　双曲放物面　楕円柱面

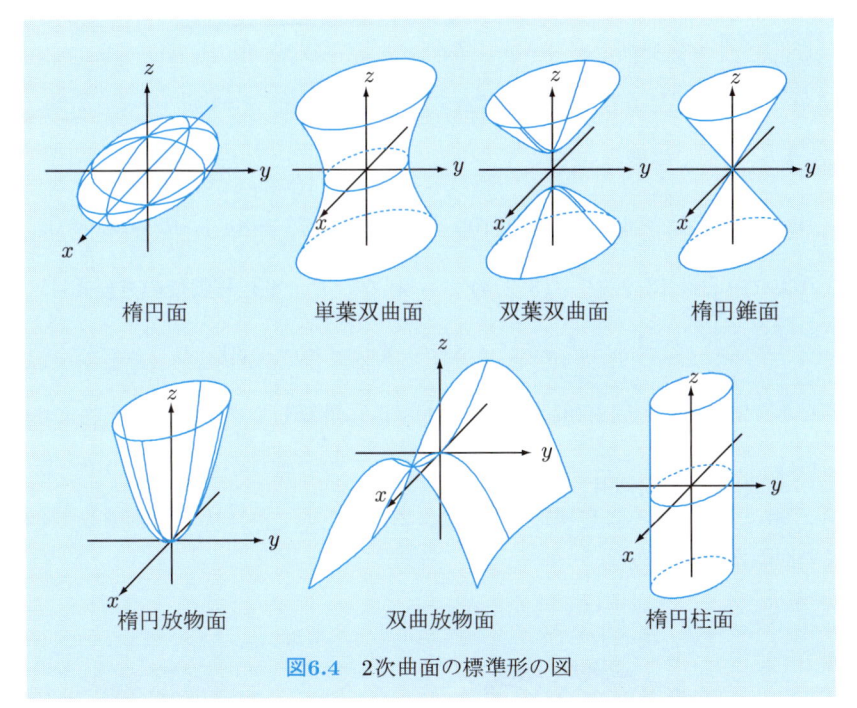

$\dfrac{x^2}{a^2} + \dfrac{y^2}{b^2} = 1$ が代表例で，他に**双曲柱面**，**放物柱面**が同様にして得られます．

一般の2次方程式を考察すると，この他に，空集合や2平面に退化したものなども生じます．

双曲面は楕円錐面を漸近面として持ちます (内部から双葉双曲面が，外部から単葉双曲面が漸近します)．これは平面曲線の場合の双曲線に対する漸近2直線に相当しますが，錐面は漸近線のように1次式の積に退化している訳ではなく，立派な2次曲線です．ただ，原点に**特異点**，すなわち，接平面が存在しない点を持ちます．錐面は小学校では原点を頂点とする片側だけの部分を指しましたが，大学の数学では図 6.4 のように繋がった全体を指します．

問 6.11 上の標準形の中でその上に直線を無数に含むものはどれか？

一般の2次曲面の標準形への変換も，変数が一つ増えるだけで，2次曲線の場合と同様の手続きで計算することができます．その際も，有心2次曲面 (図 6.4 の上の段) の場合は，先に原点を中心に平行移動してしまうのが得策です．

例題 6.5 2次曲面 $2x^2 + 5y^2 + 5z^2 + 4xy - 4xz - 8yz - 4x - 12z = 0$ の標準形を求め，種別を判定せよ．

解答 x, y, z で偏微分して

$$4x + 4y - 4z - 4 = 0, \ 4x + 10y - 8z = 0, \ -4x - 8y + 10z - 12 = 0.$$

これより中心は $(3, 2, 4)$. $f(3, 2, 4) = -30$ なので，平行移動後の方程式は

$$2x^2 + 5y^2 + 5z^2 + 4xy - 4xz - 8yz - 30 = 0$$

となる．2次形式の固有値は，例題 6.1 で既に計算してあるので，それより標準形は $\dfrac{x^2}{300} + \dfrac{y^2}{30} + \dfrac{z^2}{30} = 1$ と決定される．二つの軸長が一致するので，新しい x 軸，すなわちもとの座標で直線 ${}^t(3, 2, 4) + {}^t(\frac{1}{3}, \frac{2}{3}, -\frac{2}{3})t$ を回転軸とする細長い回転楕円面である． □

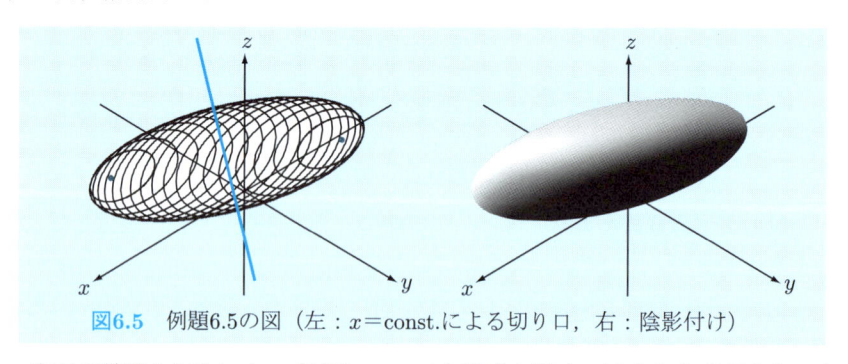

図6.5 例題6.5の図（左：$x=$const.による切り口，右：陰影付け）

曲面の種類を知るにも z 座標について方程式を解くのは有力な手がかりになります．例えば，上記の例だと

$$y = \frac{2(x + 2y + 3) \pm \sqrt{-6x^2 - 4xy - 9y^2 + 44x + 48y + 36}}{5}$$

となり，曲面の存在範囲は

$$-6x^2 - 4xy - 9y^2 + 44x + 48y + 36 \geq 0$$

すなわち，楕円 $6x^2 + 4xy + 9y^2 - 44x - 48y - 36 = 0$ の内部であることが分かりますが，これは，指定した点 (x, y) に対して z を適当に選ぶと，曲面上

の点 (x, y, z) が存在する条件，すなわち元の曲面の xy 平面への**正射影像**を与えるので，この場合はこれで楕円面と判定できます．同様に，もし正射影が楕円の外部領域となるなら単葉双曲面，双曲線の定める二つの非連結領域となるなら双葉双曲面，双曲線の定める連結領域の方になったら，単葉双曲面と判定できることが標準形の一覧図から分かるでしょう．(最後の例では，双葉双曲面の二つの成分が重なって写っているかもしれないという恐れは，2 次曲面と直線との交わりが高々2 点ということから排除されます．)

曲面自身は 2 次元ですが，3 次元空間内の図形なので，その概形を描くには，3 次元を 2 次元に落とす投影図法，今風に言うと 3 次元グラフィックスの手法が必要となります．伝統的には，座標面に平行な平面の族による切り口の曲線を**斜投影図法**により平面上に連続描画して全体の様子を表すという汎用法が用いられてきました．切り口 $x = \text{const.}$ に対応する斜投影は，空間の点 (x, y, z) を
$$X = y - \kappa x \cos \alpha, \quad Y = z - \kappa x \sin \alpha$$
で対応する平面の点 (X, Y) として描画するもので，標準形の図 6.4 では $\alpha = \pi/4$, $\kappa = 0.8$ という値が用いられています．(楕円面以外は無限に拡がっているので，適当な座標のレベル面で切断したものを描いています．) 最近はコンピュータのお蔭で，3 角形分割やピクセル (描画の最小要素) 単位での隠線処理や陰影付けなどを使った効果的な曲面の表現が可能になりました．斜投影は切り口に実形が現れるという意味で数学向きですが，実際にそのように見える訳ではないので，写実性を重んじる CG では直投影図法や透視図法 (付録 A.6 参照) を用いるのが普通です．図 6.5 は平面 $x + y + z = 0$ への直投影像を示しています (**等軸測投影図法**；第 1 章章末問題 5 参照)．ここでは切り口の楕円は斜めに投影されて描かれています．

問 **6.12** 次の 2 次曲面の標準形を求め，概形を描け．
 (1) $3x^2 + 4y^2 + 5z^2 + 4xy - 4yz + 10x - 12y + 13 = 0$
 (2) $x^2 + y^2 + 3z^2 + 4xy + 4xz + 2yz + 6y + 4z - 3 = 0$
 (3) $x^2 + y^2 + 5z^2 + 4xz + 2yz - 5z = 0$
 (4) $xy + yz + zx = 1$ (5) $2xy + x + y + z = 0$

平面の平面による切り口は直線でしたが，これは 1 次式となるからです．2 次曲線の平面による切り口は一般に 2 次式となり，2 次曲線が現れます．特に円錐をいろんな角度の平面で切ると，楕円，双曲線，放物線がすべて得られるので，2 次曲線は**円錐曲線** (conic section) と呼ばれ，ギリシャ時代から研究されてきました．Apollonius（アポロニウス）は今から 2000 年以上も前に現在使われているこれらの方程式と同等なものを導いています．

問 6.13 円錐 $x^2 + y^2 = z^2$ を平面でどのように切れば楕円, 双曲線, 放物線が得られるか?

【ユークリッド幾何とアフィン幾何】 2次曲線や2次曲面の種別を判定するだけなら, 直交行列で正確に形を決めなくても, 2次形式の符号判定で用いた平方完成法が便利です. これはユークリッド幾何の合同変換 (congruent transformation) の代わりにアフィン変換 (affine transformation) を使って図形を標準形にすることに相当します. ここで, 簡単のため2次元に限って, ユークリッド幾何とアフィン幾何の差をまとめておきましょう.

ユークリッド幾何とアフィン幾何

☆ ユークリッド幾何の座標変換 (合同変換) は直交行列と平行移動による変換で, 長さと角度を変えない. 三角形は合同な三角形に写る. 2次曲線の形は保たれる: 楕円の長径・短径の比は不変, i.e. 形が変わらない. 長径・短径の長さも不変, i.e. 大きさも変わらない.

☆ アフィン幾何の座標変換 (アフィン変換) は一般の線形変換と平行移動より成るので, 長さも角度も 0 にしない限り自由に変えられる. 三角形は他のどんな三角形にでも変換できる. しかし三角形と四角形が移り変わることはない. 楕円は長径・短径が自由に変えられるので, みんな円に変換できる. しかし, 2次形式の符号数の不変性 (シルベスターの慣性法則) により, 楕円が放物線や双曲線になることはない.

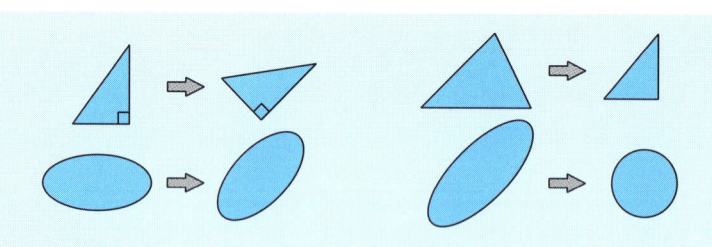

図6.6 左: ユークリッド幾何の変換, 右: アフィン幾何の変換

ユークリッド幾何でも相似変換を使うことがあります. その場合は形は不変で大きさだけが変わります.

6.5　ユニタリ行列と正規行列*

【ユニタリ行列】　複素行列 U がユニタリ行列とは，U の列ベクトルが複素内積の意味で正規直交基底を成すことを言います．補題 6.2 の証明と全く同様にして，次のことが分かります (ここで $^\dagger U = \overline{{}^tU}$ であり，内積はすべて複素内積の意味です)．

補題 6.13　複素行列 U がユニタリ行列
$$\iff \quad {}^\dagger U U = E$$
$$\iff \quad \forall \boldsymbol{x}, \boldsymbol{y} \text{ に対し } (U\boldsymbol{x}, U\boldsymbol{y}) = (\boldsymbol{x}, \boldsymbol{y})$$
$$\iff \quad \forall \boldsymbol{x} \text{ に対し } (U\boldsymbol{x}, U\boldsymbol{x}) = (\boldsymbol{x}, \boldsymbol{x})$$

最後の同値性の証明には，複素ベクトルに対する中線定理を使います：

$$(\boldsymbol{x}, \boldsymbol{y}) = \frac{1}{2}\{(\boldsymbol{x}+\boldsymbol{y}, \boldsymbol{x}+\boldsymbol{y}) - (\boldsymbol{x}, \boldsymbol{x}) - (\boldsymbol{y}, \boldsymbol{y})\}$$
$$+ \frac{i}{2}\{(\boldsymbol{x}+i\boldsymbol{y}, \boldsymbol{x}+i\boldsymbol{y}) - (\boldsymbol{x}, \boldsymbol{x}) - (\boldsymbol{y}, \boldsymbol{y})\}. \quad (6.13)$$

実際，この右辺は，

$$= \frac{1}{2}\{(\boldsymbol{x}, \boldsymbol{x}) + (\boldsymbol{x}, \boldsymbol{y}) + (\boldsymbol{y}, \boldsymbol{x}) + (\boldsymbol{y}, \boldsymbol{y}) - (\boldsymbol{x}, \boldsymbol{x}) - (\boldsymbol{y}, \boldsymbol{y})\}$$
$$+ \frac{i}{2}\{(\boldsymbol{x}, \boldsymbol{x}) - i(\boldsymbol{x}, \boldsymbol{y}) + i(\boldsymbol{y}, \boldsymbol{x}) + (\boldsymbol{y}, \boldsymbol{y}) - (\boldsymbol{x}, \boldsymbol{x}) - (\boldsymbol{y}, \boldsymbol{y})\}$$
$$= \frac{1}{2}\{(\boldsymbol{x}, \boldsymbol{y}) + (\boldsymbol{y}, \boldsymbol{x}))\} + \frac{i}{2}\{-i(\boldsymbol{x}, \boldsymbol{y}) + i(\boldsymbol{y}, \boldsymbol{x})\} = (\boldsymbol{x}, \boldsymbol{y}). \quad \square$$

補題 6.14　ユニタリ行列の行列式は絶対値が 1 である．更に，ユニタリ行列の固有値は絶対値が 1 の複素数となる．

問 6.14　上の補題を証明せよ．

エルミート行列の固有ベクトルは複素内積に関して直交しているので，それらで作った変換行列はユニタリ行列になります．従って既に定理 6.6 の証明で，次のことが実質的に示されています：

定理 6.15　エルミート行列はユニタリ行列により対角化される．

【正規行列】 一般固有ベクトルを必要としない,対角化できる行列に,対称行列やエルミート行列よりもう少し広いクラスとして正規行列があります:

定義 6.10 複素行列 A が**正規行列**とは,$^\dagger A$ と A が可換なことをいう.

例 6.3 (1) 対称行列やエルミート行列は明らかに正規行列である.
(2) 直交行列やユニタリ行列も正規である.実際,どんな行列 A でも A^{-1} と A は可換なので,例えば $^tA = A^{-1}$ なら,$^tAA = A^{-1}A = AA^{-1} = A\,^tA$.
(3) $^tA = -A$ を満たす実行列を**歪対称** (skew-symmetric) 行列と呼ぶ.また,$^\dagger A = -A$ を満たす複素行列を歪エルミート行列と呼ぶ.これらも明らかに正規である.

二つの正規行列の和や積は一般には正規行列とはならないことに注意しましょう.次が定理 6.15 の一般化です.

定理 6.16 正規行列は対角化可能である.しかもユニタリ行列で対角化できる.

これを証明するために,一般に次のことに注意しましょう:

補題 6.17 実行列 A に対し $(\operatorname{Ker} A)^\perp = \operatorname{Image}\,^tA$ が成り立つ.複素行列 A に対しては $(\operatorname{Ker} A)^\perp = \operatorname{Image}\,^\dagger A$ が成り立つ.

証明 $x \in \operatorname{Ker} A, y \in \operatorname{Image}\,^tA$ なら,$y = {}^tAz$ と書くとき
$$(x, y) = (x, {}^tAz) = (Ax, y) = (0, y) = 0.$$
よって $\operatorname{Image}\,^tA \subset (\operatorname{Ker} A)^\perp$ が分かった.ところで,次元公式と補題 6.1 より
$$\dim \operatorname{Image}\,^tA = \operatorname{rank}\,^tA = \operatorname{rank} A = n - \dim \operatorname{Ker} A = \dim (\operatorname{Ker} A)^\perp$$
だから,上の包含関係は等号となる.複素行列の場合も同様である. □

定理 6.16 の証明 A が正規行列なら $A - \lambda E$ も正規行列となることに注意せよ.実際,$^\dagger(A - \lambda E) = {}^\dagger A - \overline{\lambda}E$ は明らかに $A - \lambda E$ と可換である.よって補題 6.17 より
$$V = \operatorname{Ker}(A - \lambda E) \dotplus \operatorname{Image}({}^\dagger A - \overline{\lambda}E)$$
は直交分解となる.第一因子 $\operatorname{Ker}(A - \lambda E)$ が A の不変部分空間となるこ

とは一般論より明らかだが，A が正規という仮定から，第二因子についても A-不変となることが容易に分かる．実際，$x \in \text{Image}(^\dagger A - \overline{\lambda}E)$，すなわち，$x = (^\dagger A - \overline{\lambda}E)y$ とすれば，

$$Ax = A(^\dagger A - \overline{\lambda}E)y = (^\dagger A - \overline{\lambda}E)Ay \in \text{Image}(^\dagger A - \overline{\lambda}E).$$

よって，定理 6.6 の第 2 証明のように，A をこの直交補空間に制限したものの固有空間分解を考えることができて，結局空間全体が A のすべての固有値の固有空間に直交分解される．各固有空間内では，正規直交基底を選べる (エルミート内積に関してもグラム - シュミットの直交化法はそのまま通用する) から，これらを列ベクトルとする変換行列はユニタリ行列となる． □

問 6.15 (1) 実歪対称行列の対角成分はすべて 0 である．歪エルミート行列の対角成分は純虚数である．
(2) A が実歪対称行列 $\iff$ iA がエルミート行列.
(3) 任意の実行列 (複素行列) は対称行列 (エルミート行列) と歪対称行列 (歪エルミート行列) の和に一意的に分解される．[ヒント：複素数の実部・虚部への分解を真似よ．]

【直交行列の実標準形】 直交行列は定理 6.16 によりユニタリ行列で対角化できますが，対角線に並ぶのは一般には絶対値が 1 の複素数になってしまい，変換行列も複素行列です．では，実行列の範囲ではどこまで簡単になるのでしょうか？

定理 6.18 直交行列は直交行列により次のような標準形に帰着できる．

$$\begin{pmatrix} \cos\theta_1 & -\sin\theta_1 & & & & & & & & O \\ \sin\theta_1 & \cos\theta_1 & & & & & & & & \\ & & \ddots & & & & & & & \\ & & & \cos\theta_r & -\sin\theta_r & & & & & \\ & & & \sin\theta_r & \cos\theta_r & & & & & \\ & & & & & 1 & & & & \\ & & & & & & \ddots & & & \\ & & & & & & & 1 & & \\ & & & & & & & & -1 & \\ & & & & & & & & & \ddots \\ O & & & & & & & & & -1 \end{pmatrix} \quad (6.14)$$

証明 直交行列 A は実行列なので，複素固有値は $e^{i\theta_1}$ と $e^{-i\theta_1}$ のように共役複素数の対で含まれ，前者に対応する固有ベクトルを p_1^+ とすれば，$Ap_1^+ = e^{i\theta_1}p_1^+$．この両辺の複素共役をとることにより $\overline{p_1^+}$ が後者に対応する固有ベクトルとな

ることがわかる．また両辺の実部，虚部を取ると，
$$A(\operatorname{Re}\boldsymbol{p}_1^+) = \cos\theta_1 \cdot \operatorname{Re}\boldsymbol{p}_1^+ - \sin\theta_1 \cdot \operatorname{Im}\boldsymbol{p}_1^+,$$
$$A(\operatorname{Im}\boldsymbol{p}_1^+) = \sin\theta_1 \cdot \operatorname{Re}\boldsymbol{p}_1^+ + \cos\theta_1 \cdot \operatorname{Im}\boldsymbol{p}_1^+$$

従って
$$A[\operatorname{Re}\boldsymbol{p}_1^+, -\operatorname{Im}\boldsymbol{p}_1^+] = [\operatorname{Re}\boldsymbol{p}_1^+, -\operatorname{Im}\boldsymbol{p}_1^+] \begin{pmatrix} \cos\theta_1 & -\sin\theta_1 \\ \sin\theta_1 & \cos\theta_1 \end{pmatrix}$$

となる．更に，異なる固有値に対応する固有ベクトルが直交していることから
$$0 = (\boldsymbol{p}_1^+, \overline{\boldsymbol{p}_1^+}) = (\operatorname{Re}\boldsymbol{p}_1^+, \operatorname{Re}\boldsymbol{p}_1^+) - (\operatorname{Im}\boldsymbol{p}_1^+, \operatorname{Im}\boldsymbol{p}_1^+) + 2i(\operatorname{Re}\boldsymbol{p}_1^+, \operatorname{Im}\boldsymbol{p}_1^+).$$
$$\therefore \quad (\operatorname{Re}\boldsymbol{p}_1^+, \operatorname{Re}\boldsymbol{p}_1^+) = (\operatorname{Im}\boldsymbol{p}_1^+, \operatorname{Im}\boldsymbol{p}_1^+), \quad (\operatorname{Re}\boldsymbol{p}_1^+, \operatorname{Im}\boldsymbol{p}_1^+) = 0.$$

よって，$\operatorname{Re}\boldsymbol{p}_1^+$ と $\operatorname{Im}\boldsymbol{p}_1^+$ は直交する．これを
$$1 = (\boldsymbol{p}_1^+, \boldsymbol{p}_1^+) = (\operatorname{Re}\boldsymbol{p}_1^+, \operatorname{Re}\boldsymbol{p}_1^+) + (\operatorname{Im}\boldsymbol{p}_1^+, \operatorname{Im}\boldsymbol{p}_1^+)$$

と合わせれば，$\sqrt{2}\operatorname{Re}\boldsymbol{p}_1^+$ と $-\sqrt{2}\operatorname{Im}\boldsymbol{p}_1^+$ が正規直交系となることが分かった．$e^{i\theta_1}$ が重複固有値のときも，エルミート内積の意味で正規直交化した複素固有ベクトルのおのおのについて上の操作をすればよい．エルミート内積の意味で $(p_1^+, p_2^+) = (\overline{p_1^+}, p_2^+) = 0$ なら，上と同様の計算で $\operatorname{Re}p_1^+, \operatorname{Im}p_1^+$ は p_2^+ と，従って $\operatorname{Re}p_2^+, \operatorname{Im}p_2^+$ と直交することが示せる．このことは $\theta_1 \neq \pm\theta_2$ なる二つの固有値 $e^{i\theta_1}, e^{i\theta_2}$ の複素固有ベクトルの間でも成り立つ．よって，A の実固有値の固有ベクトルはそのまま，また複素固有値の固有ベクトルはペアで上述の如く実正規直交系に取り換えたものを並べると，実直交行列が得られ，これにより A は上述のようなブロック対角型に帰着される． □

同様の基底で一般の実行列の実標準形を得る方法は問 6.18 および 参照．

問 6.16 次の正規行列をユニタリ行列により対角化せよ．
(1) $\begin{pmatrix} 0 & -1 \\ 1 & 0 \end{pmatrix}$ (2) $\begin{pmatrix} \frac{1}{\sqrt{2}} & -\frac{1}{\sqrt{2}} \\ \frac{1}{\sqrt{2}} & \frac{1}{\sqrt{2}} \end{pmatrix}$ (3) $\begin{pmatrix} 1/3 & 2/3 & 2/3 \\ 2/3 & 1/3 & -2/3 \\ 2/3 & -2/3 & 1/3 \end{pmatrix}$
(4) $\begin{pmatrix} 0 & -1 & 1 \\ 1 & 0 & -1 \\ -1 & 1 & 0 \end{pmatrix}$ (5) $\begin{pmatrix} 1/2 & 1/2 & 1/2 & 1/2 \\ 1/2 & 1/2 & -1/2 & -1/2 \\ -1/2 & 1/2 & 1/2 & -1/2 \\ -1/2 & 1/2 & -1/2 & 1/2 \end{pmatrix}$

問 6.17 前問の行列から，直交行列を選び出し，実行列の範囲での標準形を求めよ．
問 6.18 定理 6.18 の論法を真似して一般の実行列の実数の範囲での標準形を論ぜよ．

6.5 ユニタリ行列と正規行列 *

上で示した直交行列の標準形は，直交行列が本質的には平面の回転と鏡映の合成になっていることを示しています．また，この標準形を使うと第 3 章で予告した "空間の向きが 2 種類しか無い" ことの厳密な証明が得られます．これは，数学の言葉では，"直交群 $O(n)$ や一般線形群 $GL(n, \boldsymbol{R})$ は二つの連結成分より成る" と表現されます (付録 A.7 節参照).

定理 6.19 (1) 直交行列は行列式の値が 1 のもの，および -1 のもの同士が，お互いの間で直交行列の範囲で連続変形できる．すなわち，任意の二つの直交行列 P_0, P_1 について，もし $\det P_0 = \det P_1$ なら，直交行列の連続な族 P_t, $0 \le t \le 1$ でこれらの間をつなぐものが存在する．
(2) 実正則行列は行列式の値が正のもの，および負のもの同士が，お互いの間で正則行列の範囲で連続変形できる．すなわち，任意の二つの正則行列 A_0, A_1 について，もし $\det A_0 \cdot \det A_1 > 0$ なら，正則行列の連続な族 $A_t, 0 \le t \le 1$ でこれらの間をつなぐものが存在する．

ここで，行列の連続な変形とは，行列を $\boldsymbol{R}^{n^2}$ の点と見たときの意味とする．言い換えると，各成分が連続的に変化することをいう．

証明 (1) 直交行列 P が $\det P = 1$ のとき，これが直交行列の中で単位行列に連続変形できることをまず言おう．直交行列 S により $S^{-1}PS$ が (6.14) の標準形になったとする．$\det P = 1$ なので，対角線上の -1 の個数は偶数である．よってこれらを二つずつ組み合わせて

$$\begin{pmatrix} -1 & 0 \\ 0 & -1 \end{pmatrix} = \begin{pmatrix} \cos\theta_j & -\sin\theta_j \\ \sin\theta_j & \cos\theta_j \end{pmatrix}, \quad \theta_j = \pi, \quad j = r+1, \ldots, r+s$$

とみなそう．(つまり，残りの $n - 2r - 2s$ が 1 の個数となる．) これらも加えた 2 次元回転において，一斉に θ_j を $t\theta_j$ で置き換えて得られる行列を Λ_t と置けば，t を 1 から 0 まで変化させるとき，Λ_t がこの標準形を直交行列の中で単位行列まで連続的に帰着させることは明らかである．これに伴い，$S\Lambda_t S^{-1}$ は，与えられた P から単位行列まで直交行列として連続的に変化する．(直交行列の積や逆行列は再び直交行列となることに注意せよ．)

一般の場合は，$P := P_1 P_0^{-1}$ を上に述べたように E と結ぶ行列 Λ_t を取れば，$\Lambda_t P_0$ は $t = 0$ で P_0, $t = 1$ で P_1 となり，求める連続変形を与える．
(2) 一般の正則行列 A は系 6.3 により直交行列と上三角型行列の積 QR の形

に表される．$\det A > 0$ と仮定しよう．上三角型行列 R は正則なので，対角成分は 0 でない．よって成分が 1 または -1 の対角行列 T を適当に選べば，$B := TA$ の対角成分 b_{jj} はすべて正となる．このとき，B の b_{jj} を b_{jj}^t で置き換え，また非対角成分 b_{ij} を tb_{ij} で置き換えると，t を 1 から 0 まで動かすとき，B は E に連続変形される．他方，$P := QT$ は行列式が 1 の直交行列のはずだから，(1) で示したように単位行列と結ぶことができる．両者を合わせれば，A は E に連続的に帰着される．以上を $A_1 A_0^{-1}$ に適用すれば，一般の場合の証明が得られる． □

🐇 ここで空間の向きの選び方について反省してみましょう．数ベクトル空間では，標準的な向きが基本単位ベクトル $e_1, \ldots, e_n$ の並び順として確定しますが，一般の線形空間では，勝手に選んだ基底の並べ方には標準的な方法は無いので，二つの向きのどちらをとるかは数学的には同等です．我々の住む 3 次元空間についても，もしそれが真空なら同じことですが，幸いそこには，右手とか右ネジとか，鏡に映すと向きが変わるものが存在するので，それを基準に正の向きを決めることができます．物理や数学では，**右手系**といって，右手の親指・人差指・中指で直角座標系を作ったとき，この順に e_1, e_2, e_3 と定めたものを採用します (図 1.11 参照) が，CG ではしばしばこの鏡像である左手系が使われます．

6.6 特異値分解と主成分分析*

この節では，固有値に関連したやや応用に近いことを紹介します．

【**特異値分解**】 前章や本章で述べて来たことは，一つの線形空間 V に働く線形写像の標準型や構造についてでした．他方，二つの線形空間の間の線形写像 $\Phi: V \to W$ の標準型や構造については，既に第 4 章で調べましたが，それは V と W の基底をそれぞれ独立に自由に取り換えられるという仮定のもとでの話でした．もし，V と W のそれぞれにおける基底の変換が，長さや角度を変えない，すなわち直交行列による変換だけに限られたら，線形写像の標準型はどうなるでしょうか？ すなわち，$m \times n$ 型行列 A に対して，m 次の直交行列 P，および n 次の直交行列 Q を適当に選ぶと，$P^{-1}AQ$ はどこまで簡単にできるでしょうか？

定理 6.20 $\mathbf{R}$ 上の n 次元計量線形空間 V から m 次元計量線形空間 W への線形写像 $\Phi: V \to W$ に対して，V, W の正規直交基底 $[a_1, \ldots, a_n], [b_1, \ldots, b_m]$

6.6 特異値分解と主成分分析 *

をそれぞれ適当に選ぶと, ある単調非増加な非負数列 $\sigma_i, i = 1, \ldots, n$ が存在し,

$$\Phi : \boldsymbol{a}_i \mapsto \sigma_i \boldsymbol{b}_i, \quad i = 1, \ldots, n$$

と表現される. 行列の言葉で言い替えると, 任意の $m \times n$ 型行列 A に対し, n 次および m 次の直交行列 P, Q を適当に選ぶと,

$$Q^{-1}AP = \begin{pmatrix} \sigma_1 & 0 & \cdots & 0 & \cdots\cdots & 0 \\ 0 & \ddots & \ddots & & & \vdots \\ \vdots & \ddots & \sigma_r & \ddots & & \vdots \\ \vdots & & \ddots & 0 & \ddots & \vdots \\ & & & & \ddots & \vdots \\ 0 & \cdots & & \cdots & \cdots & 0 \end{pmatrix}$$

となる. 数列 σ_i は Φ あるいは A により一意的に定まり, それらの**特異値** (singular value) と呼ばれる. また, 上の表現をそれらの**特異値分解**と呼ぶ.

r は Φ あるいは A の階数です. 特に, $m < n$ のときは $i > m$ に対しては $\sigma_i = 0$ となることに注意しましょう.

証明 抽象的な線形写像で議論するには, 付録 A.3 で述べる双対空間の概念が必要となるので, 行列表現に対して証明する. 問 6.5 と同様の理由で ${}^tAA$ は V すなわち $\boldsymbol{R}^n$ 上の半正定値対称行列となるので, n 次直交行列 P で $\Lambda := P^{-1}({}^tAA)P$ が対角線に非負の数 λ_i が並んだ対角型行列となる. これらが大きい方から順に並ぶよう, P の列ベクトル $\boldsymbol{a}_i$ の順番を定める. また, $\sigma_i = \sqrt{\lambda_i}$ と置く. さて, AP の列ベクトル $\widetilde{\boldsymbol{b}}_i$ は W において互いに直交し, $(\widetilde{\boldsymbol{b}}_i, \widetilde{\boldsymbol{b}}_j) = \sigma_i^2 \delta_{ij}$ となることが ${}^t(AP)AP = P^{-1}({}^tAA)P = \Lambda$ より分かる. よって, $\sigma_i > 0$ なる i について $\boldsymbol{b}_i = \widetilde{\boldsymbol{b}}_i / \sigma_i$ と置けば, これらは正規直交関係を満たすので, これを適当に延長して空間全体の正規直交基底 $[\boldsymbol{b}_1, \ldots, \boldsymbol{b}_m]$ を作れば, $[\boldsymbol{a}_1, \ldots, \boldsymbol{a}_n]$ と合わせて定理の条件を満たすことが分かる. □

特異値分解の基底は, 線形写像 A に最も影響するような V のベクトルから順に並べたものなので, 前の方からいくつかを取れば A の良い近似となります.

【射影行列】 次への準備として, それ自身も重要な概念である**射影作用素**, あるいはその表現である**射影行列**の話をしておきます. これは n 次元空間 $\boldsymbol{R}^n$ から r 次元部分空間への線形写像 P で, $P^2 = P$ を満たすものです. この性質を**冪等** (idempotent) と呼びます. この条件は $P(E - P) = O$ と同値なので,

対称性により $(P-E)^2 = (P-E)$ も成り立ち，$E-P$ も射影行列となります．$P(E-P) = O$ から直ちに，$\text{Image}\,P \subset \text{Ker}\,(E-P)$, $\text{Image}\,(E-P) \subset \text{Ker}\,P$ が分かります．更に，空間の任意の元 x に対して $x = Px + (E-P)x$ となるので，$\text{Ker}\,P \cap \text{Ker}\,(E-P) = \{\mathbf{0}\}$ であり，

$$\boldsymbol{R}^n = \underset{\substack{\| \\ \text{Ker}\,(E-P)}}{\text{Image}\,P} \dotplus \underset{\substack{\| \\ \text{Ker}\,P}}{\text{Image}\,(E-P)} \tag{6.15}$$

と直和分解されます．P は部分空間 $\text{Image}\,P$ への射影を表しています．射影というと普通は真上から投影した図を作る操作，すなわち，正射影あるいは直交射影を想像しますが，上の一般的定義では必ずしもそうでなくてもよろしい．**直交射影** (orthogonal projection) は，上の直和分解 (6.15) が空間の内積に関して直交分解となっているときに相当します．P ではなく $W = \text{Image}\,P$ が最初に与えられたときは，W への射影 P はいつでも直交射影で実現できます．このとき，W の正規直交基底 $[\boldsymbol{a}_1, \ldots, \boldsymbol{a}_r]$ を選べば，直交射影は

$$P\boldsymbol{x} = (\boldsymbol{a}_1, \boldsymbol{x})\boldsymbol{a}_1 + \cdots + (\boldsymbol{a}_r, \boldsymbol{x})\boldsymbol{a}_r$$

と書けることが容易に分かります．この表現行列は，$A = (\boldsymbol{a}_1, \ldots, \boldsymbol{a}_r)$ と置けば，$A\,{}^tA$ となり，従って常に対称行列です．これを逆に掛けると，直交性により ${}^tAA$ は r 次の単位行列となることに注意しましょう．

問 **6.19** (1) 射影行列は任意の正整数 n について $P^n = P$ を満たす．
(2) P が射影行列 $\iff$ P は対角化可能で，固有値は 0 と 1 のみより成る．

【**主成分分析**】 n 次元空間に N 個のデータ点 $\boldsymbol{x}_i$ が分布しているとき，その分布を最もよく近似する r 次元の部分空間を求める問題を考えます．$n=2$ で $r=1$ なら，これは統計処理でよく使われる回帰直線の問題の変種です．ここでは，そのような部分空間を直交射影によるパラメータ表示

$$\boldsymbol{y} = P\boldsymbol{x} + \boldsymbol{b} \tag{6.16}$$

の形で求めましょう．ここで P は射影行列です．最もよく近似するという判定基準として，普通は**最小 2 乗法**が用いられます．ここでは，いわゆる **2 乗平均誤差**の 2 乗の N 倍に相当する

6.6 特異値分解と主成分分析[*]

$$e_2(P, \boldsymbol{b}) := \sum_{i=1}^{N} \|\boldsymbol{x}_i - (P\boldsymbol{x}_i + \boldsymbol{b})\|^2 = \sum_{i=1}^{N}((E-P)\boldsymbol{x}_i - \boldsymbol{b}, (E-P)\boldsymbol{x}_i - \boldsymbol{b})$$

という量を最小にするように P と $\boldsymbol{b}$ を決めることです. 上を展開した後, 先に足せるものは足してから $\boldsymbol{b}$ について"平方完成"すると

$$= \sum_{i=1}^{N}((E-P)\boldsymbol{x}_i, (E-P)\boldsymbol{x}_i) - 2\left((E-P)\sum_{i=1}^{N}\boldsymbol{x}_i, \boldsymbol{b}\right) + N(\boldsymbol{b}, \boldsymbol{b})$$

$$= \sum_{i=1}^{N}((E-P)\boldsymbol{x}_i, (E-P)\boldsymbol{x}_i) - \frac{1}{N}\left((E-P)\sum_{i=1}^{N}\boldsymbol{x}_i, (E-P)\sum_{i=1}^{N}\boldsymbol{x}_i\right)$$

$$+ N\left(\boldsymbol{b} - (E-P)\frac{1}{N}\sum_{i=1}^{N}\boldsymbol{x}_i, \boldsymbol{b} - (E-P)\frac{1}{N}\sum_{i=1}^{N}\boldsymbol{x}_i\right)$$

となるので, P が何であっても, 最後の項が 0 となるよう,

$$\boldsymbol{b} = (E-P)\overline{\boldsymbol{x}}, \qquad \overline{\boldsymbol{x}} = \frac{1}{N}\sum_{i=1}^{N}\boldsymbol{x}_i$$

ととるべきです. ここで, $\overline{\boldsymbol{x}}$ は全データの平均です. ちなみに, このとき変換 (6.16) は $\boldsymbol{y} = P(\boldsymbol{x} - \overline{\boldsymbol{x}}) + \overline{\boldsymbol{x}}$ となります. P を決めるため, この $\boldsymbol{b}$ を e_2 の最初の表現に代入すると, 結局

$$e_2(P) := \sum_{i=1}^{N}((E-P)(\boldsymbol{x}_i - \overline{\boldsymbol{x}}), (E-P)(\boldsymbol{x}_i - \overline{\boldsymbol{x}}))$$

を最小にすればよい. 以下, 簡単のため $\overline{\boldsymbol{x}} = \boldsymbol{0}$ と仮定しましょう. (最初からそうなるように座標系を平行移動しておけばよい.) すると, 直交性 $(P\boldsymbol{x}_i, (E-P)\boldsymbol{x}_i) = 0$ により

$$e_2(P) = \sum_{i=1}^{N}((E-P)\boldsymbol{x}_i, (E-P)\boldsymbol{x}_i) = \sum_{i=1}^{N}(\boldsymbol{x}_i, \boldsymbol{x}_i) - \sum_{i=1}^{N}(P\boldsymbol{x}_i, \boldsymbol{x}_i)$$

と書き直せるので, 第 2 項の $\sum_{i=1}^{N}(P\boldsymbol{x}_i, \boldsymbol{x}_i)$ が最大となるように P を選べばよい. 先に P の構造を解明したように, $P = A{}^t\!A$ と r 次元の部分正規直交系を列ベクトルとする行列 A で表されるので, 最終的に $\sum_{i=1}^{N}({}^t\!A\boldsymbol{x}_i, {}^t\!A\boldsymbol{x}_i)$ を最大にすればよい. ここで, $\boldsymbol{x}_i, i = 1, \ldots, N$ を列ベクトルとする行列 X を導入すると,

$$\sum_{i=1}^{N}({}^tA\boldsymbol{x}_i, {}^tA\boldsymbol{x}_i) = \sum_{i=1}^{N}{}^t\boldsymbol{x}_i A\,{}^tA\boldsymbol{x}_i = \sum_{i=1}^{N}({}^tX\,A\,{}^tAX)_{ii} = \operatorname{tr}({}^tXA\,{}^tAX)$$

$$= \operatorname{tr}({}^tAX\,{}^tXA) = \sum_{i=1}^{r}({}^tAX\,{}^tXA)_{ii} = \sum_{i=1}^{r}{}^t\boldsymbol{a}_i X\,{}^tX\boldsymbol{a}_i$$

$$= \sum_{i=1}^{r}{}^t\boldsymbol{a}_i \mathcal{S}\boldsymbol{a}_i \qquad \text{ここに } \mathcal{S} := X\,{}^tX \tag{6.17}$$

と変形されます．ここで，1行目から2行目への変形には，第2章の章末問題3により，トレースが行列の積の順序を交換しても変わらないことを用いました．よって問題は次の補題に帰着されました．

補題 6.21 $\mathcal{S}$ を与えられた n 次対称行列とするとき，$\boldsymbol{R}^n$ の部分正規直交系 $[\boldsymbol{a}_1, \ldots, \boldsymbol{a}_r]$ の選び方で，量 (6.17) を最大にするものは，$\boldsymbol{a}_i$ として $\mathcal{S}$ の固有値の大きい方から順に r 個取ったものに対応する固有ベクトルである．またこのときの最大値は，これら r 個の固有ベクトルの和となる．

証明 直交行列 Q により $\Lambda = {}^tQ\mathcal{S}Q$ と，固有値が大きい方から順に並ぶように対角化すると，$[\boldsymbol{b}_1, \ldots, \boldsymbol{b}_r] := {}^tQ[\boldsymbol{a}_1, \ldots, \boldsymbol{a}_r]$ も再び $\boldsymbol{R}^n$ の部分正規直交系となり，

$$\sum_{i=1}^{r}{}^t\boldsymbol{a}_i \mathcal{S}\boldsymbol{a}_i = \sum_{i=1}^{r}{}^t\boldsymbol{a}_i Q\Lambda\,{}^tQ\boldsymbol{a}_i = \sum_{i=1}^{r}{}^t\boldsymbol{b}_i \Lambda\boldsymbol{b}_i =: F[\boldsymbol{b}_1, \ldots, \boldsymbol{b}_r]$$

となる．よって，このような対角型行列 Λ について，最大値 $\lambda_1 + \cdots + \lambda_r$ が $\boldsymbol{b}_i = \boldsymbol{e}_i, i = 1, \ldots, r$ (基本単位ベクトルの最初の r 個) で達成できることを言えば，$\boldsymbol{a}_i = Q\boldsymbol{e}_i$ はもとの行列 $\mathcal{S}$ の第 i 固有値の固有ベクトルとなる．さて $\boldsymbol{b}_i = {}^t(b_{i1}, \ldots, b_{in}), i = 1, \ldots, r$ と置けば，上の量は

$$F[\boldsymbol{b}_1, \ldots, \boldsymbol{b}_r] = \sum_{i=1}^{r}(\lambda_1 b_{i1}^2 + \cdots + \lambda_n b_{in}^2) \tag{6.18}$$

と書ける．$\boldsymbol{b}_i = \boldsymbol{e}_i, i = 1, \ldots, r$ ととれば値 $\sum_{i=1}^{r}\lambda_i$ が達成されることは自明だから，逆に正規直交系 $[\boldsymbol{b}_1, \ldots, \boldsymbol{b}_r]$ が何であっても $F[\boldsymbol{b}_1, \ldots, \boldsymbol{b}_r] \leq \sum_{i=1}^{r}\lambda_i$ を示せばよい．この不等式を n に関する帰納法で証明しよう．帰納法をやりやすくするため，仮定を弱めて，$\sum_{j=1}^{n}b_{ij}^2 \leq 1$ かつ $\sum_{i=1}^{r}b_{ij}^2 \leq 1$ という条

6.6 特異値分解と主成分分析 *

件の下でこれを示す．$n=1$ のときは自明である．次に，$n-1$ まではどんな $r \leq n-1$ に対しても不等式が成り立つと仮定し，n のとき任意の $r \leq n$ について不等式を示す．まず $r=n$ のときは，足し方を変えれば

$$F[\boldsymbol{b}_1,\ldots,\boldsymbol{b}_n] = \sum_{i=1}^n (\lambda_1 b_{i1}^2 + \cdots + \lambda_n b_{in}^2)$$
$$= \sum_{j=1}^n \lambda_j (b_{1j}^2 + \cdots + b_{nj}^2) \leq \sum_{j=1}^n \lambda_j$$

が容易に分かる．$r < n$ なら，

$$F[\boldsymbol{b}_1,\ldots,\boldsymbol{b}_r] = \lambda_1 \sum_{i=1}^r b_{i1}^2 + \sum_{i=1}^r (\lambda_2 b_{i2}^2 + \cdots + \lambda_n b_{in}^2)$$

と分けることができる．ここで右辺の第1項は明らかに $\leq \lambda_1$，また第2項の和は $r \leq n-1$ より帰納法の仮定が使えて $\leq \lambda_2 + \cdots + \lambda_r$ である．よって補題が証明された．□

上の結果を一言で言えば，$\mathcal{S}$ の固有値を大きい方から取った固有空間に射影すれば，よい近似が得られるということです．行列 $\mathcal{S}$ は与えられたデータの共分散行列や相関行列と密接な関係があり，上の結果は統計学的に導くこともできます．主成分分析の手法は，呼び方は変わりますが統計データの分析以外にもデータ圧縮などいろいろな分野で利用されています．

🐰 最初に述べた回帰直線の例は，この結果で $n=2, r=1$ としたものとは微妙に異なっています．それは，回帰直線が，ユークリッド距離でなく y 座標の2乗平均誤差を最小にするものと定められているからです．すなわち，与えられた2次元データ (x_i, y_i) に対して，直線 $y = mx + b$ を

$$e_2 := \sum_{i=1}^N (y_i - mx_i - b)^2$$

が最小となるように決めます．この最小値は普通は偏微分法を使って求めますが，上と同様，平方完成による高校生にも分かるような初等的な導き方も可能です．この定義は直交射影と異なり，結果が座標に依存します．特に，x 座標の2乗平均誤差を最小にする直線は，これとは異なるものになります．

問 6.20 回帰直線の方程式を求めてみよ．また，上で求めた最良近似部分空間との差を調べよ．

章　末　問　題

問題 1 (1) 実数係数の 3 次以下の x の多項式が成す $\boldsymbol{R}$ 上の線形空間 V で次のように定義された (,) は内積の性質を満たすことを示し，この内積に関する正規直交基底を一組与えよ．
$$(f(x),g(x)) := \int_{-1}^{1} f(x)g(x)dx.$$
(多項式の次数を限らないとき，これらは Legendre の多項式と呼ばれ，区間 $[-1,1]$ 上の任意の連続関数をこれらの線形結合の無限和の極限として展開するのに使われる．ただし普通はノルムでなく $x=1$ での値を 1 に正規化する．)

(2) 上の空間 V において，任意に固定した 4 点 $-1 < x_0 < x_1 < x_2 < x_3 < 1$ に対し
$$(f(x),g(x)) := \sum_{i=0}^{3} f(x_i)g(x_i)$$
は，別の内積となることを示し，この内積に関する正規直交基底を一組与えよ．

(3) n 次実正方行列の全体が成す線形空間 $M(n,\boldsymbol{R})$ において，
$$(A,B) := \mathrm{tr}\,(^tAB)$$
で定義されたものは内積の性質を満たすことを示せ．この内積が与えられた計量線形空間は n^2 次元のユークリッド空間と計量も込めて自然に同一視できることを示せ．

(4) 複素指数関数 $e^{ik\theta}$, $-n \leq k \leq n$ の線形結合の全体が成す $\boldsymbol{C}$ 上の線形空間 V で，次のように定義された (,) はエルミート内積の性質を満たすことを示し，この内積に関する正規直交基底を一組与えよ．
$$(f(\theta),g(\theta)) := \int_{0}^{2\pi} f(\theta)\overline{g(\theta)}d\theta.$$
(n を限らないとき，これは Fourier 級数展開の基底となり，区間 $[0,2\pi]$ 上の任意の周期連続関数をこれらの線形結合の無限和の極限として展開できる．)

問題 2 二つの行列 A, B に対し，**一般化固有値問題**
$$A\boldsymbol{x} = \lambda B\boldsymbol{x}$$
の固有値とは，この式を満たす非零ベクトル $\boldsymbol{x}$ が存在するような λ のことを言う．またそのような $\boldsymbol{x}$ を固有ベクトルと呼ぶ．A を対称行列，B を正定値な対称行列とするとき，一般化固有値は実数となり，一般化固有ベクトルで空間の基底が作れることを示せ．[ヒント：$\boldsymbol{y} = \sqrt{B}\boldsymbol{x}$ を考えよ．あるいは，内積 $(\boldsymbol{x},\boldsymbol{y})_B := (B\boldsymbol{x},\boldsymbol{y})$ の下で 2 次形式 $(A\boldsymbol{x},\boldsymbol{x})$ の標準形を考えよ．]

問題 3 (**ケイリー変換**) A をエルミート行列とすれば，$U = (E - iA)(E + iA)^{-1}$ はユニタリ行列となることを示せ．また，この逆変換は $A = -i(E - U)(E + U)^{-1}$ で与えられ，これらにより，エルミート行列の全体と -1 を固有値に持たないようなユニタリ行列の全体が一対一に対応することを示せ．[ヒント：$n = 1$ のときは，関数論でいうところの，実軸と単位円周の間の一次変換に他ならない．]

問題 4 A が実歪対称行列なら，$P = (E - A)(E + A)^{-1}$ は実直交行列となることを示せ．また，この逆変換は $A = (E - P)(E + P)^{-1}$ で与えられ，これらにより，実歪対称行列の全体と -1 を固有値に持たないような直交行列の全体が一対一に対応することを示せ．

問題 5 (**同時対角化**) 二つの実対称行列 (エルミート行列) A, B が同一の直交行列 (ユニタリ行列) により対角化されるための必要かつ十分な条件は，A, B が可換なことである．

問題 6 (**スペクトル写像定理**) A を実対称行列とし，その固有値を $\lambda_j, j = 1, \ldots, n$ とするとき，A のすべての固有値の近傍で連続な任意の実数値関数 $f(x)$ に対して，$f(A)$ が $f(\lambda_j), j = 1, \ldots, n$ を固有値に持つ実対称行列として自然に定義できる．[ヒント：対角化を利用せよ．]

問題 7 $V \times V$ 上の関数 $\langle \boldsymbol{x}, \boldsymbol{y} \rangle$ が内積の性質のうちの (2) と (3) だけを満たしているとき，V 上の**対称双線形形式**と呼ばれる．
(1) $\boldsymbol{R}^n$ 上の対称双線形形式は必ず，ある n 次対称行列 A と通常の内積 (6.1) により $\langle \boldsymbol{x}, \boldsymbol{y} \rangle = (A\boldsymbol{x}, \boldsymbol{y})$ と表される．
(2) 対称双線形形式 $\langle \boldsymbol{x}, \boldsymbol{y} \rangle$ と 2 次形式 $f(\boldsymbol{x})$ は，一般化された**中線定理**

$$\langle \boldsymbol{x}, \boldsymbol{y} \rangle = \frac{1}{2}\{f(\boldsymbol{x} + \boldsymbol{y}) - f(\boldsymbol{x}) - f(\boldsymbol{y})\}$$

により，一対一に対応する．

問題 8 (1) $A = (a_{ij})$ を n 次の正値対称行列とするとき，$\det A \leq a_{11}a_{22}\cdots a_{nn}$. 等号は A が対角型行列のとき，かつそのときに限り成り立つ．
(2) (**Hadamard の不等式**) $A = (\boldsymbol{a}_1, \ldots, \boldsymbol{a}_n)$ を一般の n 次実正則行列の列ベクトル表記とするとき，$|\det A| \leq \|\boldsymbol{a}_1\|\cdots\|\boldsymbol{a}_n\|$. 等号は A の列が互いに直交するとき，かつそのときに限り成り立つ．[ヒント：${}^tAA$ を考えよ．]

付録

より高度な話題の紹介*

ここでは，普通，線形代数の続きとして取り扱われるいくつかの話題について，その概略を述べておきます．数学科などでは，こういった内容が教授される講義も有るでしょうが，情報科学科や工学部などでは，なかなか学ぶ機会が無いのに，応用数学としては結構使われている内容も含まれています．それらを本格的な教科書で学ぶのは大変な負担でしょうから，概念のエッセンスだけを手軽に身に付けるこのような解説が役に立つこともあるでしょう．

■ A.1 アフィン幾何に対するワイルの公理系

アフィン空間はアフィン幾何の舞台で，普通は，線形空間の読み替えと理解され，アフィン空間における点の意味は原点，すなわち零ベクトルを始点とする位置ベクトルの終点と解釈されますが，幾何をやるには，必ずしも原点を始点とはしないベクトルを考えねばならず，アフィン空間を線形空間と同じものと思う限り，すっきりしません．Weyl(ワイル)は，次のような構造を導入することにより，アフィン幾何に明解な解釈を与えました．

定義 A.1 K を体とするとき，集合 X と K 上のベクトル空間 V の対 (X, V) が次の性質を持つとき，アフィン空間と呼ばれる：

(1) $\forall P \in X, \forall \boldsymbol{x} \in V$ に対し，X の点 Q が一意に定まる．これを記号で $Q = P + \boldsymbol{x}$ と記す．
(2) $\forall P, Q \in X$ に対し，$Q = P + \boldsymbol{x}$ を満たす V の元 $\boldsymbol{x} \in V$ が一意に定まる．これを記号で $\boldsymbol{x} = \overrightarrow{PQ}$ と記す．
(3) 上の対応は，以下の公理を満たす：
 (a) 零ベクトル $\boldsymbol{0}$ に対しては，$\forall P \in X$ に対し $P + \boldsymbol{0} = P$
 (b) $\forall P \in X$ に対し $\overrightarrow{PP} = \boldsymbol{0}$．
 (c) $\forall P \in X, \forall \boldsymbol{x}, \boldsymbol{y} \in V$ に対し，$(P + \boldsymbol{x}) + \boldsymbol{y} = P + (\boldsymbol{x} + \boldsymbol{y})$．
  言い替えると，$\forall P, Q, R \in X$ に対し $\overrightarrow{PQ} + \overrightarrow{QR} = \overrightarrow{PR}$ が V の演算の意味で成り立つ．

線形空間 V の次元をこのアフィン空間の次元と呼ぶ．

A.2 同値関係と商空間

つまり，点とベクトルは別々の集合を成し，演算は両者の相互作用とみなすのです．上の公理から，通常のアフィン幾何で使う性質がすべて出てくることを確かめるのはそう難しくはありませんが，長くなるので省略します．この扱い方は明解かつ厳密ですが，ベクトルと点を一々区別するのは面倒なので，普通は数学者といえども，体 K 上のアフィン空間を数ベクトル空間 K^n と混用しています．ちなみに，ワイルはこれを敷衍して，ユークリッド幾何に対してヒルベルトとは別の厳密な公理体系を打ち立てました．

問 A.1 (1) 上の公理の (3)-(a), (3)-(b) は他の公理から導かれることを示せ．
(2) 上の公理系では，有向線分とは，点の順序対 P, Q $\in X$ のこととされる．また線分とは，普通は順序を無視した点の対 PQ のことである．線分 PQ を $m : n$ に内分する点，および $m : n$ に外分する点の定義を上の公理系に基づいて与えよ．

■ A.2 同値関係と商空間

同値関係とは，等号の規則を公理化したものです．等号 $=$ は普通，数学で二つのものが等しいことを示すのに使いますが，数学を離れてみると，比べられている二つは何から何まで等しいという訳ではありません．例えば，外国旅行するとよく分かりますが，同じアラビア数字でも，国により，また書く人によりずいぶん形が違います．また，りんごの数とみかんの数を表している場合は，同じ数でも好き嫌いによって人によりその価値が大分異なるでしょう．そういう背景をすべて捨象して，ただ数えるという点だけを抽象して自然数の体系を作り出したのが人類の数学文化の始まりでした．数学に限らず，科学の基本理念は抽象化により知識を普遍的に，つまり他でも使えるようにすることです．

定義 A.2 集合 X において，$\sim$ が 2 項関係であるとは，$\forall x, y \in X$ に対し $x \sim y$ かそうでないかが定まっていることをいう[1]．2 項関係は，次の性質を満たすとき**同値関係**と呼ばれる．

(1) $\forall x \in X$ に対し $x \sim x$ (**反射律**：どんな元も自分自身とは関係が有る)
(2) $\forall x, y \in X$ に対し $x \sim y \Rightarrow y \sim x$ (**対称律**：ひっくりかえしても関係は保たれる)
(3) $\forall x, y, z \in X$ に対し $x \sim y, y \sim z \Rightarrow x \sim z$ (**推移律**：関係を二つ繋げて真中の項を消せる)

上の三つの性質は等号 $=$ が満たす公理と全く同じものであることに注意しましょう．実はこれが"等しい"と言う言葉の数学的な意味なのです．実世界を数学化するときには，二つのものが完全に等しいという意味で等号を使うことはあまり無く，注目している性質に関してのみ同じなら，他の差異は無視して $=$ を使うことの方が普通なのです．

例 A.1 (1) 平面の有向線分の集合 $\mathcal{S}$ に，次のような 2 項関係を定義します：二つの

---

[1] 論理学の言葉では，2 項関係とは，2 変数の述語 $F(x, y)$ のことです．$F(x, y)$ が真のとき $x \sim y$ と書くのです．

有向線分 $\overrightarrow{P_1Q_1}, \overrightarrow{P_2Q_2}$ が同値, 記号で $\overrightarrow{P_1Q_1} \sim \overrightarrow{P_2Q_2}$, とは, $\overrightarrow{P_1Q_1}$ を適当に平行移動すると $\overrightarrow{P_2Q_2}$ にぴったり重なることとする. このとき, $\sim$ は明らかに同値関係の公理を満たしています.
(2) 二つの整数の対 (q,p) で $p > 0$ を満たすものの集合に $(q,p) \sim (s,r) \iff (ps = qr)$ で 2 項関係を定義すると, 同値関係になります.
(3) 多項式の対 $(g(x), f(x))$ で $f(x) \neq 0$ なるものの集合に対しても, 上と同様の同値関係が定義されます.

定義 A.3 集合 X に同値関係が有ると, $\sim$ で互いに関係付けられるものを一つにまとめることにより, いくつかの互いに交わらない部分集合に分割される. これを集合 X の同値関係 $\sim$ による**同値類別**と呼び, まとめられた各部分集合のことを**同値類**と呼ぶ. 各同値類を一つの元と見ることにより, 新しい集合が定義されるが, これを同値関係 $\sim$ によるもとの集合 X の**商集合**と呼び, $X/\sim$ などと表す. 同値類の**代表元**とは, その同値類に属するもとの集合の元のことを言う.

例 A.2 (1) 平面の有向線分の集合の平行移動による同値関係から得られる同値類を, 平面の幾何学的ベクトルと呼びます. ただし, 幾何学的ベクトルを考えるとき, いつも同値類という"集合"を思い浮かべるのは面倒だし分かりにくいので, 普通は同値類の代表元を代わりに扱います. つまり, 幾何学的ベクトルを有向線分で代表させます. 有向線分は位置も決まってしまいますが, 他のベクトルとの加法などで必要となれば, いつでも平行移動して別の代表元と取り替えて使うのです.
(2) 整数の対 (p,q) は, 通常, $\frac{q}{p}$ と表記し, 分数と呼ばれます. 分数の集合 $\mathcal{F}$ に例 A.1 の (2) で定義した同値関係を入れたときの剰余類が有理数です. 例えば, $\frac{1}{2}$ と $\frac{2}{4}$ は分数としては異なる元ですが, 同じ有理数を表しています. 有理数の計算はその代表元の分数を用いて行います. 普通は有理数は既約分数で表しますが, 加法などで必要となれば, わざわざ通分操作で, 別の代表元である分数に取り換えて計算します. 最初に記したように, 分数は $\frac{q}{p}$ と書く代わりに (q,p) と書いてもその内容は変わりませんし, その方が計算機で扱いやすくなります.
(3) 多項式の対 $(g(x), f(x))$ も, 通常 $\frac{g(x)}{f(x)}$ と表記し, 分数式と呼ばれます. 例 A.1 の (3) で定義した同値関係を入れたときの剰余類は有理関数と呼ばれます. 高校の数学では $\frac{(x-1)(x-2)}{x(x-1)}$ と $\frac{(x-2)}{x}$ は区別することを要求されることがありますが, これらを同一視しないと有理関数の四則演算の結果が一意に定まらなくなります.

体 K 上の線形空間 V の線形部分空間 W が有るとき, V の元の間に $\boldsymbol{x} \sim \boldsymbol{y} \iff \boldsymbol{x} - \boldsymbol{y} \in W$ で 2 項関係を入れると同値関係になります. この同値関係による同値類は, W の平行移動 $\boldsymbol{x} + W$ です. この同値関係による商集合 $V/\sim$ を V の部分空間 W による商空間と呼び, V/W で表します. これは,
$$(\boldsymbol{x}+W) + (\boldsymbol{y}+W) = (\boldsymbol{x}+\boldsymbol{y})+W, \quad \lambda(\boldsymbol{x}+W) = \lambda\boldsymbol{x}+W$$
という演算で, 再び体 K 上の線形空間となります.

W が r 次元とし, W の基底 $[\boldsymbol{a}_1,\ldots,\boldsymbol{a}_r]$ を延長して V の基底 $[\boldsymbol{a}_1,\ldots,\boldsymbol{a}_r,\boldsymbol{a}_{r+1},\ldots,\boldsymbol{a}_n]$ を作れば, $[\boldsymbol{a}_{r+1}+W,\ldots,\boldsymbol{a}_n+W]$ は V/W の基底となります. 従って

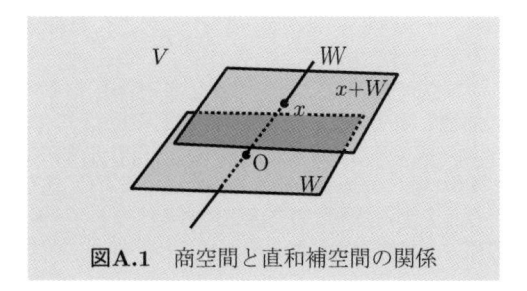

図A.1 商空間と直和補空間の関係

$\dim V/W = n - r = \dim V - \dim W$ です．これから分かるように，商空間 V/W は常に W の直和補空間と線形同型です．

V からそれ自身への線形写像 Φ が部分空間 W を不変にするとき，商空間 V/W からそれ自身への線形写像 $\widetilde{\Phi}$ が

$$\widetilde{\Phi}(\boldsymbol{x} + W) = \Phi(\boldsymbol{x}) + W$$

により自然に誘導されます．W が Φ-不変のとき，W の基底を延長して作った V の基底により Φ を表現すると，ブロック型の行列 $\begin{pmatrix} A & C \\ O & B \end{pmatrix}$ となるのでしたが，このとき，上述の基底 $[\boldsymbol{a}_{r+1} + W, \ldots, \boldsymbol{a}_n + W]$ による $\widetilde{\Phi}$ の表現行列は B となります．$\boldsymbol{a}_{r+1}, \ldots, \boldsymbol{a}_n$ により張られる W の直和補空間 $\mathbb{W}$ も Φ 不変なときに限り，$C = O$ となり，行列はブロック対角型となります．

■ A.3　双 対 空 間

体 K 上の線形空間 V の双対空間 (dual space) とは，V 上の K 値線形関数の全体のことを言います．これを記号で V' などと表します．V が n 次元数ベクトル空間 K^n のときは，その上の線形関数は座標成分で

$$c_1 x_1 + \cdots + c_n x_n \tag{A.1}$$

の形に書け，従って係数が成す数ベクトル $\begin{pmatrix} c_1 \\ \vdots \\ c_n \end{pmatrix}$ と同一視できますから，結局 K^n と同じになります．このことから，一般に V の双対空間は V と同じ次元の線形空間となることが分かります．ただし同型だからといっても，同じものだという訳ではありません．もとの空間のベクトルと双対空間の元はものが違います．

これに対し，双対空間の双対空間はもとの空間と標準的に同一視できます．実際，$\boldsymbol{a} \in V$ とするとき，線形関数に対して，その $\boldsymbol{a}$ での値を対応させる写像

$$V' \ni f \mapsto f(\boldsymbol{a}) \in K$$

は，明らかに V' から K への線形写像となるので，$\boldsymbol{a} \in (V')'$．この対応は V から $(V')'$ への線形写像となることが容易に分かります．また，$\boldsymbol{a} \neq \boldsymbol{0}$ なら，この点で非零の値を取るような線形関数 f は必ず存在する（例えば，$a_i \neq 0$ なら $f(\boldsymbol{x}) = x_i$ を取れ

ばよい) ので, 上の対応 $V \to (V')'$ は一対一です. こうして包含関係 $V \subset (V')'$ が得られましたが, 両者の次元は同じなので, 一致します.

$\boldsymbol{x} \in V$ と $f \in V'$ に対し, $f(\boldsymbol{x})$ のことをしばしば $\langle f, \boldsymbol{x} \rangle$, あるいは ${}_{V'}\langle f, \boldsymbol{x} \rangle_V$ と記し, V と V' の間の**内積**と呼びます. この内積は双線形で, 上のように V と V' を数ベクトル空間として同一視すると, 第 6 章で扱った内積と非常に良く似たものになりますが, 係数体が実数体のような順序の概念を持たない場合は, 正値性の条件は無意味となります. その代わりをするのが次の**非退化性**の条件です: 一般に V' のことを W と書き, W と V の間の**双線形形式**に関して述べると,

(1) $f \in W$ が $\forall \boldsymbol{x} \in V$ に対して $\langle f, \boldsymbol{x} \rangle = 0$ を満たせば, $f = 0$.
(2) $\boldsymbol{x} \in V$ が $\forall f \in W$ に対して $\langle f, \boldsymbol{x} \rangle = 0$ を満たせば, $\boldsymbol{x} = 0$.

補題 A.1 (1) 上で定義された V と V' の間の内積は非退化である. 逆に, 二つの線形空間 V, W の間に非退化な双線形形式が有れば, 両者の次元は等しく, この内積により一方は他方の双対とみなせる.
(2) 線形空間 V の元の組 $[\boldsymbol{a}_1, \ldots, \boldsymbol{a}_n]$ が V の基底となるための必要十分条件は, $f \in V'$ に対して $\langle f, \boldsymbol{a}_i \rangle = 0, i = 1, \ldots, n$ から $f = 0$ が従うことである. 線形空間 V' の元の組 $[\boldsymbol{f}_1, \ldots, \boldsymbol{f}_n]$ が V' の基底となるための必要十分条件は, $\boldsymbol{x} \in V$ に対して $\langle \boldsymbol{f}_i, \boldsymbol{x} \rangle = 0, i = 1, \ldots, n$ から $\boldsymbol{x} = 0$ が従うことである.
(3) 線形空間 V の基底 $[\boldsymbol{a}_1, \ldots, \boldsymbol{a}_n]$ に対して, V' の基底 $[\boldsymbol{f}_1, \ldots, \boldsymbol{f}_n]$ が $\boldsymbol{f}_i(\boldsymbol{a}_j) = \delta_{ij}$ を満たすとき, もとの V の基底に対する**双対基底**と呼ぶ. 双対基底を用いると, 与えられた $c_j, j = 1, \ldots, n$ に対して $f(\boldsymbol{a}_i) = c_i$ となる $f \in V'$ を

$$f = c_1 \boldsymbol{f}_1 + \cdots + c_n \boldsymbol{f}_n$$

で作ることができる.

(1) は定義から簡単に導けます. (2) はそれを使うとすぐ出ます. (3) 双対基底が必ず存在することは, 線形写像が基底に対する値だけで確定することから明らかです. V の元 $\boldsymbol{x}$ を基底 $[\boldsymbol{a}_1, \ldots, \boldsymbol{a}_n]$ で $\boldsymbol{x} = x_1 \boldsymbol{a}_1 + \cdots + x_n \boldsymbol{a}_n$ と, また V' の元 f をその双対基底 $[\boldsymbol{f}_1, \ldots, \boldsymbol{f}_n]$ で $f = c_1 \boldsymbol{f}_1 + \cdots + c_n \boldsymbol{f}_n$ と表したとき, それらの内積 $\langle f, \boldsymbol{x} \rangle$ を成分で表すと, ちょうど (A.1) が得られます.

例 A.3 (ラグランジュの補間公式) 与えられた $n+1$ 個の点 x_i ($i = 0, 1, \ldots, n$) で指定した値 c_i ($i = 0, 1, \ldots, n$) を取るような 1 変数 n 次多項式 $f(x)$ を求めることが, 応用上しばしば必要となります. 求める多項式を

$$f(x) = a_0 x^n + a_1 x^{n-1} + \cdots + a_n$$

と置き, これに $x = x_i$ を代入したものを c_i に等しいと置けば, 未知の係数 a_i $i = 0, 1, \ldots, n$ に対する $n+1$ 個の連立 1 次方程式が得られ, その係数行列はヴァンデルモンド型となるので, これを解けば解がただ一つ定まることが分かります. しかし, この方法では n が大きいと実行するのが大変です. この問題には, 次のような公式が使われます.

A.3 双対空間

$$f(x) = \sum_{i=0}^{n} \frac{\prod_{j \neq i}(x - x_j)}{\prod_{j \neq i}(x_i - x_j)} c_i \tag{A.2}$$

この公式に $x = x_i$ を代入してみれば，第 i 番目の項だけが残り，それは値 c_i を与えることが容易に確かめられるので，このような多項式の一意性により，これが答であることは分かりますが，自分でこの公式を見つけ出すには双対基底の考えが有用です．

n 次 (以下の) 多項式の全体は $n+1$ 次元の線形空間 V を成しますが，その双対空間の元として，点 a を固定し，$f(x) \in V$ に対し $f(a)$ を対応させる線形関数 δ_a が考えられます．(この記号はクロネッカーのデルタの親戚で，Dirac のデルタ関数と呼ばれる超関数からの借用です．) V' は $n+1$ 次元なので，$n+1$ 個の異なる点 x_i に対する δ_{x_i} $(i = 0, 1, \ldots, n)$ は V' の基底となるでしょう．実際，V の元 f が $\delta_{x_i}(f) = f(x_i) = 0, i = 0, 1, \ldots, n$ を満たせば，因数定理により f は $(x - x_i), i = 0, 1, \ldots, n$ で，従ってこれらの積である $n+1$ 次の多項式で割り切れるので，f が n 次ということから $f \equiv 0$ でなければなりません．よって，V には，V' のこの基底に対する双対基底が存在するはずです．(補題 A.1 と V, V' の役割が逆になっていますが，$V = (V')'$ なので同じことです．) $\delta_{x_j}(f_i) = f_i(x_j) = \delta_{ij}$, $j = 0, 1, \ldots, n$ を満たす多項式 f_i は，まず $j \neq i$ なる点 x_j で 0 になるので，因数定理により $\prod_{j \neq i}(x - x_j)$ で割り切れなければなりません．これだけで既に n 次になっているので，後は定数因子を調節して x_i における値を 1 にすれば双対基底となりますが，そのためにはこれに $x = x_i$ を代入した値 $\prod_{j \neq i}(x_i - x_j)$ で割っておけばよろしい．以上により公式 (A.2) は，双対基底に対する展開式となっていることが分かります．

双対基底の考え方は有限要素法などで，関数近似の基底を作るときにも使われます．ラグランジュの補間公式はその 1 次元の例です．

双対空間のもう一つの応用は，連立 1 次方程式の可解性条件です．線形写像 $\Phi : V \longrightarrow W$ に対して，その**双対写像** $\Phi' : W' \longrightarrow V'$ が

$$\forall \boldsymbol{x} \in V, \quad \forall g \in W' \text{ に対し} \quad \langle g, \Phi(\boldsymbol{x}) \rangle = \langle \Phi'(g), \boldsymbol{x} \rangle$$

により定義されますが，V, W にそれぞれ基底 $[\boldsymbol{a}_1, \ldots, \boldsymbol{a}_n], [\boldsymbol{b}_1, \ldots, \boldsymbol{b}_m]$ を導入し，Φ を行列 A で表現すると，双対写像 Φ' はこれらの双対基底 $[\boldsymbol{f}_1, \ldots, \boldsymbol{f}_n], [\boldsymbol{g}_1, \ldots, \boldsymbol{g}_m]$ により，A の転置行列 ${}^t A$ で表現されます：$\Phi([\boldsymbol{a}_1, \ldots, \boldsymbol{a}_n]) = [\boldsymbol{b}_1, \ldots, \boldsymbol{b}_m] A$ の各元と $\boldsymbol{g}_j$ との内積を取ると，右辺からは $\langle \boldsymbol{g}_j, [\boldsymbol{b}_1, \ldots, \boldsymbol{b}_m] A \rangle = {}^t \boldsymbol{e}_j A$ と A の第 j 行が得られ，他方，左辺は双対写像の定義により，$\langle \boldsymbol{g}_j, \Phi([\boldsymbol{a}_1, \ldots, \boldsymbol{a}_n]) \rangle = \langle \Phi'(\boldsymbol{g}_j), [\boldsymbol{a}_1, \ldots, \boldsymbol{a}_n] \rangle = \langle ([\boldsymbol{f}_1, \ldots, \boldsymbol{f}_n] A')_j, [\boldsymbol{a}_1, \ldots, \boldsymbol{a}_n] \rangle$ となり，これは Φ' の表現行列 A' の第 j 列を転置したものです．通常は，V' の元の方は座標成分を横ベクトルで表し，双対写像はもとの行列 A を右から作用させて表現します．

補題 A.2 一般に V の部分空間 X の上で値が 0 となるような V' の元の全体を $X^\perp$ で表すとき，

$$(\text{Image}\, \Phi)^\perp = \text{Ker}\,(\Phi'), \qquad (\text{Ker}\, \Phi)^\perp = \text{Image}\,(\Phi')$$

が成り立つ．従って，連立 1 次方程式 $A\bm{x} = \bm{b}$ が解を持つための必要十分条件は，${}^t\bm{c}A = \bm{0}$ となる任意の横ベクトル ${}^t\bm{c}$ と $\bm{b}$ が内積 (A.1) の意味で直交することである．

最後の判定条件は，例えばジョルダン標準形を求めるときの基底の計算で，右辺のベクトルを調整するのに使えます．

双対空間の内積は，成分表示を見ると，第 6 章でやった正定値内積と同じように見えますが，ここでは，非退化性だけがあればよいので，有限体など，どんな体の上でも意味を持ちます．このような考えは数学のいろんなところで使われますが，応用数学では特に誤り訂正符号の理論で必須です．

A.4 テンソル積

1 変数 x の多項式と 1 変数 y の多項式から，2 変数 x, y の多項式を作り出す代数的操作を抽象化したものがテンソル積です．ただし今は線形演算だけを考えているので，多項式の全体を取ると無限次元になってしまうので，ここでは例として多項式の次数を限り，V には x の m 次以下の 1 変数多項式の空間を，W には y の n 次以下の 1 変数多項式の空間を取ります．このとき $V \otimes W$ は x につき m 次以下，y につき n 次以下の x, y の多項式と同等なものになります．このようなものを抽象的に定義するには，次のようにします．

定理 A.3 V, W を体 K 上の二つの線形空間とするとき，これらの**テンソル積** (tensor product) $V \otimes W$ を次のような記号の同値類の集合として定義する．

$$V \otimes W := \left\{ \sum_{i=1}^{N} \lambda_i \bm{a}_i \otimes \bm{b}_i \mid \bm{a}_i \in V, \bm{b}_i \in W, \lambda_i \in K, N \in \bm{N} \right\} / \sim$$

ここで，$\sim$ は $\forall \lambda_1, \lambda_2 \in K, \forall \bm{a}, \bm{a}_1, \bm{a}_2 \in V, \forall \bm{b}, \bm{b}_1, \bm{b}_2 \in W$ に対し

$$(\lambda_1 \bm{a}_1 + \lambda_2 \bm{a}_2) \otimes \bm{b} - (\lambda_1 \bm{a}_1 \otimes \bm{b} + \lambda_2 \bm{a}_2 \otimes \bm{b}),$$
$$\bm{a} \otimes (\lambda_1 \bm{b}_1 + \lambda_2 \bm{b}_2) - (\lambda_1 \bm{a} \otimes \bm{b}_1 + \lambda_2 \bm{a} \otimes \bm{b}_2)$$

の形の元の有限和をすべて零ベクトル $\bm{0} \otimes \bm{0}$ と同一視する同値関係である (要するに，多重線形となるように元たちを同一視する)．

V の基底 $[\bm{a}_1, \ldots, \bm{a}_m]$，$W$ の基底 $[\bm{b}_1, \ldots, \bm{b}_n]$ を取れば，結局 $V \otimes W$ の元は

$$\sum_{i=1}^{m} \sum_{j=1}^{n} \lambda_{ij} \bm{a}_i \otimes \bm{b}_j$$

の形に一意的に表されるので，$V \otimes W$ は $\bm{a}_i \otimes \bm{b}_j, i = 1, \ldots, m, j = 1, \ldots, n$ を基底とする mn 次元の線形空間となります．

補題 A.4 線形空間 V からそれ自身への線形写像 Φ，および，線形空間 W からそれ自身への線形写像 Ψ が有るとき，$V \otimes W$ からそれ自身への線形写像 $\Phi \otimes \Psi$ が

A.4 テンソル積

$$\Phi \otimes \Psi(\boldsymbol{a} \otimes \boldsymbol{b}) = \Phi(\boldsymbol{a}) \otimes \Psi(\boldsymbol{b})$$

を線形に拡張したものとして自然に誘導される.これを線形写像 Φ, Ψ のテンソル積と呼ぶ. V の基底を $[\boldsymbol{a}_1, \ldots, \boldsymbol{a}_m]$, これによる Φ の表現行列を A, W の基底を $[\boldsymbol{b}_1, \ldots, \boldsymbol{b}_n]$, これによる Ψ の表現行列を B とし, $V \otimes W$ の基底を

$$\boldsymbol{a}_1 \otimes \boldsymbol{b}_1, \ldots, \boldsymbol{a}_1 \otimes \boldsymbol{b}_n, \boldsymbol{a}_2 \otimes \boldsymbol{b}_1, \ldots, \boldsymbol{a}_2 \otimes \boldsymbol{b}_n, \ldots, \boldsymbol{a}_m \otimes \boldsymbol{b}_1, \ldots, \boldsymbol{a}_m \otimes \boldsymbol{b}_n$$

と並べれば, $\Phi \otimes \Psi$ の表現行列は,

$$\begin{pmatrix} a_{11}B & a_{12}B & \cdots & a_{1m}B \\ a_{21}B & a_{22}B & \cdots & a_{2m}B \\ \vdots & \vdots & & \vdots \\ a_{m1}B & a_{m2}B & \cdots & a_{mm}B \end{pmatrix}$$

という n 次のブロックより成る行列となる.また, $V \otimes W$ の基底を

$$\boldsymbol{a}_1 \otimes \boldsymbol{b}_1, \ldots, \boldsymbol{a}_m \otimes \boldsymbol{b}_1, \boldsymbol{a}_1 \otimes \boldsymbol{b}_2, \ldots, \boldsymbol{a}_m \otimes \boldsymbol{b}_2, \ldots, \boldsymbol{a}_1 \otimes \boldsymbol{b}_n, \ldots, \boldsymbol{a}_m \otimes \boldsymbol{b}_n$$

と並べれば, $\Phi \otimes \Psi$ の表現行列は,

$$\begin{pmatrix} Ab_{11} & Ab_{12} & \cdots & Ab_{1n} \\ Ab_{21} & Ab_{22} & \cdots & Ab_{2n} \\ \vdots & \vdots & & \vdots \\ Ab_{n1} & Ab_{n2} & \cdots & Ab_{nn} \end{pmatrix}$$

という m 次のブロックより成る行列となる.これらを行列 A, B の**クロネッカー積**と呼び, $A \otimes B$ で表す.

これらの表現は,

$$\Phi \otimes \Psi(\boldsymbol{a}_i \otimes \boldsymbol{b}_j) = \Phi(\boldsymbol{a}_i) \otimes \Psi(\boldsymbol{b}_j) = \sum_{k=1}^{m} a_{ki} \boldsymbol{a}_k \otimes \sum_{l=1}^{n} b_{lj} \boldsymbol{b}_l$$
$$= \sum_{k=1}^{m} \sum_{l=1}^{n} a_{ki} b_{lj} \boldsymbol{a}_k \otimes \boldsymbol{b}_l$$

を解釈すれば容易に得られます.

高次のテンソル積 $V_1 \otimes V_2 \otimes \cdots \otimes V_k$ は 2 個のテンソル積の定義を帰納的に繰り返せば得られます.数学では,同じ線形空間 V のコピーを何回もテンソル積することがよくあります.このとき, $\boldsymbol{a}, \boldsymbol{b} \in V$ に対して $\boldsymbol{a} \otimes \boldsymbol{b}$ と $\boldsymbol{b} \otimes \boldsymbol{a}$ を同じものとみなす場合があり,これを対称テンソル積と呼びます.逆に, $\boldsymbol{a} \otimes \boldsymbol{b}$ と $-\boldsymbol{b} \otimes \boldsymbol{a}$ を同一視することもよくあります.これを交代テンソル積あるいは外積と呼び, $\boldsymbol{a} \wedge \boldsymbol{b}$ で表します. V が n 次元空間のとき,その基底を $[\boldsymbol{a}_1, \ldots, \boldsymbol{a}_n]$ とすれば,$\underbrace{V \wedge \cdots \wedge V}_{n \text{ 個}}$ の元はすべて $\boldsymbol{a}_1 \wedge \cdots \wedge \boldsymbol{a}_n$ というただ一つの元のスカラー倍となります.外積が各因子について線形,かつ因子を入れ換えたとき交代的ということから,

$$\sum_{i_1=1}^n a_{i_1 1}\boldsymbol{a}_{i_1} \wedge \cdots \wedge \sum_{i_n=1}^n a_{i_n n}\boldsymbol{a}_{i_n} = \det(a_{ij})\boldsymbol{a}_1 \wedge \cdots \wedge \boldsymbol{a}_n$$

となります.これは,ここに現れる係数が行列式と全く同じ規則に従うことから,行列式の一意性により結論されます.この式で,$\boldsymbol{a}_j$ の代わりに dx_j と書けば,微積分における重積分の変数変換公式にヤコビ行列式が現れる説明となります.

第 1 章の最後で述べた 3 次元空間の外積も,実はこの意味での外積です.外積の結果は座標変換で符号が保たれないので,完全なベクトルではなく,物理では軸性ベクトルなどと呼ばれますが,これは,ここで述べた意味での外積

$$(x_1\boldsymbol{e}_1 + x_2\boldsymbol{e}_2 + x_3\boldsymbol{e}_3) \wedge (y_1\boldsymbol{e}_1 + y_2\boldsymbol{e}_2 + y_3\boldsymbol{e}_3)$$
$$= (x_2y_3 - x_3y_2)\boldsymbol{e}_2 \wedge \boldsymbol{e}_3 + (x_3y_1 - x_1y_3)\boldsymbol{e}_3 \wedge \boldsymbol{e}_1 + (x_1y_2 - x_2y_1)\boldsymbol{e}_1 \wedge \boldsymbol{e}_2$$

の係数を取り出してむりやり普通のベクトル

$$(x_2y_3 - x_3y_2)\boldsymbol{e}_1 + (x_3y_1 - x_1y_3)\boldsymbol{e}_2 + (x_1y_2 - x_2y_1)\boldsymbol{e}_3$$

と同一視してしまったためなのです.

テンソル積の最後に,線形空間の係数拡大の話をしておきます.二つの体 $K \subset L$ が包含関係にあるとき,L は K の拡大体と呼ばれます.このとき L は自然な演算で K 上の線形空間とみなせます.その次元を L の K 上の拡大次数と呼び $[L:K]$ で表します.例えば $\boldsymbol{R} \subset \boldsymbol{C}$ が実用上典型的な例で,拡大次数は 2 です.V が体 K 上の線形空間のとき,$V^L := L \otimes_K V$ は自然に体 L 上の線形空間とみなせます.テンソル積の記号に添え字を付けたのは,体が二つあるので区別するためです.$\lambda \in L$ は $\alpha \otimes_K \boldsymbol{v}$ に $\lambda(\alpha \otimes_K \boldsymbol{v}) = (\lambda\alpha) \otimes_K \boldsymbol{v}$ と作用します.V が K 上 n 次元なら,V^L も L 上 n 次元で,もとの V の基底 $[\boldsymbol{v}_1, \ldots, \boldsymbol{v}_n]$ がそのまま V^L の基底として使えます.正確にいうと $[1 \otimes_K \boldsymbol{v}_1, \ldots, 1 \otimes_K \boldsymbol{v}_n]$ が V^L の L 上の基底ですが,普通は $1\otimes_K$ は省略します.従って,要するに作用するスカラーを自然に増やしただけです.実数から複素数への係数拡大 $V^C := \boldsymbol{C} \otimes_{\boldsymbol{R}} V$ は,線形空間 V の複素化と呼ばれます.

V^L はもとの係数体 K 上の線形空間ともみなせます.L の K 上の基底 $[\alpha_1, \ldots, \alpha_m]$ ($m = [L:K]$) をとるとき,V^L の基底として $\alpha_i \otimes \boldsymbol{v}_j$, $i = 1, \ldots, m$, $j = 1, \ldots, n$ が使えます.つまり,V^L は K 上では mn 次元となります.特に実線形空間の複素化の場合は,実線形空間としては次元が倍になります.

■ A.5 単 因 子

単因子の理論は,体ではなく,環の元を要素とする行列の標準形を探求するものです.例えば,成分がすべて整数の行列は,割り算することなしにどこまで簡単にできるでしょうか?全く一般の環ではよい結果は期待できませんが,有理整数環 $\boldsymbol{Z}$ や任意の体 K 上の 1 変数多項式環 $K[x]$ の場合はユークリッドの互除法を用いて,次のようなきれいな結果が証明できます.これは有限可換群の構造を調べるための基礎にもなります.

A.5 単因子

定理 A.5 Z や $K[x]$ の元を要素とする正則行列は、許される基本変形 (これらの環の中で可逆な行列を左右から掛けること) により、

$$\begin{pmatrix} d_1 & 0 & \cdots & 0 \\ 0 & d_2 & \ddots & \vdots \\ \vdots & \ddots & \ddots & 0 \\ 0 & \cdots & 0 & d_n \end{pmatrix} \tag{A.3}$$

の形にできる. 対角成分 d_j は、順に d_j が d_{j+1} を割り切る $(j=1,\ldots,n-1)$ という条件の下で、これらの環における可逆元の因子を除き一意に定まる. これらをもとの行列の**単因子** (elementary divisor) と呼ぶ.

一般に可換環の元を要素とする行列に対しても行列式が体の場合と全く同様に定義され、割り算を必要としない定理はすべて成立します. 特に、定理 3.9 が成り立つので、余因子行列を用いた定理 3.7 の論法と合わせて、このような行列が同じ環の中で可逆であるためには、その行列式が環の可逆元 (Z のときは ± 1, $K[x]$ のときは零でない定数) となっていることが必要十分なことが示せます (問 3.7 参照).

上の定理の証明の基礎となるのが、次の補題です.

補題 A.6 上の定理のような環の元を要素とする 2 次正方行列 $\begin{pmatrix} a & c \\ 0 & b \end{pmatrix}$ は、行と列の許される基本変形で $\begin{pmatrix} d & 0 \\ 0 & D \end{pmatrix}$ の形に帰着できる. ここに、$d = \mathrm{GCD}(a,b,c)$, また $D = ab/d^2$.

これらの計算の要点は、基本変形で特定の要素を小さくしてゆくことです. その手続きが最後まで行けることをユークリッドの互除法が保証します. 同じ方法で、例えば、成分がすべて整数の行列は、割り算を使わなくても、上三角型に変形でき、従って行列式が計算できることが分かります. これは皆さん経験則として既にご存知のことですね.

単因子はジョルダン標準形と密接な関係があります.

定理 A.7 複素数を要素とする n 次正方行列 A は重複度がそれぞれ ν_i の固有値 λ_i, $i=1,\ldots,s$ を持ち、かつ各固有値 λ_i に対応するジョルダンブロックのサイズは、大きい方から順に $\mu_{ij}, j=1,\ldots,m_i$ であるとする. (ただし、同じサイズのものはその個数だけ繰り返し書くものとする. 従って $\sum_{j=1}^{m_i} \mu_{ij} = \nu_i$.) また、固有値の番号は $m := m_1 \geq m_2 \geq \cdots \geq m_s$ となるように付けてあるとし、簡単のため $j > m_i$ に対する μ_{ij} は 0 と規約する. このとき、行列 $xE - A$ を多項式環 $C[x]$ の元を成分とする行列とみなし、可逆な基本変形により定理 A.5 の形に変形したときの対角成分、すなわち単因子は

$$\underbrace{1,\ldots\ldots,1}_{n-m \text{ 個}}, \prod_{i=1}^{s}(x-\lambda_i)^{\mu_{im}}, \ldots, \prod_{i=1}^{s}(x-\lambda_i)^{\mu_{i1}} \tag{A.4}$$

となる. 最後の因子は行列 A の最小多項式となる.

本書は不変部分空間の方法でジョルダン標準形の基礎付けをしましたが，単因子を用いるやり方もあります．

■ A.6 射影幾何

線形代数と密接に結び付いた幾何学として，本文ではアフィン幾何とユークリッド幾何を学びました．両者の特徴は 6.4 節の最後にまとめた通りです．これに対し，ルネサンス時代に発見された透視図法の数学的正当化として生まれた射影幾何 (projective geometry) では，無限遠の点を有限の位置に有る普通の点と同等に扱うので，ある直線に沿ってその一方の側にどこまでもゆくと，無限遠点に達し，反対側から戻って来ます．射影幾何では，直線はすべて円周のように閉じているのです．また，射影幾何では，任意の 2 直線は常に必ずただ 1 点で交わります．アフィン幾何における平行線は無限遠点で交わっているとみなされます．

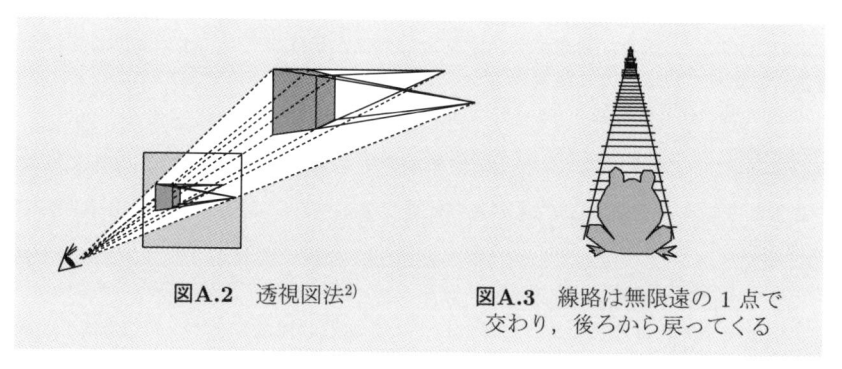

図A.2 透視図法[2)]

図A.3 線路は無限遠の 1 点で交わり，後ろから戻ってくる

射影幾何ではまた，楕円と双曲線が互いに移り変わり得ます．放物線も，楕円が無限遠直線と接している特別な場合にすぎません．次図はこれを直感的に説明したものです．

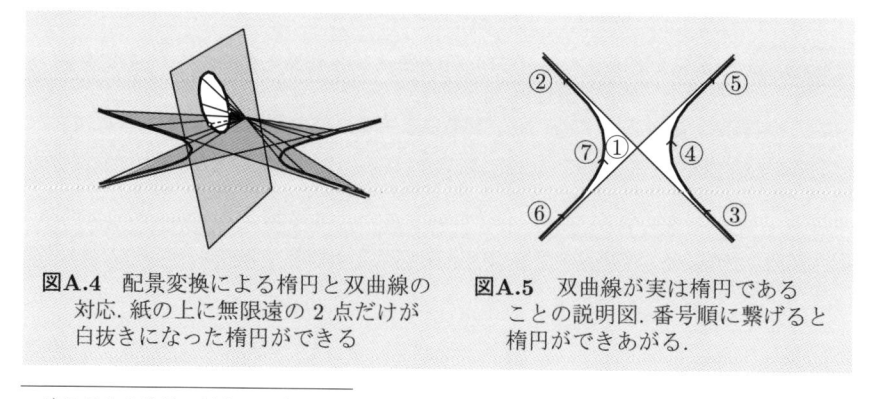

図A.4 配景変換による楕円と双曲線の対応．紙の上に無限遠の 2 点だけが白抜きになった楕円ができる

図A.5 双曲線が実は楕円であることの説明図．番号順に繋げると楕円ができあがる

[2)] 風景を立体的に見えるように平面に描くには，眼で見える通りにキャンパスにプロットしてゆけばよい．これは，射影変換の典型例：配景変換 (perspective transform) となる．

A.6 射影幾何

アフィン平面に無限遠直線を追加して射影平面にする直感的説明は以下の通りです：アフィン平面は開円板と同一視できます．これに無限遠点を付け加えると，閉円板になります．この閉円板の各直径の両端を同一視すると**射影平面** (projective plane) ができきます．閉円板は閉半球面と同等ですが，更に球面全体の各直径の両端を同一視しても同じものができます．

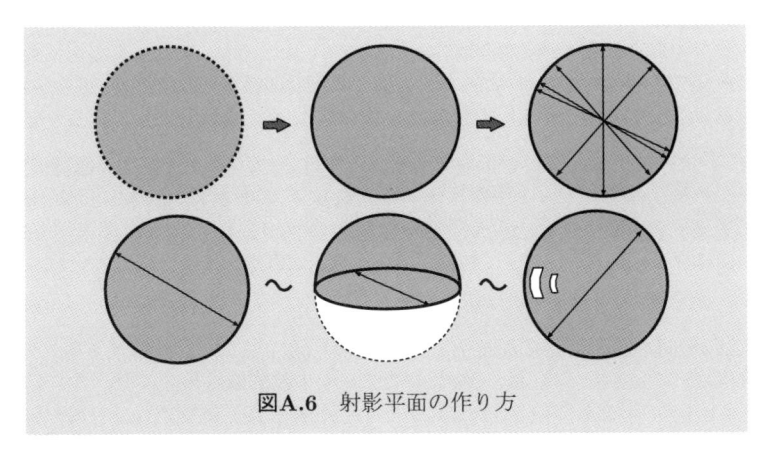

図A.6 射影平面の作り方

最後の言い換えを解析的定義に翻訳すれば，次のようになります．

定義 A.4 実数の三つ組 $(x, y, z) \neq (0, 0, 0)$ を次の同値類で類別したものを射影平面の点と定め，同値類の代表 (x, y, z) をこの点の**同次座標**と呼ぶ：

$$\lambda \neq 0 \text{ のとき} \quad (x, y, z) \sim (\lambda x, \lambda y, \lambda z).$$

この同値類による商集合を $\boldsymbol{P}^2 = (\boldsymbol{R}^3 \setminus \{(0,0,0)\})/\boldsymbol{R}^\times$ と記し，**射影平面**と呼ぶ．

ベクトルの長さが 1 のものだけを考えれば $\lambda = \pm 1$，従ってこの定義は，単位球面において直径の両端を同一視するのと確かに同等です．射影平面は境界の無い閉じた曲面ですが，向き付け不可能 (non-orientable) な不思議な曲面になります．向き付け不可能な曲面の他の例としては，Möbius の帯や Klein の壺が有名ですが，射影平面はメビウスの帯の周に沿って 1 枚の円板の周を貼り合わせると出来上がります．

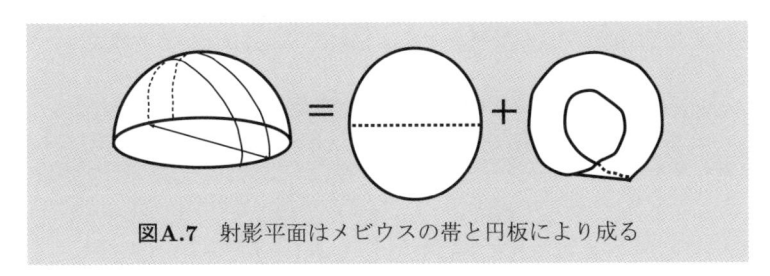

図A.7 射影平面はメビウスの帯と円板により成る

射影幾何では,点は $(x,y,z) \neq (0,0,0)$ の $\boldsymbol{R}^\times$ 乗法に関する同値類,直線は $ax+by+cz=0$ を満たす点の全体,すなわち,$(a,b,c) \neq (0,0,0)$ の $\boldsymbol{R}^\times$ 乗法に関する同値類となります.従って,点と直線は全く区別が付きません.すなわち,平面射影幾何では点と直線の間に完全な双対関係が成立します.この結果,例えば,"相異なる 2 点を通る直線が常にただ一つ存在する" と,"相異なる 2 直線の交点が常にただ一つ定まる",など,平面射影幾何の定理は必ず,点に関するものと直線に関するものがペアで成立します.双対空間のところで示したように,アフィン幾何でも,点の座標と直線の方程式である 1 次同次式の間には双対関係がありますが,1 次同次式が表す直線は,方程式を定数倍しても変わらないので,完全な双対関係にはなりません.

さて,1 次方程式 $z=0$ は射影幾何の直線の仲間ですが,これを**無限遠直線**の定義とします.すると,有限アフィン平面は $z \neq 0$ となり,このとき $(x,y,z) \sim (x/z, y/z, 1)$. よってアフィン平面の点 (x,y) を射影平面の点 $(x,y,1)$ とみなせば,アフィン平面は射影平面に埋め込まれ,ちょうど射影平面から無限遠直線を除いた部分と一致します.

アフィン直線 $ax+by+c=0$ の射影幾何学化は,元の方程式に $x \mapsto \dfrac{x}{z}, y \mapsto \dfrac{y}{z}$ を代入し,分母を払えば得られます: $\Longrightarrow ax+by+cz=0$. 無限遠直線 $z=0$ 以外の直線 $ax+by+cz=0$ は,その上にただ一つの**無限遠点**を含んでいます:無限遠点は $(x,y,0)$ の形をしており,仮定により $(a,b) \neq (0,0)$ なので,$ax+by=0$ から $x:y=b:-a$ が確定し,$(b,-a,0)$ が求める無限遠点です.

アフィン平行 2 直線 $ax+by+c=0, ax+by+c'=0$ が無限遠点で交わることは,$(a,b) \neq (0,0), c \neq c'$ だから,対応する射影 2 直線 $ax+by+cz=0, ax+by+c'z=0$ は無限遠点 $(b,-a,0)$ のみを共有することから分かります.この連立 1 次方程式の解は $z=0$ しか無いので,有限点では交わりません.

射影変換,すなわち,射影幾何における変換は,同次座標を線形に変換するものです:
$$\begin{pmatrix} x \\ y \\ z \end{pmatrix} \mapsto \begin{pmatrix} \xi \\ \eta \\ \zeta \end{pmatrix} = \begin{pmatrix} a & b & e \\ c & d & f \\ g & h & k \end{pmatrix} \begin{pmatrix} x \\ y \\ z \end{pmatrix}$$

結果は同次座標として確定すればよいので,行列全体を $\boldsymbol{R}^\times$ の元で割っても射影変換としては同じものです.よって,射影変換の全体は $PGL(3,\boldsymbol{R})=GL(3,\boldsymbol{R})/\boldsymbol{R}^\times$ と書けます.上の行列で表される変換では,直線 $gx+hy+kz=0$ が変換後の無限遠直線 $\zeta=0$ に対応し,また,無限遠直線 $z=0$ は直線 $\xi=ax+by, \eta=cx+dy, \zeta=gx+hy$ に対応します.これから x,y を消去すれば $\begin{vmatrix} \xi & a & b \\ \eta & c & d \\ \zeta & g & h \end{vmatrix}=0$ という方程式になります.

アフィン変換は無限遠直線を動かさない射影変換として特徴付けられます:$z=0 \Longrightarrow \zeta=gx+hy=0$ となるためには,$g=h=0$. 従って $k \neq 0$ なので,これで行列全体を割り算すると,
$$\begin{pmatrix} \xi \\ \eta \\ 1 \end{pmatrix} = \begin{pmatrix} a & b & e \\ c & d & f \\ 0 & 0 & 1 \end{pmatrix} \begin{pmatrix} x \\ y \\ 1 \end{pmatrix} \tag{A.5}$$

の形となり，これを書き直すと，次のような普通の表現になります：

$$\begin{cases} \xi = ax + by + e, \\ \eta = cx + dy + f \end{cases} \quad \text{あるいは} \quad \begin{pmatrix} \xi \\ \eta \end{pmatrix} = \begin{pmatrix} a & b \\ c & d \end{pmatrix} \begin{pmatrix} x \\ y \end{pmatrix} + \begin{pmatrix} e \\ f \end{pmatrix}.$$

アフィン変換に対する (A.5) の形の表記法は数学の教科書でも用いられることがありますが，CG の世界ではもっぱらこの表記法を使い，アフィン変換の同次座標表示と呼んでいます．

2 次曲線の方程式も直線と同様の方法で x, y, z の 2 次同次式に射影化できます．(6.12) は

$$ax^2 + 2hxy + by^2 + 2fxz + 2gyz + cz^2 = 0 \tag{A.6}$$

となります．これは射影変換でただ一つの標準形 $x^2 + y^2 - z^2 = 0$, すなわち円の方程式に帰着できます．これが始めに図で直感的に説明したことの代数的な表現です．

問 A.2 (A.6) の 2 種類の係数行列 $A = \begin{pmatrix} a & h \\ h & b \end{pmatrix}$, および $B = \begin{pmatrix} a & h & f \\ h & b & g \\ f & g & c \end{pmatrix}$ を用いて，アフィン 2 次曲線 (6.12) の完全な分類を与えよ．

2 次方程式や，一般の代数方程式で定義される曲線に対しては，その双対曲線をもとの曲線の接線の集合として定義します．2 次曲線については，双対は再び 2 次曲線となります．最後に平面射影幾何で双対関係にある美しい定理の代表例を証明無しで紹介しておきましょう．

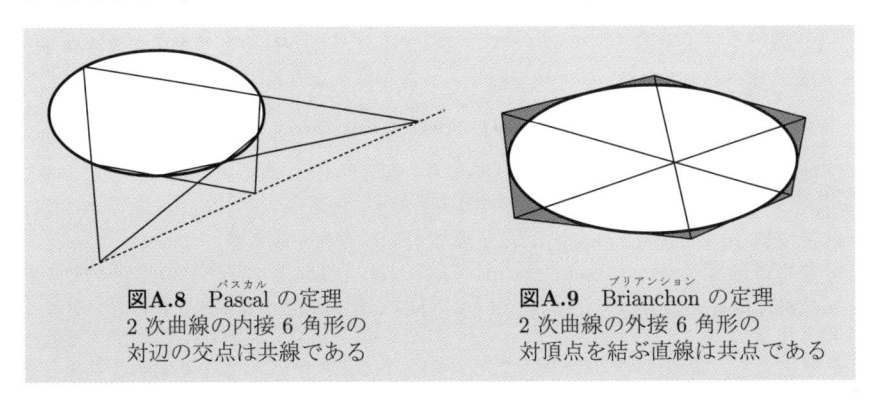

図A.8 Pascal の定理
2 次曲線の内接 6 角形の対辺の交点は共線である

図A.9 Brianchon の定理
2 次曲線の外接 6 角形の対頂点を結ぶ直線は共点である

問 A.3 等間隔に並んだ電柱などを 1 点透視図法で描くとき，電柱の間隔をどう取ればよいか？デジカメで適当な被写体を取ってきて実測して規則を見出せ．

問 A.4 y 軸を y 軸に写し，無限遠直線を直線 $x = 1$ に写すような射影変換の行列の形を決定せよ．この変換で直線族 $x = n, n = 1, 2, \ldots$ はどんな図形に写るか？この知見をもとに上記の観察結果を正当化せよ．

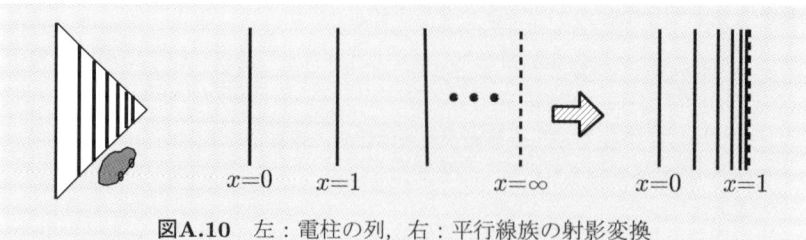

図A.10 左：電柱の列，右：平行線族の射影変換

射影幾何の考え方は 3 次元以上にも当てはまります．興味を持った人は巻末に紹介した参考書を見てください．

■ A.7 正則行列の成す群

正則行列の部分集合は，多くの重要な群の例を提供します．ここでは**群**とは，行列の集合であって，行列積に関して第 3 章の定義 3.4 に挙げた群の公理を満たすようなもののことだと思ってください．このようなものの代表例を挙げておきましょう．以下に述べるような名前は応用方面でもよく使われるので，何のことか分かる程度には記憶しておくとよいでしょう．これらは，連続パラメータを含むので連続群と呼ばれます．さらに，曲面を高次元化した概念である，いわゆる滑らかな多様体ともなっているので，**Lie 群**（リー）とも呼ばれます．

実数を要素とする n 次正則行列の全体を $GL(n, \boldsymbol{R})$ で表し，**一般線形群** (general linear group) と呼びます．これは $\boldsymbol{R}^n$ からそれ自身への可逆な線形写像が写像の合成を演算として成す群と同じものです．行列式は，$GL(n, \boldsymbol{R})$ から実数体の乗法群 $\boldsymbol{R}^\times$ への群の準同型，すなわち積を積に写すような写像となります：

$$\det(AB) = \det(A)\det(B).$$

$GL(n, \boldsymbol{R})$ は種々の重要な部分群を含みます．部分群とは，群の部分集合がもとと同じ演算で再び群となっているようなもののことです．例えば，

★ **直交群** (orthogonal group) $O(n)$．直交行列の全体が成す群．

★ **特殊線形群** (special linear group) $SL(n, \boldsymbol{R})$．行列式の値が 1 の行列の成す群．特殊直交群 $SO(n) := O(n) \cap SL(n, R)$ は回転の全体が成す直交群の部分群となります．

★ 正則な上三角型行列の成す群．これは更に，対角成分がすべて 1 の行列より成る部分群と，対角型行列より成る可換な部分群を含みます．

★ $J = \begin{pmatrix} 1 & & & 0 \\ & -1 & & \\ & & -1 & \\ 0 & & & -1 \end{pmatrix}$ という対角型の定行列に対して，${}^tSJS = J$ を満たす（あるいは同じことだが，2 次形式 $x_1^2 - x_2^2 - x_3^2 - x_4^2$ を不変にする）ような 4 次の正則行列 S の全体が成す Lorenz 群（ローレンツ）$O(1,3)$．これは相対性理論で重要です．

★ $2n$ 次のブロック型定行列 $J = \begin{pmatrix} O & -E \\ E & O \end{pmatrix}$ に対し，${}^tSJS = J$ を満たす $2n$ 次正

A.7 正則行列の成す群

方行列の成す Symplectic 群 $Sp(n, \boldsymbol{R})$. これは微分形式 $\sum_{i=1}^{n} d\xi_i \wedge dx_i$ を不変にする線形変換を言い換えたもので,解析力学で出てきます.
などです.

複素数を要素とする行列では,正則行列の全体 $GL(n, \boldsymbol{C})$, およびその部分群として, ユニタリ行列 (第 6 章 6.5 節参照) の全体が成す**ユニタリ群** (unitary group) $U(n)$ が重要です. また, 実直交行列と同じ規則で定義される複素直交群 $O(n, \boldsymbol{C}) := \{P \in GL(n) \mid {}^tPP = E\}$ も使われますが, これと $U(n)$ の違いには十分注意しましょう. ($O(n, \boldsymbol{C})$ に含まれる行列は成分がいくらでも大きくなり得ます.)

また, $O(3)$ の有限部分群 (すなわち, 有限個の直交行列より成る部分群) は, 正多面体の対称性を表現しています. このようなもので, $O(2)$ の部分群に退化してしまわないものは 3 個しかありません. Platon は既にギリシャ時代に 3 次元空間の正多面体が正 4, 6, 8, 12, 20 面体の 5 個に限るという分類定理を与えましたが, このうち正 6 面体と正 8 面体, 正 12 面体と正 20 面体は双対関係にある (頂点と面を入れ換えると相互に移り変わる) ので, 対称性も一致します. そこでこれらについてはそれぞれ後者で代表させ, 正 4, 8, 20 面体群と呼んでいます.

$SL(n, \boldsymbol{R})$ の部分集合で, 要素が整数より成る行列の全体を $SL(n, \boldsymbol{Z})$ と書きます. A.5 節で注意したように, 整数を要素とする行列も, 行列式が 1 なら整数の範囲で逆行列を持つので, これは部分群となります. 有限でも連続でもない, その中間で, **離散部分群**という種類のものです. 特に $n = 2$ のときは重要で, モジュラー群と呼ばれ, 整数論を始めとする数学のいろんな分野で研究されてきました.

群の定義は抽象化できます. 公理は同じです. 具体的にものがわからないと理解しにくいので, 一般の群を $GL(n, \boldsymbol{R})$ の部分群として実現し, 線形代数を用いてその性質を研究するという方法論が有用です. これを, 群の表現論と呼びます.

問 A.5 n 次の対称群 $\mathcal{S}_n$ を $\boldsymbol{R}^n$ の基本単位ベクトルの置換として表現したとき, $GL(n, \boldsymbol{R})$ のどのような部分群が得られるか?

問 A.6 (1) 行列の指数関数について以下を示せ:
  (a) A が一般の n 次正方行列なら, $\exp(A)$ は正則行列.
  (b) A がトレース 0 の行列なら, $\exp(A)$ は行列式が 1 の行列.
  (c) A がエルミート行列なら, $\exp(iA)$ はユニタリ行列.
  (d) A が実歪対称行列なら, $\exp(A)$ は実直交行列.
(2) 上の対応は一対一か? 全射か?
(3) 正則行列の全体 $GL(n, \boldsymbol{R})$, 行列式が 1 の行列の全体 $SL(2, \boldsymbol{R})$, ユニタリ行列の全体 $U(n)$, 直交行列の全体 $O(n)$ は行列の積に関して群を成すが, 指数関数でこれらに対応する, 正方行列の全体 $M(n, \boldsymbol{R})$, トレースが 0 の行列の全体, 歪対称行列の全体は, 交換子演算について閉じた線形空間を成すことを示せ. (このような代数系をリー環と呼ぶ. 上は指数関数によるリー群とリー環の対応を示唆している.)

問 A.7 (1) ローレンツ群の元は行列式が ± 1 である.
(2) S がローレンツ群の元ならば, ${}^tS$ もローレンツ群の元となる. [ヒント: 直接定義式で調べるのは面倒な計算になるので, 複素化して $GL(4, \boldsymbol{C})$ の中で見て直交行列の場合に帰着させよ.]

問題解答

第 1 章

問 1.1 図 B.1 参照.

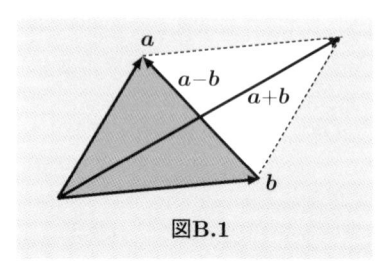

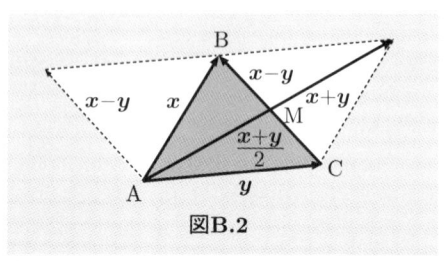

図B.1

図B.2

問 1.2 $(\cos\theta, \sin\theta)$ が直線への単位法線ベクトルで, p が原点からこの直線までの距離. 従って $(p\cos\theta, p\sin\theta)$ が原点からこの直線に下ろした垂線の足となる.

問 1.3 (図 B.2 参照) (1) $\overrightarrow{AM} = \frac{1}{2}(\boldsymbol{x}+\boldsymbol{y})$, $\overrightarrow{MB} = \frac{1}{2}(\boldsymbol{x}-\boldsymbol{y})$. (2) $(\boldsymbol{x}+\boldsymbol{y}, \boldsymbol{x}+\boldsymbol{y}) = (\boldsymbol{x}, \boldsymbol{x}) + 2(\boldsymbol{x}, \boldsymbol{y}) + (\boldsymbol{y}, \boldsymbol{y})$. より, $(\boldsymbol{x}, \boldsymbol{y}) = \frac{1}{2}(\|\boldsymbol{x}+\boldsymbol{y}\|^2 - \|\boldsymbol{x}\|^2 - \|\boldsymbol{y}\|^2) = 2\text{AM}^2 - \frac{1}{2}(\text{AB}^2 + \text{AC}^2)$. 同様に, $(\boldsymbol{x}-\boldsymbol{y}, \boldsymbol{x}-\boldsymbol{y}) = (\boldsymbol{x}, \boldsymbol{x}) - 2(\boldsymbol{x}, \boldsymbol{y}) + (\boldsymbol{y}, \boldsymbol{y})$. より, $(\boldsymbol{x}, \boldsymbol{y}) = \frac{1}{2}(-\|\boldsymbol{x}-\boldsymbol{y}\|^2 + \|\boldsymbol{x}\|^2 + \|\boldsymbol{y}\|^2) = -2\text{MB}^2 + \frac{1}{2}(\text{AB}^2 + \text{AC}^2)$. もちろん, 内積の双線形性を使わないで, 第二余弦定理を使ってもできる. (3) 上の 2 式を等しいと置けば, $2\text{AM}^2 - \frac{1}{2}(\text{AB}^2 + \text{AC}^2) = -2\text{MB}^2 + \frac{1}{2}(\text{AB}^2 + \text{AC}^2)$.
$\therefore 2\text{AM}^2 + 2\text{MB}^2 = \text{AB}^2 + \text{AC}^2$.

問 1.4 (1) 対称性から H が $\triangle$BCD の重心となることに注意すると計算できる. $\overrightarrow{AH} = \overrightarrow{AB} + \overrightarrow{BH} = \overrightarrow{AB} + \frac{2}{3}\frac{1}{2}(\overrightarrow{BD} + \overrightarrow{BC}) = \overrightarrow{AB} + \frac{1}{3}(\overrightarrow{AD} - \overrightarrow{AB} + \overrightarrow{BC}) = \frac{2}{3}\overrightarrow{AB} + \frac{1}{3}\overrightarrow{BC} + \frac{1}{3}\overrightarrow{AD}$.
(2) $\overrightarrow{AD} = \overrightarrow{AH} + \overrightarrow{HD}$ であり, 明らかに $\overrightarrow{AH} \perp \triangle$BCD, 従って $\overrightarrow{AH} \perp \overrightarrow{BC}$. また, $\triangle$BCD において $\overrightarrow{HD} \perp \overrightarrow{BC}$. よって $\overrightarrow{BC} \perp (\overrightarrow{AH} + \overrightarrow{HD})$ $\therefore \overrightarrow{BC} \perp \overrightarrow{AD}$

問 1.5 (1) $\cos\angle\text{PQR} = \dfrac{(1,2)\cdot(2,9)}{\sqrt{5}\sqrt{85}} = \dfrac{20}{5\sqrt{17}} = \dfrac{4}{\sqrt{17}}$. (2) $\text{PQ}\cdot\text{QR}\cdot\sin\angle\text{PQR} = \sqrt{5}\cdot\sqrt{85}\cdot\sqrt{1 - \frac{16}{17}} = 5$. 後述の行列式を使うと $\begin{vmatrix} 1 & 2 \\ 2 & 9 \end{vmatrix} = 9 - 4 = 5$.

問 1.6 (1) まずパラメータ表示を求める. $\begin{pmatrix} x \\ y \\ z \end{pmatrix} = \begin{pmatrix} 1 \\ 1 \\ 0 \end{pmatrix} + \begin{pmatrix} 1 \\ 0 \\ 0 \end{pmatrix} u + \begin{pmatrix} 1 \\ 1 \\ -1 \end{pmatrix} v$. i.e. $x = u + v + 1, y = v + 1, z = -v$. これから u, v を消去すると $y + z = 1$. この平面は x 軸に平行である. (2) 原点からの距離は yz 平面上で求めることができ, $\dfrac{1}{\sqrt{2}}$. (3) 一般に, 定数項を 0 にすれば求まり, $y + z = 0$.

問 1.7 (1) 平面 $x + 2y + z = 1$ の法線ベクトルは, 係数を並べた $(1,2,1)$ だから, 点 $(5,2,4)$ を通りこの平面に平行な平面の方程式は $1(x-5) + 2(y-2) + 1(z-4) = x + 2y + z - 13 = 0$. (2) 点 $(5,2,4)$ を通りこの平面に垂直な直線 (垂線) の方程式

は，パラメータ表示では $\begin{pmatrix} x \\ y \\ z \end{pmatrix} = \begin{pmatrix} 5 \\ 2 \\ 4 \end{pmatrix} + \begin{pmatrix} 1 \\ 2 \\ 1 \end{pmatrix} t$, すなわち $x = 5 + t, y = 2 + 2t,$ $z = 4 + t$. 昔風の標準形では $\frac{x-5}{1} = \frac{y-2}{2} = \frac{z-4}{1}$ となる．(3) 前者の表現で，この直線が与えられた平面と交わるパラメータの値は，これを平面の方程式に代入すれば得られ，$(5+t) + 2(2+2t) + (4+t) = 1$. ∴ $t = -2$. 従って垂線の足は $(5-2, 2-4, 4-2) = (3, -2, 2)$. この垂線の長さが二つの平面間の距離に等しい．ベクトル $(1, 2, 1)$ の長さが $\sqrt{1+4+1} = \sqrt{6}$ だから，これは $\sqrt{6} \times |-2| = 2\sqrt{6}$. (4) これはもう一度上の論法をやらなくても Hesse の標準形 $\frac{x}{\sqrt{6}} + \frac{2y}{\sqrt{6}} + \frac{z}{\sqrt{6}} = \frac{1}{\sqrt{6}}$ を書き下せば，$\left(\frac{1}{\sqrt{6}}, \frac{2}{\sqrt{6}}, \frac{1}{\sqrt{6}} \right) \frac{1}{\sqrt{6}} = (\frac{1}{6}, \frac{1}{3}, \frac{1}{6})$. (5) これは (3) で求めた交点 $H \cap l$ と (4) で求めた垂線の足の距離に等しいから，$\sqrt{(3-1/6)^2 + (-2-1/3)^2 + (2-1/6)^2} = \sqrt{449}/6$.

問 1.8 (1) $^t(x, y, z) = {}^t(2, 1, 3) + {}^t(1, 1, 1)t, t \in \mathbf{R}$. あるいは $\frac{x-2}{1} = \frac{y-1}{1} = \frac{z-3}{1}$. (2) $(2+t) + (1+t) + (3+t) = 3$ より $t = -1$. よって $^t(1, 0, 2)$. (3) 例えば $^t(1, 0, 2) + (1, -1, 0)t, t \in \mathbf{R}$.

問 1.9 点 $(1, 1, 0)$ を通り，ベクトル $^t(1, 1, 3)$ に垂直な直線が答なので，$^t(x, y, z) = {}^t(1, 1, 0) + {}^t(a, b, c)t, t \in \mathbf{R}$. ここに $a + b + 3c = 0$ が答だが，方向ベクトルは長さを 1 にできるので，$a^2 + b^2 + c^2 = 1$ と連立させると実は自由度は 1 となる．1 パラメータに帰着した最終的な答の表示には，楕円の標準形が必要なので，ここではやらなくてよい．第 6 章でそれを学んだら $^t(x, y, z) = {}^t(1, 1, 0) + {}^t \left(\frac{3}{\sqrt{22}} \cos\theta + \frac{1}{\sqrt{2}} \sin\theta, \frac{3}{\sqrt{22}} \cos\theta - \frac{1}{\sqrt{2}} \sin\theta, -\frac{2}{\sqrt{22}} \cos\theta \right) t$ となることを確かめよ．

問 1.10 答は (b). ベクトル $\begin{pmatrix} 1 \\ 0 \end{pmatrix}$ が不変なものはこれしかない．

問 1.11 (a) は (3). ベクトル $\begin{pmatrix} 0 \\ 1 \end{pmatrix}$ が不変なものはこれしかない．(c) は (1). ベクトル $\begin{pmatrix} 1 \\ 0 \end{pmatrix}$ と $\begin{pmatrix} 0 \\ 1 \end{pmatrix}$ が入れ替わっているから．

問 1.12 (1) 線形写像は原点を動かさないので，$(0, 0)$ が $(0, 0)$ に写り，従ってそれと隣り合ったベクトル $(1, 0)$ は $(1, 2)$ か $(-1, 2)$ のどちらかにしか行けない．このときそれぞれ $(0, 1)$ が $(-1, 2)$ あるいは $(1, 2)$ に写るので，線形写像の表現行列は，これらを縦ベクトルとして並べて得られる $\begin{pmatrix} 1 & -1 \\ 2 & 2 \end{pmatrix}$ あるいは $\begin{pmatrix} -1 & 1 \\ 2 & 2 \end{pmatrix}$ となる．(2) アフィン写像のときは原点が菱形のすべての頂点に行き得る．$(0, 0)$ のときは済んだので $(1, 2)$ のときは，この菱形を $(-1, -2)$ だけ平行移動したものに対して上と同様の考察をした後でベクトル $(1, 2)$ を足しておけばよい．従って答は $\begin{pmatrix} -1 & -1 \\ 2 & -2 \end{pmatrix} \begin{pmatrix} x \\ y \end{pmatrix} + \begin{pmatrix} 1 \\ 2 \end{pmatrix}$, あるいは $\begin{pmatrix} -1 & -1 \\ -2 & 2 \end{pmatrix} \begin{pmatrix} x \\ y \end{pmatrix} + \begin{pmatrix} 1 \\ 2 \end{pmatrix}$. 同様に，原点が $(0, 4)$ に行くときは $\begin{pmatrix} -1 & 1 \\ -2 & -2 \end{pmatrix} \begin{pmatrix} x \\ y \end{pmatrix} + \begin{pmatrix} 0 \\ 4 \end{pmatrix}$, あるいは $\begin{pmatrix} 1 & -1 \\ -2 & -2 \end{pmatrix} \begin{pmatrix} x \\ y \end{pmatrix} + \begin{pmatrix} 0 \\ 4 \end{pmatrix}$. 最後に，原点が $(-1, 2)$ に行くときは，$\begin{pmatrix} 1 & 1 \\ 2 & -2 \end{pmatrix} \begin{pmatrix} x \\ y \end{pmatrix} + \begin{pmatrix} -1 \\ 2 \end{pmatrix}$, あるいは $\begin{pmatrix} 1 & 1 \\ -2 & 2 \end{pmatrix} \begin{pmatrix} x \\ y \end{pmatrix} + \begin{pmatrix} -1 \\ 2 \end{pmatrix}$.

問 1.13 (1) 平面の像は全体，$y = x$ の像は $\begin{pmatrix} t \\ t \end{pmatrix}$ が不変なので $y = x$ (この写像は $y = x$ に関する鏡映である．) (2) 平面の像は $\begin{pmatrix} x \\ y \end{pmatrix}$ が $\begin{pmatrix} x+y \\ 0 \end{pmatrix}$ に写るので，x 軸．(列ベクトル $\begin{pmatrix} 1 \\ 0 \end{pmatrix}$ で張られる部分空間だからと答えてもよい．) $y = x$ の像も同じく

x 軸．(3) 平面の像は $\begin{pmatrix} x \\ y \end{pmatrix}$ が $\begin{pmatrix} x-y \\ -(x-y) \end{pmatrix}$ に写るので，直線 $x+y=0$. $y=x$ の像は $\begin{pmatrix} t \\ t \end{pmatrix}$ が零ベクトルに写るので，原点．(4) 同様にして，平面の像は直線 $y=x$. $y=x$ の像も同じ．(5) 平面の像は x 軸，$y=x$ の像も同じく x 軸．

章末問題

問題 1 直線のパラメータ表示 $x=x_0+lt,\ y=y_0+mt,\ z=z_0+nt$ を平面の方程式 $ax+by+cz=d$ に代入して $t=\dfrac{d-(ax_0+by_0+cz_0)}{al+bm+cn}$. これは $al+bm+cn\neq 0$ のとき，かつそのときにのみ一意に解ける．ちなみに，$ax_0+by_0+cz_0=d$ のときは，$al+bm+cn=0$ でも解はあるが，一意ではない．これは直線が平面に含まれる場合である．

問題 2 (1) $x=aX+bY+c,\ y=dX+eY+f$ を代入したときに，$y=x^2$ が $Y=X^2$ に移される条件を求めればよい．$b\neq 0$ だと Y^2 という項が現れるので，$b=0$ が必要なことはすぐ分かる．このとき $x^2=a^2X^2+2acX+c^2=y=dX+eY+f$ より，$e=a^2,\ d=2ac,\ f=c^2$ が必要十分となる．よって求めるアフィン変換の一般形は $\begin{pmatrix} x \\ y \end{pmatrix} \mapsto \begin{pmatrix} X \\ Y \end{pmatrix} = \begin{pmatrix} a & 0 \\ 2ac & a^2 \end{pmatrix}\begin{pmatrix} x \\ y \end{pmatrix} + \begin{pmatrix} c \\ c^2 \end{pmatrix}$ (a,c は任意) 💻．
(2) 原点はこの変換で (c,c^2) に写る．これはもとの放物線 $y=x^2$ の上のすべての点になり得る．この結論を意外に思う人は，線形写像と平行移動でもとの放物線がどのように動いているかをコンピュータに描画させて確認してみるとよい．

問題 3 (1) 行列部分がつぶれている場合，円が線分につぶれては像が円内に収まらないので，円全体が 1 点につぶれる必要がある．従ってこのときは $a=b=c=d=0$，かつ $(x_0-1)^2+(y_0-1)^2=1$. (2) 行列部分が正則な場合，円の像は円全体となる．このとき，元のアフィン写像を F，原点を点 $(1,1)$ に平行移動する写像を $T_{(1,1)}$，その逆写像を $T_{(-1,-1)}$ と記せば，合成アフィン写像 $T_{(-1,-1)}\circ F\circ T_{(1,1)}$ は原点を中心とする単位円をそれ自身に写す．よってそれは原点を固定し，従って線形写像となるが，単位円を不変にする線形写像は直交行列 P でなければならない．故に $T_{(-1,-1)}\circ F\circ T_{(1,1)}=P$，すなわち，$F=T_{(1,1)}\circ P\circ T_{(-1,-1)}$. 以上により $F\left[\begin{pmatrix} x \\ y \end{pmatrix}\right]=\begin{pmatrix} a & b \\ c & d \end{pmatrix}\begin{pmatrix} x \\ y \end{pmatrix}+\begin{pmatrix} x_0 \\ y_0 \end{pmatrix}=P\begin{pmatrix} x-1 \\ y-1 \end{pmatrix}+\begin{pmatrix} 1 \\ 1 \end{pmatrix}$ ∴ $\begin{pmatrix} a & b \\ c & d \end{pmatrix}=P,\ \begin{pmatrix} x_0 \\ y_0 \end{pmatrix}=P\begin{pmatrix} -1 \\ -1 \end{pmatrix}+\begin{pmatrix} 1 \\ 1 \end{pmatrix}$. よって条件は $a^2+c^2=1,\ b^2+d^2=1,\ ab+cd=0,\ x_0=1-a-b,\ y_0=1-c-d$.

問題 4 (1) 点 $(1,2,-5)$ を通り，方向ベクトル $(3,2,5)$ を持つ空間直線と答えればよい．また $x=1+3t,\ y=2+2t,\ z=-5+5t$ というパラメータ表示で 1 次元のまっすぐな図形，すなわち直線であることがよく分かる．(元の表現は二つの 1 次方程式で平面の交線を表している．) (2) 上のパラメータ表示を用いると，直線と平面の交点は $8=x+y+z=(1+3t)+(2+2t)+(-5+5t)=-2+10t$. ∴ $t=1$. 従って $(4,4,0)$ と求まる．この平面の法線方向は $(1,1,1)$ なので，直線上の点 $(1,2,-5)$ からこの方向に進んで平面にぶつかった点がその正射影像となる．すなわち $8=x+y+z=(1+t)+(2+t)+(-5+t)$. ∴ $t=\dfrac{10}{3}$. 従って

$(1 + \frac{10}{3}, 2 + \frac{10}{3}, -5 + \frac{10}{3}) = (\frac{13}{3}, \frac{16}{3}, -\frac{5}{3})$. よって正射影の直線のパラメータ表示は $x = 4 + (\frac{13}{3} - 4)t, y = 4 + (\frac{16}{3} - 4)t, z = -\frac{5}{3}t$. パラメータを t から $3t$ に変更すれば $x = 4 + t, y = 4 + 4t, z = -5t$. (3) 上の垂線に沿ってもう少し進むと，点 $(1, 2, -5)$ のこの平面に関する鏡映像の点が求まる：$(\frac{13}{3}, \frac{16}{3}, -\frac{5}{3}) + \frac{10}{3}(1, 1, 1) = (\frac{23}{3}, \frac{26}{3}, \frac{5}{3})$. よって鏡映像の直線は $x = 4 + (\frac{23}{3} - 4)t, y = 4 + (\frac{26}{3} - 4)t, z = \frac{5}{3}t)$. t を $3t$ に取り換えて $x = 4 + 11t, y = 4 + 14t, z = 5t$.

問題 5 (1) 平面 $H: x + y + z = 0$ の単位法線ベクトルは $\boldsymbol{n} := {}^t(\frac{1}{\sqrt{3}}, \frac{1}{\sqrt{3}}, \frac{1}{\sqrt{3}})$ なので，z 軸方向の単位ベクトル $\boldsymbol{e}_3 := {}^t(0, 0, 1)$ の H への正射影は，$\boldsymbol{e}_3 - (\boldsymbol{e}_3 \cdot \boldsymbol{n})\boldsymbol{n} = {}^t(-\frac{1}{3}, -\frac{1}{3}, \frac{2}{3})$. この長さは $\sqrt{\frac{2}{3}}$ なので，結局 $\boldsymbol{e}_3$ は平面ベクトル ${}^t(0, \sqrt{\frac{2}{3}})$ に写る．これを $120°$ ずつ回せば，$\boldsymbol{e}_1 = {}^t(1, 0, 0)$ の行き先は ${}^t(-\frac{1}{\sqrt{2}}, -\frac{1}{\sqrt{6}})$, $\boldsymbol{e}_2 = {}^t(0, 1, 0)$ の行き先は ${}^t(\frac{1}{\sqrt{2}}, -\frac{1}{\sqrt{6}})$ と分かる．よって，空間の点 $x\boldsymbol{e}_1 + y\boldsymbol{e}_2 + z\boldsymbol{e}_3$ の行き先は ${}^t(X, Y) = x\,{}^t(-\frac{1}{\sqrt{2}}, -\frac{1}{\sqrt{6}}) + y\,{}^t(\frac{1}{\sqrt{2}}, -\frac{1}{\sqrt{6}}) + z\,{}^t(0, \sqrt{\frac{2}{3}}) = {}^t(\frac{1}{\sqrt{2}}(y - x), \frac{1}{\sqrt{6}}(2z - x - y))$.
(2) 同様に計算して，あるいは上の結果において，$y \mapsto x, x \mapsto -y$ という置き換えをして，${}^t(X, Y) = {}^t(\frac{1}{\sqrt{2}}(x + y), \frac{1}{\sqrt{6}}(2z + y - x))$.

問題 6 (1) 内積を計算して正なら鋭角，負なら鈍角．(2) ベクトル $\overrightarrow{PQ}$ と $\overrightarrow{QR}$ の外積を計算し，正なら左に折れ，負なら右に折れる．(3) ベクトル $\overrightarrow{PQ}$ と $\overrightarrow{PR}$ の外積を計算し，正なら左側にあり，負なら右側にある．(4) ベクトル $\overrightarrow{PR}$ と $\overrightarrow{PQ}$ の外積と，ベクトル $\overrightarrow{PS}$ と $\overrightarrow{PQ}$ の外積が異符号，かつ，ベクトル $\overrightarrow{RQ}$ と $\overrightarrow{RS}$ の外積と，ベクトル $\overrightarrow{RP}$ と $\overrightarrow{RS}$ の外積が異符号のとき二つの線分は交わる．[二つの線分が定める直線の交点を見て，それが両線分に含まれるかどうか確かめるのはすごく面倒なプログラムになる．] (5) ベクトル $\overrightarrow{AR}$ と $\overrightarrow{AB}$ の外積と，ベクトル $\overrightarrow{AR}$ と $\overrightarrow{AC}$ の外積が異符号，かつ，ベクトル $\overrightarrow{BR}$ と $\overrightarrow{BC}$ の外積と，ベクトル $\overrightarrow{BR}$ と $\overrightarrow{BA}$ の外積が異符号 [もう一つの頂点での判定は不要であることに注意．]

第 2 章

問 2.1 答のみ記す：${}^t(5, 9, -9, -1)$

問 2.2 答：$\begin{pmatrix} 6 & 12 \\ 9 & 9 \\ -2 & 9 \end{pmatrix}$. 問の式に出てきた行列を順に A, B, C と記すとき，上は $\boldsymbol{R}^2$ から $\boldsymbol{R}^4$ への写像 B と $\boldsymbol{R}^4$ から $\boldsymbol{R}^3$ への写像 A を合成して得られる $\boldsymbol{R}^2$ から $\boldsymbol{R}^3$ への写像に，$\boldsymbol{R}^2$ から $\boldsymbol{R}^3$ への写像 C を加えたもの．

問 2.3 $A^1 = A, A^n = A^{n-1} \times A$ $(n \geq 2)$ と定める．ちなみに，$A^{n-1} \times A = A \times A^{n-1}$ となることも帰納法で証明できる．すると $A^m \times A^n = A^{m+n}$ がどちらか一方の冪指数に関する帰納法で証明できる．A^{-1} が存在するとき，結合法則により $(A^{-1})^n \times A^n = (A^{-1})^{n-1} \times (A^{-1} \times A) \times A^{n-1} = (A^{-1})^{n-1} \times E \times A^{n-1} = (A^{-1})^{n-1} \times A^{n-1}$ となるので，$(A^{-1})^n \times A^n = E$ が帰納法で証明できる．同様に $A^n \times (A^{-1})^n = E$. これは $(A^{-1})^n = (A^n)^{-1}$ を意味する．最後に，例えば $m \geq n > 0$ のときは

$A^m A^{-n} = A^{m-n} A^n A^{-n} = A^{m-n} E = A^{m-n}$. 他の場合も同様にして, 指数法則がすべての整数のペアに対して成り立つことが確かめられる.

問 2.4 (1) $\sum_{i=1}^n \sum_{j=1}^n ij = \sum_{i=1}^n i \sum_{j=1}^n j = \left(\frac{n(n+1)}{2}\right)^2 = \frac{n^2(n+1)^2}{4}$

(2) まず, $\sum_{i=1}^n \sum_{j=1}^n i^2 = n\sum_{i=1}^n i^2$ に注意. 次に $S_n := \sum_{i=1}^n i^3 = \sum_{i=0}^{n-1}(i+1)^3 = S_n - n^3 + 3\sum_{i=0}^{n-1} i^2 + 3\sum_{i=0}^{n-1} i + \sum_{i=0}^{n-1} 1 = S_n - n^3 + 3\sum_{i=1}^n i^2 - 3n^2 + 3\frac{n(n-1)}{2} + n$. ∴ $\sum_{i=1}^n i^2 = \frac{1}{3}\left(n^3 + 3n^2 - n - 3\frac{n(n-1)}{2}\right) = \frac{n(n+1)(2n+1)}{6}$. よって答は $\frac{n^2(n+1)(2n+1)}{6}$.

(3) $\sum_{i,j=1}^n (i+j)^2 = \sum_{i,j=1}^n (i^2 + 2ij + j^2) = \sum_{i,j=1}^n i^2 + 2\sum_{i,j=1}^n ij + \sum_{i,j=1}^n j^2 = 2n\sum_{i=1}^n i^2 + 2\left(\frac{n(n+1)}{2}\right)^2 = 2n\frac{n(n+1)(2n+1)}{6} + 2\left(\frac{n(n+1)}{2}\right)^2 = \frac{n^2(n+1)(2n+1)}{3} + \frac{n^2(n+1)^2}{2} = \frac{n^2(n+1)(7n+5)}{6}$.

(4) $\sum_{i=1}^n i^3 = \frac{1}{4}\sum_{i=1}^n \{(i+1)^4 - i^4 - 6i^2 - 4i - 1\} = \frac{1}{4}\left(\sum_{i=2}^{n+1} i^4 - \sum_{i=1}^n i^4 - 6\sum_{i=1}^n i^2 - 4\frac{n(n+1)}{2} - n\right) = \frac{1}{4}\left((n+1)^4 - 1 - 6\frac{n(n+1)(2n+1)}{6} - 4\frac{n(n+1)}{2} - n\right) = \frac{n^2(n+1)^2}{4}$. ここで $\sum_{i=1}^n i^2$ の値は (2) の計算結果を用いた.

(5) $\sum_{1 \le i < j \le n}(j - i) = \sum_{j=2}^n \sum_{i=1}^{j-1}(j-i) = \sum_{j=2}^n \sum_{i=1}^{j-1} j - \sum_{j=2}^n \sum_{i=1}^{j-1} i = \sum_{j=2}^n j(j-1) - \sum_{j=2}^n \frac{j(j-1)}{2} = \frac{1}{2}\sum_{j=2}^n j(j-1) = \frac{1}{2}\sum_{j=1}^n j(j-1) = \frac{1}{2}\sum_{j=1}^n j^2 - \frac{1}{2}\sum_{j=1}^n j = \frac{1}{2}\frac{n(n+1)(2n+1)}{6} - \frac{1}{2}\frac{n(n+1)}{2} = \frac{1}{6}n(n+1)(n-1)$

問 2.5 (1) $\begin{pmatrix} 2 & 3 & \cdots & n+1 \\ 3 & 4 & \cdots & n+2 \\ \vdots & \vdots & \ddots & \vdots \\ n+1 & n+2 & \cdots & 2n \end{pmatrix}$ (2) $\begin{pmatrix} 1 & \cdots & & 1 \\ 0 & 1 & \cdots & 1 \\ \vdots & \ddots & \ddots & \vdots \\ 0 & \cdots & 0 & 1 \end{pmatrix}$

(3) $\begin{pmatrix} 1 & 1 & 1 & \cdots & 1 \\ 1 & a & a^2 & \cdots & a^{n-1} \\ 1 & a^2 & a^4 & \cdots & a^{2(n-1)} \\ \vdots & \vdots & \vdots & & \vdots \\ 1 & a^{n-1} & a^{2(n-1)} & \cdots & a^{(n-1)^2} \end{pmatrix}$

問 2.6 $A = (a_{ij})$, $B = (b_{ij})$ とおく $(1 \le i, j \le n)$. AB の対角成分は $\sum_{k=1}^n a_{ik}b_{ki}$, $i = 1, \ldots, n$ なので, $\mathrm{tr}(AB) = \sum_{i=1}^n \sum_{k=1}^n a_{ik}b_{ki}$. 他方, BA の対角成分は $\sum_{k=1}^n b_{ik}a_{ki}$, $i = 1, \ldots, n$ なので, $\mathrm{tr}(BA) = \sum_{i=1}^n \sum_{k=1}^n b_{ik}a_{ki}$. 両者は添え字 i, k の役割を交換すれば同じ値であることがわかる.

問 2.7 $\sum_{i=1}^l \sum_{j=1}^m \sum_{k=1}^n a_{ij}\delta_{jk}a_{ki}\delta_{ij} = \sum_{i=1}^l \sum_{j=1}^{\min\{m,n\}} a_{ij}a_{ji}\delta_{ij} = \sum_{i=1}^{\min\{l,m,n\}} a_{ii}a_{ii} = \sum_{i=1}^{\min\{l,m,n\}} a_{ii}^2$. ここに $\min\{l, m, n\}$ は l, m, n のうち最も小さいものを表す.

問 2.8 $\sum_{m-i+n-j=k} a_i b_j = \sum_{j=\max\{n-k,0\}}^{\min\{m+n-k,n\}} a_{m+n-k-j} b_j$. ここに $\max\{x, y\}$ は x, y の大きい方を表す. 端を決めるには, まず $j = 0, \ldots, n$ に関する和で表し, そのときの

問題解答　　　　　　　　　　　223

a の添え字が満たす条件 $0 \leq m+n-k-j \leq m$ を不等式として解けばよい.

問 2.9 (1) $\begin{pmatrix} -1 & 2 & -2 \\ 1 & -1 & 1 \\ 0 & -1 & 2 \end{pmatrix}$ (2) $\begin{pmatrix} -19 & 6 & 1 \\ -68 & 21 & 4 \\ 52 & -16 & -3 \end{pmatrix}$ (3) $\begin{pmatrix} 2 & 0 & 1 & 0 \\ 1 & 0 & 1 & 1 \\ -3 & 1 & -2 & -1 \\ -1 & 0 & -1 & 0 \end{pmatrix}$

(4) $\begin{pmatrix} -16 & 13 & -3 & -6 \\ 22 & -18 & 4 & 9 \\ 23 & -19 & 5 & 8 \\ -24 & 20 & -5 & -9 \end{pmatrix}$ (5) $\begin{pmatrix} -30 & -37 & -35 & 2 & 68 \\ -18 & -23 & -22 & 1 & 41 \\ 20 & 24 & 21 & -2 & -46 \\ -15 & -19 & -18 & 1 & 34 \\ 1 & 1 & 1 & 0 & -2 \end{pmatrix}$

問 2.10 (1) $x=7t, y=-5t, z=-3t, u=6t$, t は任意. 線形独立な解の個数は 1.
(2) $x=-5t, y=t, z=3t, u=0$, t は任意. 線形独立な解の個数は 1.
(3) $y=-2x-4z, u=3x+5z, x,z$ は任意. 線形独立な解の個数は 2. (他の変数をパラメータにしてもよいが, 分数が現れる.)
(4) $x=9y+11z, u=-4y-5z, y,z$ は任意. 線形独立な解の個数は 2.

問 2.11 (1) 消去法による解答例. 第 1 の方程式から第 2 の方程式を引くと $(1-b)z+(a-1)u=0$. よって, $a \neq 1$ または $b \neq 1$ のときは, z, u のいずれか一方が他方により拘束され, これらのうちの自由変数は一つとなる. また x, y の一方は常に自由に動くので, 結局この場合は, 解空間の次元は 2 となる. $a=b=1$ のときは, z, u, y の三つが自由に動き, 解空間の次元は 3 となる. (2) 代入法による解答例. 最後の方程式を始めの二つに代入して x を消去すると $y-z=0, y+bz=(b-1)u$ となる. 更にこの一つめを二つめに代入して y を消去すると, $(b+1)z=(b-1)u$ となる. よって b の値に拘わらず z または u の一方が自由に動き, 解空間の次元は 1. ちなみに解の表現は b の値により変わり, $b \neq -1$ なら $x=-u, y=\frac{b-1}{b+1}u, z=\frac{b-1}{b+1}u, u$ は任意. また $b \neq 1$ なら $x=-\frac{b+1}{b-1}z, y=z, u=\frac{b+1}{b-1}z, z$ は任意. (3) 係数行列の行基本変形による解答例. $\begin{pmatrix} 1 & 2 & 3 & a \\ 2 & 1 & 3 & b \\ 1 & 1 & b & 1 \end{pmatrix} \xrightarrow[\text{第 1 行を第 3 行から引く}]{\text{第 1 行} \times 2 \text{ を第 2 行から引く}} \begin{pmatrix} 1 & 2 & 3 & a \\ 0 & -3 & -3 & b-2a \\ 0 & -1 & b-3 & 1-a \end{pmatrix}$

$\xrightarrow[\text{それを第 3 行に加える}]{\text{第 2 行を } -3 \text{ で割る}} \begin{pmatrix} 1 & 2 & 3 & a \\ 0 & 1 & 1 & \frac{2a-b}{3} \\ 0 & 0 & b-2 & \frac{3-a-b}{3} \end{pmatrix}$. 従って, $b-2=0$ かつ $a+b-3=0$

のとき, すなわち $a=1, b=2$ のときは最後の方程式がなくなり, z, u を自由に動かすことができて, それに対して最初の二つの式から y, x が順に決まる. よってこのときは解空間は 2 次元である. これ以外のときは, $b \neq 2$ なら z が u で表せ, また $a+b-3 \neq 0$ なら u が z で表せるので, 自由に動けるのはそれぞれ u または z の一つだけであり, y, x は最初の場合と同様にこれらで表せる. よってこのときは解空間は 1 次元である.

(4) 同じく, $\begin{pmatrix} 1 & 2 & 3 & 3a \\ 2 & 1 & 3 & 3 \\ 1 & a & 3 & 6 \end{pmatrix} \xrightarrow[\text{第 1 行を第 3 行から引く}]{\text{第 1 行} \times 2 \text{ を第 2 行から引く}} \begin{pmatrix} 1 & 2 & 3 & 3a \\ 0 & -3 & -3 & 3-6a \\ 0 & a-2 & 0 & 6-3a \end{pmatrix}$

$\xrightarrow[\text{その 2 倍を第 1 行から引く}]{\text{第 2 行を } -3 \text{ で割った後}} \begin{pmatrix} 1 & 0 & 1 & -(a-2) \\ 0 & 1 & 1 & 2a-1 \\ 0 & a-2 & 0 & -3(a-2) \end{pmatrix}$. 従って, $a=2$ のときは z, u

を自由変数として, $x=-z, y=-z-3u$, 解の次元は 2. $a \neq 2$ のときは, 最下行を

$a-2$ で割れば, u を自由変数として $y = 3u$, 従って, $z = -2(a+1)u$, $x = 3au$, 解空間は 1 次元. **【注意】** 消去法の計算過程は同値な変形でなければならないので, 文字因数による割り算だけでなく, 掛け算でも, 因子が零になる場合を別に分類する必要がある. このような面倒を避けるため, ただの数を成分とする行をもとに消去を行うのが望ましい. また, 解法によっては途中の変形からパラメータに関する余計な分類が生ずるが, 最後の答ではできるだけ場合分けをまとめること.

問 2.12 (1) 行列 $\begin{pmatrix} 1 & 1 & 1 & 0 \\ 3 & -1 & 7 & 5 \\ 2 & 3 & -1 & -1 \\ 4 & a & 3 & b \end{pmatrix}$ を行基本変形すると, $\xrightarrow{\text{第1行で掃き出す}}$

$\begin{pmatrix} 1 & 1 & 1 & 0 \\ 0 & -4 & 4 & 5 \\ 0 & 1 & -3 & -1 \\ 0 & a-4 & -1 & b \end{pmatrix}$ $\xrightarrow[\text{第2, 3 行を入れ換え}]{\text{第3行で掃き出した後}}$ $\begin{pmatrix} 1 & 1 & 1 & 0 \\ 0 & 1 & -3 & -1 \\ 0 & 0 & -8 & 1 \\ 0 & 0 & 3a-13 & a+b-4 \end{pmatrix}$ よって,

$3a - 13 = 8(a + b - 4)$, すなわち, $5a + 8b = 19$ のときは階数は 3 で, 例えば最初の 3 本が線形独立. それ以外のときは階数は 4 で四つのベクトル全体が線形独立.

(2) $\begin{pmatrix} 1 & 1 & 1 & 1 \\ a & 0 & 0 & 0 \\ b & 0 & b & a \\ 0 & b & a & b \end{pmatrix}$ $\xrightarrow{\text{第1行で掃き出す}}$ $\begin{pmatrix} 1 & 1 & 1 & 1 \\ 0 & -a & -a & -a \\ 0 & -b & 0 & a-b \\ 0 & b & a & b \end{pmatrix}$ $\xrightarrow[\text{に加える}]{\text{第4行を第3行}}$

$\begin{pmatrix} 1 & 1 & 1 & 1 \\ 0 & -a & -a & -a \\ 0 & 0 & a & a \\ 0 & b & a & b \end{pmatrix}$ $\xrightarrow[\text{第4行から引く}]{\text{第3行を第2行に加え,}}$ $\begin{pmatrix} 1 & 1 & 1 & 1 \\ 0 & -a & 0 & 0 \\ 0 & 0 & a & a \\ 0 & b & 0 & b-a \end{pmatrix}$ これより, $a \neq 0$ な

ら第 2 行で第 4 行を消去すれば対角線の下が 0 となるので, 更に $b \neq a$ なら階数 4 で全体が線形独立, また $b = a$ なら階数 3 で, 例えば最初の 3 本が線形独立. $a = 0$ のときは $b \neq 0$ なら階数 2 で, 例えば最初の 2 本が一次独立, $b = 0$ なら階数は 1 でどの 1 本を選んでもよい.

問 2.13 (1) 拡大係数行列の行基本変形による解法例. $\begin{pmatrix} 5 & 3 & 5 & 12 & | & 10 \\ 2 & 2 & 3 & 5 & | & 4 \\ 1 & 7 & 9 & 4 & | & 2 \end{pmatrix}$

$\xrightarrow[\text{第1行から引く}]{\text{第2行の2倍を}}$ $\begin{pmatrix} 1 & -1 & -1 & 2 & | & 2 \\ 2 & 2 & 3 & 5 & | & 4 \\ 1 & 7 & 9 & 4 & | & 2 \end{pmatrix}$ $\xrightarrow[\text{第1行×2を第2行から引く}]{\text{第1行を第3行から引く}}$ $\begin{pmatrix} 1 & -1 & -1 & 2 & | & 2 \\ 0 & 4 & 5 & 1 & | & 0 \\ 0 & 8 & 10 & 2 & | & 0 \end{pmatrix}$

$\xrightarrow[\text{第3行から引く}]{\text{第2行の2倍を}}$ $\begin{pmatrix} 1 & -1 & -1 & 2 & | & 2 \\ 0 & 4 & 5 & 1 & | & 0 \\ 0 & 0 & 0 & 0 & | & 0 \end{pmatrix}$ $\xrightarrow[\text{第1行に加える.}]{\text{第2行×1/4を}}$ $\begin{pmatrix} 1 & 0 & 1/4 & 9/4 & | & 2 \\ 0 & 4 & 5 & 1 & | & 0 \\ 0 & 0 & 0 & 0 & | & 0 \end{pmatrix}$. よっ

て解は z, u を自由変数として $y = -\frac{5}{4}z - \frac{1}{4}u$, $x = -\frac{1}{4}z - \frac{9}{4}u + 2$ で, 解の次元は 2.
(2) $x = -z - 3u$, $y = 2u + 1$, z, u は任意. 解空間の次元は 2.

問 2.14 問 2.11 (4) と同じ行基本変形を拡大係数行列に施すと $\begin{pmatrix} 1 & 2 & 3 & 3a & | & b+1 \\ 2 & 1 & 3 & 3 & | & 2b-1 \\ 1 & a & 3 & 6 & | & a \end{pmatrix}$

$\to \begin{pmatrix} 1 & 2 & 3 & a & | & b+1 \\ 0 & -3 & -3 & 3-6a & | & -3 \\ 0 & a-2 & 0 & 6-3a & | & a-b-1 \end{pmatrix} \to \begin{pmatrix} 1 & 0 & 1 & -(a-2) & | & b-1 \\ 0 & 1 & 1 & 2a-1 & | & 1 \\ 0 & a-2 & 0 & -3(a-2) & | & a-b-1 \end{pmatrix}$ と

なるので，まず $a = 2$ のときは，最後の行から解が有るための必要条件として $a - b - 1 = 0$, すなわち，$b = 1$. 逆にこのとき，最初の二つの方程式から，z, u を自由変数として x, y がこれらにより一意に表せる．解集合は 2 次元．次に，$a \neq 2$ のときは，第 2 行の $a - 2$ 倍を第 3 行から引いて $\longrightarrow$ $\begin{pmatrix} 1 & 0 & 1 & -(a-2) & | & b-1 \\ 0 & 1 & 1 & 2a-1 & | & 1 \\ 0 & 0 & -(a-2) & -2(a+1)(a-2) & | & -b+1 \end{pmatrix}$

となるので，u を自由変数として x, y, z がこれにより一意に表され，解集合は 1 次元．解が存在するための必要十分条件は，まとめると $a \neq 2$ または "$a = 2$ かつ $b = 1$" となる．

問 2.15 (3) 行列の階数を線形独立な列ベクトルの本数と理解すると，行列 $A + B$ の列ベクトルは行列 A の列ベクトルと行列 B の列ベクトルを合わせたものの線形結合で書けているので，線形独立なものの個数は高々これらが生成する線形部分空間の次元以下である．他方この次元は行列 A の列ベクトルが生成する部分空間と行列 B の列ベクトルが生成する部分空間が共通部分を $\{\mathbf{0}\}$ しか持たない場合でさえ高々 $\operatorname{rank} A + \operatorname{rank} B$ 以下である．よって不等式が成り立つ．

(4) $\operatorname{rank} B = r$ と置き，$\operatorname{Image} B$ の基底 $\boldsymbol{v_1}, \ldots, \boldsymbol{v_r}$ を，最初の s 個が $\operatorname{Image} B \cap \operatorname{Ker} A$ の基底となるように取る．(このような取り方は第 4 章で述べる基底の延長定理により保証されるが，ここでは直感的に納得すればよい．) このとき，残りの $r - s$ 個は A により $\operatorname{Image} A$ の中に一対一に写されるので，$r - s = \dim \operatorname{Image} AB = \operatorname{rank} AB$. 他方明らかに $s \leq \dim \operatorname{Ker} A$ だから，$\operatorname{rank} B = r = \operatorname{rank} AB + s \leq \operatorname{rank} AB + \dim \operatorname{Ker} A$. この両辺に $\operatorname{rank} A = \dim \operatorname{Image} A$ を加え，次元公式を適用すれば，$\operatorname{rank} A + \operatorname{rank} B \leq \operatorname{rank} AB + (\dim \operatorname{Ker} A + \operatorname{rank} A) = \operatorname{rank} AB + m$.

章末問題

問題 1 A^n と B の可換性は A の因子を一つずつ交換してゆけば示せる．(厳密には n に関する帰納法を用いる．) 次に A^{-1} が存在すれば，$AB = BA$ の両辺に右から A^{-1} を掛けると，$ABA^{-1} = B$. 更に左から A^{-1} を掛けると $BA^{-1} = A^{-1}B$ を得る．よって前半により $(A^-)^n$ と B も可換となる．

問題 2 A の成分を a_{ij}, $i = 1, \ldots, l$, $j = 1, \ldots, m$, B の成分を b_{ij}, $i = 1, \ldots, m$, $j = 1, \ldots, n$ とするとき，${}^t(AB)$ の第 (i, j) 成分 $= AB$ の第 (j, i) 成分 $= \sum_{k=1}^m a_{jk} b_{ki}$. ここで $a_{jk} = {}^tA$ の第 (k, j) 成分，$b_{ki} = {}^tB$ の第 (i, k) 成分，だから，最後の量は ${}^tB {}^tA$ の第 (i, j) 成分と一致する．

問題 3 (1) 問 2.6 の計算と添え字 i, j の動く範囲がそれぞれ $1 \leq i \leq m$, $1 \leq j \leq n$ と異なるだけで基本的に同じ．

(2) (1) より $\operatorname{tr}((AB)C) = \operatorname{tr}(C(AB))$, $\operatorname{tr}(A(BC)) = \operatorname{tr}((BC)A)$.

問題 4 (1) (m, m) 型．

(2) (m, n) 型の行列の階数は $\min\{m, n\}$ で上から抑えられる (階数は一次独立な行ベクトルの最大個数であると同時に線形独立な列ベクトルの最大個数でもあるから). 行列の掛け算によって階数は増えない (階数は像の次元であり，一度減ったものが写像によって増えることは無いから). 以上より，$A \cdot {}^tA$ が正則なためには $m \leq \min\{m, n\}$,

すなわち $m \leq n$ が必要. (もちろんこれだけでは十分ではなく, サイズだけではこれ以上は何も言えないことは, 二つの正方行列の積を考えれば明らか.)

問題 5 (1) $\operatorname{tr}[X,Y] = \operatorname{tr}(XY-YX) = 0$ に注意して $[X,Y] = \lambda I$ の両辺のトレースをとると, $0 = n\lambda$. 従って $\lambda = 0$ が必要条件である. 逆にこのとき, $[X,Y] = O$ は明らかに解を持つ. (可換な二つの行列 X, Y を取ればよい.) (2) $\operatorname{tr}[A,B] = 0$ より $[A,B] = \begin{pmatrix} c & x \\ y & -c \end{pmatrix}$ と置ける. 従って $[A,B]^2 = \begin{pmatrix} c & x \\ y & -c \end{pmatrix}^2 = \begin{pmatrix} c^2+xy & 0 \\ 0 & c^2+xy \end{pmatrix}$ はスカラー行列となるから, 任意の行列 C と可換である.

問題 6 $[[A,B],C] = (AB-BA)C - C(AB-BA) = ABC - BAC - CAB + CBA$. ここで (A,B,C) の巡回置換 (第 3 章参照) を行うと, $[[B,C],A] = BCA - CBA - ABC + ACB$, $[[C,A],B] = CAB - ACB - BCA + BAC$. よって総和は O となる. (ちなみに, この等式は結合法則と分配法則が成り立つ任意の代数系において成立するもので, 誰でも一生のうちに一度だけは確かめるべきだと言われている.)

問題 7 第 1 列から始めて対角成分より下を順に消去して行く操作は, 基本変形の行列 ⑤ を順次左から掛けるのに相当する. この際, 自分より番号の大きな行にしか加えないので, 掛けられる行列は常に下三角型で, かつ対角成分は常に 1 に等しい. このような行列の積 L もまたその逆行列 L^{-1} も同じ性質を持つ. この結果得られる行列 $LA = R$ は上三角型となるから, 結局 $A = L^{-1}R$ という分解が得られる. R の対角成分を並べて作った対角型行列を D とすれば, $A = (L^{-1}D)(D^{-1}R)$ は, 上三角型行列の対角成分の方が 1 の分解を与える. なお, 行の入れ換え④ を必要とする行列の場合は, このような分解はできない. 例えば, $\begin{pmatrix} 0 & 1 \\ 1 & 0 \end{pmatrix} = \begin{pmatrix} a & 0 \\ c & b \end{pmatrix} \begin{pmatrix} x & y \\ 0 & z \end{pmatrix}$ の形にはならないことが簡単な計算で確かめられる. なお, 数値解析では, $A\boldsymbol{x} = \boldsymbol{b}$ を解くのに, $LA\boldsymbol{x} = R\boldsymbol{x} = L\boldsymbol{b}$ を計算する過程を**前進消去**, $R^{-1}L\boldsymbol{b} = \boldsymbol{x}$ を計算する過程を**後退代入**と呼んでいる.

第 3 章

問 3.1 (1) $\begin{vmatrix} 1 & 2 \\ 3 & 5 \end{vmatrix} = 1 \cdot 5 - 2 \cdot 3 = -1$.

(2) サラスの公式ではなく, 3 次の順列の辞書順 $(1,2,3), (1,3,2), \ldots$ に展開項を記すと, $\begin{vmatrix} 1 & 2 & 3 \\ 4 & 5 & 6 \\ 7 & 8 & 10 \end{vmatrix} = 1 \cdot 5 \cdot 10 - 1 \cdot 8 \cdot 6 - 4 \cdot 2 \cdot 10 + 4 \cdot 8 \cdot 3 + 7 \cdot 2 \cdot 6 - 7 \cdot 5 \cdot 3 = -3$. ちなみに, この行列式は, 第 3 列に関する線形性を用いて $= \begin{vmatrix} 1 & 2 & 3 \\ 4 & 5 & 6 \\ 7 & 8 & 9 \end{vmatrix} + \begin{vmatrix} 1 & 2 & 0 \\ 4 & 5 & 0 \\ 7 & 8 & 1 \end{vmatrix}$ と変形すると, 第 1 項は 0 なので (何故か?), 暗算で求まる.

問 3.2 スペースを取るので答の数値だけ記す. (1) 93. (2) 1. (3) -4. (4) -1. (5) -5. (6) -1.

問題解答   227

問 3.3　(1) $\underset{\text{他の列から引く}}{\underline{\text{第1列を}}}$ $\begin{vmatrix} 1 & 0 & 0 \\ a & b-a & c-a \\ a^2 & b^2-a^2 & c^2-a^2 \end{vmatrix}$ $\underset{\text{第1行につき展開}}{\underline{\text{第2,3列から共通因子を括り出し,}}}$ $(b-a)(c-a)\begin{vmatrix} 1 & 1 \\ b+a & c+a \end{vmatrix} = (b-a)(c-a)(c-b)$.　(2) $\begin{vmatrix} 1 & 1 & 1 \\ 1 & a & a \\ 1 & a & b \end{vmatrix}$ $\underset{\text{他の行から引く}}{\underline{\text{第1行を}}}$

$\begin{vmatrix} 1 & 1 & 1 \\ 0 & a-1 & a-1 \\ 0 & a-1 & b-1 \end{vmatrix} = \begin{vmatrix} a-1 & a-1 \\ a-1 & b-1 \end{vmatrix} = (a-1)\begin{vmatrix} 1 & 1 \\ a-1 & b-1 \end{vmatrix} = (a-1)(b-a)$.

(3) $\underset{\text{他の行から引く}}{\underline{\text{第1行を}}}$ $\begin{vmatrix} 1 & a & a^3 \\ 0 & b-a & b^3-a^3 \\ 0 & c-b & c^3-a^3 \end{vmatrix}$ $\underset{\text{第1列について展開}}{\underline{\text{第2,3行から共通因子を括り出し,}}}$ $(b-a)(c-$

$a) \begin{vmatrix} 1 & a^2+ab+b^2 \\ 1 & a^2+ac+c^2 \end{vmatrix} = (b-a)(c-a)(c-b)(a+b+c)$.

(4) $\begin{vmatrix} b+c & a & a \\ b & c+a & b \\ c & c & a+b \end{vmatrix}$ $\underset{\text{第2,3行を引く}}{\underline{\text{第1行から}}}$ $\begin{vmatrix} 0 & -2c & -2b \\ b & c+a & b \\ c & c & a+b \end{vmatrix}$ $\underset{\text{第2,3行から引く}}{\underline{\text{第1行から}-2\text{を}}}$

$-2\begin{vmatrix} 0 & c & b \\ b & a & 0 \\ c & 0 & a \end{vmatrix}$ $\underset{\text{展開する}}{\underline{\text{サラスで}}}$ $-2(-2abc) = 4abc$.　(5) $\begin{vmatrix} 0 & a^2 & b^2 & 1 \\ a^2 & 0 & c^2 & 1 \\ b^2 & c^2 & 0 & 1 \\ 1 & 1 & 1 & 0 \end{vmatrix}$ $\underset{\text{から引く}}{\underline{\text{第1列を第2,3列}}}$

$\begin{vmatrix} 0 & a^2 & b^2 & 1 \\ a^2 & -a^2 & c^2-a^2 & 1 \\ b^2 & c^2-b^2 & -b^2 & 1 \\ 1 & 0 & 0 & 0 \end{vmatrix}$ $\underline{\text{第4行で展開}}$ $-\begin{vmatrix} a^2 & b^2 & 1 \\ -a^2 & c^2-a^2 & 1 \\ c^2-b^2 & -b^2 & 1 \end{vmatrix}$ $\underset{\text{から引く}}{\underline{\text{第1行を第2,3行}}}$

$-\begin{vmatrix} a^2 & b^2 & 1 \\ -2a^2 & c^2-a^2-b^2 & 0 \\ c^2-b^2-a^2 & -2b^2 & 0 \end{vmatrix}$ $\underline{\text{第3列で展開}}$ $-\begin{vmatrix} -2a^2 & c^2-a^2-b^2 \\ c^2-b^2-a^2 & -2b^2 \end{vmatrix}$

$\underset{\text{和と差の積}}{\underline{\text{たすき掛け}}}$ $(a^2+b^2-c^2)^2 - 4a^2b^2 = (a^2+2ab+b^2-c^2)(a^2-2ab+b^2-c^2)$

$= (a+b+c)(a+b-c)(a-b+c)(a-b-c)$. 先に展開してしまうと因

数分解が大変になる.　(6) $\underset{\text{列から引く}}{\underline{\text{第4列を他の}}}$ $\begin{vmatrix} a-b & 0 & 0 & b \\ 0 & a-b & 0 & b \\ 0 & 0 & a-b & b \\ b-a & b-a & b-a & a \end{vmatrix}$ $\underset{\text{第4行に加える}}{\underline{\text{第1,2,3行を}}}$

$\begin{vmatrix} a-b & 0 & 0 & b \\ 0 & a-b & 0 & b \\ 0 & 0 & a-b & b \\ 0 & 0 & 0 & a+3b \end{vmatrix} = (a-b)^3(a+3b)$. なお第5章の章末問題4の解答参照.

(7) $\begin{vmatrix} 1 & a & b & c+d \\ 1 & b & c & d+a \\ 1 & c & d & a+b \\ 1 & d & a & b+c \end{vmatrix}$ $\underset{\text{第3行から第4行を引く}}{\underset{\text{第2行から第3行を引く}}{\underline{\text{第1行から第2行を引く}}}}$ $\begin{vmatrix} 0 & a-b & b-c & c-a \\ 0 & b-c & c-d & d-b \\ 0 & c-d & d-a & a-c \\ 1 & d & a & b+c \end{vmatrix}$ $\underset{\text{つき展開}}{\underline{\text{第1列に}}}$

$$-\begin{vmatrix} a-b & b-c & c-a \\ b-c & c-d & d-b \\ c-d & d-a & a-c \end{vmatrix} \xrightarrow{\text{第 2, 3 列を}\atop\text{第 1 列に加える}} -\begin{vmatrix} 0 & b-c & c-a \\ 0 & c-d & d-b \\ 0 & d-a & a-c \end{vmatrix} = 0.$$

【別解】 第 2, 3 列を第 4 列に加えると共通因子 $(a+b+c+d)$ が生じ, それを括り出すと第 4 行は第 1 行と一致する. よって行列式の値は 0 である. (値が分かればこういうのも気が付くでしょう.(^^;)) (8) $\begin{vmatrix} a & b & c & d \\ b & c & d & a \\ c & d & a & b \\ d & a & b & c \end{vmatrix} \xrightarrow{\text{第 1 列に}\atop\text{第 2,3,4 列を加える}}$

$\begin{vmatrix} a+b+c+d & b & c & d \\ a+b+c+d & c & d & a \\ a+b+c+d & d & a & b \\ a+b+c+d & a & b & c \end{vmatrix} \xrightarrow{\text{第 1 列から}\atop a+b+c+d \text{ を括り出す}} (a+b+c+d) \begin{vmatrix} 1 & b & c & d \\ 1 & c & d & a \\ 1 & d & a & b \\ 1 & a & b & c \end{vmatrix} \xrightarrow{\text{第 1 行を残り}\atop\text{の行から引く}}$

$(a+b+c+d) \begin{vmatrix} 1 & b & c & d \\ 0 & c-b & d-c & a-d \\ 0 & d-b & a-c & b-d \\ 0 & a-b & b-c & c-d \end{vmatrix} \xrightarrow{\text{第 1 列に}\atop\text{関し展開}} (a+b+c+d) \begin{vmatrix} c-b & d-c & a-d \\ d-b & a-c & b-d \\ a-b & b-c & c-d \end{vmatrix}$

$\xrightarrow{\text{第 3 列を第 1 列}\atop\text{に加える}} (a+b+c+d) \begin{vmatrix} a-b+c-d & d-c & a-d \\ 0 & a-c & b-d \\ a-b+c-d & b-c & c-d \end{vmatrix} \xrightarrow{\text{第 1 列から}\atop a-b+c-d \text{ を括り出す}}$

$(a+b+c+d)(a-b+c-d) \begin{vmatrix} 1 & d-c & a-d \\ 0 & a-c & b-d \\ 1 & b-c & c-d \end{vmatrix} \xrightarrow{\text{第 1 行を第 3 行から引く}} (a+b+c+$

$d)(a-b+c-d) \begin{vmatrix} 1 & d-c & a-d \\ 0 & a-c & b-d \\ 0 & b-d & c-a \end{vmatrix} = (a+b+c+d)(a-b+c-d) \begin{vmatrix} a-c & b-d \\ b-d & c-a \end{vmatrix}$

$= -(a+b+c+d)(a-b+c-d)\{(a-c)^2+(b-d)^2\}$. 実数の範囲ならこれでおしまいだが, 複素数を使うと更に $-(a+b+c+d)(a-b+c-d)(a+ib-c-id)(a-ib-c+id)$ と変形できる (章末問題 6 参照).

問 3.4 (1) 第 1 列が偶数ばかりより成るので, これについて展開すれば行列式の値は偶数となることが明らか. (2) 第 2 列を第 1 列に加えると成分がすべて偶数となるので, 行列式の値は偶数. なお, 一般に, 行列式の値の偶奇は, すべての成分を 2 で割った余り 0, または 1 で置き換えて得られる行列式を計算すれば求まる.

問 3.5 第 1 列の 10000 倍と第 2 列の 1000 倍と第 3 列の 100 倍と第 4 列の 10 倍を第 5 列の加えても行列式の値は変わらないが, このとき第 5 列の成分は順に 78218, 45658, 36963, 94757, 86432 となることは明らかなので, この行列式の値は 37 で割り切れる.

問 3.6 余因子行列は $\begin{pmatrix} \begin{vmatrix} 4 & 5 \\ 1 & 2 \end{vmatrix} & -\begin{vmatrix} 3 & 2 \\ 1 & 2 \end{vmatrix} & \begin{vmatrix} 3 & 2 \\ 4 & 5 \end{vmatrix} \\ -\begin{vmatrix} -2 & 5 \\ -3 & 2 \end{vmatrix} & \begin{vmatrix} 4 & 2 \\ -3 & 2 \end{vmatrix} & -\begin{vmatrix} 4 & 2 \\ -2 & 5 \end{vmatrix} \\ \begin{vmatrix} -2 & 4 \\ -3 & 1 \end{vmatrix} & -\begin{vmatrix} 4 & 3 \\ -3 & 1 \end{vmatrix} & \begin{vmatrix} 4 & 3 \\ -2 & 4 \end{vmatrix} \end{pmatrix} = \begin{pmatrix} 3 & -4 & 7 \\ -11 & 14 & -24 \\ 10 & -13 & 22 \end{pmatrix}.$

行列式は計算し直さなくても, これを元の行列と掛けると対角線に並ぶ量だから, -1

と分かる．よって逆行列は上の行列の全成分の符号を変えたもの．

問 3.7 (1) $\begin{vmatrix} 1 & 2 & 3 \\ 4 & 5 & 6 \\ 7 & 8 & 9 \end{vmatrix} = 0$ (階数 2 がすぐ分かるので) に着目し，行に関する線形性を用いて $\det A = \begin{vmatrix} 1 & 2+(a-2) & 3 \\ 4 & 5 & 6 \\ 7 & 8 & 10 \end{vmatrix} = \begin{vmatrix} 1 & 2 & 3 \\ 4 & 5 & 6 \\ 7 & 8 & 9+1 \end{vmatrix} + \begin{vmatrix} 0 & (a-2) & 0 \\ 4 & 5 & 6 \\ 7 & 8 & 10 \end{vmatrix} = \begin{vmatrix} 1 & 2 & 3 \\ 4 & 5 & 6 \\ 7 & 8 & 9 \end{vmatrix} + \begin{vmatrix} 1 & 2 & 3 \\ 4 & 5 & 6 \\ 0 & 0 & 1 \end{vmatrix} - (a-2)\begin{vmatrix} 4 & 6 \\ 7 & 10 \end{vmatrix} = \begin{vmatrix} 1 & 2 \\ 4 & 5 \end{vmatrix} + 2(a-2) = 2a-7$ と計算するのが楽．(2) $\det A^{-1} = (\det A)^{-1} = \frac{1}{2a-7}$ であり，もし A^{-1} の成分が整数なら全展開式 (3.2) によりこの値は整数でなければならない．よって $2a-7 = \pm 1$，すなわち $a=3$ または 4．逆にこのときは，余因子行列を用いて成分が整数の逆行列が得られる．

問 3.8 (1) ～ (3) はすべて正しい．証明は以下の通り：(1) 命題 3.12 あるいは例題 3.2 と同様に論ずる．あるいは転置行列をとってそれらに帰着させてもよい：$\begin{vmatrix} A & 0 \\ C & B \end{vmatrix} = \begin{vmatrix} {}^tA & {}^tC \\ 0 & {}^tB \end{vmatrix} = |{}^tA||{}^tB| = |A||B|$．(2) 行基本変形で $\begin{vmatrix} A & B \\ B & A \end{vmatrix} = \begin{vmatrix} A & B \\ A+B & B+A \end{vmatrix}$．次に列基本変形と (1) の結果より $= \begin{vmatrix} A-B & B \\ 0 & B+A \end{vmatrix} = |A-B||B+A| = |A+B||A-B|$．(3) 同様に，最初の n 行の i 倍を最後の n 行に加え，次いで最後の n 列の i 倍を最初の n 列から引けば $\begin{vmatrix} A & B \\ -B & A \end{vmatrix} = \begin{vmatrix} A & B \\ iA-B & A+iB \end{vmatrix} = \begin{vmatrix} A-iB & B \\ 0 & A+iB \end{vmatrix} = |A+iB||A-iB|$．(4) まず，$CD = DC$ のときは正しいことを示す．D が正則行列なら $\begin{vmatrix} A & B \\ C & D \end{vmatrix} = \begin{vmatrix} AD & B \\ CD & D \end{vmatrix}\begin{vmatrix} D^{-1} & 0 \\ 0 & E \end{vmatrix} = \begin{vmatrix} AD & B \\ CD & D \end{vmatrix}|D|^{-1}$．ここで $\begin{vmatrix} AD & B \\ CD & D \end{vmatrix} = \begin{vmatrix} AD & B \\ CD & D \end{vmatrix}\begin{vmatrix} E & 0 \\ -C & E \end{vmatrix} = \begin{vmatrix} AD-BC & B \\ CD-DC & D \end{vmatrix}$ だから，$CD = DC$ なら，これは $\begin{vmatrix} AD-BC & B \\ 0 & D \end{vmatrix} = |AD-BC||D|$ となり，等号が示される．極限論法により $|D| = 0$ でも等号が成り立つ．更に，行の入れ換えや転置を用いると，$AB = BA$, $AC = CA$, $BD = DB$ のいずれかが成り立つときも同様に等号が成り立つことが分かる．この四つがいずれも成り立たないときは反例がある．例えば，$\begin{vmatrix} 0 & 1 & 0 & -1 \\ 1 & 0 & 1 & 0 \\ 0 & -1 & 0 & 1 \\ 1 & 0 & 1 & 0 \end{vmatrix}$ は明らかに 0 だが，$AD - BC = \begin{pmatrix} 0 & 1 \\ 1 & 0 \end{pmatrix}^2 - \begin{pmatrix} 0 & -1 \\ 1 & 0 \end{pmatrix}^2 = \begin{pmatrix} 1 & 0 \\ 0 & 1 \end{pmatrix} - \begin{pmatrix} -1 & 0 \\ 0 & -1 \end{pmatrix} = \begin{pmatrix} 2 & 0 \\ 0 & 2 \end{pmatrix}$ で，こちらの行列式は 4．

問 3.9 与えられた行列式を第 1 行について展開すれば，x, y, z の 1 次以下の式となることは明らかである．他方，x, y に x_1, y_1 を代入すれば，第 1 行と第 2 行が一致し，行列式は 0 となる．同様に x_2, y_2 でも 0 となる．これらの 2 点は異なるから，行列式を展開したときの x の係数 $y_1 - y_2$ または y の係数 $x_2 - x_1$ のいずれかは 0 でない．よって，これは恒等的には 0 でないから，確かに与えられた点を通る直線の方程式を

与える.

問 3.10 この行列式は, x, y に $x_i, y_i, i = 1, 2, 3$ を代入すれば, 第 1 行と第 i 行が一致し, 0 となるので, 成立していることは明らかである. また, 第 1 行について展開すれば, x, y の 2 次式となり, しかも 2 次の項は $x^2 + y^2$ の定数倍となるので, この定数が 0 でないことを言えば, 円の方程式であることが分かる. 仮定により, 3 点は共線ではないので, 前問より $\begin{vmatrix} 1 & x_1 & y_1 \\ 1 & x_2 & y_2 \\ 1 & x_3 & y_3 \end{vmatrix} \neq 0$. だから, この定数は 0 でない.

問 3.11 (1) 与えられた行列は第 1 行のみに x, y, z が含まれるので, 与式は明らかにこれらの 1 次以下の式である. よって定数にならなければ平面の方程式を表す. 3 点が同一平面上に無いことから, 左辺を展開したときの定数項 $\begin{vmatrix} x_1 & y_1 & z_1 \\ x_2 & y_2 & z_2 \\ x_3 & y_3 & z_3 \end{vmatrix} \neq 0$. 従ってこの式は恒等式ではない. 他方, x, y, z に x_1, y_1, z_1 を代入すれば, 左辺は第 1 行と第 2 行が一致するので, 定数項以外の項が存在することが分かり, 従って x, y, z の 1 次式であり, 平面の方程式を表すことが確定した. 同時に, この式は点 (x_1, y_1, z_1) で満たされることが分かった. 他の 2 点でも同様に満たされるので, 結局この平面は与えられた 3 点を通る. (2) この解答は 💻 に掲げた.

問 3.12 $x_1^4 + \cdots + x_n^4 = (x_1^2 + \cdots + x_n^2)^2 - 2(x_1^2 x_2^2 + \cdots + x_{n-1}^2 x_n^2) = \{(x_1 + \cdots + x_n)^2 - 2(x_1 x_2 + \cdots + x_{n-1} x_n)\}^2 - 2\{(x_1 x_2 + \cdots + x_{n-1} x_n)^2 - 2(x_1^2 x_2 x_3 + \cdots + x_{n-2} x_{n-1} x_n^2) - 6(x_1 x_2 x_3 x_4 + \cdots + x_{n-3} x_{n-2} x_{n-1} x_n)\} = s_1^4 - 4 s_1^2 s_2 + 4 s_2^2 - 2 s_2^2 + 4\{(x_1 + \cdots + x_n)(x_1 x_2 x_3 + \cdots + x_{n-2} x_{n-1} x_n) - 4 s_4\} + 12 s_4 = s_1^4 - 4 s_1^2 s_2 + 2 s_2^2 + 4 s_1 s_3 - 4 s_4$. $n = 3$ のときは, 上で $s_4 = 0$ と置いたもの, $n = 2$ のときは更に $s_3 = 0$ と置いたものが答となる. ($x_4 = 0$, あるいは $x_3 = 0$ だと考えよ.)

問 3.13 2 次方程式の判別式は, $(\alpha_1 - \alpha_2)^2 = (\alpha_1 + \alpha_2)^2 - 4 \alpha_1 \alpha_2 = p^2 - 4q$. 3 次方程式の判別式は, 根と係数の関係より $\alpha_1 + \alpha_2 + \alpha_3 = 0, \alpha_1 \alpha_2 + \alpha_2 \alpha_3 + \alpha_1 \alpha_3 = q$, $\alpha_1 \alpha_2 \alpha_3 = -r$, 従って $q = \alpha_1(\alpha_2 + \alpha_3) + \alpha_2 \alpha_3 = -\alpha_1^2 + \alpha_2 \alpha_3$ より, $(\alpha_2 - \alpha_3)^2 = (\alpha_2 + \alpha_3)^2 - 4 \alpha_2 \alpha_3 = -4q - 3\alpha_1^2$. 同様に $(\alpha_1 - \alpha_2)^2 = -4q - 3\alpha_3^2$, $(\alpha_1 - \alpha_3)^2 = -4q - 3\alpha_2^2$ も成り立つので, $D = (\alpha_1 - \alpha_2)^2 (\alpha_1 - \alpha_3)^2 (\alpha_2 - \alpha_3)^2 = (-4q - 3\alpha_1^2)(-4q - 3\alpha_2^2)(-4q - 3\alpha_3^2) = -64 q^3 - 48(\alpha_1^2 + \alpha_2^2 + \alpha_3^2) q^2 - 36(\alpha_1^2 \alpha_2^2 + \alpha_2^2 \alpha_3^2 + \alpha_1^2 \alpha_3^2) q - 27 \alpha_1^2 \alpha_2^2 \alpha_3^2$. ここで $\alpha_1^2 + \alpha_2^2 + \alpha_3^2 = (\alpha_1 + \alpha_2 + \alpha_3)^2 - 2(\alpha_1 \alpha_2 + \alpha_2 \alpha_3 + \alpha_1 \alpha_3) = -2q, \alpha_1^2 \alpha_2^2 + \alpha_2^2 \alpha_3^2 + \alpha_1^2 \alpha_3^2 = (\alpha_1 \alpha_2 + \alpha_2 \alpha_3 + \alpha_1 \alpha_3)^2 - 2(\alpha_1 + \alpha_2 + \alpha_3) \alpha_1 \alpha_2 \alpha_3 = q^2$ に注意すれば, $D = -64 q^3 + 96 q^3 - 36 q^3 - 27 r^2 = -4 q^3 - 27 r^2$. ちなみに. 一般の 3 次方程式については, $x + p/3 \mapsto x$ という変換を組立除法を用いて計算することにより, いつでも容易に x^2 の項が無い形に帰着できる.

問 3.14 (1) これは例 3.7 の差積そのもので, $-(a-b)(a-c)(b-c)$.
(2) この行列式は a, b, c のいずれの二つが一致しても二つの行が一致し, 値が 0 となるので, これらの差積 $(a-b)(a-c)(b-c)$ で割り切れる. 行列式を展開したものは明らかに a, b, c の 4 次式なので, 残る因子はこれらにつき 1 次の対称式, 従って $a + b + c$ の定数倍でなければならない. 対角線の積 bc^3 の係数を比較して, 定数因子は -1 と決定される. よって答は $-(a-b)(a-c)(b-c)(a+b+c)$.

(3) 同様に議論して, $(a-b)(a-c)(b-c)(a+b+c)$.

問 3.15 $\begin{pmatrix} \cos\theta & \sin\theta \\ \sin\theta & -\cos\theta \end{pmatrix} \begin{pmatrix} x \\ y \end{pmatrix} = \begin{pmatrix} x \\ y \end{pmatrix}$ を解いて $\begin{pmatrix} \sin\theta \\ 1-\cos\theta \end{pmatrix}$ あるいは $\begin{pmatrix} \cos\theta/2 \\ \sin\theta/2 \end{pmatrix}$.
この写像は先に x 軸について鏡映してから角 θ の回転をしたもので, 上のベクトルは幾何学的にも求められる. 直交変換なので, このベクトルが定める直線に関する線対称移動しかあり得ない.

問 3.16 略.

問 3.17 z 軸の回りの回転によりベクトル ${}^t(a,b,c)$ を yz 平面上のベクトル ${}^t(0,\sqrt{a^2+b^2},c)$ に持って来るには $P = \begin{pmatrix} \frac{b}{\sqrt{a^2+b^2}} & -\frac{a}{\sqrt{a^2+b^2}} & 0 \\ \frac{a}{\sqrt{a^2+b^2}} & \frac{b}{\sqrt{a^2+b^2}} & 0 \\ 0 & 0 & 1 \end{pmatrix}$ という行列を掛ければよい. 次に x 軸の回りに回転してこのベクトルを z 軸上のベクトル $\begin{pmatrix} 0 \\ 0 \\ \sqrt{a^2+b^2+c^2} \end{pmatrix}$ に持って来るには $Q = \begin{pmatrix} 1 & 0 & 0 \\ 0 & \frac{c}{\sqrt{a^2+b^2+c^2}} & -\frac{\sqrt{a^2+b^2}}{\sqrt{a^2+b^2+c^2}} \\ 0 & \frac{\sqrt{a^2+b^2}}{\sqrt{a^2+b^2+c^2}} & \frac{c}{\sqrt{a^2+b^2+c^2}} \end{pmatrix}$ という行列を掛ければよい. 最後に, z 軸の回りの角 θ の回転は $R = \begin{pmatrix} \cos\theta & -\sin\theta & 0 \\ \sin\theta & \cos\theta & 0 \\ 0 & 0 & 1 \end{pmatrix}$ という行列を掛ければよい. よって求める答は, これを Q と P で逆順に戻した

$P^{-1}Q^{-1}RQP = \begin{pmatrix} \frac{b}{\sqrt{a^2+b^2}} & \frac{a}{\sqrt{a^2+b^2}} & 0 \\ -\frac{a}{\sqrt{a^2+b^2}} & \frac{b}{\sqrt{a^2+b^2}} & 0 \\ 0 & 0 & 1 \end{pmatrix} \begin{pmatrix} 1 & 0 & 0 \\ 0 & \frac{c}{\sqrt{a^2+b^2+c^2}} & \frac{\sqrt{a^2+b^2}}{\sqrt{a^2+b^2+c^2}} \\ 0 & -\frac{\sqrt{a^2+b^2}}{\sqrt{a^2+b^2+c^2}} & \frac{c}{\sqrt{a^2+b^2+c^2}} \end{pmatrix} \times$

$\begin{pmatrix} \cos\theta & -\sin\theta & 0 \\ \sin\theta & \cos\theta & 0 \\ 0 & 0 & 1 \end{pmatrix} \begin{pmatrix} 1 & 0 & 0 \\ 0 & \frac{c}{\sqrt{a^2+b^2+c^2}} & -\frac{\sqrt{a^2+b^2}}{\sqrt{a^2+b^2+c^2}} \\ 0 & \frac{\sqrt{a^2+b^2}}{\sqrt{a^2+b^2+c^2}} & \frac{c}{\sqrt{a^2+b^2+c^2}} \end{pmatrix} \begin{pmatrix} \frac{b}{\sqrt{a^2+b^2}} & -\frac{a}{\sqrt{a^2+b^2}} & 0 \\ \frac{a}{\sqrt{a^2+b^2}} & \frac{b}{\sqrt{a^2+b^2}} & 0 \\ 0 & 0 & 1 \end{pmatrix}$

$= \begin{pmatrix} \frac{(b^2+c^2)\cos\theta}{a^2+b^2+c^2} + \frac{a^2}{a^2+b^2+c^2} & \frac{ab(1-\cos\theta)}{a^2+b^2+c^2} - \frac{c\sin\theta}{\sqrt{a^2+b^2+c^2}} & \frac{ac(1-\cos\theta)}{a^2+b^2+c^2} + \frac{b\sin\theta}{\sqrt{a^2+b^2+c^2}} \\ \frac{ab(1-\cos\theta)}{a^2+b^2+c^2} + \frac{c\sin\theta}{\sqrt{a^2+b^2+c^2}} & \frac{(a^2+c^2)\cos\theta}{a^2+b^2+c^2} + \frac{b^2}{a^2+b^2+c^2} & \frac{bc(1-\cos\theta)}{a^2+b^2+c^2} - \frac{a\sin\theta}{\sqrt{a^2+b^2+c^2}} \\ \frac{ac(1-\cos\theta)}{a^2+b^2+c^2} - \frac{b\sin\theta}{\sqrt{a^2+b^2+c^2}} & \frac{bc(1-\cos\theta)}{a^2+b^2+c^2} + \frac{a\sin\theta}{\sqrt{a^2+b^2+c^2}} & \frac{(a^2+b^2)\cos\theta}{a^2+b^2+c^2} + \frac{c^2}{a^2+b^2+c^2} \end{pmatrix}.$

最後の計算はレポートなら Mathematica などを使うとよい.

章末問題

問題 1 (1) 与えられた行列式を第 1 行に関して展開すると,

$$= a \begin{vmatrix} a & 0 & \cdots & & 0 \\ 1 & a & \ddots & & \vdots \\ 0 & \ddots & a & \ddots & \vdots \\ \vdots & & \ddots & \ddots & 0 \\ 0 & \cdots & 0 & 1 & a \end{vmatrix} \overset{\overleftarrow{\quad n-1 \quad}}{} + (-1)^{n-1} \begin{vmatrix} 1 & a & 0 & \cdots & 0 \\ 0 & 1 & \ddots & \ddots & \vdots \\ \vdots & \ddots & \ddots & \ddots & 0 \\ \vdots & & \ddots & 1 & a \\ 0 & \cdots & & 0 & 1 \end{vmatrix} \overset{\overleftarrow{\quad n-1 \quad}}{} = a \cdot a^{n-1} + (-1)^{n-1} =$$

$a^n + (-1)^{n-1}$. 三角型行列の行列式はいきなり対角成分の積を答えてよい.

(2) 同じく第 n 列に関して展開すると, 上と同様, 全展開式が項一つだけとなるような $n-1$ 次行列式ばかりが現れ, $= -a_1 b_1 \lambda_2 \cdots \lambda_{n-1} - a_2 b_2 \lambda_1 \lambda_3 \cdots \lambda_{n-1} - \cdots - a_{n-1} b_{n-1} \lambda_1 \cdots \lambda_{n-2} + c_n \lambda_1 \lambda_2 \cdots \lambda_{n-1}$. (3) 第 2 列の λ 倍, 第 3 列の λ^2 倍, $\ldots$, 第 n 列の λ^{n-1} 倍をすべて第 1 列に加えると, $f(\lambda) = a_n + a_{n-1}\lambda + \cdots + \lambda^n$ と置いて

$$\begin{vmatrix} \lambda & -1 & 0 & \cdots & \\ 0 & \lambda & -1 & \ddots & \vdots \\ \vdots & \ddots & \ddots & \ddots & 0 \\ 0 & \cdots & 0 & \lambda & -1 \\ a_n & a_{n-1} & \cdots & a_2 & \lambda + a_1 \end{vmatrix} = \begin{vmatrix} 0 & -1 & 0 & \cdots & \\ 0 & \lambda & -1 & \ddots & \vdots \\ \vdots & \ddots & \ddots & \ddots & 0 \\ 0 & \cdots & 0 & \lambda & -1 \\ f(\lambda) & a_{n-1} & \cdots & a_2 & \lambda + a_1 \end{vmatrix}$$

$= (-1)^{n-1} f(\lambda) \times (-1)^{n-1} = f(\lambda)$.

問題 2 第 n 行を残りの行から引くと

$$\begin{vmatrix} 1+x_1 & 2 & 3 & \cdots & n \\ 1 & 2+x_2 & 3 & \cdots & n \\ 1 & 2 & 3+x_3 & \cdots & n \\ \vdots & & & \ddots & \vdots \\ 1 & 2 & 3 & \cdots & n+x_n \end{vmatrix} = \begin{vmatrix} x_1 & 0 & 0 & \cdots & -x_n \\ 0 & x_2 & 0 & \cdots & -x_n \\ 0 & 0 & x_3 & \cdots & -x_n \\ \vdots & & & \ddots & \vdots \\ 1 & 2 & 3 & \cdots & n+x_n \end{vmatrix}$$

第 n 行について展開すると

$$= (-1)^{n-1} 1 \begin{vmatrix} 0 & 0 & \cdots & 0 & -x_n \\ x_2 & 0 & \cdots & 0 & -x_n \\ 0 & x_3 & \cdots & 0 & -x_n \\ \vdots & & \vdots & & \vdots \\ 0 & 0 & \cdots & x_{n-1} & -x_n \end{vmatrix} + (-1)^n 2 \begin{vmatrix} x_1 & 0 & \cdots & 0 & -x_n \\ 0 & 0 & \cdots & 0 & -x_n \\ 0 & x_3 & \cdots & 0 & -x_n \\ \vdots & & \vdots & & \vdots \\ 0 & 0 & \cdots & x_{n-1} & -x_n \end{vmatrix} + \cdots +$$

$$(-1)^{2n-3}(n-1) \begin{vmatrix} x_1 & 0 & \cdots & 0 & -x_n \\ 0 & x_2 & \cdots & 0 & -x_n \\ \vdots & & \ddots & & \vdots \\ 0 & 0 & & x_{n-2} & -x_n \\ 0 & 0 & \cdots & 0 & -x_n \end{vmatrix} + (-1)^{2n-2}(n+x_n) \begin{vmatrix} x_1 & 0 & \cdots & 0 & 0 \\ 0 & x_2 & \cdots & 0 & 0 \\ 0 & 0 & x_3 & & \vdots \\ \vdots & & & \ddots & 0 \\ 0 & 0 & \cdots & 0 & x_{n-1} \end{vmatrix}$$

この各々の行列式は展開計算で項が一つだけしか現れないようなものなので, それぞれを符号に注意しつつ展開すれば $= (-1)^{n-1+n-2+1} x_2 x_3 \cdots x_n + (-1)^{n+n-3+1} 2 x_1 x_3 \cdots x_n + \cdots + (-1)^{2n-3+1}(n-1)x_1 x_2 \cdots x_{n-2} x_n + (-1)^{2n-2}(n+x_n) x_1 x_2 \cdots x_{n-1} = x_1 x_2 \cdots x_n \left(1 + \frac{1}{x_1} + \frac{2}{x_2} + \cdots + \frac{n}{x_n}\right)$. 符号は最終的にすべてプラスとなる.

【別解】 $x_1, \ldots, x_n$ を括り出すと $= x_1 \cdots x_n \begin{vmatrix} \frac{1}{x_1}+1 & \frac{2}{x_2} & \cdots & \frac{n}{x_n} \\ \frac{1}{x_1} & \frac{2}{x_2}+1 & & \vdots \\ \vdots & & \ddots & \frac{n}{x_n} \\ \frac{1}{x_1} & \cdots & \frac{n-1}{x_{n-1}} & \frac{n}{x_n}+1 \end{vmatrix}$. この行

列は階数 1 の行列と単位行列の和の形であり、前者の固有値は 0 が $n-1$ 重で (なぜ計算せずにそう言えるかは第 5 章で明らかにされる)、最後の一つはトレース $\frac{1}{x_1}+\cdots+\frac{n}{x_n}$ に等しいから、上の行列の固有値はこれらに 1 を加えたもの、従って行列式はこれらの積で $\frac{1}{x_1}+\cdots+\frac{n}{x_n}+1$. もとの行列の行列式はこれに $x_1\cdots x_n$ を掛けたものとなる.

問題 3 $\begin{pmatrix} a_1 & -b_1 \\ b_1 & a_1 \end{pmatrix} + \begin{pmatrix} a_2 & -b_2 \\ b_2 & a_2 \end{pmatrix} = \begin{pmatrix} a_1+a_2 & -(b_1+b_2) \\ b_1+b_2 & a_1+a_2 \end{pmatrix}$,

$\begin{pmatrix} a_1 & -b_1 \\ b_1 & a_1 \end{pmatrix}\begin{pmatrix} a_2 & -b_2 \\ b_2 & a_2 \end{pmatrix} = \begin{pmatrix} a_1 a_2 - b_1 b_2 & -(a_1 b_2 + a_2 b_1) \\ a_1 b_2 + a_2 b_1 & a_1 a_2 - b_1 b_2 \end{pmatrix}$ で、和も積も再び同じ形となる. この結果は二つの複素数 a_1+ib_1 と a_2+ib_2 の和や積の結果と対応している. 特に $\begin{pmatrix} 0 & -1 \\ 1 & 0 \end{pmatrix}^2 = \begin{pmatrix} -1 & 0 \\ 0 & -1 \end{pmatrix}$ は $i^2 = -1$ に対応している. $\begin{pmatrix} a & -b \\ b & a \end{pmatrix} = a\begin{pmatrix} 1 & 0 \\ 0 & 1 \end{pmatrix} + b\begin{pmatrix} 0 & -1 \\ 1 & 0 \end{pmatrix}$ は明らかなので、この対応は環の同型を与える. このことから特に、行列 $\begin{pmatrix} a & -b \\ b & a \end{pmatrix}$ は $a^2+b^2 \neq 0$ のとき逆行列を持ち、それは $\frac{1}{a+ib} = \frac{a}{a^2+b^2} - \frac{ib}{a^2+b^2}$ に対応して $\begin{pmatrix} \frac{a}{a^2+b^2} & \frac{b}{a^2+b^2} \\ -\frac{b}{a^2+b^2} & \frac{a}{a^2+b^2} \end{pmatrix}$ となることが分かる.

問題 4 (1) 略. (2) 積が非可換であることを除き、四則演算が可能である. 特に、$a+bi+cj+dk$ の逆元は $\frac{a-bi-cj-dk}{a^2+b^2+c^2+d^2}$ となる.

問題 5 $1, \zeta, \zeta^2, \ldots, \zeta^{n-1}$ に対するヴァンデルモンド行列を巡回行列の右から掛けると、$a_0 + a_1\zeta^k + a_2\zeta^{2k} + \cdots + a_{n-1}\zeta^{(n-1)k}$ を Z_k と略記すれば、

$$\begin{vmatrix} a_0 & a_1 & a_2 & \cdots & a_{n-1} \\ a_{n-1} & a_0 & a_1 & \cdots & a_{n-2} \\ a_{n-2} & a_{n-1} & a_0 & \cdots & a_{n-3} \\ \vdots & \vdots & \vdots & & \vdots \\ a_1 & a_2 & a_3 & \cdots & a_0 \end{vmatrix} \begin{vmatrix} 1 & 1 & 1 & \cdots & 1 \\ 1 & \zeta & \zeta^2 & \cdots & \zeta^{n-1} \\ 1 & \zeta^2 & \zeta^4 & \cdots & \zeta^{2(n-1)} \\ \vdots & \vdots & \vdots & & \vdots \\ 1 & \zeta^{n-1} & \zeta^{2(n-1)} & \cdots & \zeta^{(n-1)(n-1)} \end{vmatrix}$$

$$= \begin{vmatrix} Z_0 & Z_1 & Z_2 & \cdots & Z_{n-1} \\ Z_0 & \zeta Z_1 & \zeta^2 Z_2 & \cdots & \zeta^{n-1} Z_{n-1} \\ Z_0 & \zeta^2 Z_1 & \zeta^4 Z_2 & \cdots & \zeta^{2(n-1)} Z_{n-1} \\ \vdots & \vdots & \vdots & & \vdots \\ Z_0 & \zeta^{n-1} Z_1 & \zeta^{2(n-1)} Z_2 & \cdots & \zeta^{(n-1)^2} Z_{n-1} \end{vmatrix}$$

$$= Z_0 Z_1 \cdots Z_{n-1} \begin{vmatrix} 1 & 1 & 1 & \cdots & 1 \\ 1 & \zeta & \zeta^2 & \cdots & \zeta^{n-1} \\ 1 & \zeta^2 & \zeta^4 & \cdots & \zeta^{2(n-1)} \\ \vdots & \vdots & \vdots & & \vdots \\ 1 & \zeta^{n-1} & \zeta^{2(n-1)} & \cdots & \zeta^{(n-1)(n-1)} \end{vmatrix}.$$

よって両辺からヴァンデルモンド行列式を消去すれば証明すべき式が得られる.

問題 6 (1) 最高次は
$\begin{vmatrix} 1 & 2 & 3 & ④ & 5 \\ ⑨{x^2} & 0 & 3x & 4x & 0 \\ cx & ax^2 & ⑨{3x^2} & 0 & x \\ x^2 & ⑨{2x^3} & 0 & 0 & bx^3 \\ x^4 & 2x^4 & 0 & 4x^4 & ⑨{x^5} \end{vmatrix}$
の○で囲んだ位置の要素の積として得られるので、$4 \times x^2 \times 3x^2 \times 2x^3 \times x^5 = 24x^{12}$. これらは列の互換 2 回で主対角線に持って行けるので、符号は $+$. (2) 最低次は、まず x をできるだけ括り出して

$x^8 \begin{vmatrix} 1 & 2 & 3 & 4 & 5 \\ x & 0 & 3 & 4 & 0 \\ c & ax & 3x & 0 & 1 \\ 1 & 2x & 0 & 0 & bx \\ 1 & 2 & 0 & 4 & x \end{vmatrix} = x^8 \begin{vmatrix} 1 & 2 & 3 & 4 & 5 \\ 0 & 0 & 3 & 4 & 0 \\ c & 0 & 0 & 0 & 1 \\ 1 & 0 & 0 & 0 & 0 \\ 1 & 2 & 0 & 4 & 0 \end{vmatrix} + O(x^9).$ 最後の行列式が 0 でなければ

それが最低次の係数を与える。これは容易に計算できて 24 となる。

問題 7 この線形写像は $A = \begin{pmatrix} a & 1 \\ 1 & a \end{pmatrix}$ という行列で表されることに注意.
(1) 3 点 $(0,0), (a,1), (a+1, a+1)$ を頂点とする三角形に写る. この三角形は $(a,1)$ を頂点とする二等辺三角形である. ただし、$a=1$ のときは $(0,0), (2,2)$ を端点とする線分となり、また $a=-1$ のときは $(0,0), (-1,1)$ を端点とする線分となる.
(2) 逆変換が存在するための条件は行列式 $a^2 - 1 \neq 0$. 向きを保つ変換の条件は $a^2 - 1 > 0$ である. 図を書いて $a > 1$ だけを答える人が居るが、題意では a は正とは限らない.
(3) 行列 A の固有値は $(\lambda - a)^2 - 1 = 0$ より $\lambda = a \pm 1$ と実である. よって固有ベクトル、すなわち A により方向が変わらないベクトルが常に存在する. 方程式を解いて示してもよいし、具体的にベクトル ${}^t(1,1)$ が常に方向を変えないことを注意するのも簡単であろう. 長さを変えないためには、固有値が ± 1 を含まねばならない. この条件は $a = 0, 2, -2$ のどれかとなる. ただし、向きも変えないと解釈した場合は $a = -2$ は除外される. しかしこの解釈をとった場合は、前半の "向きを変えないベクトルが存在する条件を "正の固有値が存在する条件", すなわち $a > -1$ と解釈しなければつじつまが合わないであろう.

第 4 章

問 4.1 (1) 0 と $0'$ がともに加法の単位元であるとすると、$\forall a$ に対し $a + 0 = 0 + a = a$, かつ $a + 0' = 0' + a = a$. ここで前者の a に $0'$ を、後者の a に 0 を代入すると $0' = 0' + 0 = 0$. 乗法についても同様. (2) $\exists a$ について $a + b = b + a = 0$, かつ $a + b' = b' + a = 0$ とすると、結合法則より $b = b + 0 = b + (a + b') = (b + a) + b' = 0 + b' = b'$. (3) $-(-a)$ は $(-a)$ に対する加法の逆元であるが、$(-a) + a = 0$ なので、逆元の一意性により $-(-a) = a$. 乗法についても同様. (4) 分配法則により $0 \cdot a = (0 + 0)a = 0 \cdot a + 0 \cdot a$. 両辺に $0 \cdot a$ の加法の逆元 $-0 \cdot a$ を加えて $0 = (0 \cdot a + 0 \cdot a) + (-0 \cdot a) = 0 \cdot a + (0 \cdot a + (-0 \cdot a)) = 0 \cdot a + 0 = 0 \cdot a$. (5) 左辺は 1 に

問 題 解 答   235

対する加法の逆元と a の積だから, 分配法則により $0 = 0 \cdot a = (-1+1)a = (-1)a + a$. 右辺は a に対する加法の逆元だから, $-a + a = 0$. よって加法の逆元の一意性により $(-1)a = -a$.   (6) $(a + (-b)) + b = a + ((-b) + b) = a + 0 = a$ で確かに解となっている. 逆に $x + b = a$ なら, 両辺に $-b$ を加えて $a + (-b) = (x+b) + (-b) = x + (b + (-b)) = x + 0 = x$, 従って解はこれ以外には無い.   (7) 上と同様.   (8) $(-1)^2 + (-1) = (-1+1)(-1) = 0 \cdot (-1) = 0$. よって (4) により $(-1)^2 = -(-1) = 1$.

問 4.2 (1) 略. (2) 3 次元. (3) 自然な基底は $[x, y, 1]$.
(4) $f_1(x,y) = 1 - x - y, f_2(x,y) = x, f_3(x,y) = y$ とすれば, $f_i(P_j) = \delta_{ij}$ となる.

問 4.3 (1) C は R 上 2 次元の線形空間で, $1, i$ が基底の例となる. 実際, $\forall z \in C$ は $x + iy, x, y \in R$ と書ける.   (2) R が Q 上無限次元となることは, 例えば π が超越数であることを用いると, $1, \pi, \pi^2, \ldots$ が Q 上線形独立となることから分かる. もう少し初等的に示すには, $\sqrt{2}, \sqrt[4]{2}, \sqrt[8]{2}, \ldots$ という無理数の列が線形独立なことに注意すればよい. なお, 無限次元の線形空間の場合, (代数的な) 基底とは, ベクトルの集合 Σ であって, 空間の任意の元が Σ から選んだ有限個の元の線形結合で表されるようなものを言い, 解析学における級数のような無限和は認めない. Q 上のベクトル空間 R の基底は無限集合論の公理を用いて作られ, Hamel 基底(ハメル)と呼ばれる.

問 4.4 (1) 与えられたベクトルを列とする行列に列基本変形を施すと, $\begin{pmatrix} 1 & 1 & 2 \\ 0 & 0 & 0 \\ 1 & 0 & 1 \\ -1 & 2 & 1 \end{pmatrix}$

$\xrightarrow{\text{第 2 列で他の列を消去}} \begin{pmatrix} 0 & 1 & 0 \\ 0 & 0 & 0 \\ 1 & 0 & 1 \\ -3 & 2 & -3 \end{pmatrix}$, よって W は 2 次元, $\begin{pmatrix} 1 \\ 0 \\ 0 \\ 2 \end{pmatrix}$ と $\begin{pmatrix} 0 \\ 0 \\ 1 \\ -3 \end{pmatrix}$ が基底の

例となる. (2) 例えば ${}^t(0,1,0,0)$ と ${}^t(0,0,1,0)$ を追加すればよい.

問 4.5 (1) 成さない. 足し算で 1 次以下の多項式になってしまうことがあるから.
(2) 成す. (これは $f(x) \mapsto f(0)$ という線形写像の核でもある.) 3 次元. 基底の例: $[x^3, x^2, x]$, 直和補空間の例: $\langle 1 \rangle$.   (3) 成す. 3 次元. 基底の例: $[x^2(x-1), x(x-1), (x-1)]$, 直和補空間の例: $\langle 1 \rangle$. (これは $f(x) \mapsto f(1)$ という線形写像の核でもあることが因数定理より分かる.)   (4) 成す. 3 次元. 基底の例: $[x^3, x^2, 1]$, 直和補空間の例: $\langle x \rangle$. (これは $f(x) \mapsto f'(0)$ という線形写像の核でもある.)

問 4.6 問 4.8 の解答も同時に示す. (1) V の基底として $[x^4, x^3, x^2, x, 1]$ を, また W の基底として $[x^3, x^2, x, 1]$ をとるのが最も自然であろう. Φ による V の基底の行き先を計算すると $\Phi[x^4, x^3, x^2, x, 1] = [x^3 + 13x^2 + x + 1, x^2 + 7x + 1, x + 3, 1, 0] = [x^3, x^2, x, 1] \begin{pmatrix} 1 & 0 & 0 & 0 \\ 13 & 1 & 0 & 0 \\ 1 & 7 & 1 & 0 \\ 1 & 1 & 3 & 1 \end{pmatrix}$. 従ってこれらの基底に関する Φ の表現行列は上

の行列で与えられる. V の基底は元のままで, W の基底として上の像に現れた

$[x^3 + 13x^2 + x + 1, x^2 + 7x + 1, x + 3, 1]$ を採用すれば, Φ の表現行列は $\begin{pmatrix} 1 & 0 & 0 & 0 \\ 0 & 1 & 0 & 0 \\ 0 & 0 & 1 & 0 \\ 0 & 0 & 0 & 1 \end{pmatrix}$

と標準形になる．なお，この問題はもちろん V, W の基底を $[1, x, x^2, x^3, x^4]$, $[1, x, x^2, x^3]$ ととって計算を始めても同様で，表現行列は上を上下・左右に折り返したものになる．ただし，先頭の 1 が Φ の核に属するので，この場合は表現行列を標準形にするときに V の基底も順序を動かす必要がある．　(2) Φ の定義式の各項には f がちょうど一つずつ，すなわち 1 次で現れているので，明らかに線形写像．もちろん写像としてきちんと定義されていること (well-defined) を言うには，f が 3 次式のとき $\Phi(f)$ の計算結果が 2 次式となることに注意する必要もある．線形写像の定義の当てはめ方を間違えて $f(x+y) = f(x)+f(y)$ などと書く人がいるが，多項式の変数に関しては線形ではないし，変数はつねに x という共通の文字を使っていることに注意せよ．（ここでは x でなく f がいろいろ動く！）V の基底として $[x^3, x^2, x, 1]$ を，また W の基底として $[x^2, x, 1]$ をとると

$$[\Phi(x^3), \Phi(x^2), \Phi(x), \Phi(1)] = [3x^2+6x, 2, -1, 0] = [x^2, x, 1]\begin{pmatrix} 3 & 0 & 0 & 0 \\ 6 & 0 & 0 & 0 \\ 0 & 2 & -1 & 0 \end{pmatrix}$$

という式が成り立つので，この最後の行列が求める表現行列である．像は明らかに 2 次元で，従って次元公式により核が 2 次元有るが，その一つは 1 で見え見え．もう一つも上の結果から目の子で x^2+2x が Φ で 0 にゆくことが容易に分かる．従って，V の基底として $[x^3, x^2, x^2+2x, 1]$，また W の基底として $[3x^2+6x, 2, x]$ をとれば，Φ の表現行列は $\begin{pmatrix} 1 & 0 & 0 & 0 \\ 0 & 1 & 0 & 0 \\ 0 & 0 & 0 & 0 \end{pmatrix}$ という標準形になる．W の基底の最後の x は全体が線形独立になるように適当に付け加えたものである．　(3) 線形性については上と同様．上と同じ基底で Φ の行き先を定義式により順に計算すると

$$[\Phi(x^3), \Phi(x^2), \Phi(x), \Phi(1)] = [7x^2, x^2+2x, x^2, x^2] = [x^2, x, 1]\begin{pmatrix} 7 & 1 & 1 & 1 \\ 0 & 2 & 0 & 0 \\ 0 & 0 & 0 & 0 \end{pmatrix}$$

という式が成り立つので，この最後の行列が求める表現行列である．別法として $ax^3+bx^2+cx+d \mapsto \Phi(ax^3+bx^2+cx+d) = (7a+b+c+d)x^2+2bx$ を計算し，これを翻訳した $\begin{pmatrix} a \\ b \\ c \\ d \end{pmatrix} \mapsto \begin{pmatrix} 7 & 1 & 1 & 1 \\ 0 & 2 & 0 & 0 \\ 0 & 0 & 0 & 0 \end{pmatrix}\begin{pmatrix} a \\ b \\ c \\ d \end{pmatrix}$ から係数行列を求めてもよい．上に計算した基底の行く先をにらめば，第 1, 3, 4 列が明らかに線形従属なので，像が 2 次元で，従って核も 2 次元であることが容易に見えるだろう．Φ により零ベクトルすなわち零多項式にゆくような多項式は，これらを加減すれば目の子でも求まり，例えば x^3-7, $x-1$ の二つでよい．もちろん，このどちらかを x^3-7x と取り替えてもよい．像の基底は，例えば x^3 と x^2 の行き先である $7x^2, x^2+2x$ を取ればよい．最後に V の標準基底は上で求めた Φ の核の基底の前に，これらと一次独立になるようなものを追加すればよいので，例えば $[x^3, x^2, x^3-7, x-1]$ でよい．対応する W の標準基底の方は，今付け加えた最初の二つの元の像を用いて，後はそれに線形独立となるようにもう一つ追加しておけばよい．例えば $[7x^2, x^2+2x, 1]$ など．

問題解答　　　　　　　　237

問 4.7 $[p_0, p_1, p_2, p_3] = [1, x, x^2, x^3] \begin{pmatrix} 1 & 0 & 0 & 0 \\ -11/6 & 3 & -3/2 & 1/3 \\ 1 & -5/2 & 2 & -1/2 \\ -1/6 & 1/2 & -1/2 & 1/6 \end{pmatrix}$.

逆に, $[1, x, x^2, x^3] = [p_0, p_1, p_2, p_3] \begin{pmatrix} 1 & 0 & 0 & 0 \\ 1 & 1 & 1 & 1 \\ 1 & 2 & 4 & 8 \\ 1 & 3 & 9 & 27 \end{pmatrix}$.

問 4.8 問 4.6 参照.

問 4.9 分配法則により結局 cA^k と $c'A^{k'}$ が可換なことに帰着する. スカラー倍は任意の行列と可換であり, 問 2.3 により $A^k A^{k'} = A^{k'} A^k = A^{k+k'}$ だから, 可換性が確かめられる.

章末問題　　　　　　　　●●●

問題 1 漸化式は成分の線形同次式なので, $\{a_n\}_{n=0}^{\infty}$ と $\{b_n\}_{n=0}^{\infty}$ がこれを満たしていれば $\lambda\{a_n\}_{n=0}^{\infty} + \mu\{b_n\}_{n=0}^{\infty} = \{\lambda a_n + \mu b_n\}_{n=0}^{\infty}$ もこれを満たすことは明らか. よって V は線形空間となる. (2) V の次元は, 線形代数の定義としては "線形独立なベクトルの最大個数" だが, こういうときは "自由に動けるパラメータの個数" という, より一般的な定義を用いる方が分かりやすい. 今の場合, x_0, x_1, x_2 までは何の制約も受けないことは明らかであり, 逆にこれから先の $x_n, n \geq 3$ はこの三つから漸化式で一意に決定されることも明らかなので, 次元は 3 となる.
(3) 普通に基底を考えるときは, 上で考察した自由に動けるパラメータが, それぞれ $(1,0,0), (0,1,0), (0,0,1)$ という値を取ったときの数列を取ればいいのだが, この例では, これらの初期値から定まる数列の一般項は数列番号のきれいな式では書けず, 漸化式の一般解と殆ど同じになってしまう. この漸化式の一般解は, 大学入試でよく出る 2 項漸化式の場合の知識から容易に想像できるように, 三つの簡単な項の線形結合の形をしている. これらの基本的な項に対応するベクトルを求めるには, 漸化式から得られる特性方程式を解いて $\lambda^3 = 7\lambda + 6$. ∴ $\lambda = -1, -2, 3$ から $\{(-1)^n\}_{n=0}^{\infty}$, $\{(-2)^n\}_{n=0}^{\infty}$, $\{3^n\}_{n=0}^{\infty}$ の三つを基底とすればよい. (一般に λ が上の方程式を満たせば $x_n = \lambda^n$ は $x_{n+3} = \lambda^{n+3} = \lambda^3 \cdot \lambda^n = (7\lambda + 6)\lambda^n = 7\lambda^{n+1} + 6\lambda^n = 7x_{n+1} + 6x_n$ を満たすからである.)

問題 2 (1) $[A, \lambda X + \mu Y] = A(\lambda X + \mu Y) - (\lambda X + \mu Y)A = \lambda(AX - XA) + \mu(AY - YA) = \lambda[A, X] + \mu[A, Y]$ より線形. 従って, 基底の行き先をみればよい. 直接計算で $[A, E_{11}] = \begin{pmatrix} 0 & -a_{12} \\ a_{21} & 0 \end{pmatrix} = -a_{12}E_{12} + a_{21}E_{21}$,

$[A, E_{12}] = \begin{pmatrix} -a_{21} & a_{11} - a_{22} \\ 0 & a_{21} \end{pmatrix} = -a_{21}E_{11} + (a_{11} - a_{22})E_{12} + a_{21}E_{22}$,

$[A, E_{21}] = \begin{pmatrix} a_{12} & 0 \\ -a_{11} + a_{22} & -a_{12} \end{pmatrix} = a_{12}E_{11} + (-a_{11} + a_{22})E_{21} - a_{12}E_{22}$,

$[A, E_{22}] = \begin{pmatrix} 0 & a_{12} \\ -a_{21} & 0 \end{pmatrix} = a_{12}E_{12} - a_{21}E_{21}$. よって, $(E_{11}, E_{12}, E_{21}, E_{22}) \mapsto$

$(E_{11}, E_{12}, E_{21}, E_{22}) \begin{pmatrix} 0 & -a_{21} & a_{12} & 0 \\ -a_{12} & a_{11} - a_{22} & 0 & a_{12} \\ a_{21} & 0 & -a_{11} + a_{22} & -a_{21} \\ 0 & a_{21} & -a_{12} & 0 \end{pmatrix}.$

(2) 上の係数行列に列基本変形を施す．第 1 列を第 4 列に加えると後者は常に 0 になる．更に，$a_{12} \neq 0$ と仮定すれば，第 2 列を a_{12} 倍した後，第 1 列の $a_{11} - a_{22}$ 倍と第 3 列の a_{21} 倍をそれに加えれば，第 2 列も 0 となり，結局第 1, 3 列だけに帰着する．右辺のベクトルはこの二つの線形結合で書けなければならないから，$\begin{pmatrix} 0 \\ 0 \\ 0 \\ 1 \end{pmatrix}$, $\begin{pmatrix} a_{11} - a_{22} \\ a_{21} \\ a_{12} \\ 0 \end{pmatrix}$ の二つと直交することが条件となる．すなわち，$b_{11} + b_{22} = 0$, $a_{11}b_{11} + a_{12}b_{21} + a_{21}b_{12} + a_{22}b_{22} = 0$．これらは行列表記で $\operatorname{tr} B = 0$, $\operatorname{tr}(AB) = 0$ と書き直せる．以上は $a_{21} \neq 0$ の場合も同様．$a_{12} = a_{21} = 0$ のときは別に論じなければならないが，このとき $a_{11} \neq a_{22}$ なら $b_{11} = b_{22} = 0$ が条件となることが容易に確かめられる．また $a_{11} = a_{22}$ なら $B = 0$ でなければならない．ちなみに，$[A, X] = B$ なら，X が何であっても $\operatorname{tr} B = \operatorname{tr}([A, X]) = 0$, $\operatorname{tr}(AB) = \operatorname{tr}(A[A, X]) = 0$ が必要条件となることは，トレースの性質 $\operatorname{tr}(A + B) = \operatorname{tr} A + \operatorname{tr} B$ と $\operatorname{tr}(AB) = \operatorname{tr}(BA)$ を用いて (1) とは独立に示せる．

問題 3 V の基底を一つ定め，x 等をこの基底による座標表現である K^n の元と同一視する．仮定により x を固定すると $y \mapsto \langle x, y \rangle$ は線形関数なので，$1 \times n$ 型の行列，すなわち (x に依存した) 縦型の数ベクトル $a(x)$ の転置との積 ${}^t a(x) y$ で表現される．ここで，y を第 i 単位ベクトル e_i に選べば，仮定により $x \mapsto {}^t a(x) e_i$ は線形関数となるので，ある $1 \times n$ 型の行列，すなわち 縦型の数ベクトル a_i の転置との積 ${}^t a_i x = {}^t x a_i$ で表現される．よって，$\langle x, y \rangle = \sum_{i=1}^n y_i \langle x, e_i \rangle = \sum_{i=1}^n {}^t x a_i y_i$ となり，$A = (a_1, \ldots, a_n)$ と置けば ${}^t x A y$ となる．

第 5 章

問 5.1 (1) 固有多項式 $\begin{vmatrix} 2-\lambda & 1 \\ 4 & -1-\lambda \end{vmatrix} = \lambda^2 - \lambda - 6 = 0$ より，固有値は $3, -2$．固有値 3 に対する固有ベクトルは $\begin{pmatrix} -1 & 1 \\ 4 & -4 \end{pmatrix} \begin{pmatrix} x \\ y \end{pmatrix} = \begin{pmatrix} 0 \\ 0 \end{pmatrix}$ を解いて $\begin{pmatrix} 1 \\ 1 \end{pmatrix}$．固有値 -2 に対する固有ベクトルは $\begin{pmatrix} 4 & 1 \\ 4 & 1 \end{pmatrix} \begin{pmatrix} x \\ y \end{pmatrix} = \begin{pmatrix} 0 \\ 0 \end{pmatrix}$ を解いて $\begin{pmatrix} 1 \\ -4 \end{pmatrix}$．(固有ベクトルの答は一意ではない．長さを正規化する必要はない．以下の問も同様．)

(2) $\begin{vmatrix} -\lambda & 1 & 0 \\ 0 & -\lambda & 1 \\ 6 & 7 & -\lambda \end{vmatrix} \xrightarrow{\substack{\text{第 1 列を} \\ \text{第 2 列から引く}}} \begin{vmatrix} -\lambda & \lambda+1 & 0 \\ 0 & -\lambda & 1 \\ 6 & 1 & -\lambda \end{vmatrix} \xrightarrow{\substack{\text{第 3 列を} \\ \text{第 2 列から引く}}} \begin{vmatrix} -\lambda & \lambda+1 & 0 \\ 0 & -\lambda-1 & 1 \\ 6 & \lambda+1 & -\lambda \end{vmatrix}$

$= (\lambda + 1) \begin{vmatrix} -\lambda & 1 & 0 \\ 0 & -1 & 1 \\ 6 & 1 & -\lambda \end{vmatrix} \xrightarrow{\substack{\text{第 3 列を} \\ \text{第 2 列に加える}}} (\lambda + 1) \begin{vmatrix} -\lambda & 1 & 0 \\ 0 & 0 & 1 \\ 6 & -\lambda+1 & -\lambda \end{vmatrix} = -(\lambda + 1)\{\lambda(\lambda-1) - 6\} = -(\lambda+1)(\lambda-3)(\lambda+2)$ より，固有多項式 $\lambda^3 - 7\lambda - 6$，固有値 $3, -1, -2$．固有ベクトルは順に ${}^t(1, 3, 9)$, ${}^t(1, -1, 1)$, ${}^t(1, -2, 4)$． (3) 固有多項式 $\lambda^3 - 8\lambda^2 + 20\lambda - 16$，固有値 $4, 2$ (2 重)．固有ベクトルは 4 に対して ${}^t(1, 0, -1)$, 2

に対して $^t(1,0,1), ^t(0,1,0)$ と 2 本求まる. (4) 固有多項式 $\lambda^3-3\lambda^2+3\lambda-1$, 固有値 1 (3 重), 固有ベクトルは $^t(1,0,-1), ^t(2,-1,0)$ の 2 本. (5) 固有多項式 $\lambda^3-3\lambda-2$, 固有値 2, -1 (2 重), 固有ベクトルは 2 に対して $^t(2,-1,1)$, -1 に対して $^t(1,0,1)$, $^t(0,1,0)$ の 2 本. (6) 固有多項式 $\lambda^3+6\lambda^2+12\lambda+8$, 固有値 -2 (3 重), 固有ベクトルは $^t(1,-1,0)$ の 1 本だけ. (7) $\lambda^3+\lambda^2+\lambda+1$, 固有値 $i, -i, -1$. 固有ベクトルは順に $^t(1,1-i,2-2i), ^t(1,1+i,2+2i), ^t(1,0,1)$.

問 5.2 (1) $1 \mapsto 1$, $x \mapsto 1+kx$, $x^2 \mapsto (1+kx)^2 = 1+2kx+k^2x^2$. (2) 上より
$$[T(1), T(x), T(x^2)] = [1, x, x^2]\begin{pmatrix} 1 & 1 & 1 \\ 0 & k & 2k \\ 0 & 0 & k^2 \end{pmatrix}$$
となるので, この行列が表現行列 A.

(3) A は上三角型なので固有値は対角成分に等しく, $1, k, k^2$. まず $k \neq 0, \pm 1$ のときは固有値は単純で, 固有ベクトルは $\lambda=1$ に対しては
$$\begin{pmatrix} 0 & 1 & 1 \\ 0 & k-1 & 2k \\ 0 & 0 & k^2-1 \end{pmatrix}\begin{pmatrix} x \\ y \\ z \end{pmatrix} = \begin{pmatrix} 0 \\ 0 \\ 0 \end{pmatrix}$$
より $z=0, y=0$. よって $^t(1,0,0)$ の 1 本. 多項式でいうと 1. $\lambda=k$ に対しては
$$\begin{pmatrix} 1-k & 1 & 1 \\ 0 & 0 & 2k \\ 0 & 0 & k^2-k \end{pmatrix}\begin{pmatrix} x \\ y \\ z \end{pmatrix} = \begin{pmatrix} 0 \\ 0 \\ 0 \end{pmatrix}$$
より $z=0$. よって $^t(1,k-1,0)$ の 1 本. 多項式でいうと $1+(k-1)x$. $\lambda=k^2$ に対しては
$$\begin{pmatrix} 1-k^2 & 1 & 1 \\ 0 & k-k^2 & 2k \\ 0 & 0 & 0 \end{pmatrix}\begin{pmatrix} x \\ y \\ z \end{pmatrix} = \begin{pmatrix} 0 \\ 0 \\ 0 \end{pmatrix}$$
より $^t(1, 2(k-1), (k-1)^2)$ の 1 本. 多項式でいうと $1+2(k-1)x+(k-1)^2x^2 = \{1+(k-1)x\}^2$. 次に $k=0$ のときは固有値は 1, 0 (2 重). このときの固有ベクトルは $\lambda=1$ については上の特別の場合で $^t(1,0,0)$. $\lambda=0$ に対しては k と k^2 が重なった状態で固有ベクトルは $^t(1,-1,0)$ と $^t(1,-2,1)$. 直接計算し直した人は後者の代わりに $^t(0,1,-1)$ などを答えてもよい. $k=-1$ のときは固有値は $-1, 1$ (2 重). このときの固有ベクトルは $\lambda=-1$ については最初のケースの特別の場合で $^t(1,-2,0)$. $\lambda=1$ は 1 と k^2 が重なった状態で固有ベクトルは $^t(1,0,0)$ と $^t(1,-4,4)$. 後者の代わりに $^t(0,1,-1)$ を答えてもよい. 最後に $k=1$ のときは固有値は 1 (3 重). このときの固有ベクトルは $^t(1,0,0)$ 1 本だけで, 行列は対角化不可能.

問 5.3 (4) と (6) 以外が対角化可能. 対角化 Λ は固有値を対角線に並べたもの, 変換行列 S は問 5.1 に示した固有ベクトルを並べたものでよい. 答合わせのときは固有値の並べ方や固有ベクトルの選び方に任意性があることに注意せよ. (1) $\Lambda = \begin{pmatrix} 3 & 0 \\ 0 & -2 \end{pmatrix}$, $S = \begin{pmatrix} 1 & 1 \\ 1 & -4 \end{pmatrix}$. (2) $\Lambda = \begin{pmatrix} 3 & 0 & 0 \\ 0 & -1 & 0 \\ 0 & 0 & -2 \end{pmatrix}$, $S = \begin{pmatrix} 1 & 1 & 1 \\ 3 & -1 & -2 \\ 9 & 1 & 4 \end{pmatrix}$.

(3) $\Lambda = \begin{pmatrix} 4 & 0 & 0 \\ 0 & 2 & 0 \\ 0 & 0 & 2 \end{pmatrix}$, $S = \begin{pmatrix} 1 & 1 & 0 \\ 0 & 0 & 1 \\ -1 & 1 & 0 \end{pmatrix}$, (5) $\Lambda = \begin{pmatrix} 2 & 0 & 0 \\ 0 & -1 & 0 \\ 0 & 0 & 1 \end{pmatrix}$, $S = \begin{pmatrix} 2 & 1 & 0 \\ -1 & 0 & 1 \\ 1 & 1 & 0 \end{pmatrix}$. (7) $\Lambda = \begin{pmatrix} i & 0 & 0 \\ 0 & -i & 0 \\ 0 & 0 & -1 \end{pmatrix}$, $S = \begin{pmatrix} 1 & 1 & 1 \\ 1-i & 1+i & 0 \\ 2-2i & 2+2i & 1 \end{pmatrix}$.

問 5.4 (1), (2) 固有多項式と一致. (3) $(\lambda-4)(\lambda-2)$. (4) $(\lambda-1)^2$.

(5) $(\lambda - 2)(\lambda + 1)$. (6), (7) 固有多項式と一致.

問 5.5 (1) 固有多項式は $(\lambda - 1)^2$, 固有値は 1 (2 重). 固有ベクトルを求めると ${}^t(3,-1)$ の 1 本しか求まらないので, 対角化できないことが分かり, 従ってジョルダン標準形は $\begin{pmatrix} 1 & 1 \\ 0 & 1 \end{pmatrix}$ に決まる. $\begin{pmatrix} 3 & 9 \\ -1 & -3 \end{pmatrix}\begin{pmatrix} x \\ y \end{pmatrix} = \begin{pmatrix} 3 \\ -1 \end{pmatrix}$ を解いて解の一つ $\begin{pmatrix} 1 \\ 0 \end{pmatrix}$ を得るので, 変換行列はこれらを並べた $\begin{pmatrix} 3 & 1 \\ -1 & 0 \end{pmatrix}$ でよい.

(2) 固有多項式は $\begin{vmatrix} 3-\lambda & 2 & -8 \\ 5 & 6-\lambda & -20 \\ 2 & 2 & -7-\lambda \end{vmatrix}$ $\xrightarrow[\text{第 1 行から引く}]{\text{第 3 行を}}$ $\begin{vmatrix} 1-\lambda & 0 & \lambda-1 \\ 5 & 6-\lambda & -20 \\ 2 & 2 & -7-\lambda \end{vmatrix}$

$= (\lambda - 1) \begin{vmatrix} -1 & 0 & 1 \\ 5 & 6-\lambda & -20 \\ 2 & 2 & -7-\lambda \end{vmatrix}$ $\xrightarrow[\text{第 3 列に加える}]{\text{第 1 列を}} (\lambda - 1) \begin{vmatrix} -1 & 0 & 0 \\ 5 & 6-\lambda & -15 \\ 2 & 2 & -5-\lambda \end{vmatrix} =$

$-(\lambda-1)\begin{vmatrix} 6-\lambda & -15 \\ 2 & -5-\lambda \end{vmatrix} = -(\lambda-1)(\lambda^2-\lambda) = -\lambda(\lambda-1)^2$. 重複固有値 1 に対して固有ベクトルが ${}^t(1,-1,0), {}^t(4,0,1)$ と二つ求まるので対角化可能. 固有値 0 に対する固有ベクトルは ${}^t(2,5,2)$ 従って例えば変換行列 $\begin{pmatrix} 1 & 4 & 2 \\ -1 & 0 & 5 \\ 0 & 1 & 2 \end{pmatrix}$ で標準形 $\begin{pmatrix} 1 & 0 & 0 \\ 0 & 1 & 0 \\ 0 & 0 & 0 \end{pmatrix}$ になる. (3) 固有多項式は $(\lambda+1)^3$. 固有値 -1 に対しては固有ベクトルが 2 本求まり, 例えば ${}^t(0,1,-1), {}^t(5,0,-3)$. よってジョルダン標準形は $\begin{pmatrix} -1 & 1 & 0 \\ 0 & -1 & 0 \\ 0 & 0 & -1 \end{pmatrix}$ と決まる. $\begin{pmatrix} 0 & 0 & 0 \\ -3 & -5 & -5 \\ 3 & 5 & 5 \end{pmatrix}\begin{pmatrix} x \\ y \\ z \end{pmatrix} = a\begin{pmatrix} 0 \\ 1 \\ -1 \end{pmatrix} + b\begin{pmatrix} 5 \\ 0 \\ -3 \end{pmatrix}$ が解けるように a, b を定める. この場合は $b = 0$ が必要. 従って $a = 1$ に選んで上を解けば ${}^t(3,-2,0)$ を得る. 従って上の標準形に導くための変換行列の例として $\begin{pmatrix} 0 & 3 & 5 \\ 1 & -2 & 0 \\ -1 & 0 & -3 \end{pmatrix}$. この例では偶然分数が現れなかったが, もし解が分数になるようなら a を 1 より大きな整数にして解けばよい. (4) 固有多項式は $(\lambda - 2)^3$. 固有値 2 に対しては固有ベクトルが 1 本 ${}^t(1,3,1)$ のみなので, ジョルダン標準形は $\begin{pmatrix} 2 & 1 & 0 \\ 0 & 2 & 1 \\ 0 & 0 & 2 \end{pmatrix}$ と決定される. $\begin{pmatrix} 1 & -1 & 2 \\ 2 & -3 & 7 \\ 1 & -1 & 2 \end{pmatrix}\begin{pmatrix} x \\ y \\ z \end{pmatrix} = \begin{pmatrix} 1 \\ 3 \\ 1 \end{pmatrix}$ を解いて $\begin{pmatrix} 1 \\ 2 \\ 1 \end{pmatrix}$, $\begin{pmatrix} 1 & -1 & 2 \\ 2 & -3 & 7 \\ 1 & -1 & 2 \end{pmatrix}\begin{pmatrix} x \\ y \\ z \end{pmatrix} = \begin{pmatrix} 1 \\ 2 \\ 1 \end{pmatrix}$ を解いて $\begin{pmatrix} 1 \\ 0 \\ 0 \end{pmatrix}$. よって変換行列の例として $\begin{pmatrix} 1 & 1 & 1 \\ 3 & 2 & 0 \\ 1 & 1 & 0 \end{pmatrix}$. (5) 固有多項式は $(\lambda-1)^3(\lambda+1)$. 固有値 1 に対しては固有ベクトルが 1 本 ${}^t(2,0,-1,-1)$ のみなので, ジョルダン標準形は $\begin{pmatrix} 1 & 1 & 0 & 0 \\ 0 & 1 & 1 & 0 \\ 0 & 0 & 1 & 0 \\ 0 & 0 & 0 & -1 \end{pmatrix}$ と決まる. $\begin{pmatrix} 2 & -2 & 0 & 4 \\ 0 & 1 & 1 & -1 \\ -2 & 2 & -1 & -3 \\ -2 & 3 & 0 & -4 \end{pmatrix}\begin{pmatrix} x \\ y \\ z \\ w \end{pmatrix} = \begin{pmatrix} 2 \\ 0 \\ -1 \\ -1 \end{pmatrix}$ を解

いて $\begin{pmatrix}0\\1\\0\\1\end{pmatrix}$. $\begin{pmatrix}2 & -2 & 0 & 4\\0 & 1 & 1 & -1\\-2 & 2 & -1 & -3\\-2 & 3 & 0 & -4\end{pmatrix}\begin{pmatrix}x\\y\\z\\w\end{pmatrix}=\begin{pmatrix}0\\1\\0\\1\end{pmatrix}$ を解いて $\begin{pmatrix}1\\1\\0\\0\end{pmatrix}$. また, 固有値 -1 に対応する固有ベクトルを同様に求めて, 結局上の標準形への変換行列の例として $\begin{pmatrix}2 & 0 & 1 & 1\\0 & 1 & 1 & 0\\-1 & 0 & 0 & -1\\-1 & 1 & 0 & -1\end{pmatrix}$. これと異なる答の人は, 自分の答と比較する際に 2 本目のベクトル $^t(0,1,0,1)$ における自分の答との差が固有ベクトル $^t(2,0,-1,-1)$ の c 倍なら, 3 本目のベクトルは固有ベクトルのスカラー倍の差以外に 2 本目のベクトルの c 倍の差が遺伝することに注意. (6) 固有多項式は $(\lambda-2)^4$ となる. 固有ベクトルは 2 本だけ求まり, 例えば $^t(1,0,0,0)$ と $^t(0,1,1,-1)$. $\begin{pmatrix}0 & 5 & -2 & 3\\0 & -2 & 1 & -1\\0 & -2 & 1 & -1\\0 & 2 & -1 & 1\end{pmatrix}\begin{pmatrix}x\\y\\z\\w\end{pmatrix}=a\begin{pmatrix}1\\0\\0\\0\end{pmatrix}+b\begin{pmatrix}0\\1\\1\\-1\end{pmatrix}$ が解けるように a,b を決める. 拡大係数行列の行基本変形で $\begin{pmatrix}0 & 5 & -2 & 3 & | & 1 & 0\\0 & -2 & 1 & -1 & | & 0 & 1\\0 & -2 & 1 & -1 & | & 0 & 1\\0 & 2 & -1 & 1 & | & 0 & -1\end{pmatrix}$

$\longrightarrow \begin{pmatrix}0 & 1 & 0 & 1 & | & 1 & 2\\0 & 0 & 0 & 0 & | & 0 & 0\\0 & 0 & 0 & 0 & | & 0 & 0\\0 & 2 & -1 & 1 & | & 0 & -1\end{pmatrix}$. よって, $a=1, b=0$ のとき $^t(0,0,1,1)$ が解, $a=-2$, $b=1$ のとき $^t(0,0,1,0)$ が解で, 変換行列として $\begin{pmatrix}1 & 0 & -2 & 0\\0 & 0 & 1 & 0\\0 & 1 & 1 & 1\\0 & 1 & -1 & 0\end{pmatrix}$ が取れる.

問 5.6 (1) $\begin{pmatrix}\frac{1}{5}\{4\cdot 3^k+(-2)^k\} & \frac{1}{5}\{3^k-(-2)^k\}\\ \frac{4}{5}\{3^k-(-2)^k\} & \frac{1}{5}\{3^k+4(-2)^k\}\end{pmatrix}$. (2)

$\begin{pmatrix}\frac{3^k}{10}+\frac{3(-1)^k}{2}-\frac{3(-2)^k}{5} & \frac{3^{k+1}}{20}+\frac{(-1)^k}{4}+\frac{(-2)^{k+1}}{5} & \frac{3^k}{20}-\frac{(-1)^k}{4}+\frac{(-2)^k}{5}\\ \frac{3^{k+1}}{10}-\frac{3(-1)^k}{2}+\frac{6(-2)^k}{5} & \frac{3^{k+2}}{20}-\frac{(-1)^k}{4}-\frac{(-2)^{k+2}}{5} & \frac{3^{k+1}}{20}+\frac{(-1)^k}{4}+\frac{(-2)^{k+1}}{5}\\ \frac{3^{k+2}}{10}+\frac{3(-1)^k}{2}-\frac{3(-2)^{k+2}}{5} & \frac{3^{k+3}}{20}+\frac{(-1)^k}{4}+\frac{(-2)^{k+3}}{5} & \frac{3^{k+2}}{20}-\frac{(-1)^k}{4}+\frac{(-2)^{k+2}}{5}\end{pmatrix}$

(3) $\begin{pmatrix}2^{2k-1}+2^{k-1} & 0 & -2^{2k-1}+2^{k-1}\\ 0 & 2^k & 0\\ -2^{2k-1}+2^{k-1} & 0 & 2^{2k-1}+2^{k-1}\end{pmatrix}$

(5) $\begin{pmatrix}2^{k+1}-(-1)^k & 0 & -2^{k+1}+2(-1)^k\\ -2^k+(-1)^k & (-1)^k & 2^k-(-1)^k\\ 2^k-(-1)^k & 0 & -2^k+2(-1)^k\end{pmatrix}$

(7) $\begin{pmatrix}\frac{1+i}{2}(-i)^k+\frac{1-i}{2}i^k & (1+i/2)(-i)^k+(1-i/2)i^k-2(-1)^k & -\frac{1+i}{2}(-i)^k-\frac{1-i}{2}i^k+(-1)^k\\ -(-i)^k-i^{k+1} & \frac{1+3i}{2}(-i)^k+\frac{1-3i}{2}i^k & (-i)^{k+1}+i^{k+1}\\ -2(-i)^{k+1}-2i^{k+1} & (1+3i)(-i)^k+(1-3i)i^k-2(-1)^k & 2(-i)^{k+1}+2i^{k+1}+(-1)^k\end{pmatrix}=$

$\begin{pmatrix}\cos\frac{k}{2}\pi-\cos\frac{k+1}{2}\pi & 2\cos\frac{k}{2}\pi-\cos\frac{k+1}{2}\pi-2(-1)^k & -\cos\frac{k}{2}\pi+\cos\frac{k+1}{2}\pi+(-1)^k\\ -2\cos\frac{k+1}{2}\pi & \cos\frac{k}{2}\pi-3\cos\frac{k+1}{2}\pi & 2\cos\frac{k+1}{2}\pi\\ -4\cos\frac{k+1}{2}\pi & 2\cos\frac{k}{2}\pi-6\cos\frac{k+1}{2}\pi-2(-1)^k & 4\cos\frac{k+1}{2}\pi+(-1)^k\end{pmatrix}$.

ここで, $i^k+(-i)^k=2\cos\frac{k}{2}\pi$ 等を用いた. なお, この問題は $A^k, k=2,3$ を直接計算して類推する方が簡単である. 冪乗の周期が 4 となることは, 固有値が $\pm i, -1$ で

あることから計算しなくても分かる.

問 **5.7** (1) $\begin{pmatrix} 3k+1 & 9k \\ -k & -3k+1 \end{pmatrix}$. (2) $\begin{pmatrix} 3 & 2 & -8 \\ 5 & 6 & -20 \\ 2 & 2 & -7 \end{pmatrix}$. (標準形が冪等, すなわち冪乗しても不変なので, もとの行列も冪等.)

(3) $\begin{pmatrix} (-1)^k & 0 & 0 \\ 3k(-1)^k & (5k+1)(-1)^k & 5k(-1)^k \\ -3k(-1)^k & -5k(-1)^k & -(5k-1)(-1)^k \end{pmatrix}$. (4)

$\begin{pmatrix} k(k-1)2^{k-3}+(k+2)2^{k-1} & -k2^{k-1} & -k(k-1)2^{k-3}+k2^k \\ 3k(k-1)2^{k-3}+k2^k & -3k2^{k-1}+2^k & -3k(k-1)2^{k-3}+7k\cdot 2^{k-1} \\ k(k-1)2^{k-3}+k2^{k-1} & -k2^{k-1} & -k(k-1)2^{k-3}+(k+1)2^k \end{pmatrix}$. (5)

$\begin{pmatrix} -(-1)^k+2 & k^2-k-1+(-1)^k & k^2-3k+1-(-1)^k & -k^2+3k+1-(-1)^k \\ 0 & k+1 & k & -k \\ (-1)^k-1 & -\frac{k(k-1)}{2}+1-(-1)^k & -\frac{k^2-3k}{2}+(-1)^k & \frac{k^2-3k}{2}-1+(-1)^k \\ (-1)^k-1 & -\frac{k^2-3k}{2}+1-(-1)^k & -\frac{k^2-5k}{2}-1+(-1)^k & \frac{k^2-5k}{2}+(-1)^k \end{pmatrix}$.

(6) $\begin{pmatrix} 2^k & 5k2^{k-1} & -2k2^{k-1} & 3k2^{k-1} \\ 0 & -2k2^{k-1}+2^k & k2^{k-1} & -k2^{k-1} \\ 0 & -2k2^{k-1} & k2^{k-1}+2^k & -k2^{k-1} \\ 0 & 2k2^{k-1} & -k2^{k-1} & k2^{k-1}+2^k \end{pmatrix}$.

問 **5.8** (1) 与えられた行列式を D_n と置けば, これを第 1 列に関して展開すると,

$$= (a+b)D_{n-1} - \begin{vmatrix} ab & 0 & 0 & \cdots & \cdots & 0 \\ 1 & a+b & ab & & & \vdots \\ 0 & 1 & a+b & ab & \ddots & \vdots \\ \vdots & \ddots & \ddots & \ddots & \ddots & 0 \\ \vdots & & \ddots & \ddots & \ddots & ab \\ 0 & \cdots & \cdots & 0 & 1 & a+b \end{vmatrix} = (a+b)D_{n-1} - abD_{n-2}.$$

よって漸化式の特性多項式は $\lambda^2 - (a+b)\lambda + ab$ となるので, $a \neq b$ のとき, 一般項の形は $D_n = c_1 a^n + c_2 b^n$. 初期値は $D_1 = a+b$, $D_2 = \begin{vmatrix} a+b & ab \\ 1 & a+b \end{vmatrix} = a^2+ab+b^2$ なので, これより $D_n = \frac{a^{n+1}-b^{n+1}}{a-b}$ と求まる. $a = b$ のときは $(n+1)a^n$ となるが, これは $b \to a$ の極限と見るのが簡単. (2) 同様に

$$D_n = D_{n-1} - (-1) \begin{vmatrix} \overleftarrow{} & n-1 & \overrightarrow{} \\ 1 & 0 & 0 & \cdots & \cdots & 0 \\ -1 & 1 & 1 & & & \vdots \\ 0 & -1 & 1 & 1 & \ddots & \vdots \\ \vdots & \ddots & \ddots & \ddots & \ddots & 0 \\ \vdots & & \ddots & \ddots & \ddots & 1 \\ 0 & \cdots & \cdots & 0 & -1 & 1 \end{vmatrix} = D_{n-1} + D_{n-2}.$$

これはフィボナッチ数列の漸化式である. $D_1 = 1$, $D_2 = \begin{vmatrix} 1 & 1 \\ -1 & 1 \end{vmatrix} = 2$ なので, D_n はフィボナッチ数列 (5.16) の番号を一つずらしたものと一致する.

問題解答   **243**

問 5.9 $C = AB$ と置けば, C の第 (i,j) 成分 $c_{ij} = \sum_{k=1}^{n} a_{ik}b_{kj}$ なので, Schwarz の不等式により $\|C\|^2 = \sum_{i,j=1}^{n} |c_{ij}|^2 = \sum_{i,j=1}^{n} \left|\sum_{k=1}^{n} a_{ik}b_{kj}\right|^2 \leq \sum_{i,j=1}^{n} \sum_{k=1}^{n} |a_{ik}|^2 \sum_{k=1}^{n} |b_{kj}|^2 = \sum_{i,k=1}^{n} |a_{ik}|^2 \cdot \sum_{k,j=1}^{n} |b_{kj}|^2 = \|A\|\|B\|$.

問 5.10 問 5.6 の計算結果において, 各固有値 λ に対し λ^k とあるところを $e^{\lambda t}$ で置き換えればよい. 検算は, $t=0$ のとき単位行列になること, 1回微分してから $t=0$ とすれば元の行列になること, の二つを調べればよい. (1) $\begin{pmatrix} \frac{1}{5}(4e^{3t} + e^{-2t}) & \frac{1}{5}(e^{3t} - e^{-2t}) \\ \frac{4}{5}(e^{3t} - e^{-2t}) & \frac{1}{5}(e^{3t} + 4e^{-2t}) \end{pmatrix}$.

(2) $\begin{pmatrix} \frac{1}{10}e^{3t} + \frac{3}{2}e^{-t} - \frac{3}{5}e^{-2t} & \frac{3}{20}e^{3t} + \frac{1}{4}e^{-t} - \frac{2}{5}e^{-2t} & \frac{1}{20}e^{3t} - \frac{1}{4}e^{-t} + \frac{1}{5}e^{-2t} \\ \frac{3}{10}e^{3t} - \frac{3}{2}e^{-t} + \frac{6}{5}e^{-2t} & \frac{9}{20}e^{3t} - \frac{1}{4}e^{-t} + \frac{4}{5}e^{-2t} & \frac{3}{20}e^{3t} + \frac{1}{4}e^{-t} + \frac{2}{5}e^{-2t} \\ \frac{9}{10}e^{3t} + \frac{3}{2}e^{-t} - \frac{12}{5}e^{-2t} & \frac{27}{20}e^{3t} + \frac{1}{4}e^{-t} - \frac{8}{5}e^{-2t} & \frac{9}{20}e^{3t} - \frac{1}{4}e^{-t} + \frac{4}{5} \end{pmatrix} e^{-2t}$

(3) $\begin{pmatrix} \frac{1}{2}e^{4t} + \frac{1}{2}e^{2t} & 0 & -\frac{1}{2}e^{4t} + \frac{1}{2}e^{2t} \\ 0 & e^{2t} & 0 \\ -\frac{1}{2}e^{4t} + \frac{1}{2}e^{2t} & 0 & \frac{1}{2}e^{4t} + \frac{1}{2}e^{2t} \end{pmatrix}$ (5) $\begin{pmatrix} 2e^{2t} - e^{-t} & 0 & -2e^{2t} + 2e^{-t} \\ -e^{2t} + e^{-t} & e^{-t} & e^{2t} - e^{-t} \\ e^{2t} - e^{-t} & 0 & -e^{2t} + 2e^{-t} \end{pmatrix}$

(7) $\begin{pmatrix} \frac{1+i}{2}e^{-it} + \frac{1-i}{2}e^{it} & (1+i/2)e^{-it} + (1-i/2)e^{it} - 2e^{-t} & -\frac{1+i}{2}e^{-it} - \frac{1-i}{2}e^{it} + e^{-t} \\ ie^{-it} - ie^{it} & \frac{1+3i}{2}e^{-it} + \frac{1-3i}{2}e^{it} & -ie^{-it} + ie^{it} \\ 2ie^{-it} - 2ie^{it} & (1+3i)e^{-it} + (1-3i)e^{it} - 2e^{-t} & -2ie^{-it} + 2ie^{it} + e^{-t} \end{pmatrix}$

$= \begin{pmatrix} \cos t + \sin t & 2\cos t + \sin t - 2e^{-t} & -\cos t - \sin t + e^{-t} \\ 2\sin t & \cos t + 3\sin t & -2\sin t \\ 4\sin t & 2\cos t + 6\sin t - 2e^{-t} & -4\sin t + e^{-t} \end{pmatrix}$. これも, 問 5.5 で直

接計算した A^k, $k = 0, 1, 2, 3$ の値を用いて級数に代入して計算することができる.

問 5.11 (1) $\begin{pmatrix} (3t+1)e^t & 9te^t \\ -te^t & -(3t-1)e^t \end{pmatrix}$.   (2) $\begin{pmatrix} 3e^t - 2 & 2e^t - 2 & -8e^t + 8 \\ 5e^t - 5 & 6e^t - 5 & -20e^t + 20 \\ 2e^t - 2 & 2e^t - 2 & -7e^t + 8 \end{pmatrix}$.

(3) $\begin{pmatrix} e^{-t} & 0 & 0 \\ -3te^{-t} & -(5t-1)e^{-t} & -5te^{-t} \\ 3te^{-t} & 5te^{-t} & (5t+1)e^{-t} \end{pmatrix}$.

(4) $\begin{pmatrix} (\frac{1}{2}t^2 + t + 1)e^{2t} & -te^{2t} & -(\frac{1}{2}t^2 - 2t)e^{2t} \\ (\frac{3}{2}t^2 + 2t)e^{2t} & -(3t-1)e^{2t} & -(\frac{3}{2}t^2 - 7t)e^{2t} \\ (\frac{1}{2}t^2 + t)e^{2t} & -e^{2t}t & -(\frac{1}{2}t^2 - 2t - 1)e^{2t} \end{pmatrix}$.   (5)

$\begin{pmatrix} 2e^t - e^{-t} & (t^2 - 1)e^t + e^{-t} & (t^2 - 2t + 1)e^t - e^{-t} & -(t^2 - 2t - 1)e^t - e^{-t} \\ 0 & (t+1)e^t & te^t & -te^t \\ -e^t + e^{-t} & -(\frac{1}{2}t^2 - 1)e^t - e^{-t} & -(\frac{1}{2}t^2 - t)e^t + e^{-t} & (\frac{1}{2}t^2 - t - 1)e^t + e^{-t} \\ -e^t + e^{-t} & -(\frac{1}{2}t^2 - t - 1)e^t - e^{-t} & -(\frac{1}{2}t^2 - 2t + 1)e^t + e^{-t} & (\frac{1}{2}t^2 - 2t)e^t + e^{-t} \end{pmatrix}$ ·

(6) $\begin{pmatrix} e^{2t} & 5te^{2t} & -2te^{2t} & 3te^{2t} \\ 0 & -2te^{2t} + e^{2t} & te^{2t} & -te^{2t} \\ 0 & -2te^{2t} & te^{2t} + e^{2t} & -te^{2t} \\ 0 & 2te^{2t} & -te^{2t} & te^{2t} + e^{2t} \end{pmatrix}$.

章末問題

問題 1 AB と BA の固有多項式が一致することを言えばよい. A が正則行列のときは $\det(\lambda E - AB) = \det(A(\lambda A^{-1} - B)) = \det(A)\det(\lambda A^{-1} - B) =$

$\det(\lambda A^{-1} - B)\det(A) = \det((\lambda A^{-1} - B)A) = \det(\lambda E - BA)$. この等式は A の要素を変数とする多項式の恒等式なので, $\det(A) \neq 0$ で成立していれば到るところで成立する (極限論法).

問題 2 A, B が同一の固有値 λ を持つとする. 固有値の定義により 0 でないベクトル $\boldsymbol{x}, \boldsymbol{y}$ が存在して $A\boldsymbol{x} = \lambda\boldsymbol{x}, B\boldsymbol{y} = \lambda\boldsymbol{y}$ となる. 今, $\boldsymbol{x} = C\boldsymbol{y}$ を満たすような正則行列 C を取れば, $CB\boldsymbol{y} = \lambda C\boldsymbol{y} = \lambda\boldsymbol{x} = A\boldsymbol{x} = AC\boldsymbol{y}$. よって $C^{-1}AC\boldsymbol{y} = B\boldsymbol{y}$ が成り立つから, C と $\boldsymbol{y}$ が求めるものである. この問題は, 解が一つに特定しないために慣れないと非常に難しく感じるであろうが, 本質は, 線形独立なベクトルの集合が空間の基底まで常に延長できるという基本的な知識だけである. なお, 固有ベクトルまで同じだとしたり, また全体を対角化可能としたりする人も居るが, いずれも一般には言えない.

問題 3 (1) a, b はそれぞれの和における 1 の個数なので, $0 \leq b \leq a \leq m$.
(2) ${}^tAA$ の非対角成分は仮定 (b) により b となる. また対角成分は $1^2 = 1$ に注意すると, 仮定 (a) により a となる. よって ${}^tAA = \begin{pmatrix} a & b & \cdots & b \\ b & a & \ddots & \vdots \\ \vdots & \ddots & \ddots & b \\ b & \cdots & b & a \end{pmatrix} = B - (b-a)E$.

ここに $B := \begin{pmatrix} b & b & \cdots & b \\ b & b & \ddots & \vdots \\ \vdots & \ddots & \ddots & b \\ b & \cdots & b & b \end{pmatrix}$ と置いた. (3) n 次正方行列 B は固有値が 0 (行列の階数が 1 なので $n-1$ 重) と nb (これはトレースから分かる) の 2 種類. よって, a, b に条件が無ければ, ${}^tAA$ が正則となるのは $b - a$ がこれらの固有値に一致しないことで, $b - a \neq 0, nb$. しかし $b - a = nb$ は $(1 - n)b = a \geq 0$ を意味するので, $a = b = 0$ の場合を除くと, これが成り立つのは $n = 1$ のときしか無い. このときは ${}^tAA = (a)$ は 1 次行列となり, b は現れず, 正則となるための条件は $a \neq 0$. (4) 一般に $\mathrm{rank}(AB) \leq \min\{\mathrm{rank}\,A, \mathrm{rank}\,B\}$ である. よって $m < n$ なら $\mathrm{rank}({}^tAA) \leq m < n$ となるので, ${}^tAA$ は正則ではあり得ないから, (3) より $a = b$ もしくは $n = 1$. しかし後者は $m = 0$ を意味するので, A が行列であるという仮定に反する. よって $a = b$ でなければならない.

問題 4 前問の行列 B を用いると $A = B + (a-b)E$ と書け, スカラー行列は任意の行列と可換, また, $B^k = (nb)^{k-1}B$ が直接計算で容易に確かめられるので, $A^k = (a-b)^k E + \sum_{j=1}^{k} {}_kC_j (a-b)^{k-j}(nb)^{j-1}B = (a-b)^k E + \frac{1}{nb}\{(a-b+nb)^k - (a-b)^k\}B$. これは対角線に $a_k = (a-b)^k + \frac{1}{n}\{(a+(n-1)b)^k - (a-b)^k\}$, それ以外に $b_k = \frac{1}{n}\{(a+(n-1)b)^k - (a-b)^k\}$ が並ぶ行列である. 【別解】前問の通り B の固有値は 0 と nb. $n-1$ 重固有値 0 は B の階数が 1 なので固有ベクトルを $n-1$ 本持ち, 従って適当な S により $S^{-1}BS = \begin{pmatrix} 0 & \cdots & 0 \\ \vdots & \ddots & \vdots \\ 0 & \cdots & 0 & nb \end{pmatrix}$ と対角化される. よって $S^{-1}AS = S^{-1}BS + (a-b)E = \begin{pmatrix} a-b & \cdots & 0 \\ \vdots & \ddots & a-b & \vdots \\ 0 & \cdots & 0 & a-b+nb \end{pmatrix}$ となるので,

$$(S^{-1}AS)^k = \begin{pmatrix} (a-b)^k & \cdots & & 0 \\ \vdots & \ddots & (a-b)^k & \vdots \\ 0 & \cdots & 0 & (a-b+nb)^k \end{pmatrix} = \frac{1}{nb}\{(a-b+nb)^k - (a-b)^k\}S^{-1}BS + (a-b)^k E.$$

よって,$A^k = \frac{1}{nb}\{(a-b+nb)^k - (a-b)^k\}B + (a-b)^k E$.

問題 5 $F^k(\boldsymbol{x}) = A^k\boldsymbol{x} + \boldsymbol{b}_k$ の形になるので,$\exists \boldsymbol{x}\ F^k(\boldsymbol{x}) = \boldsymbol{x} \iff \exists \boldsymbol{x}\ A^k\boldsymbol{x} + \boldsymbol{b}_k = \boldsymbol{x} \iff \exists \boldsymbol{x}\ (E - A^k)\boldsymbol{x} = \boldsymbol{b}_k \iff 1$ が A^k の固有値でない. A^k の固有値は A の固有値の k 乗だが,仮定により A は絶対値が 1 に等しい固有値を持たないので,最後の主張が成り立つ.

問題 6 3 項漸化式 $x_{n+2} = ax_{n+1} + bx_n$ は行列を用いて $\begin{pmatrix} x_{n+1} \\ x_{n+2} \end{pmatrix} = \begin{pmatrix} 0 & 1 \\ b & a \end{pmatrix}\begin{pmatrix} x_n \\ x_{n+1} \end{pmatrix}$

とベクトル値の 2 項漸化式に書き直せる.従って $\begin{pmatrix} x_{n+1} \\ x_{n+2} \end{pmatrix} = \begin{pmatrix} 0 & 1 \\ b & a \end{pmatrix}^n \begin{pmatrix} x_1 \\ x_2 \end{pmatrix}$ だから,

数列 x_n がどんな初期値に対しても収束 $\iff \begin{pmatrix} 0 & 1 \\ b & a \end{pmatrix}^n$ が収束.正則行列 S を適当に取れば $B = S^{-1}AS$ がジョルダン標準形になり,$A^n = (SBS^{-1})^n = SB^nS^{-1}$,

$B = \begin{pmatrix} \lambda_1 & 0 \\ 0 & \lambda_2 \end{pmatrix}$ あるいは $\begin{pmatrix} \lambda_1 & 1 \\ 0 & \lambda_1 \end{pmatrix}$.よって,固有値の絶対値が 1 以下であることが必要条件となる.固有方程式は良く知られた $f(\lambda) := \lambda^2 - a\lambda - b = 0$ である.ちなみに 3 項漸化式の初等的な解法では,この方程式の根を λ_j として,漸化式の一般解を $c_1\lambda_1^n + c_2\lambda_2^n$ ととる.ただし,重根の場合は $(c_1 + c_2 n)\lambda_1^n$ が一般解となるのであった.従って λ_j の絶対値がともに 1 より本当に小さければ十分条件でもある.絶対値が 1 の固有値は,1 以外は振動解を与えるので,有ってはならないが,一つが 1 に等しくてももう一つが 1 より小さければよい.1 が重根のときは上の一般解から発散することが分かるが,行列でいうとこれは対角化されず,ジョルダン標準形が $\begin{pmatrix} 1 & 1 \\ 0 & 1 \end{pmatrix}$ となる場合に相当し,この n 乗は $O(n)$ で発散する.

以上により固有多項式 $f(\lambda)$ の二つの根について,"$|\lambda_1| < 1, |\lambda_2| < 1$" または "$\lambda_1 = 1, |\lambda_2| < 1$" となるような (a,b) の範囲を決めればよい.

(1) $a^2 + 4b < 0$ のとき.2 根は共役複素数であり,その絶対値の 2 乗が $-b$ で与えられるから,$|b| < 1$ が根の絶対値 < 1 の条件となる.この場合の領域は $-1 < b < -a^2/4$.

(2) $a^2 + 4b = 0$ のとき.2 根は実重根となるので,この場合も $|b| < 1$ が条件である.従って $-1 < b = -a^2/4$.

(3) $a^2 + 4b > 0$ のとき.2 根は実で互いに異なる.これがともに区間 $(-1,1)$ に含まれるか,あるいはそのうち一つだけ 1 に等しくてもよいので,条件は $-1 < \frac{a}{2} < 1$, $f(-1) = 1 + a - b > 0$, $f(1) = 1 - a - b \geq 0$. 従って以上を合わせて $b > -1$, $b < a + 1$, $b \leq 1 - a$ が答.図は右の通り.

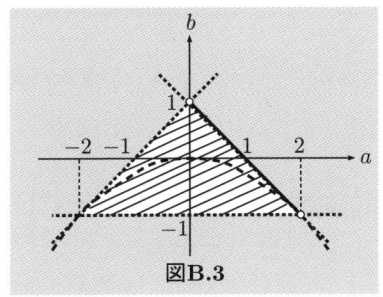

図B.3

問題 7 まず $f(x)$ が多項式の場合には, $f(A)$ は第 5 章でやったように自然に定義できるから, $f(x) = p(x)/q(x)$ が有理関数のとき, 分母の $q(x)$ が A のどの固有値でも 0 にならないとき, $q(A)$ が逆行列を持つことを言えば, $f(A) = p(A) \cdot q(A)^{-1} = q(A)^{-1} \cdot p(A)$ は確定する. $S^{-1}AS$ をジョルダン標準形とすれば, その対角成分は A の固有値 λ_j より成り, $q(S^{-1}AS) = S^{-1}q(A)S$ は $q(\lambda_j)$ を対角成分に持つ上三角型行列となる. 従って上三角型の行列が和や積について閉じていることに注意すれば, $q(\lambda_j) \neq 0, j = 1, \ldots, n$ ならこれは対角成分が $1/q(\lambda)_j$ の上三角型の逆行列を持ち, 従って $q(A)$ は $1/q(\lambda_j)$ を固有値とする逆行列を持つことが分かる. $S^{-1}(p(A)q(A)^{-1})S = p(S^{-1}AS)q(S^{-1}AS)$ は上三角型で, その対角成分は明らかに $p(\lambda_j)/q(\lambda_j)$ である. すなわち, これらが $f(A) = p(A)q(A)^{-1}$ の固有値となる.

第 6 章

問 6.1 定義 6.2 の記号を用いると (1) $\boldsymbol{b}_1 = \begin{pmatrix} \frac{1}{\sqrt{2}} \\ \frac{1}{\sqrt{2}} \end{pmatrix}$, $\boldsymbol{b}'_2 = \begin{pmatrix} 1 \\ 0 \end{pmatrix} - \frac{1}{\sqrt{2}} \begin{pmatrix} \frac{1}{\sqrt{2}} \\ \frac{1}{\sqrt{2}} \end{pmatrix} = \begin{pmatrix} \frac{1}{2} \\ -\frac{1}{2} \end{pmatrix}$, $\boldsymbol{b}_2 = \begin{pmatrix} \frac{1}{\sqrt{2}} \\ -\frac{1}{\sqrt{2}} \end{pmatrix}$. (2) $\boldsymbol{b}_1 = \begin{pmatrix} \frac{1}{\sqrt{3}} \\ \frac{1}{\sqrt{3}} \\ \frac{1}{\sqrt{3}} \end{pmatrix}$, $\boldsymbol{b}'_2 = \begin{pmatrix} 1 \\ 1 \\ -1 \end{pmatrix} - \frac{1}{\sqrt{3}} \begin{pmatrix} \frac{1}{\sqrt{3}} \\ \frac{1}{\sqrt{3}} \\ \frac{1}{\sqrt{3}} \end{pmatrix} = \begin{pmatrix} \frac{2}{3} \\ \frac{2}{3} \\ -\frac{4}{3} \end{pmatrix}$, $\boldsymbol{b}_2 = \begin{pmatrix} \frac{1}{\sqrt{6}} \\ \frac{1}{\sqrt{6}} \\ -\frac{2}{\sqrt{6}} \end{pmatrix}$, $\boldsymbol{b}'_3 = \begin{pmatrix} 1 \\ 0 \\ 0 \end{pmatrix} - \frac{1}{\sqrt{3}} \begin{pmatrix} \frac{1}{\sqrt{3}} \\ \frac{1}{\sqrt{3}} \\ \frac{1}{\sqrt{3}} \end{pmatrix} - \frac{1}{\sqrt{6}} \begin{pmatrix} \frac{1}{\sqrt{6}} \\ \frac{1}{\sqrt{6}} \\ -\frac{2}{\sqrt{6}} \end{pmatrix} = \begin{pmatrix} \frac{1}{2} \\ -\frac{1}{2} \\ 0 \end{pmatrix}$, $\boldsymbol{b}_3 = \begin{pmatrix} \frac{1}{\sqrt{2}} \\ -\frac{1}{\sqrt{2}} \\ 0 \end{pmatrix}$. (3) 同様に計算して $\boldsymbol{b}_1 = \begin{pmatrix} \frac{1}{2} \\ \frac{1}{2} \\ \frac{1}{2} \\ \frac{1}{2} \end{pmatrix}$, $\boldsymbol{b}_2 = \begin{pmatrix} \frac{1}{2\sqrt{3}} \\ \frac{1}{2\sqrt{3}} \\ \frac{1}{2\sqrt{3}} \\ -\frac{\sqrt{3}}{2} \end{pmatrix}$, $\boldsymbol{b}_3 = \begin{pmatrix} \frac{1}{\sqrt{6}} \\ -\frac{2}{\sqrt{6}} \\ \frac{1}{\sqrt{6}} \\ 0 \end{pmatrix}$.

なお, ベクトルの順序を変えてもよければ, いずれも後ろからやった方が計算が簡単になるが, 結果は上とは異なる. 最後のものだけが空間を張らない. 与えられたベクトル系と線形独立な (すなわち直和補空間を張る) もの, 例えば ${}^t(1,0,0,0)$ を選んで, これに対しグラム-シュミットの直交化を続ければ, 直交補空間の基底として ${}^t\left(\frac{1}{\sqrt{2}}, 0, -\frac{1}{\sqrt{2}}, 0\right)$ を得る.

問 6.2 (1) 固有値は $3, -1$, 固有ベクトルはそれぞれ ${}^t(1,1)$, ${}^t(1,-1)$. これらの長さを 1 にすれば自然に直交変換行列 $\begin{pmatrix} \frac{1}{\sqrt{2}} & -\frac{1}{\sqrt{2}} \\ \frac{1}{\sqrt{2}} & \frac{1}{\sqrt{2}} \end{pmatrix}$ を得る. (2) 固有値は $4, 1, -2$, 変換行列は同様に $\begin{pmatrix} \frac{2}{3} & \frac{2}{3} & \frac{1}{3} \\ -\frac{2}{3} & \frac{1}{3} & \frac{2}{3} \\ \frac{1}{3} & -\frac{2}{3} & \frac{2}{3} \end{pmatrix}$. (3) 固有値は $10, 1$ (2 重). 固有値 10 に対する固有ベクトルは ${}^t(1,2,2)$ の長さを 1 にすればよい. 固有値 1 に対する固有ベクトルは, 例えば ${}^t(0,1,-1)$, ${}^t(2,0,-1)$. これらは直交していないので, グラ

ム-シュミットの直交化法により取り直すと、第 1 ベクトル：${}^t\!\left(0, \frac{1}{\sqrt{2}}, -\frac{1}{\sqrt{2}}\right)$, 第 2 ベクトル：${}^t(2, 0, -1) - \frac{1}{\sqrt{2}}{}^t\!\left(0, \frac{1}{\sqrt{2}}, -\frac{1}{\sqrt{2}}\right) = \frac{1}{2}{}^t(4, -1, -1)$ の長さを 1 にしたもの. よって変換行列は $\begin{pmatrix} \frac{1}{3} & 0 & \frac{2\sqrt{2}}{3} \\ \frac{2}{3} & \frac{1}{\sqrt{2}} & -\frac{1}{3\sqrt{2}} \\ \frac{2}{3} & -\frac{1}{\sqrt{2}} & -\frac{1}{3\sqrt{2}} \end{pmatrix}$. (4) 固有値は $3, 1, 1 \pm \sqrt{10}$, 変換行列は

$\begin{pmatrix} \frac{1}{2} & \frac{1}{2} & \frac{3}{2\sqrt{10-\sqrt{10}}} & -\frac{3}{2\sqrt{10+\sqrt{10}}} \\ -\frac{1}{2} & \frac{1}{2} & -\frac{3}{2\sqrt{10+\sqrt{10}}} & \frac{3}{2\sqrt{10-\sqrt{10}}} \\ \frac{1}{2} & \frac{1}{2} & -\frac{3}{2\sqrt{10-\sqrt{10}}} & \frac{3}{2\sqrt{10+\sqrt{10}}} \\ -\frac{1}{2} & \frac{1}{2} & \frac{3}{2\sqrt{10+\sqrt{10}}} & -\frac{3}{2\sqrt{10-\sqrt{10}}} \end{pmatrix}$

問 6.3 n 次対称行列 A の零固有値の個数は ${}^tSAS$ で対角化したときの対角成分の 0 の個数、従って $n - \text{rank}({}^tSAS)$ に等しい。しかるに、変換行列は正則だから、掛けても階数 (線形部分空間の次元) を変えず、従って $\text{rank}({}^tSAS) = \text{rank}\, A$. よって与式が成り立つ.

問 6.4 まず x_1 の項を処理する. $(x_1+x_2)^2+(x_3+x_4)^2+(x_2+x_3)^2-(x_1+x_3)^2-(x_2+x_4)^2-(x_1+x_4)^2 = (x_1+x_2)^2-(x_1+x_3)^2-(x_1+x_4)^2+(x_2+x_3)^2-(x_2+x_4)^2+(x_3+x_4)^2 = -x_1^2+2(x_2-x_3-x_4)x_1+x_2^2-x_3^2-x_4^2+(x_2+x_3)^2-(x_2+x_4)^2+(x_3+x_4)^2 = -(x_1-(x_2-x_3-x_4))^2+(x_2-x_3-x_4)^2+x_2^2+(x_2+x_3)^2-(x_2+x_4)^2-x_3^2-x_4^2+(x_3+x_4)^2 = -(x_1-x_2+x_3+x_4)^2+2x_2^2-4x_2x_4+(x_3+x_4)^2+x_3^2-x_4^2-x_3^2-x_4^2+(x_3+x_4)^2 = -(x_1-x_2+x_3+x_4)^2+2(x_2-x_4)^2-2x_4^2+2(x_3+x_4)^2-2x_4^2 = -(x_1-x_2+x_3+x_4)^2+2(x_2-x_4)^2+2(x_3+x_4)^2-4x_4^2$ よって符号数は $(2, 2)$.

問 6.5 (1) $\forall \boldsymbol{x}$ に対し, $({}^tA A\boldsymbol{x}, \boldsymbol{x}) = (A\boldsymbol{x}, A\boldsymbol{x}) = \|A\boldsymbol{x}\|^2 \geq 0$ より.
(2) 上で $\|A\boldsymbol{x}\| = 0 \Longleftrightarrow A\boldsymbol{x} = \boldsymbol{0}$. ここで A が正則なら $\Longleftrightarrow \boldsymbol{x} = \boldsymbol{0}$.

問 6.6 直交行列 P を ${}^tPAP = \begin{pmatrix} \lambda_1 & & 0 \\ & \ddots & \\ 0 & & \lambda_n \end{pmatrix}$ が対角型となるように選べば, $\sqrt{A} = P \begin{pmatrix} \sqrt{\lambda_1} & & 0 \\ & \ddots & \\ 0 & & \sqrt{\lambda_n} \end{pmatrix} {}^tP$ は求める平方根となる. 行列式は固有値の積だから, このとき, $\det \sqrt{A} = \sqrt{\lambda_1} \cdots \sqrt{\lambda_n} = \sqrt{\lambda_1 \cdots \lambda_n} = \sqrt{\det A}$. 逆に B が正定値で $B^2 = A$ なら, ${}^tPBP$ を対角型にすれば, 対角成分はすべて正で, かつ $({}^tPBP)^2 = {}^tPB^2P = {}^tPAP$ も対角型となり, 従って ${}^tPBP$ は上記 $\begin{pmatrix} \sqrt{\lambda_1} & & 0 \\ & \ddots & \\ 0 & & \sqrt{\lambda_n} \end{pmatrix}$ でなければならない.

問 6.7 (1) 正定値行列 A は固有値がすべて正だから可逆であり, A^{-1} の固有値はもとの固有値の逆数となる. 実際, 例えば直交行列 P により ${}^tPAP = \Lambda$ が対角型になったとすれば, $A^{-1} = (P\Lambda {}^tP)^{-1} = P\Lambda^{-1}{}^tP$ となるからである. この式から A^{-1} も対称行列であることが明らか. (2) 対称行列となることは明らか. $\forall \boldsymbol{x}$ に対し, $((A+B)\boldsymbol{x}, \boldsymbol{x}) = (A\boldsymbol{x}, \boldsymbol{x}) + (B\boldsymbol{x}, \boldsymbol{x}) \geq 0$. これが 0 なら, 特に $(A\boldsymbol{x}, \boldsymbol{x}) = 0$ となるので, A の正定値性より $\boldsymbol{x} = \boldsymbol{0}$. (3) 前問により $\sqrt{A}$

を取れば, $C = A + B = \sqrt{A}(E + (\sqrt{A})^{-1}B(\sqrt{A})^{-1})\sqrt{A}$ だから, $\det C =$ $\det\sqrt{A}\det(E + \sqrt{A}^{-1}B\sqrt{A}^{-1})\det\sqrt{A} = \det A \det(E + (\sqrt{A})^{-1}B(\sqrt{A})^{-1})$. よって一般に B が半正定値のとき $\det(E + B) \geq 1$ を言えばよいが, $E + B$ の固有値は B の固有値に 1 を加えたものだから, すべての固有値が 1 以上となり, 従って行列式はそれらの積で 1 以上となる.

【別解】 $1/\det A$ は楕円体 $(Ax, x) \leq 1$ の体積の, 単位球の体積に対する比である. (これは直交行列で対角化した $\lambda_1 x_1^2 + \cdots + \lambda_n x_n^2 \leq 1$ について考えれば明らか.) $(Cx, x) = (Ax, x) + (Bx, x)) \leq 1$ ならもちろん $(Ax, x) \leq 1$ なので, C が定める楕円体は A のそれに含まれ, 従って $1/\det C \leq 1/\det A$, すなわち, $\det A \leq \det C$. (4) $A^{-1} - C^{-1} = A^{-1}\{(A + B) - A\}C^{-1} = A^{-1}BC^{-1}$ に注意すると, $\forall x$ に対し, $y = C^{-1}x$ と置けば, $((A^{-1} - C^{-1})x, x) = (A^{-1}By, Cy) = (A^{-1}By, Ay) + (A^{-1}By, By) = (By, y) + (A^{-1}By, By)$. A^{-1} は正定値なので, 最後の辺は非負である. (By が零ベクトルになり得るので, $x \neq 0$ であっても, 正とは言えない.)

問 6.8 (1) 第 3 章問 3.3 (2) 参照. (2) 階数 ≤ 2 の条件は (1) より, $a = 1$ または $b = a$. このとき階数が 1 とならないためには, 前者なら $b \neq 1$, 後者なら $a \neq 1$ でなければならない. 以上をまとめて, 必要十分条件は $a = 1, b \neq 1$, または $a = b \neq 1$. (3) この行列は対称なので, 固有値はすべて実数である. よってこれらがすべて正であることは, 対応する 2 次形式 $(x, y, z)\begin{pmatrix} 1 & 1 & 1 \\ 1 & a & a \\ 1 & a & b \end{pmatrix}\begin{pmatrix} x \\ y \\ z \end{pmatrix} = x^2 + ay^2 + bz^2 + 2xy + 2xz + 2ayz$ が正定値, すなわち $(x, y, z) \neq (0, 0, 0)$ のとき値が正となることである. これは平方完成法により符号数を見れば判定できる: $x^2 + ay^2 + bz^2 + 2xy + 2xz + 2ayz = x^2 + 2(y+z)x + ay^2 + 2ayz + bz^2 = (x+y+z)^2 + (a-1)y^2 + 2(a-1)yz + (b-1)z^2 = (x+y+z)^2 + (a-1)(y+z)^2 + (b-a)z^2$. よって条件は $a - 1 > 0$ かつ $b - a > 0$ すなわち $1 < a < b$.

【別解 1】 対称行列が正定値かどうかを判定する定理として $\det A_1 > 0$, $\det A_2 > 0$, $\det A_3 > 0$ というのが有る. ここに A_i は左上のサイズ i の小行列を表す. ここでは $\det A_1 = 1$, $\det A_2 = a - 1$, $\det A_3 = \det A$ なので, 結局上と同じ条件 $a > 1, b > a$ が得られる.

【別解 2】 固有多項式 $f(x) := x^3 - (a+b+1)x^2 + (ab - a^2 + a + b - 2)x - (a-1)(b-a)$ の根はすべて実だから, これがみな x 軸の正の方にある条件を求めればよい. 高校生がやるように 3 次関数のグラフ追跡でやる. まず $f(0) < 0$ が必要で, 従って $(a-1)(b-a) > 0$. このとき極大極小点, すなわち導関数 $3x^2 - 2(a+b+1)x + (ab - a^2 + a + b - 2)$ の 2 根が正であることが求める必要十分条件となる. こちらも 2 実根を持つことは既に分かっているので, この条件は $a + b + 1 > 0$ かつ $ab - a^2 + a + b - 2 > 0$. 従ってこれが $a - 1 < 0, b - a < 0$ と矛盾することを言えば前と同じ $a > 1, b > a$ が結論される. $a - 1 < 0, b - a < 0$ とすると, もし $a + 1 \leq 0$ なら $b < a < 0$, 従って $a + 1 + b < 0$ となり上の第 1 条件と矛盾するので $a + 1 > 0$. よって $2 < ab - a^2 + a + b = (a+1)b - a^2 + a < (a+1)a - a^2 + a = 2a$. これから $a > 1$ を得てやはり矛盾を生ずる.

問 6.9 与えられた 2 次形式の係数行列 $\begin{pmatrix} 1 & 1 & 0 \\ 1 & 2 & -1/2 \\ 0 & -1/2 & 0 \end{pmatrix}$ の固有値は $\frac{1}{2}, \frac{5\pm\sqrt{33}}{4}$. よって命題 6.12 により最大値は $\frac{5+\sqrt{33}}{4}$, 最小値は $-\frac{\sqrt{33}-5}{4}$.

問 6.10 (1) この方程式の 2 次の部分は明らかに $(x-y)^2$ と括れるので放物線である. 中心は無いので $X=\frac{x-y}{\sqrt{2}}, Y=\frac{x+y}{\sqrt{2}}$, 従って $x=\frac{X+Y}{\sqrt{2}}, y=\frac{Y-X}{\sqrt{2}}$ と目の子で直交変換を定義すれば, $X^2 - \frac{3}{2\sqrt{2}}X + \frac{1}{2\sqrt{2}}Y - \frac{1}{2} = 0$ となる. 平方完成により不要な 1 次の項を無くし, 次いで原点を標準位置に移動すれば, $\xi = X - \frac{3}{4\sqrt{2}}, \eta = -(Y - \frac{25\sqrt{2}}{16})$ により $\eta = 2\sqrt{2}\xi^2$ という標準形になる. 直接 y につき解いて概形を描けば, $y^2 - 2(x-1)y + x^2 - x - 1 = 0$. $y = x - 1 \pm \sqrt{(x-1)^2 - (x^2 - x - 1)} = x - 1 \pm \sqrt{2-x}$. よって曲線の存在範囲は $x \leq 2$ で, 概形は下図 B.4 のようになる. 放物線の主軸は上の右辺の 1 次式が定める直線 $y = x-1$ に平行で頂点 $(\frac{31}{16}, \frac{19}{16})$ を通る直線となる. (何故か?)

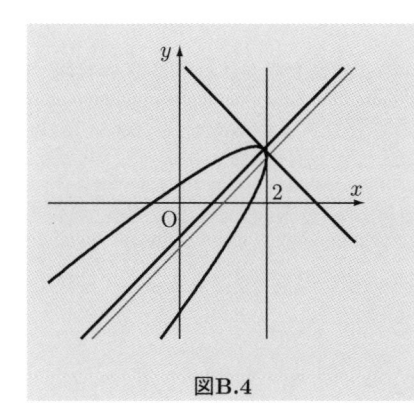

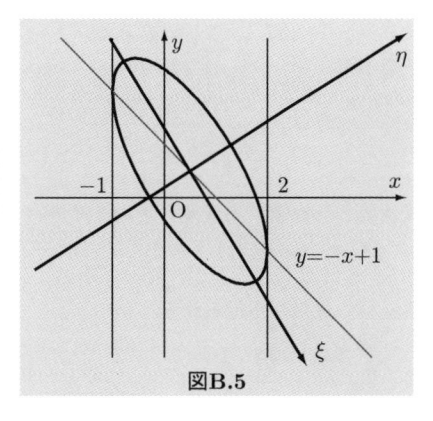

図B.4　　図B.5

(2) まず中心を求める. $f(x,y) = 2x^2 + 2xy + y^2 - 3x - 2y - 1$ を偏微分して $f_x = 4x + 2y - 3 = 0, f_y = 2x + 2y - 2 = 0$ より $x = \frac{1}{2}, y = \frac{1}{2}$. よって, 変換 $X = x - 1/2, Y = y - 1/2$ により方程式は $2X^2 + 2XY + Y^2 = -f(\frac{1}{2}, \frac{1}{2}) = \frac{9}{4}$ に変わる. 最後に 2 次の部分の係数行列を対角化する. 固有値は $\lambda = \frac{3\pm\sqrt{5}}{2} > 0$ よって曲線は楕円と決定される. また標準形は固有値を係数として $\frac{3-\sqrt{5}}{2}\xi^2 + \frac{3+\sqrt{5}}{2}\eta^2 = \frac{9}{4}$. すなわち $\frac{\xi^2}{\{\frac{3}{4}(\sqrt{5}+1)\}^2} + \frac{\eta^2}{\{\frac{3}{4}(\sqrt{5}-1)\}^2} = 1$. なお, 変換行列は $\begin{pmatrix} \frac{\sqrt{2}}{\sqrt{5+\sqrt{5}}} & \frac{\sqrt{2}}{\sqrt{5-\sqrt{5}}} \\ -\frac{\sqrt{2}}{\sqrt{5-\sqrt{5}}} & \frac{\sqrt{2}}{\sqrt{5+\sqrt{5}}} \end{pmatrix}$.

概形を直接描くには, y につき解いて $y = -(x-1) \pm \sqrt{(x-1)^2 - 2x^2 + 3x + 1} = -x + 1 \pm \sqrt{(2-x)(x+1)}$. よって曲線の存在範囲は $-1 \leq x \leq 2$ となり, これからも楕円と決定できる. グラフは図 B.5 参照. (3) これもまず中心を求める. $f(x,y) = x^2 - xy - 3x + y + 4$ を偏微分して $f_x = 2x - y - 3 = 0$, $f_y = -x + 1 = 0$ より $x = 1, y = -1$. 変換 $X = x - 1, Y = y + 1$ により方程式は $X^2 - XY = -f(1, -1) = -2$ あるいは $2X^2 - 2XY = -4$ に変わる. 最後

に 2 次の部分の係数行列を対角化する. 固有値は $\lambda^2 - 2\lambda - 1 = 0$. $\lambda = 1 \pm \sqrt{2}$ と, 正負が混ざっているので双曲線. 直交行列 $\begin{pmatrix} \frac{1}{\sqrt{4+2\sqrt{2}}} & -\frac{1}{\sqrt{4-2\sqrt{2}}} \\ \frac{1}{\sqrt{4-2\sqrt{2}}} & \frac{1}{\sqrt{4+2\sqrt{2}}} \end{pmatrix}$ による変換で, $-(\sqrt{2}-1)\xi^2 + (\sqrt{2}+1)\eta^2 = -4$, 従って標準形 $\frac{\xi^2}{(2\sqrt{\sqrt{2}+1})^2} - \frac{\eta^2}{(2\sqrt{\sqrt{2}-1})^2} = 1$ に変換される. 直接描くには, y について解くと $y = \frac{x^2-3x+4}{x-1} = x - 2 + \frac{2}{x-1}$ となり, これは高校生でも描ける $y = x - 2$ と $x = 1$ を漸近線に持つ双曲線の形である (図 B.6). (4) これもまず中心を求める. $f(x,y) = x^2 + xy - 2y^2 + x + y - 2$ を偏微分して $f_x = 2x + y + 1 = 0$, $f_y = x - 4y + 1 = 0$ より $x = -\frac{5}{9}$, $y = \frac{1}{9}$. 変換 $X = x + 5/9$, $Y = y - 1/9$ により方程式は $X^2 + XY - 2Y^2 = -f(-5/9, 1/9) = 20/9$ あるいは $2X^2 + 2XY - 4Y^2 = 40/9$ に変わる. 最後に 2 次の部分を対角化すると, 直交行列 $\begin{pmatrix} \frac{1}{\sqrt{20-6\sqrt{10}}} & -\frac{1}{\sqrt{20+6\sqrt{10}}} \\ \frac{1}{\sqrt{20+6\sqrt{10}}} & \frac{1}{\sqrt{20-6\sqrt{10}}} \end{pmatrix}$ で $(\sqrt{10}-1)\xi^2 - (\sqrt{10}+1)\eta^2 = \frac{40}{9}$, すなわち標準形 $\frac{\xi^2}{(\sqrt{40}\sqrt{\sqrt{10}+1}/9)^2} - \frac{\eta^2}{(\sqrt{40}\sqrt{\sqrt{10}-1}/9)^2} = 1$ に変換される. 図 B.7 参照. 直接描くときは, $y = \frac{x+1 \pm \sqrt{9x^2+10x-15}}{4}$. 曲線が存在するのは $9x^2 + 10x - 15 \geq 0$ すなわち $x \leq \frac{-5-4\sqrt{10}}{9}$ および $x \geq \frac{-5+4\sqrt{10}}{9}$ の二つの範囲に分かれ, これからも双曲線と分かる. 漸近線は上のテイラー展開より $y = \frac{x+1 \pm (3x+\frac{5}{3})\sqrt{1 - \frac{160}{9(3x+5/3)^2}}}{4} \sim \frac{1}{4}x + \frac{1}{4} \pm (\frac{3}{4}x + \frac{5}{12}) = x + \frac{2}{3}, -\frac{1}{2}x - \frac{1}{6}$, 従って $y = x + \frac{2}{3}$, $y = -\frac{1}{2}x - \frac{1}{6}$ の 2 本で, これは与えられた方程式が二つの 1 次因子の積に因数分解されるように定数項を調節したものから得られる.

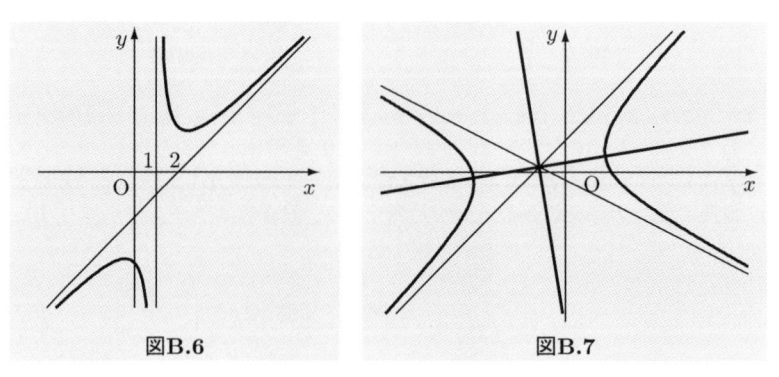

図B.6   図B.7

(5) 標準形を求めるには, まず $2x + 2y + 2 = 0$, $2x - 6y - 6 = 0$ を解いて中心 $(0, -1)$ が求まり, $X = x$, $Y = y + 1$ と平行移動すれば $f(0, -1) = 8$ より $X^2 + 2XY - 3Y^2 = -8$ になる. 2 次形式部分の固有値は $-1 \pm \sqrt{5}$. よって直交行列 $\begin{pmatrix} \frac{1}{\sqrt{10+4\sqrt{5}}} & \frac{1}{\sqrt{10-4\sqrt{5}}} \\ -\frac{1}{\sqrt{10-4\sqrt{5}}} & \frac{1}{\sqrt{10+4\sqrt{5}}} \end{pmatrix}$ により, 標準形 $\frac{\sqrt{5}+1}{8}\xi^2 - \frac{\sqrt{5}-1}{8}\eta^2 = 1$ に帰着する. 図 B.8 参照. 概形を描くには,

$y = \frac{x-3\pm\sqrt{(x-3)^2+3(x^2+2x+5)}}{3} = \frac{x-3\pm2\sqrt{x^2+6}}{3}$ と y につき解けば, 各 x に対して y の値が常に二つ定まるので, 双曲線と判定できる. この値をプロットすれば図 B.8 が直接得られる. 漸近線は $\sqrt{x^2+6} = x + O(\frac{1}{x})$ より $y = \frac{x-3}{3} \pm \frac{2}{3}x = x-1, -\frac{1}{3}x-1$.

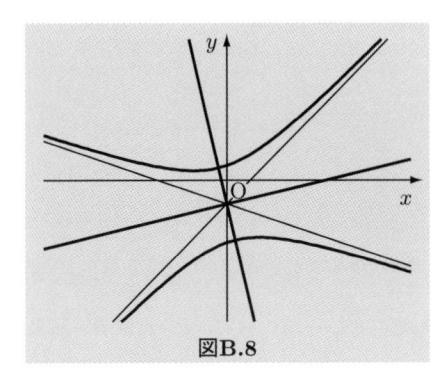

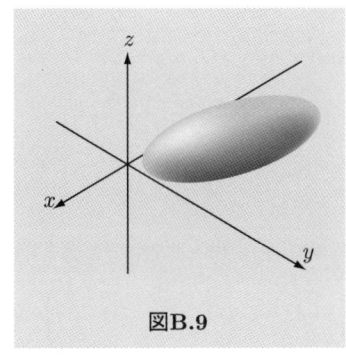

図B.8

図B.9

問 6.11 単葉双曲面:$\left(\frac{y}{b} - \frac{z}{c}\right)\left(\frac{y}{b} + \frac{z}{c}\right) = \left(1 - \frac{x}{a}\right)\left(1 + \frac{x}{a}\right)$ と因数分解すると, $\frac{y}{b} - \frac{z}{c} = \lambda\left(1 - \frac{x}{a}\right), \frac{y}{b} + \frac{z}{c} = \frac{1}{\lambda}\left(1 + \frac{x}{a}\right)$, および因数の組み合わせを交換した 2 種類の直線族 ($\lambda \neq 0$) が含まれることが分かる. 双曲放物面: 同様に $\frac{x}{a} - \frac{y}{b} = \lambda z, \frac{x}{a} - \frac{y}{b} = \frac{1}{\lambda}$, および右辺の z と 1 を入れ換えた 2 種類の直線族 ($\lambda \neq 0$) が含まれる. 楕円錐面:頂点 (原点) を通る母線の族が含まれる. 柱面:z 軸に平行な母線の族が含まれる.

問 6.12 (1) x, y, z で偏微分して $6x+4y+10=0, 4x+8y-4z-12=0, -4y+10z=0$. これを解いて, 中心の座標は $(-5, 5, 2)$. これを原点に平行移動すると, 方程式は $3x^2+4y^2+5z^2+4xy-4yz-42=0$. 2 次形式部分の固有値は $7, 4, 1$. よって標準形は $\frac{x^2}{42} + \frac{y^2}{21/2} + \frac{z^2}{6} = 1$. 楕円面. ちなみに, 対角化の変換行列は $\begin{pmatrix} 2/3 & 2/3 & -1/3 \\ -2/3 & 1/3 & -2/3 \\ -1/3 & 2/3 & 2/3 \end{pmatrix}$. 図 B.9 では $(2, -1, 3)$ 方向からの照射光により陰影を付けた CG の結果を参考のために載せたが, 概形を手作業で求める場合は, 本文に述べた方法で, これに近い図が示せればよい. 以下の問題の図についても同様. (2) 中心 $(-2, \frac{1}{2}, \frac{1}{2})$, 2 次形式の固有値は $1, 2 \pm \sqrt{10}$. 標準形 $2x^2 + 2(\sqrt{10}+2)y^2 - 2(\sqrt{10}-2)z^2 = 1$. 単葉双曲面. 対角型への変換行列は $\begin{pmatrix} \frac{1}{3} & \frac{2}{\sqrt{10+\sqrt{10}}} & \frac{2}{\sqrt{10-\sqrt{10}}} \\ \frac{2}{3} & \frac{\sqrt{10}}{2\sqrt{10+\sqrt{10}}} & -\frac{\sqrt{10}}{2\sqrt{10-\sqrt{10}}} \\ -\frac{2}{3} & \frac{2+\sqrt{10}}{2\sqrt{10+\sqrt{10}}} & \frac{2-\sqrt{10}}{2\sqrt{10-\sqrt{10}}} \end{pmatrix}$. 図は B.10. (3) 2 次形式の固有値は $6, 1, 0$. 固有値に 0 が含まれるので有心ではないから, 先に対角化すると, 変換行列 $\begin{pmatrix} \frac{1}{\sqrt{5}} & \frac{2}{\sqrt{30}} & -\frac{2}{\sqrt{6}} \\ -\frac{2}{\sqrt{5}} & \frac{1}{\sqrt{30}} & -\frac{1}{\sqrt{6}} \\ 0 & \frac{5}{\sqrt{30}} & \frac{1}{\sqrt{6}} \end{pmatrix}$ により $\xi^2 + 6\eta^2 - \frac{5}{\sqrt{6}}(\sqrt{5}\eta + \zeta) = 0$ となる. 最後に (ξ, η, ζ) 座標の原点を $(0, \frac{5\sqrt{30}}{72}, -\frac{25\sqrt{6}}{144})$ に平行移動し, ζ の係数で割れば, 標準形 $\zeta = \frac{\sqrt{6}}{5}\xi^2 + \frac{6\sqrt{6}}{5}\eta^2$ を得る. 楕円放物面. 図は B.11.

図B.10

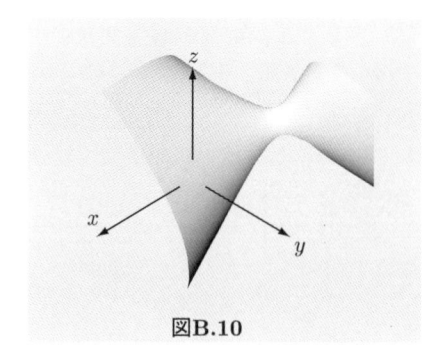

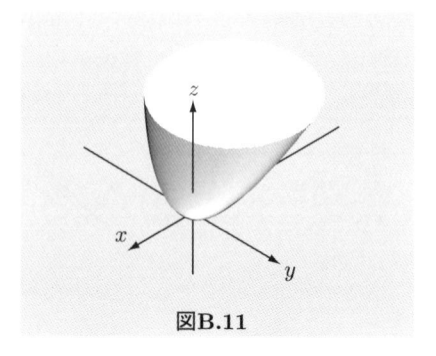

図B.11

(4) 1次の項は無いので平行移動は不要. 2次形式の固有値は $-1/2$ (2重), 1. 変換行列 $\begin{pmatrix} 1/\sqrt{2} & 1/\sqrt{6} & 1/\sqrt{3} \\ -1/\sqrt{2} & 1/\sqrt{6} & 1/\sqrt{3} \\ 0 & -\sqrt{2}/\sqrt{3} & 1/\sqrt{3} \end{pmatrix}$ で標準形 $-\frac{x^2}{2} - \frac{y^2}{2} + z^2 = 1$ に帰着. 双葉双曲面. 図は B.12 (見やすいよう, 90° 回転して描いた).

(5) xy 座標の $\pi/4$ の回転 $\begin{pmatrix} 1/\sqrt{2} & -1/\sqrt{2} \\ 1/\sqrt{2} & 1/\sqrt{2} \end{pmatrix}$ で $\xi^2 - \eta^2 + \sqrt{2}\xi + z = 0$ に帰着することが目の子で分かるから, $\zeta = -z$ と変換し, $(-1/\sqrt{2}, 0, -1/2)$ に平行移動すれば, 標準形 $\zeta = \xi^2 - \eta^2$ を得る. 双曲放物面. 図は B.13

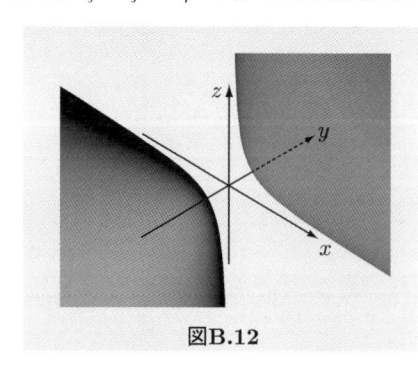

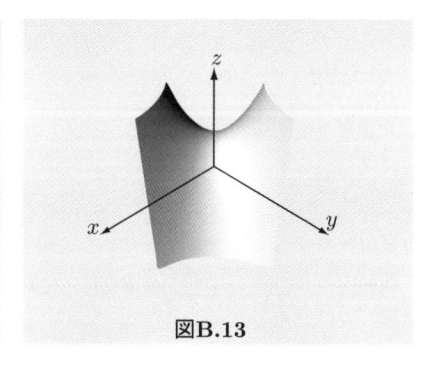

図B.12

図B.13

問 **6.13** 円錐の片側だけに交わるように切れば楕円となる. 例えば, $z = \frac{1}{2}x + 1$. (閉じた2次曲線は楕円しかないから.) 円錐の両側に交わるように切れば双曲線となる. 例えば, $z = 2x + 1$. (二つの連結成分を持つ2次曲線は双曲線しかないから.) 円錐の母線と平行に切れば放物線となる. 例えば, $z = x + 1$. (連結は非有界2次曲線だから.) なお, z を消去して得られる xy 平面への正射影像がもとの切り口の線形変換で, 曲線の種類を変えないということからも統一的に説明できる.

問 **6.14** 【前半】 ${}^t\!UU = E$ より $\det {}^t\!U \det U = 1$. ここで, 行列式は転置を取っても変わらず, 全成分の複素共役を取れば複素共役に変わることが明らかなので. $\det {}^t\!U = \overline{\det U}$. よって $|\det U|^2 = 1$. 【後半】 固有値の一つを λ, 対応する固

有ベクトルを $\boldsymbol{x}$ とすれば，$U\boldsymbol{x} = \lambda\boldsymbol{x}$ より，$(U\boldsymbol{x}, U\boldsymbol{x}) = (\lambda\boldsymbol{x}, \lambda\boldsymbol{x}) = |\lambda|^2(\boldsymbol{x}, \boldsymbol{x})$. 他方，補題 6.13 より $(U\boldsymbol{x}, U\boldsymbol{x}) = (\boldsymbol{x}, \boldsymbol{x})$. 故に $|\lambda|^2 = 1$ となる．なお，行列式が全固有値の積であることを用いれば，前半は後半から従う．

問 6.15 (1) $a_{ii} = -a_{ii}$, あるいは $\overline{a_{ii}} = -a_{ii}$ より明らか．
(2) $(iA\boldsymbol{x}, \boldsymbol{y}) = (\boldsymbol{x}, -i^{\dagger}A\boldsymbol{y})$ より，$-i^{\dagger}A = iA \iff {}^{\dagger}A = -A$.
(3) 転置や複素転置の演算は 2 度続けると元に戻るので，$A = \frac{1}{2}(A + {}^tA) + \frac{1}{2}(A - {}^tA)$, あるいは，$A = \frac{1}{2}(A + {}^{\dagger}A) + \frac{1}{2}(A - {}^{\dagger}A)$ が求める分解になっていることは明らか．

問 6.16 (1) 標準形 $\begin{pmatrix} i & 0 \\ 0 & -i \end{pmatrix}$, 変換行列 $\begin{pmatrix} \frac{i}{\sqrt{2}} & -\frac{i}{\sqrt{2}} \\ \frac{1}{\sqrt{2}} & \frac{1}{\sqrt{2}} \end{pmatrix}$. (2) 標準形 $\begin{pmatrix} \frac{1+i}{\sqrt{2}} & 0 \\ 0 & \frac{1-i}{\sqrt{2}} \end{pmatrix}$, 変換行列 $\begin{pmatrix} \frac{i}{\sqrt{2}} & -\frac{i}{\sqrt{2}} \\ \frac{1}{\sqrt{2}} & \frac{1}{\sqrt{2}} \end{pmatrix}$. (3) 標準形 $\begin{pmatrix} 1 & 0 & 0 \\ 0 & 1 & 0 \\ 0 & 0 & -1 \end{pmatrix}$, 変換行列 $\begin{pmatrix} \frac{1}{\sqrt{2}} & \frac{1}{\sqrt{6}} & \frac{1}{\sqrt{3}} \\ \frac{1}{\sqrt{2}} & -\frac{1}{\sqrt{6}} & -\frac{1}{\sqrt{3}} \\ 0 & \frac{2}{\sqrt{6}} & -\frac{1}{\sqrt{3}} \end{pmatrix}$.

(4) 標準形 $\begin{pmatrix} \sqrt{3}i & 0 & 0 \\ 0 & -\sqrt{3}i & 0 \\ 0 & 0 & 0 \end{pmatrix}$, 変換行列 $\begin{pmatrix} -\frac{1}{\sqrt{3}} & -\frac{1}{\sqrt{3}} & \frac{1}{\sqrt{3}} \\ \frac{1+\sqrt{3}i}{2\sqrt{3}} & \frac{1-\sqrt{3}i}{2\sqrt{3}} & \frac{1}{\sqrt{3}} \\ \frac{1-\sqrt{3}i}{2\sqrt{3}} & \frac{1+\sqrt{3}i}{2\sqrt{3}} & \frac{1}{\sqrt{3}} \end{pmatrix}$.

(5) 標準形 $\begin{pmatrix} i & 0 & 0 & 0 \\ 0 & -i & 0 & 0 \\ 0 & 0 & 1 & 0 \\ 0 & 0 & 0 & 1 \end{pmatrix}$, 変換行列 $\begin{pmatrix} 1/2 & 1/2 & 1/\sqrt{2} & 0 \\ -1/2 & -1/2 & 1/\sqrt{2} & 0 \\ i/2 & -i/2 & 0 & 1/\sqrt{2} \\ i/2 & -i/2 & 0 & -1/\sqrt{2} \end{pmatrix}$.

問 6.17 (1), (2) このままで標準形．(3) 実固有値なので，標準形は上と一致．(5) 一般論に従い，第 1，第 2 固有ベクトル $\boldsymbol{p}_1, \boldsymbol{p}_2$ を $\sqrt{2}\,\mathrm{Re}\,\boldsymbol{p}_1, -\sqrt{2}\,\mathrm{Im}\,\boldsymbol{p}_1$ で置き換えると，変換行列 $\begin{pmatrix} 1/\sqrt{2} & 0 & 1/\sqrt{2} & 0 \\ -1/\sqrt{2} & 0 & 1/\sqrt{2} & 0 \\ 0 & -1/\sqrt{2} & 0 & 1/\sqrt{2} \\ 0 & -1/\sqrt{2} & 0 & -1/\sqrt{2} \end{pmatrix}$ で実標準形 $\begin{pmatrix} 0 & -1 & 0 & 0 \\ 1 & 0 & 0 & 0 \\ 0 & 0 & 1 & 0 \\ 0 & 0 & 0 & 1 \end{pmatrix}$ になる．

問 6.18 A は実なので固有値は複素共役な対で含まれる．複素固有値 λ に対してサイズ ν のジョルダンブロックが有れば，$\overline{\lambda}$ に対しても同じサイズのブロックがあり，更に前者に対する基底ベクトルを $\boldsymbol{v}_1, \dots, \boldsymbol{v}_\nu$ とすれば，これらの複素共役を取ったものが後者の基底として使える．$(A - \lambda)\boldsymbol{v}_k = \boldsymbol{v}_{k-1}$, $k = 1, \dots, \nu$ (ただし $\boldsymbol{v}_0 = \boldsymbol{0}$ と規約) は $(A - \mathrm{Re}\,\lambda)\mathrm{Re}\,\boldsymbol{v}_k + \mathrm{Im}\,\lambda\,\mathrm{Im}\,\boldsymbol{v}_k = \mathrm{Re}\,\boldsymbol{v}_{k-1}$, $(A - \mathrm{Re}\,\lambda)\mathrm{Im}\,\boldsymbol{v}_k - \mathrm{Im}\,\lambda\,\mathrm{Re}\,\boldsymbol{v}_k = \mathrm{Im}\,\boldsymbol{v}_{k-1}$ と分解でき，これを翻訳すれば $A[\dots, \mathrm{Re}\,\boldsymbol{v}_{k-1}, -\mathrm{Im}\,\boldsymbol{v}_{k-1}, \mathrm{Re}\,\boldsymbol{v}_k, -\mathrm{Im}\,\boldsymbol{v}_k, \dots] =$

$[\dots, \mathrm{Re}\,\boldsymbol{v}_{k-1}, -\mathrm{Im}\,\boldsymbol{v}_{k-1}, \mathrm{Re}\,\boldsymbol{v}_k, -\mathrm{Im}\,\boldsymbol{v}_k, \dots]\begin{pmatrix} \ddots & & & & \\ & \mathrm{Re}\,\lambda & -\mathrm{Im}\,\lambda & 1 & 0 \\ & \mathrm{Im}\,\lambda & \mathrm{Re}\,\lambda & 0 & 1 \\ & 0 & 0 & \mathrm{Re}\,\lambda & -\mathrm{Im}\,\lambda \\ & 0 & 0 & \mathrm{Im}\,\lambda & \mathrm{Re}\,\lambda \\ & & & & \ddots \end{pmatrix}$

となる．すなわち，実の標準形は，複素標準形の互いに複素共役な二つのジョルダンブロックを組み合わせて，対角線上に複素数 λ の2次行列表現をサイズだけ，またその上に2次の単位行列をもとの1の個数だけ並べたものが構成要素となる．

問 6.19 (1) $P^2 = P$ の両辺に P を掛けて $P^3 = P^2$．よって $P^3 = P$．以下帰納法により証明できる．

(2) ($\Longrightarrow$) 最小多項式が $x(1-x)$ の約数で，重根を持たないので，固有値は 0 か 1 しか無く，かつ対角化可能．($\Longleftarrow$) $\exists S$ s.t. $S^{-1}PS = \Lambda$．ここで Λ は主対角線に 0 または 1 が並ぶ対角行列だから，$\forall n$ について $\Lambda^n = \Lambda$，従って $S^{-1}P^nS = \Lambda$，よって $P^n = S\Lambda S^{-1} = P$．

問 6.20 $x_i, y_i, x_i^2, y_i^2, x_iy_i$ の平均値をそれぞれ $\overline{x}, \overline{y}, \overline{x^2}, \overline{y^2}, \overline{xy}$ と置けば，$e_2 = \sum_{i=1}^{N}(y_i - mx_i)^2 - 2b\sum_{i=1}^{N}(y_i - mx_i) + Nb^2 = \sum_{i=1}^{N}(y_i - mx_i)^2 - N(\overline{y} - m\overline{x})^2 + N(b - (\overline{y} - m\overline{x}))^2$．よって，$b = \overline{y} - m\overline{x}$，このとき，$e_2 = N(\overline{x^2} - \overline{x}^2)m^2 - 2N(\overline{xy} - \overline{x}\,\overline{y})m + N(\overline{y^2} - \overline{y}^2)$ だから，平方完成で $m = \frac{\overline{xy} - \overline{x}\,\overline{y}}{\overline{x^2} - \overline{x}^2}$，従って $b = \frac{\overline{x^2}\,\overline{y} - \overline{x}\,\overline{xy}}{\overline{x^2} - \overline{x}^2}$ が最小を与えることが分かる．x 座標の 2 乗平均誤差 $\sum_{i=1}^{N}(x_i - \frac{1}{m}(y_i - b))^2$ を最小にした場合は，$m = \frac{\overline{y^2} - \overline{y}^2}{\overline{xy} - \overline{x}\,\overline{y}}$，$b = \frac{\overline{y}\,\overline{xy} - \overline{x}\,\overline{y}^2}{\overline{xy} - \overline{x}\,\overline{y}}$ となる．最後に，主成分分析の答は，$\begin{pmatrix} \overline{x^2} & \overline{xy} \\ \overline{xy} & \overline{y^2} \end{pmatrix}$ の最大固有値 $\lambda_{\max} = \frac{\overline{x^2} + \overline{y^2} + \sqrt{(\overline{x^2} - \overline{y^2})^2 + 4\overline{xy}^2}}{2}$ とその固有ベクトル ${}^t(\overline{xy}, \lambda_{\max} - \overline{x^2})$ が張る部分空間への直交射影を求めれば，傾き $m = \frac{\sqrt{(\overline{x^2} - \overline{y^2})^2 + 4\overline{xy}^2} - (\overline{x^2} - \overline{y^2})}{\overline{xy}}$，$y$ 切片 $b = \overline{y} - m\overline{x}$ の直線となる．以上を計算機で生成した 2 次元乱数データに適用したものを図 B.14 のグラフに示す．

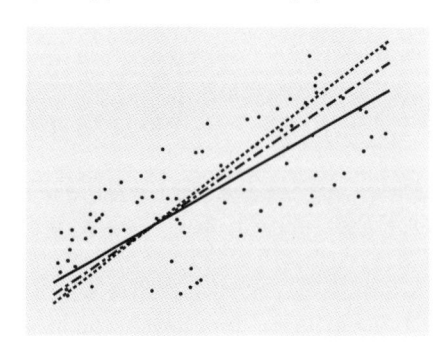

図B.14　種々の近似直線

実線：通常の回帰直線,
破線：x座標とy座標を入れ換えたもの,
鎖線：主成分分析の最良部分空間

章末問題

問題 1 (1) 内積の性質は容易に調べられるので略．自然な基底は $[1, x, x^2, x^3]$ であった．これをグラム-シュミット法で正規直交化する．$\boldsymbol{b}_1 = \frac{1}{\sqrt{2}}$．次の x は対称性により $\boldsymbol{b}_1$ と直交しているので，$\int_{-1}^{1} x^2 dx = \frac{2}{3}$ の平方根で割って $\boldsymbol{b}_2 = \frac{\sqrt{3}}{\sqrt{2}}x$．

$b'_3 = x^2 - (x^2, \frac{1}{\sqrt{2}})\frac{1}{\sqrt{2}} - (x^2, \frac{\sqrt{3}}{\sqrt{2}}x)\frac{\sqrt{3}}{\sqrt{2}}x = -\frac{1}{3} + x^2$. $\int_{-1}^{1}(-\frac{1}{3}+x^2)^2 dx = \frac{2}{9} - \frac{4}{9} + \frac{2}{5} = \frac{8}{45}$. よって $b_3 = -\frac{\sqrt{5}}{2\sqrt{2}} + \frac{3\sqrt{5}}{2\sqrt{2}}x^2$. 最後に, 直交する項は最初から省いて書くと,
$b'_4 = x^3 - (x^3, \frac{\sqrt{3}}{\sqrt{2}}x)\frac{\sqrt{3}}{\sqrt{2}}x = -\frac{3}{5}x + x^3$. $\int_{-1}^{1}(-\frac{3}{5}x+x^3)^2 dx = \frac{6}{25} - \frac{12}{25} + \frac{2}{7} = \frac{8}{175}$.
よって, $b_4 = -\frac{3\sqrt{7}}{2\sqrt{2}}x + \frac{5\sqrt{7}}{2\sqrt{2}}x^3$.

(2) 内積の性質は容易に調べられるので略. 正規直交基底としては, 第 4 章例 4.4 のラグランジュ補間多項式がそのまま使える.

(3) $\operatorname{tr}({}^tAB) = \sum_{i=1}^{n}\sum_{j=1}^{n}a_{ij}b_{ij}$ なので, これは n 次正方行列の成分を 1 列に並べて n^2 次元の数ベクトル空間とみなしたときの標準内積と一致する. 従って内積の性質は明らか.

(4) この空間は $2n+1$ 次元. エルミート内積の性質は容易に確かめられる. 正規直交基底は $\frac{1}{\sqrt{2\pi}}e^{ik\theta}$, $k = -n, -n+1, \ldots, n$. ($k = 0$ のときは定数関数である.)

問題 2 $Ax = \lambda Bx \iff (\sqrt{B})^{-1}A(\sqrt{B})^{-1}y = \lambda y$ $(y = \sqrt{B}x)$ であり, $(\sqrt{B})^{-1}A(\sqrt{B})^{-1}$ は対称行列だから, その一般論より固有値は実数で, 固有ベクトルの正規直交系 y_j, $j = 1, \ldots, n$ が存在する. このとき $x_j = (\sqrt{B})^{-1}y_j$, $j = 1, \ldots, n$ は, 空間の基底となり, $(Bx_i, x_j) = \delta_{ij}$ という直交関係を満たす.

問題 3 A をエルミート行列とすれば, その固有値は実数なので, $U = (E-iA)(E+iA)^{-1}$ は定義される. ${}^\dagger U = (E-iA)^{-1}(E+iA)$ となるから, ${}^\dagger UU = (E-iA)^{-1}(E+iA)(E-iA)(E+iA)^{-1}$. ここで, $(E+iA)(E-iA) = (E-iA)(E+iA)$ に注意すると, これは単位行列に帰着する. スペクトル写像定理 (第 5 章章末問題 7) により, U の固有値は A の固有値 λ に対し $(1-i\lambda)/(1+i\lambda)$ の形のものより成るから, これは -1 にはなり得ない. 逆に, U が -1 を固有値に持たなければ, $A = -i(E-U)(E+U)^{-1}$ は意味を持ち, ${}^\dagger A = i(E+{}^\dagger U)^{-1}(E-{}^\dagger U) = i(E+U^{-1})^{-1}(E-U^{-1}) = i(U+E)^{-1}U(E-U^{-1}) = i(U+E)^{-1}(U-E) = -i(E+U)^{-1}(E-U)$. ここで, $E+U$ と $E-U$ が可換なことから, $(E+U)^{-1}$ と $E-U$ も可換である (第 2 章章末問題 1) から, これは A と一致する. この U に $U = (E-iA)(E+iA)^{-1}$ を代入すれば, $E-U = \{(E+iA)-(E-iA)\}(E+iA)^{-1} = 2iA(E+iA)^{-1}$, $E+U = \{(E+iA)+(E-iA)\}(E+iA)^{-1} = 2(E+iA)^{-1}$. よって, $-i(E-U)(E+U)^{-1} = -i \cdot 2iA(E+iA)^{-1} \cdot (E+iA)/2 = A$ となる. 逆も同様.

問題 4 前問と全く同様.

問題 5 共通の直交行列 P に関して ${}^tPAP$ も ${}^tPBP$ も対角化されたとすれば, 対角型行列は可換であるから, ${}^tPAP \cdot {}^tPBP = {}^tPBP \, {}^tPAP$. これより ${}^tPABP = {}^tPBAP$. 従って $AB = BA$. 逆に, このとき, A の λ 固有空間 V_λ に対して, $BV_\lambda \subset V_\lambda$ となることが, $x \in V_\lambda \iff Ax = \lambda x \implies ABx = BAx = B(\lambda x) = \lambda Bx \implies Bx \in V_\lambda$ より分かる. 故に A の各固有値 λ に対して $B|_{V_\lambda}$ を固有空間分解したものを集めれば, B の固有空間分解が得られる. $A|_{V_\lambda}$ はもはやスカラー行列なので, この分解で影響を受けず, B の固有ベクトルを並べて作った直交行列により, A, B は同時に対角化される. エルミート行列の場合も同様.

問題 6 ${}^t PAP = \Lambda = \begin{pmatrix} \lambda_1 & & 0 \\ & \ddots & \\ 0 & & \lambda_n \end{pmatrix}$ が対角型行列とするとき,$f(\Lambda) = \begin{pmatrix} f(\lambda_1) & & 0 \\ & \ddots & \\ 0 & & f(\lambda_n) \end{pmatrix}$ は自然に定義できるので,$f(A) := Pf(\Lambda){}^tP$ と定めればよい.

問題 7 (1) 第 4 章章末問題 3 より,$\langle \boldsymbol{x}, \boldsymbol{y} \rangle = (A\boldsymbol{x}, \boldsymbol{y})$ と書け,ここで仮定の対称性と通常の内積の対称性より $= (A\boldsymbol{y}, \boldsymbol{x}) = (\boldsymbol{x}, A\boldsymbol{y})$ だから,A が対称行列と結論できる.
(2) 双線形形式から 2 次形式を作るのは,(1) により $f(\boldsymbol{x}) = \langle \boldsymbol{x}, \boldsymbol{x} \rangle = (A\boldsymbol{x}, \boldsymbol{x})$ でよい.逆は,$f(\boldsymbol{x}) = (A\boldsymbol{x}, \boldsymbol{x})$ から中線定理の右辺を計算すれば,$(A\boldsymbol{x}, \boldsymbol{y})$ が出てくる.

問題 8 n に関する帰納法による.$n = 1$ は自明.$n-1$ 次まで成り立つとすれば,A の左上の $n-1$ 次主小行列 A' を対角化する $n-1$ 次の直交行列を P' として,
${}^t\begin{pmatrix} P' & \boldsymbol{0} \\ {}^t\boldsymbol{0} & 1 \end{pmatrix} A \begin{pmatrix} P' & \boldsymbol{0} \\ {}^t\boldsymbol{0} & 1 \end{pmatrix} = \begin{pmatrix} \mu_1 & & 0 & b_1 \\ & \ddots & & \vdots \\ 0 & & \mu_{n-1} & b_{n-1} \\ b_1 & \cdots & b_{n-1} & a_{nn} \end{pmatrix}$ の形に変換される.ここで $\boldsymbol{0}$ は長さ $n-1$ の零ベクトルを,また 0 は対角線の上下の成分がすべて 0 であることを表している.帰納法の仮定により,$\det A' = \mu_1 \cdots \mu_{n-1} \leq a_{11} \cdots a_{n-1,n-1}$.上の行列の行列式はもとの $\det A$ と等しいので,第 3 章章末問題 1 (2) により $\det A = \mu_1 \cdots \mu_{n-1} a_{nn} - b_{n-1}^2 \mu_1 \cdots \mu_{n-2} - \cdots - b_1^2 \mu_2 \cdots \mu_{n-1} \leq \mu_1 \cdots \mu_{n-1} a_{nn} \leq a_{11} \cdots a_{n-1,n-1} \cdot a_{nn}$.ここで等号が成立すれば,$b_1 = \cdots = b_{n-1} = 0$ かつ $\det A' = a_{11} \cdots a_{n-1,n-1}$.後者に対する帰納法の仮定から A' は対角型.よって P' として単位行列が取れ,A 自身対角型となる.
(2) ${}^tAA$ は正定値なので,(1) より $(\det A)^2 = \det {}^tAA \leq (\boldsymbol{a}_1, \boldsymbol{a}_1) \cdots (\boldsymbol{a}_n, \boldsymbol{a}_n) = \|\boldsymbol{a}_1\|^2 \cdots \|\boldsymbol{a}_n\|^2$.よって平方根を取れば与式を得る.等号成立は (1) より ${}^tAA$ の非対角成分 $(\boldsymbol{a}_i, \boldsymbol{a}_j)$ がすべて 0 のときに限る.

付録

問 A.1 (1) 公理の (2) により $P + \boldsymbol{a} = P$ を満たすベクトル $\boldsymbol{a} \in V$ が存在する.このとき (3)-(c) より $P + \boldsymbol{0} = (P + \boldsymbol{a}) + \boldsymbol{0} = P + (\boldsymbol{a} + \boldsymbol{0}) = P + \boldsymbol{a} = P$.よって $\overrightarrow{PP}$ の一意性により $\overrightarrow{PP} = \boldsymbol{0}$.
(2) この場合は有向線分と解釈すべきである.内分点 $P + \dfrac{m}{m+n}\overrightarrow{PQ}$,外分点 $P + \dfrac{m}{m-n}\overrightarrow{PQ}$.

問 A.2

sgn A \ sgn B	(3,0)	(2,1)	(2,0)	(1,1)	(1,0)
(2,0)	空集合	楕円	1 点	—	—
(1,1)	—	双曲線	—	2 直線	—
(1,0)	—	—	空集合	平行 2 直線	重複 1 直線

A, B の符号数が逆転する場合は同様なので略す.

問 A.3 略.

問 A.4 $\begin{pmatrix}x\\y\\z\end{pmatrix} \mapsto \begin{pmatrix}\xi\\\eta\\\zeta\end{pmatrix} = \begin{pmatrix}a&b&e\\c&d&f\\g&h&k\end{pmatrix}\begin{pmatrix}x\\y\\z\end{pmatrix}$ が y 軸を固定 $\iff$
$\begin{pmatrix}a&b&e\\c&d&f\\g&h&k\end{pmatrix}\begin{pmatrix}0\\y\\z\end{pmatrix} = \begin{pmatrix}by+ez\\dy+fz\\hy+kz\end{pmatrix}$ において第 1 成分が 0 $\iff$ $b=e=0$.
これが更に無限遠直線を $x=1$ に写す $\iff$ $\begin{pmatrix}a&0&0\\c&d&f\\g&h&k\end{pmatrix}\begin{pmatrix}x\\y\\0\end{pmatrix} = \begin{pmatrix}ax\\cx+dy\\gx+hy\end{pmatrix}$ において第 1 成分 $=$ 第 3 成分 $\iff ax=gx+hy \iff a=g, h=0$. よって, $a=1$ と正規化すれば, $x=n, n=1,2,\ldots$ の行き先は $\begin{pmatrix}1&0&0\\c&d&f\\1&0&k\end{pmatrix}\begin{pmatrix}n\\y\\1\end{pmatrix} = \begin{pmatrix}n\\cn+dy+f\\n+k\end{pmatrix}$. これはアフィン直線 $x=\frac{n}{n+k}, n=1,2,\ldots$ となる.

問 A.5 行列の各行, 各列にちょうど一つだけ 1 が有る他は, 残りの成分はすべて 0 であるようなものの全体となる. このような行列を置換行列と呼ぶ.

問 A.6 (1) (a) A が一般の n 次正方行列のとき, 系 5.24 により $\det\exp(A) = \exp(\operatorname{tr} A) \neq 0$ が成り立つから, 正則行列. (b) 上の公式より明らか.
(c) ${}^\dagger(A^k) = ({}^\dagger A)^k$ が帰納法で示せるので, 行列の指数関数の部分和の極限に行くと ${}^\dagger\exp(A) = \exp({}^\dagger A)$ が一般に成り立つ. よって A がエルミート行列なら, ${}^\dagger\exp(iA) = \exp({}^\dagger(iA)) = \exp(-iA)$. iA と $-iA$ はもちろん可換なので指数法則が成り立ち, $\exp(iA) \cdot {}^\dagger\exp(iA) = \exp(iA+(-iA)) = \exp(O) = E$.
(d) A が実歪対称行列のとき, 同様の計算で ${}^t\exp(A) = \exp({}^t A) = \exp(-A)$ だから, $\exp(A) \cdot {}^t\exp(A) = E$.
(2) 一般に $A \mapsto \exp A$ は実数の範囲でさえ一対一ではない. 複素数の範囲では, $(1,1)$ 型の行列, すなわちスカラーの場合でさえ, $\exp(2n\pi i) = 1$ が $\forall n \in \mathbf{Z}$ に対して言えるので, 第 3 章章末問題 3 から, $\exp\left(2\pi n\begin{pmatrix}0&-1\\1&0\end{pmatrix}\right) = \begin{pmatrix}1&0\\0&1\end{pmatrix}$ という実の反例が思い付く. ただし, A が零行列に近いという条件を付けると, $e^A = E+B$ から $A = \log(E+B) := B - \frac{B^2}{2} + \frac{B^3}{3} - + \cdots$ で, 逆が一意に定まる. 全射については, B が正則行列なら, 複素数の範囲では $B = e^A$ を満たす A は次のように求められる: B をジョルダン標準形として差し支えないので, サイズ ν の一つのジョルダン細胞 $\begin{pmatrix}\lambda&1&&0\\&\ddots&\ddots&\\&&\ddots&1\\0&&&\lambda\end{pmatrix} = \lambda E + N$ について, 行列の対数を計算できればよい. $\lambda \neq 0$ なので, $\log(\lambda E + N) = (\log\lambda)E + \log\left(E + \frac{1}{\lambda}N\right)$. 後者は N が冪零なことに注意すれば, 上述の対数の級数が ν 項目以降は零行列となり, 有限和となって求まる.
(3) $M(n,\mathbf{R})$ については証明すべきことはない. 一般に交換子 $[X,Y]$ のトレースが 0 となることは第 2 章章末問題 3 で既に示した. X, Y が歪対称行列なら, ${}^t([X,Y]) = {}^t(XY-YX) = {}^tY\,{}^tX - {}^tX\,{}^tY = YX - XY = -[X,Y]$ より, 交換子も歪対称.

問 A.7 (1) ${}^tSJS = J$ より, $\det{}^tS \det J \det S = \det J$. $\therefore (\det S)^2 = 1$.

(2) $I = \begin{pmatrix} 1 & 0 \\ & i & \\ & i & \\ 0 & & i \end{pmatrix}$ と置けば, $I^2 = J$, ${}^tI = I$, $I^{-1} = IJ$. よって, $S \in O(1,3) \iff {}^tSIIS = II \iff P = ISI^{-1}$ が ${}^tPP = E$ を満たす $\iff S \in GL(4, \mathbf{R}) \cap I^{-1}O(4, \mathbf{C})I$. ここで $S = I^{-1}PI$ より ${}^tS = I {}^tP I^{-1} = I^{-1} J {}^tP J I$ となり, $J {}^tP J \in O(4, \mathbf{C})$ だから ${}^tS$ も最後の条件を満たす.

参 考 文 献

　本書は線形代数の初等的な書物で, 自己完結的に書かれているので, 特に引用しなければならない文献などは無いが, 読者の便のため, 続けて調べ物をするときの参考書を著者の偏見的解説とともに挙げておく.

[1] 斎藤正彦『線型代数入門』, 東京大学出版会, 初版 1966.
　線形代数という講義科目は, 解析幾何学 $\implies$ 代数学と幾何学 $\implies$ 行列と行列式 $\implies$ 線型代数学, の順に時代とともに名前を変えてきた. これは線型代数学の名を冠した最初の教科書であり, 内容の革命性の故に長い間ベストセラー, かつ標準的教科書であった. 近頃は "行列と行列式" の方が題名にふさわしいような本まで線形代数を名乗っているが, それはこの本の強い影響の証しである.

[2] 藤原松三郎『代数学』, 全 2 巻, 内田老鶴圃.
　非常に古い教科書であるが, さまざまな行列式の例は圧巻である. 線形代数関連の初等的な定理の原典も分かる.

[3] 彌永昌吉『幾何学序説』, 岩波書店, 1968.
　ワイルの公理系を詳細に紹介した書物である. 本書の付録を読んで興味を持たれた読者は覗いてみられたい.

[4] 彌永昌吉・平野鉄太郎『射影幾何学』, 朝倉書店, 1960.
　付録で簡単に紹介した射影幾何学の本格的な教科書である. 射影幾何学の数学的入門書の中には代数幾何学にからめて書かれたものもあるが, 本書は伝統的なスタイルで書かれているので, 射影幾何を幾何として学びたい人に勧める.

[5] 山内恭彦・杉浦光夫『連続群論入門』, 培風館新数学シリーズ, 1960.
　行列で表される群の入門書である. 線形代数の続きに有る重要な一分野のすぐれた解説書として興味のある読者に一読を勧める.

[6] 森正武『数値解析 (第 2 版)』, 共立出版, 2002.
　本書では線形代数の実用的な計算法の話はできなかったが, 恐らく読者の半数は今後そのようなものを必要とするであろう. 先を知るための参考に挙げておく.

[7] H. Anton, R.C. Busby, "Contemporary Linear Algebra", John Wiley & Sons, 2003.
　内容は本書よりも初等的だが, 本書の倍ほどのページ数を使った懇切丁寧な説明がなされており, かつ歴史のコラムも非常に充実していて読みものとしても面白い. 英語の本だが, 恐れることはない.

[8] 金子晃『応用代数講義』, サイエンス社, 2006.
　本文中で言及した 2 年生向けの代数学の内容の参考書です.

索　引

あ 行

アインシュタインの規約　39
アダマールの不等式　201
アフィン幾何　188
アフィン写像　14
アフィン変換　188

1 次関係式　103
1 次結合　4, 103
1 次従属　28, 103
1 次独立　28, 103
一対一　60
1 の原始 n 乗根　24
位置ベクトル　4
1 葉双曲線　184
一般化固有値問題　200
一般固有空間　135
一般固有ベクトル　135
一般線形群　216
イデアル　137
上三角化　134
エルミート共役　171
エルミート行列　171
エルミート計量　170
エルミート内積　170
円錐曲線　187
オイラーの角　92

か 行

階数　49, 51, 54, 57, 118
外積　22, 209
回転　14
可解性　57
可換群　98
核　52, 118
角　7, 167
拡大係数行列　40, 58
拡張ユークリッド互除法　139

加法　4, 27
環　33
慣性指数　175
幾何学的ベクトル　3, 204
基底　52, 106
基底の延長定理　111
基底変換 (基底の取り換え)　120, 122
基本行列　42
基本対称式　85
基本単位ベクトル　27
基本変形　40
逆行列　18, 44
球面の方程式　9
鏡映 (鏡映変換)　15, 94
行基本変形　42
行列環　33
行列式　21
行列式の公理　65
行列の標準形　122
グラム-シュミットの直交化法　167
クラメルの公式　76
クロネッカー積　209
クロネッカーのデルタ　39
群　82, 216
係数行列　30
係数体　100
ケイリー - ハミルトンの定理　134, 144
ケイリー変換　201
計量　166
計量線形空間　166
結合法則　33, 98, 100
交換子　62
交代式　85
後退代入　226
交代的　65
交代テンソル積　209

合同変換　188
互換　65, 82
固有多項式　89, 130
固有値　90
固有ベクトル　90
固有方程式　89

さ 行

最小 2 乗法　196
最小多項式　137
差積　83
座標　4
座標変換　120
サラスの公式　69

シグマ記号　35
次元　10, 26, 51, 104
次元公式　59
四元数　95
次元の不変性定理　118
指数法則　34
下三角型　43
射影行列　195
射影作用素　195
射影平面　213
射影変換　214
斜投影　187
主軸　182
主小行列式　91
主対角線　36
巡回行列式　96
巡回置換　82
準同型　81
小行列　71
小行列式　71
消去法　40, 48
商空間　204
商集合　204
ジョルダン標準形　145, 147
ジョルダンブロック　145
シルベスターの慣性法則　175

錐面　184
数ベクトル　4, 26
数ベクトル空間　27, 100
スカラー体　100

スカラー倍　4, 27, 42, 100
スペクトル写像定理　164, 201

正規行列　190
正規直交基底　167
正規直交系　167
斉次　48
正射影　10, 187
正則行列　46
正定値　175
正方行列　31
零因子　34
零行列　33
零元　98
零ベクトル　27, 100
漸化式　158
漸近線　183
線形　14
線形演算　100
線形関係式　103
線形空間　100
線形結合　4, 103
線形写像　13, 30, 114
線形従属　28, 103
線形同型　107
線形独立　28, 103
線形部分空間　110
線形部分多様体　59
線形変換　14
線形包　111
全射　60
前進消去　226
全単射　60

像　52, 118
双曲線　180
双曲柱面　185
双曲放物面　184
相似拡大　17
相似変換　129
双線形形式 (双 1 次形式)　128, 201, 206
双線形性　6, 166
双対基底　206
双対空間　205
双対写像　207

た行

体　98
退化　46
対角化　133
対称行列　165
対称群　82
対称式　85
対称テンソル積　209
代数的閉体　129
第 2 余弦定理　7
代表元　204
楕円　180
楕円錐面　184
楕円柱面　184
楕円放物面　184
楕円面　184
多重線形　65
単位行列　18, 33
単因子　211
単射　60

置換　82
置換行列　257
中線定理　169, 189, 201
柱面　184
直線の方程式　9
直和　113
直和補空間　113
直交　7
直交行列　17, 91, 168
直交群　216
直交射影　196
直交補空間　168

テンソル積　208, 209
転置行列　5, 165

等軸測投影　187
同次座標　213
透視図法　212
同値関係　203
同値類　204
特異　46
特異値　195
特異値分解　195
特殊線形群　216

特性方程式　158
トレース　36

な行

内積　5, 166, 206
2 項演算　100
2 次曲線　180
2 次曲面　184
2 次形式　174
2 葉双曲面　184

ノルム　166

は行

掃き出す　41
パスカルの定理　215
パップスの定理　12
ハメル基底　235
パラメータ表示 (平面の)　10
パラメータ表示 (直線の)　9
張られる　19, 51, 111
半正定値　175

非斉次　57
非退化　206
ピタゴラスの定理　6
左逆　34
ピボット　41
表現行列　115
標準基底　108

ヴァンデルモンド行列　86
ヴァンデルモンド行列式　86
フィボナッチ数列　159
複素平面　35
符号　68, 81, 175
部分分数分解　140
ブリアンションの定理　215
ブロック型行列　78
ブロック対角型　144
分配法則　33, 98

平面の方程式　7, 10
冪等　195
冪零　146
ベクトル空間　100

ヘッセの標準形　9
法線ベクトル　8
放物線　180
放物柱面　185
母線　184

ま 行

右逆　34
右手系　194

向き　64
無限遠直線　214
無限遠点　214

モニック　137

や 行

ヤコビの恒等式　62

ユークリッド幾何　188
ユークリッドの互除法　139
有向線分　3, 203
有心 2 次曲線　181
有心 2 次曲面　185
ユニタリ行列　189
ユニタリ群　217

余因子　74
余因子行列　75
余次元　10

ら 行

ラグランジュの補間公式　109, 206
ラプラスの展開定理　87

リー環　217
リー群　216

列基本変形　42

ローレンツ群　216

わ 行

歪エルミート行列　190

歪対称行列　190
ワイルの公理系　202
割り算定理　138

欧字・記号

$1\tfrac{1}{2}$ 線形性　170
$\forall$　98
$:=$　5
$[\,,\,]$　62
δ_{ij}　39
$\det$　21, 63
$\sum$　121
$\dim$　51, 104
$\dim_K$　104
$\dotplus$　113
e_i　28
End_K　126
$\exists$　112
GCD　139
$GL(n, \boldsymbol{R})$　216
$\langle\,,\,\rangle$　128, 206
Hom_K　125
Image　52
Ker　52
$\varLambda$　133
λ-ブロック　145
LR 分解 (LU 分解)　62
$\min$　61
$M(n, K)$　126
$O(n)$　216
$\otimes$　208
QR 分解　169
rank　49
$\boldsymbol{R}^n$　27
s.t.　112
sgn　67
$SL(n, \boldsymbol{R})$　216
$SO(n)$　216
Span　51
tr　36
W　112
$U(n)$　217

著者略歴

金子　晃
かねこ　あきら

1968 年　東京大学 理学部 数学科卒業
1973 年　東京大学 教養学部 助教授
1987 年　東京大学 教養学部 教授
1997 年　お茶の水女子大学 理学部 情報科学科 教授
　　　　 理学博士，東京大学・お茶の水女子大学 名誉教授

主要著書

数理系のための 基礎と応用 微分積分 I, II
(サイエンス社, 2000, 2001)
定数係数線型偏微分方程式 (岩波講座基礎数学, 1976)
超函数入門 (東京大学出版会, 1980-82)
教養の数学・計算機 (東京大学出版会, 1991)
偏微分方程式入門 (東京大学出版会, 1998)

ライブラリ数理・情報系の数学講義-2
線形代数講義

2004 年 12 月 25 日 ©	初 版 発 行
2022 年　1 月 10 日	初版第12刷発行

著　者　金子　晃	発行者　森平敏孝
	印刷者　篠倉奈緒美
	製本者　松島克幸

発行所　　株式会社　サイエンス社

〒151-0051　東京都渋谷区千駄ヶ谷 1 丁目 3 番 25 号
営業　☎ (03) 5474-8500 (代)　　振替 00170-7-2387
編集　☎ (03) 5474-8600 (代)
FAX 　☎ (03) 5474-8900

印刷　(株) ディグ　　　　製本　松島製本 (有)

《検印省略》

本書の内容を無断で複写複製することは，著作者および出版者の権利を侵害することがありますので，その場合にはあらかじめ小社あて許諾をお求め下さい．

ISBN4-7819-1083-1
PRINTED IN JAPAN

サイエンス社のホームページのご案内
http://www.saiensu.co.jp
ご意見・ご要望は
rikei@saiensu.co.jp　まで．